Probleme der modernen chemischen Technologie

Проблемы современной химической технологии

Grundlagen der Verfahrenstechnik
und chemischen Technologie

Основы химической техники и технологии

Herausgeber

Prof. Dr. **K.** Hartmann, Merseburg

Prof. Dr. **W.** Schirmer, Berlin
Ordentliches Mitglied der Akademie der Wissenschaften der DDR

Prof. Dr. **M. G.** Slinko, Moskau
Korr. Mitglied der Akademie der Wissenschaften der UdSSR

Редакторы

профессор доктор К. Хартманн, Мерзебург

профессор доктор В. Ширмер, Берлин
член АН ГДР

профессор доктор М. Г. Слинько, Москва
член-корреспондент АН СССР

AKADEMIE-VERLAG · BERLIN

1980

Probleme
der modernen chemischen
Technologie

Проблемы современной
химической технологии

Mit 151 Abbildungen und 22 Tabellen

AKADEMIE-VERLAG · BERLIN
1980

Verantwortlich für die Herausgabe dieses Bandes:
Prof. Dr. K. Hartmann, Merseburg
Prof. Dr. W. Schirmer, Berlin

Erschienen im Akademie-Verlag, 1080 Berlin, Leipziger Straße 3—4
Lektor: Fritz Schulz
© Akademie-Verlag Berlin 1980
Lizenznummer: 202 · 100/461/80
Gesamtherstellung: VEB Druckhaus „Maxim Gorki", 7400 Altenburg
Bestellnummer: 762 716 9 (2144/9) · LSV 1205/1095
Printed in GDR
DDR 78,00 M

VORWORT

Technologie als Wissenschaft

In den letzten 100 Jahren erhöhte sich die Produktivität vieler technischer Prozesse, besonders aber in der Stoffwirtschaft, auf das Zehnfache. Diese gewaltige Entwicklung der Produktivkräfte ist vor allem auf das Wachstum an wissenschaftlichen Erkenntnissen in den Naturwissenschaften und auf gesellschaftswissenschaftlichem Gebiet zurückzuführen. Die Wissenschaft ist zu einer entscheidenden Produktivkraft geworden. Der Umfang, in dem heute neue wissenschaftliche Erkenntnisse gewonnen werden, hat sich im Laufe der 100 Jahre ebenfalls vervielfacht.

Wir betrachten die Forschung von den Grundlagen bis zur Anwendung der Erkenntnisse in der Praxis als einen einheitlichen Prozeß. Die Effektivität wissenschaftlicher Resultate für technische Verfahren ist um so größer, je besser es gelingt, einzelne Etappen dieses einheitlichen Forschungsprozesses miteinander zu verbinden und das Prinzip der Arbeitsteilung für diese einzelnen Stadien so einzusetzen, daß eine wirkungsvolle Kooperation zwischen Grundlagen- und angewandter Forschung möglich ist. Erkenntnisse der Grundlagenforschung vermögen allein nicht unmittelbar auf die Produktion einzuwirken. Sie bedürfen dazu der Technik, die das erworbene Wissen durch konstruktive und apparative Gestaltung realisiert und die Kenntnis der Naturgesetze ausnutzt, um die Effektivität der menschlichen Arbeit zu erhöhen.

Im Laufe einer langen Menschheitsgeschichte, die vor allem dadurch charakterisiert ist, daß' der Mensch sich immer stärker zum Beherrscher der Natur entwickelt, spielt die Technik eine große Rolle. Ursprünglich bezeichnete sie eine „Kunstfertigkeit", eine aus der Praxis gewonnene Erfahrung, die Kollektive von Menschen erwerben, um Erze zu schmelzen, Metalle zu gewinnen, Töpfereien zu betreiben, Glas zu blasen, die Wasserkraft und die Kraft des Windes zu nutzen und Baumaterialien herzustellen. Alle diese Prozesse stellen Vorschriften dar, wie etwas gemacht wird. Jahrtausendelang konnte aber der Mensch keine Antwort auf die Frage geben, warum ein Prozeß so abläuft und wie er auf Grund exakter Kenntnis der Zusammenhänge besser zu gestalten ist. Es gilt die Feststellung von Karl MARX: „*Sie (die Menschen) haben schon gehandelt, bevor sie gedacht haben*". Das Wissen um viele der genannten Prozesse war ein wohlbehütetes Geheimnis, das das Leben des Stammes oder des Volkes bereicherte, ihm eine Überlegenheit gegenüber Nachbarn gab, die die jeweilige Technik noch nicht beherrschten und die ggf. durch richtige Anwendung dieses Wissens in eine abhängige Lage gebracht werden konnten. Die Technik als

Ausdruck der Auseinandersetzung des Menschen mit der Natur war von Anfang an ein wesentlicher Faktor der gesellschaftlichen Entwicklung.

Der Begriff der Technologie ist gerade erst 200 Jahre alt. Er wurde um 1780 durch Johann BECKMANN eingeführt, der die Technologie als eine *„Wissenschaft, welche die Verarbeitung der Naturalien oder die Kenntnisse der Handwerke lehrt"*, definierte. Die Lehre von der Technik — und nichts anderes bedeutet ja die wörtliche Übersetzung des Begriffes „Technologie" — wurde also schon sehr früh mit dem wissenschaftlichen Charakter dieser neuen Disziplin in Verbindung gebracht. Die Frage aber, warum ein Prozeß abläuft, konnte ja erst beantwortet werden, als durch exakte wissenschaftliche Untersuchungen, durch Experimente und ihre richtige Auswertung ein Wissensstand erreicht wurde, der die wichtige, den stofflichen Umsetzungen zugrunde liegende Naturgesetze erkannt hatte.

Auf dem Gebiet der Chemie wurde dieser Wissensstand erst gegen Ende des 18. Jahrhunderts erreicht. Zu dieser Zeit waren zwar schon zahlreiche chemische Verfahren in den technischen Maßstab überführt worden — man konnte Schwarzpulver herstellen und Schwefelsäure produzieren, man bereitete Erze auf und gewann Nitrate — aber vielfach war die geistige Ausgangsposition für diese Verfahren noch die unwissenschaftliche Lehre der Alchemisten. Mit der Entdeckung des Gesetzes von der Erhaltung der Masse bei chemischen Umsetzungen durch LOMONOSSOW 1758 und mit der Entdeckung der Elemente Sauerstoff durch PRIESTLEY und Chlor durch SCHEELE (beides im Jahre 1774) wurden wissenschaftliche Grundlagen für eine moderne Chemie geschaffen. Schließlich überwand LAVOISIER durch quantitative Untersuchung des Verbrennungsvorgangs die alchemistische Phlogistontheorie endgültig. DALTON erneuerte um 1800 das wissenschaftliche Konzept der Atome; das Gesetz der konstanten und multiplen Proportionen bei chemischen Umsetzungen erweiterte die Kenntnisse vom wissenschaftlichen Ablauf chemischer Reaktionen. DAVY gewann 1807 erstmals Alkali- und Erdalkalimetalle durch Elektrolyse, und schließlich wurde erstmals eine „organische" Substanz, der Harnstoff, durch WÖHLER im Jahre 1828 aus anorganischen Materialien synthetisiert.

Mit diesen wenigen Angaben ist die erste Etappe der Schaffung exakter wissenschaftlicher Grundlagen der Chemie umrissen. Wie bis dahin kaum eine andere Wissenschaft war die Chemie von Anfang dieser Entwicklung an unmittelbar mit der technischen Praxis verbunden. Noch Ende des 18. Jahrhunderts wurde ein neues Verfahren zur Gewinnung von Schwefelsäure technisch erprobt. Die Leinenindustrie brauchte neue Bleichlaugen. Die Textilindustrie war es auch, die den Anstoß zu einem Verfahren zur Gewinnung von Soda aus Steinsalz gab. Die neuen reaktionschemischen und analytischen Kenntnisse wurden auf die Erzverarbeitung angewandt, so daß die Metallurgie entscheidende Impulse erhielt. Die chemischen Kenntnisse kamen schließlich auch der jungen pharmazeutischen Industrie zugute, und bereits um 1830 entwickelte sich eine Teerindustrie.

Chemisches Wissen ging also mit technischer Nutzung Hand in Hand, so daß die weitere Entwicklung der Technologie zunächst vor allem auf dem Ge-

biet der Technologie stoffwandelnder Verfahren verfolgt werden kann. Da wir
uns in dieser Monographie mit der chemischen Technologie befassen wollen,
sei in Zukunft auch dieses Gebiet ausschließlich verstanden.

Wenige Jahrzehnte nach dieser Entwicklungsetappe schrieb Karl MARX:
„Die große Industrie zerriß den Schleier, der den Menschen ihren eigenen gesell-
schaftlichen Produktionsprozeß versteckte und die verschiedenen naturwüchsig
gesonderten Produktionszweige gegeneinander und sogar dem in jeden Zweig
Eingeweihten zu Rätseln machte. Ihr Prinzip, jeden Produktionsprozeß an und
für sich und zunächst ohne alle Rücksicht auf die menschliche Hand in seine
konstituierenden Elemente aufzulösen, schuf die ganz moderne Wissenschaft der
Technologie".

Selbstverständlich war es von dieser grundlegenden, die Zukunft vorweg-
nehmenden Feststellung bis zur allseitigen Anerkennung des wissenschaftlichen
Charakters der Technologie, besonders auch der chemischen Technologie,
noch ein weiter Weg. Nicht nur, daß die stürmische Entwicklung der chemischen
Produktion wenig Zeit für ein exaktes wissenschaftliches Vorgehen bei der
Entwicklung neuer Produktionsverfahren ließ, war der Grund für diese
Stagnation der Entwicklung, sondern auch die zunächst entmutigende Erkenntnis, wie viele Vorgänge und Erscheinungen wissenschaftlich nicht gedeutet
werden konnten, führte immer wieder zu einem rein empirischen Vorgehen auf
technischem Gebiet. Jahrzehntelang wurde nicht einmal der wissenschaftliche
Charakter der Technologie anerkannt. Nach wie vor überwogen Verfahrens-
beschreibungen, die Klassifikation technischer Vorgänge richtete sich ausschließlich nach dem Charakter des Endproduktes. Eigene Gesetzmäßigkeiten,
die dem wissenschaftlichen Wesen der Technologie entsprechen, wurden entweder nicht erkannt oder als ungeeignet für eine Klassifikation des Gebietes
übersehen.

Erst mit der Entwicklung der physikalischen Chemie im letzten Jahrzehnt
des vorigen Jahrhunderts und mit den ersten Großtaten dieses neuen Gebietes,
nämlich der Entdeckung des Wesens der heterogenen Katalyse und der Ableitung der Grundsätze der elektrolytischen Dissoziation, wurden weitere wichtige Voraussetzungen für eine Technologie auf wissenschaftlicher Grundlage
geschaffen. Hand in Hand damit gingen grundsätzlich neue technische Erkenntnisse, zum Beispiel bei der Entwicklung von Elektrolysezellen, der Gestaltung
des chemischen Reaktors, der Anwendung thermodynamischer Grundsätze
auf technische Systeme und der Entwicklung der Hochdrucktechnik. So war
die Entwicklung der wissenschaftlichen Grundlagen der Chemie und der Verfahrenstechnik gleichzeitig Ausgangspunkt für die verstärkte Beachtung des
wissenschaftlichen Charakters der chemischen Technologie.

1915 erkannte WALKER die Verwandtschaft aller vorwiegend auf physikalischen Vorgängen beruhenden Stufen der Aufbereitung von Rohstoffen und
faßte sie unter dem Begriff der Grundoperationen zusammen. 1923 verfaßten
WALKER und LEWIS ihr Werk „Principles of Chemical Engineering", mit dem
sie die wissenschaftlichen Grundlagen der chemischen Technologie unter Berücksichtigung eines modernen Erkenntnisstandes formulierten.

Die Vertiefung der Entwicklung der chemischen Technologie zu einer
Wissenschaftsdisziplin wurde also maßgeblich durch zwei verschiedene Aus-
gangspunkte und Betrachtungsweisen erreicht:

1. Durch die verstärkte Untersuchung der den technischen Reaktionen zugrunde liegenden Elementarvorgänge, durch die Messung und später auch
   die Berechnung der thermodynamischen Gleichgewichte, der reaktionskinetischen Vorgänge und der Beziehungen der Phasenbildung, wobei die
   Betrachtung vom Elementarvorgang über zum Teil statistische Zusammenfassung bis zum reagierenden System hin erfolgte. Dieser Weg hat sich bis
   in die Gegenwart hinein als fruchtbar erwiesen. Er macht es heute möglich,
   Modelle technischer Verfahren aufzustellen und die Verfahrensbedingungen
   so zu variieren, daß technische Prozesse optimal gestaltet werden können.
   Die frühzeitige Einbeziehung dieser Betrachtungsweise in die praktische
   Arbeit und in die Lehre schufen die moderne chemische Technologie, die
   zunächst als chemical engineering vor allem in den zwanziger und dreißiger
   Jahren in den USA entwickelt wurde und hier eine hohe Leistungsfähigkeit
   erlangte.

2. Durch die Betrachtung eines chemischen Verfahrens als ein System von
   vielen voneinander abhängigen und miteinander gekoppelten Stufen, die
   aus Vorgängen des Wärmeaustausches und der Stoffverteilung, aus Kreisläufen aller Art und aus sonstigen reaktionskinetischen Vorgängen bestehen
   und die wir heute unter dem Begriff der Systemverfahrenstechnik zusammenfassen.
   Hier geht die wissenschaftliche Methode zur Beherrschung technologischer Zusammenhänge vom Umfassenden zum Einzelnen. Die Zerlegung
   des Produktionsprozesses in seine Elemente stellt ein Prinzip dar, das sich
   für die Analyse von Produktionsverfahren sehr bewährt hat. Aus den auf
   diese Weise gewonnenen Erkenntnissen über den Reaktionsablauf in kleinen
   Bereichen des Prozesses lassen sich durch geeignete Synthese neue Elemente
   zusammensetzen, die auf verwandte Produktionsprozesse übertragen werden
   können. Der wissenschaftliche Charakter der Technologie kommt in der auf
   diese Weise gewonnenen Verallgemeinerungsfähigkeit zum Ausdruck. Er
   gestattet die gemeinsame Bearbeitung und analoge Betrachtung von Vorgängen, die zunächst wenig Gemeinsames zu haben scheinen. Dazu gehören
   alle Stoff- und Energieaustauschvorgänge, dazu gehört aber auch die Übertragung des Ähnlichkeitsprinzips auf die eigentliche chemische Reaktion.
   Dieses flexible und sehr leistungsfähige Herangehen ermöglicht es heute,
   auf der Basis neuer naturwissenschaftlicher Erkenntnisse zu leistungsfähigen
   verfahrenstechnischen Lösungen zu kommen. Die Struktur und die Elemente
   des Produktionsprozesses werden als veränderlich, als entwicklungsfähig
   betrachtet. Indem ihre Entwicklungsgesetze erkannt werden, leistet die
   Technologie als wissenschaftliche Disziplin einen Beitrag zur Optimierung
   technischer Prozesse.
   Es ist verständlich, daß diese den Systemzusammenhang berücksich-

tigende Betrachtungsweise der Verfahrenstechnik bemüht ist, umfassende Zusammenhänge darzustellen. Gerade durch eine Verallgemeinerung der Ergebnisse auf einem höheren Abstraktionsniveau kommt ja der wissenschaftliche Charakter dieses Gebietes deutlich zum Ausdruck.

Gleichzeitig sollten sich aber auch alle Forscher, die sich diesem Gebiet widmen, darüber klar sein, daß die chemische Technologie nicht vom stofflichen System abstrahiert werden kann. Alle Aufgaben der technologischen Forschung müssen schließlich wieder eine konkrete Verbindung mit der materiellen Produktion erhalten. Allgemeine Gesetzmäßigkeiten „an sich" können das Ziel der technologischen Forschung nicht sein. Die allgemeinen Erkenntnisse müssen immer wieder auf die technische Praxis bezogen werden, wenn sie den Beweis ihrer Gültigkeit liefern sollen.

Berücksichtigen wir diese beiden grundsätzlichen Betrachtungsweisen, so können wir die chemische Technologie als die wissenschaftliche Lehre der Gesetzmäßigkeiten der materiell-technischen Grundlagen von Produktionsprozessen in der Stoffwirtschaft und als die wissenschaftlich begründeten Maßnahmen zur Umsetzung der Erkenntnisse in die technische Praxis bezeichnen. Noch immer haben wir es im täglichen Sprachgebrauch auch damit zu tun, daß das Wort „Technologie" in einem anderen Zusammenhang verwendet wird. So dient es zur einfachen Beschreibung technologischer Zusammenhänge, zur Erörterung von Verfahrensfließschemata. Hierfür sollte man das Wort Technologie nicht mehr verwenden. Sehr oft wird der Begriff der Technologie auch mit dem zugrunde liegenden Verfahren gleichgesetzt. In der Chemie heißt das, daß die zur Herstellung eines bestimmten Produktes verwendeten Verfahren und Verfahrensprinzipien eine bestimmte Technologie bilden. So spricht man zum Beispiel von der „Technologie des Benzols". Wir schlagen vor, diesem Sprachgebrauch nicht zu folgen und hierfür den Begriff „Produktionsverfahren" zu verwenden. Bei konsequenter Beachtung dieser Vorschläge dürften Irrtümer und Mißverständnisse, die die Diskussion von Fachkollegen verschiedener Disziplinen in den letzten Jahren unnötig belasteten, vermieden werden können.

In der DDR haben sich die Gebiete der chemischen Technologie und der chemischen Verfahrenstechnik in den letzten 20 Jahren an Universitäten und Technischen Hochschulen in dem von uns dargestellten Sinne einer engen Verflechtung mit Grundlagenkenntnissen aus den Naturwissenschaften, unter Berücksichtigung der Prinzipien der Systemverfahrenstechnik und unter Einbeziehung gesellschaftswissenschaftlicher Gesetzmäßigkeiten zu wissenschaftlichen Lehr- und Forschungsgebieten entwickelt. Wir haben damit die Voraussetzungen für wissenschaftliche Arbeiten, die sowohl neue Erkenntnisse liefern als auch eine hohe Praxisbezogenheit haben, geschaffen.

Die Herausgeber dieser Monographie betrachten es als ihre Aufgabe, durch Darlegung neuer wissenschaftlicher Erkenntnisse zur weiteren Entwicklung der chemischen Technologie beizutragen. Dabei widerspiegeln die ausgewählten Beiträge auch die oben angegebenen unterschiedlichen Betrachtungsweisen.

Das kommt bereits in den beiden grundsätzlichen Beiträgen von SCHIRMER und FRATZSCHER zum Ausdruck. Wir halten es jedoch für erforderlich, die Einordnung der chemischen Technologie in die gesamte Wissenschaftsentwicklung und den Prozeß der gesellschaftlichen Reproduktion allseitig zu betrachten und dabei eine umfassende Analyse der technologischen Forschung vorzulegen.

Die Darstellungen von HARTMANN und DIETZSCH sowie von HACKER und HARTMANN geben einen Überblick über den Stand der Modellierung und über die damit verbundenen Probleme sowie eine kurze Einführung in die Simulation bei verfahrenstechnischen Vorgängen. Die Simulation von Fließschemen und die Anwendung entsprechender Rechenprogramme bilden hierbei einen Schwerpunkt. Die optimale Gestaltung stoffwirtschaftlicher Verfahren als Vorstufe für noch aufzufindende exakte Gesetze optimaler verfahrenstechnischer Systeme unterliegt heuristischen Regeln, die in allgemeiner Form den Prinzipien der Modellierung zugrunde gelegt werden. Die Übertragung dieser Erkenntnisse auf konkrete technische Probleme gehört zum Anliegen dieser Beiträge.

BUDDE und STRAUSS widmen ihren Beitrag dem außerordentlich aktuellen Gebiet der Rationalisierung und der mathematischen Modellierung des elektrothermischen Calciumcarbidprozesses. Sie gehen dabei ebenfalls nach den Grundsätzen der Systemverfahrenstechnik vor und wenden das Dekompositionsprinzip an. Die hierbei erzielten Ergebnisse haben eine große Bedeutung für die gegenwärtige Praxis in der DDR.

Im Hinblick auf die Übereinstimmung beim Endprodukt des Verfahrens, nämlich dem Acetylen, schließt sich der Beitrag von SPANGENBERG an, der chemische Umsetzungen im Plasmastrahl als neues Wirkprinzip diskutiert und die darauf aufbauenden technologischen Lösungen angibt. Die Darstellung geht von physikalisch-chemischen Erkenntnissen an Elementarprozessen aus und leitet daraus Schlußfolgerungen für die technische Gestaltung des Verfahrens ab.

Eine Analyse der optimalen Gestaltung von Stofftrennprozessen, bei denen wiederum der Systemaspekt im Vordergrund steht, ist Gegenstand des Beitrages von HARTMANN und HACKER.

Ihm folgt, gleichsam als Ergänzung in der Wahl der Betrachtungsweise die Arbeit von LINDE und Mitarbeiter über neue Ergebnisse des Stoff- und Energieaustausches an fluiden Phasengrenzen.

In beiden Fällen führen die neuen Erkenntnisse zu einer weiteren Intensivierung der technischen Vorgänge.

Schließlich stellt HEINICKE einige Ergebnisse aus der Untersuchung von Elementarvorgängen bei der mechanischen Aktivierung von Festkörpersystemen vor und leitet daraus die Anwendung für die technische Durchführung von Festkörperreaktionen ab.

Die chemische Technologie wird auch in Zukunft zu den sich dynamisch entwickelnden Wissenschaftsgebieten gehören. Gut fundierte Aussagen über den Einfluß physikalisch-chemischer Elementarvorgänge auf technologische Zusammenhänge werden in Zukunft wesentlich zur weiteren Entwicklung der

Anwendung des Modellbegriffes auf stoffwirtschaftliche Prozesse beitragen. Dabei dürfte mehr als bisher auf die Einbeziehung hydrodynamischer Parameter und auf Transportvorgänge geachtet werden müssen. Die Arbeiten der Systemverfahrenstechnik werden sich verstärkt mit Problemen der Verfügbarkeit von Anlagen, der Zuverlässigkeit, der Verfahrensintegration und der Energieautarkie befassen. Eine kritische Analyse der an sich rationellen integrierten Einstranganlagen zeigt die noch fehlenden Kenntnisse und Erfahrungen auf diesem Gebiet.

Neuentwicklungen von stoffwirtschaftlichen Verfahren, Rationalisierung und Intensivierung bestehender Verfahren werden auch in Zukunft gleichzeitig bearbeitet werden müssen. Der wissenschaftlich fundierten Prozeßanalyse kommt eine steigende Bedeutung zu. In noch stärkerem Maße als bisher muß die chemische Technologie Einfluß auf den chemischen Apparatebau nehmen und Erfahrungen dieses technischen Gebietes für die eigene Arbeit auswerten.

Besondere Schwerpunkte der weiteren Entwicklung der chemischen Technologie dürften sein:

1. Neue technische Lösungen für die Aufbereitung und Verarbeitung von Rohstoffen geringer Qualität und niedrigen Wertstoffgehaltes. Dabei sind Fragen der komplexen Nutzung dieser Rohstoffe zu berücksichtigen.
2. Berücksichtigung der engen Wechselwirkung zwischen stofflichen und energetischen Parametern. Der energetischen Optimierung stoffwirtschaftlicher Verfahren ist noch größere Aufmerksamkeit als bisher zu schenken.
3. Entwicklung von technologischen Lösungen, die entweder gar keine Abprodukte entstehen lassen oder die mit einem Höchstmaß an umweltschützenden Maßnahmen verbunden sind. Bei bereits bestehenden Verfahren ist dem Umweltschutz größte Aufmerksamkeit zu schenken.
4. Die weitere Entwicklung von Verfahren, die aus möglichst wenig, aber spezifisch wirkenden Verfahrensstufen bestehen. Dazu gehört die Entwicklung und der verstärkte Einsatz selektiver Katalysatoren, selektiver Stofftrennprozesse und leistungsfähiger Aufbereitungsstufen.
5. Die Einführung neuer technologischer Lösungen in den gesellschaftlichen Reproduktionsprozeß macht auch eine verstärkte ökonomische Durchdringung der einzelnen Prozeßstufen und des Gesamtverfahrens erforderlich. Unter Anwendung des Variantenvergleiches sind hier verstärkt Bedingungen und Anforderungen der gesellschaftlichen Entwicklung zu berücksichtigen.
6. Die weitere Typisierung technologischer Prozesse mit dem Ziel, ständig wiederkehrende Stufen einheitlich zu gestalten und das rationelle Baukastenprinzip auch in der Gestaltung technischer Verfahren der Stoffwirtschaft einzuführen.

Diesen Anliegen soll auch in Zukunft die vorliegende Reihe dienen. Die Herausgeber und Autoren hoffen, damit nicht nur einen Beitrag zur Erweiterung und Vertiefung der Technologie als Wissenschaft zu leisten, sondern gleichzeitig Voraussetzungen für eine umfassendere Lösung stoffwirtschaftlicher Probleme im gesellschaftlichen Reproduktionsprozeß zu schaffen.

W. Schirmer
K. Hartmann

INHALT

Analyse und Grundlagen der mathematischen Modellierung und der
Technologie des elektrothermischen Calciumcarbidprozesses
(K. BUDDE, A. STRAUSS)

Chemische Umsetzungen von Kohlenwasserstoffen im Plasmastrahl
(H.-J. SPANGENBERG)

Heuristische Regeln zum Entwurf verfahrenstechnischer Systeme
(I. HACKER, K. HARTMANN)

Die Technologie tribochemischer Reaktionen

(G. HEINICKE)

---

*) An verschiedenen Stellen des Buches sind noch die Bezeichnungen kcal und atm angegeben; deren Umrechnung auf die seit 1. 1. 1980 verbindlichen Einheiten kJ und Pa lautet:

$$1 \text{ kcal} = 4{,}184 \text{ kJ}$$
$$1 \text{ atm} = 0{,}9807 \cdot 10^5 \text{ Pa}$$

СОДЕРЖАНИЕ

Анализ и разработка основ математического моделирования процесса получения карбида кальция электротермическим методом
(К. Будде, А. Штраусс)

Химические превращения углеводородов в плазменной струе
(Х.-Й. Шпангенберг)

Применение эвристик для синтеза химико-технологических систем
(И. Хаккер, К. Хартманн)

Технология механохимических (трибохимических) реакций
(Г. ХЕЙНИКЕ)

DIE CHEMISCHE TECHNOLOGIE — WISSENSCHAFTLICHE VORAUSSETZUNG FÜR EINE LEISTUNGSFÄHIGE STOFFWIRTSCHAFT

(W. Schirmer)

Summary

Chemical Technology is regarded as a highly complex science, situated between fundamental natural science, chemical engineering, and production. It is responsible of the important process of transferring results of fundamental research into technical practice, not only in developing new processes of high efficiency, but also in improving well-known existing processes by intensification of the most important parameters.

Technological research — that requires a stable and effective cooperation between industry, universities, and research-institutes of the Academy of Sciences of the GDR. The scientific program "Chemistry", comprising 8 principal directions of research, unites approximately all research workers in the field of chemical technology for a certain number of important problems.

Representing a survey of the scientific fundamentals of chemical technology in more detail, the author adds an analysis of the most important contributions of different sciences to this complex phenomenon. The last chapter gives a detailed representation of the problems, which have to be solved by chemical technology, especially under the conditions of the economics of the German Democratic Republic.

1.   Einleitung

Die Technik ermöglicht es dem Menschen, Ergebnisse der naturwissenschaftlichen Grundlagenforschung in die Produktion zu überführen. Sie umfaßt daher alle Verfahrensweisen und Arbeitsmittel, die geeignet sind, diesen Vorgang zu realisieren. Die Hauptproduktivkraft ist in der gesellschaftlichen Produktion stets der Mensch. Mit Hilfe der Technik gelingt es ihm, die Wissenschaft als Produktivkraft zu nutzen. Die Technik dringt in alle Bereiche des gesellschaftlichen Lebens ein. Sie ermöglicht es dem Menschen nicht nur, gesellschaftliche und individuelle Bedürfnisse in einem immer größeren Umfang zu befriedigen, sie nimmt auch auf ihn selbst Einfluß, indem sie sein Bildungsniveau, seine Fähigkeiten und seine Stellung im Produktionsprozeß verändert. Damit beeinflußt die Technik also auch die Entwicklung der Produktivkräfte.

Der Begriff der Technik und vor allem der Inhalt ihrer wissenschaftlichen Grundlage, der Technologie, erfuhr im Laufe der Zeit eine Wandlung. Ursprünglich bedeutete „Technik" die durch Erfahrung gewonnene Tätigkeit von Menschen, einen Gegenstand auf bestimmte Weise herzustellen. Es war die „Kunst", Glas zu blasen, Stoffe zu weben oder Erze zu verarbeiten. Heute verstehen wir unter der Technik die Gesamtheit aller Voraussetzungen, Gesetzmäßigkeiten und Maßnahmen zur Anwendung und Überführung von Erkenntnissen, darunter vor allem auf wissenschaftlicher Grundlage, in die gesellschaftliche Praxis. Als Wissenschaft hat die Technologie heute nicht nur eigene Aufgaben zu erfüllen, sie schuf sich hierfür auch die erforderlichen theoretischen Grundlagen und spezifische Arbeitsmethoden. Sie ist selbst zu einer Wissenschaft geworden. Allerdings hat diese wissenschaftliche Entwicklung erst vor wenigen Jahrzehnten begonnen.

Zu Mißverständnissen kann führen, daß gelegentlich der Begriff „Technologie" auch mit dem Produktionsprozeß für eine bestimmte Ware gleichgesetzt wird. Man liest des öfteren Ausdrücke wie Technologie des Benzols, Technologie der Produktion von Halbleiterbauelementen. Um diesen Sinn zum Ausdruck zu bringen, sollte man das Wort „Produktionsverfahren" bevorzugen. Der Begriff „Technologie" sollte stets zur Kennzeichnung einer verallgemeinerten Darstellung der unter Berücksichtigung wissenschaftlicher Probleme auftretenden Fragen der Technik verwendet werden.

Die chemische Technologie sei hier definiert als „die Wissenschaft von der Gesamtheit der produktionsbezogenen naturwissenschaftlichen, technischen und gesellschaftlichen Prozesse sowie der Optimierung der Methoden, der Realisierung, Kopplung und Steuerung der industriellen Produktion unter besonderer Berücksichtigung der ökonomischen Effektivität" [1]. Diese Definition bringt zum Ausdruck, daß in der Technologie stets drei Faktoren zusammentreffen: Naturwissenschaft, Technik und Ökonomie. Nur bei komplexer Berücksichtigung der Faktoren aller drei Bereiche wird es gelingen, optimale Verfahren zu entwickeln. Wird einer dieser Bereiche außer acht gelassen, sind stets unvollständige Lösungen stoffwirtschaftlicher Probleme zu erwarten.

Wir betrachten also die Technologie als eine Wissenschaft. Das bedeutet jedoch nicht, daß nicht auch noch zahlreiche empirische Erkenntnisse und Methoden für die Lösung technologischer Probleme eingesetzt werden, wie dies übrigens auch in anderen Wissenschaftsdisziplinen der Fall ist. Der hohe Komplexitätsgrad technologischer Fragen, das hohe Tempo der wissenschaftlichen und volkswirtschaftlichen Entwicklung und die ständig neu an uns herantretenden Probleme der Stoffwirtschaft führen heute noch zu der Lage, daß der größte Teil technologischer Zusammenhänge auf empirischem Wege ermittelt werden muß. Das darf uns jedoch nicht daran hindern, ständig an einer Vertiefung und Ausweitung der wissenschaftlichen Grundlagen zu arbeiten und verallgemeinerungsfähige Erkenntnisse zu nutzen.

Für den gesellschaftlichen Reproduktionsprozeß ist die Kette „Wissenschaft — Technik — Produktion" von größter Bedeutung. Diesen Prozeß bezeichnen wir heute als Überführung [2, 3]. Wir sehen es als eine unserer wichtigsten Aufgaben an, ihn wissenschaftlich, ökonomisch, gesellschaftlich und organisatorisch zu beherrschen. Wissenschaftliche Ergebnisse bringen nur dann für die Gesellschaft den gewünschten Nutzen, wenn sie zum richtigen Zeitpunkt eingeführt werden. Der sogenannte „moralische Verschleiß" auf technologischem Gebiet hat besonders in der chemischen Industrie große Bedeutung. Von der Geschwindigkeit, mit der die Probleme der Überführung gelöst werden, von der Effektivität der durchzuführenden Maßnahmen hängt es ab, in welchem Ausmaß wir die Grundfragen der wissenschaftlich-technischen Entwicklung beherrschen und die Produktivkräfte selbst zu entwickeln vermögen. Da hierbei die Wissenschaft als unmittelbare Produktivkraft große Bedeutung hat, ist es erforderlich, durch Grundlagenforschung wissenschaftlichen Vorlauf zu schaffen, der zu grundlegend neuen Erkenntnissen führt. Gleichzeitig müssen wir Maßnahmen einleiten, durch die diese neuen wissenschaftlichen Erkenntnisse in der Gesellschaft möglichst umfassend genutzt werden können. Wir haben ständig zu prüfen, welchen Beitrag Naturwissenschaft und Technik zur Lösung von Überführungsaufgaben leisten können. Von der Grundlagenforschung steht die Aufgabe, dazu beizutragen, daß „technologische Anschlußstücke" geschaffen werden können. Vor allem in der sozialistischen Gesellschaft tritt die Grundlagenforschung aus der früher vorhandenen Abkapselung heraus und wirkt auf die gesellschaftliche Entwicklung ein. Daß sie dabei in enger Rückkopplung mit der gesellschaftlichen Praxis zahlreiche neue Impulse für die Bearbeitung wissenschaftlicher Probleme empfängt, ist eine längst bewiesene Erfahrung.

2.   Die volkswirtschaftliche Bedeutung der chemischen Technologie und ihre Verflechtung mit anderen Wissenschaftsdisziplinen

Die Ergebnisse der chemischen Forschung bilden nicht nur die wissenschaftliche Grundlage für die chemische Industrie, sondern gleichzeitig auch für solche Industriezweige, die ebenfalls Stoffwandlung betreiben wie die Metallurgie, die Glas-, Keramik- und Baustoffindustrie sowie Teile der Leicht- und der Lebensmittelindustrie. Auch für die Energieerzeugung haben chemische Erkenntnisse große Bedeutung. In diesem allgemeineren Sinne wird hier der Begriff „stoffwandelnde Industrie" gebraucht. Die chemische Technologie muß im allgemeinen die erforderlichen Unterlagen liefern, um

1. die weitere planmäßige Entwicklung der Volkswirtschaft durch neue leistungsfähige Produktionsverfahren zu sichern, mit deren Hilfe die langfristigen Aufgaben der stoffwandelnden Industrie gelöst werden.

2. die Intensivierung und Rationalisierung bestehender Verfahren durchführen zu können. Dabei dienen Prozeßanalysen einer planmäßigen Rekonstruktion und Verbesserung der wichtigsten Parameter dieser Verfahren. In der gegenwärtigen Phase der Entwicklung unserer Volkswirtschaft kommt gerade den hiermit verbundenen technologischen Aufgaben eine sehr große Bedeutung zu.

3. die Realisierung aller Maßnahmen, die sich aus der langfristig geplanten Chemisierung der Volkswirtschaft ergeben, in die Wege leiten zu können. Unter dem Begriff der Chemisierung der Volkswirtschaft wird vor allem der massenhafte Einsatz synthetisch gewonnener Produkte in fast allen Industriezweigen verstanden. Das gilt sowohl für Werkstoffe, die als Plaste oder Elaste durch chemische Synthese gewonnen wurden, als auch für den Einfluß, den chemische Erzeugnisse in vielfältiger Weise auf die Landwirtschaft, die Textilindustrie und die Bauwirtschaft haben. Auch der

Einsatz typisch chemischer Verfahren wie Kleben, Beschichten oder plastische Verformung in allen Teilen der Volkswirtschaft gehört zur Chemisierung.

4. leistungsfähige Apparate und Aggregate herzustellen, die sowohl als spezifische „maßgeschneiderte" Einzelanfertigung erzeugt wurden oder die als Serienprodukte durch Standardisierung wichtiger Bauteile zu einer hohen Austauschbarkeit und damit zu einer erhöhten Effektivität in der stoffwandelnden Industrie beitragen. Diese Aggregate werden sowohl für Grundoperationen als auch für die eigentliche chemische Reaktion in technischen Prozessen benötigt.

Bei der Entwicklung neuer chemischer Produktionsverfahren sind zahlreiche wissenschaftliche, technische und volkswirtschaftliche Verflechtungsbeziehungen zu berücksichtigen. Die chemische Technologie baut auf den Erkenntnissen der Physik und der Chemie auf, wobei der physikalischen Chemie eine besonders große Bedeutung beigemessen wird. Gleichzeitig fließen in die chemische Technologie Forschungsergebnisse technischer Disziplinen wie der Verarbeitungstechnik, der Verfahrenstechnik, der Fertigungstechnik (hier vor allem des Apparate- und Anlagenbaus) und der Energietechnik ein. Für die Herstellung von Verfahrensmodellen und für die Quantifizierung grundlegender wissenschaftlicher Zusammenhänge ist die Mathematik von großer Bedeutung.

Schließlich muß die chemische Technologie gesellschaftliche Fragen berücksichtigen, vor allem solche, die in unmittelbarer oder mittelbarer Beziehung zur Produktion stehen, wie die Ökonomie. Die Beziehungen zwischen diesen Gebieten wirken niemals nur in einer Richtung, sondern stets im Sinne einer Rückkopplung, so daß die Zusammenarbeit zwischen den genannten Disziplinen und der chemischen Technologie von großer Bedeutung für die Ausbildung effektiver Wechselwirkungen ist.

Die Einführung neuer chemischer Produktionsprozesse und die Intensivierung und Rationalisierung bestehender Verfahren setzt also in unserer Volkswirtschaft eine gut funktionierende Kooperation zwischen zahlreichen Partnern voraus. Das beginnt bereits bei der Zusammenarbeit auf Gebieten der Grundlagenforschung zwischen der Industrie, den Universitäten und Hochschulen sowie der Akademie der Wissenschaften der DDR. Das gemeinsam aufgestellte Programm Chemie und die Gliederung in 8 Hauptforschungsrichtungen, die Wissenschaftler und Einrichtungen aus allen 3 Bereichen der Grundlagenforschung umfassen, versuchen, diese Verflechtungsbeziehungen zu berücksichtigen. Auch in anderen Programmen des Hochschulwesens und der Akademien sowie in den Forschungskonzeptionen der chemischen Industrie findet diese Verflechtung ihren Niederschlag.

Die chemische Technologie umfaßt nicht nur die eigentliche chemische Verfahrenstechnik, die man als das Herzstück der technologischen Forschung bezeichnen kann, sondern auch wesentliche Teile der Verarbeitungs- und der Fertigungstechnik, die im Maschinenbau unserer Volkswirtschaft eingegliedert sind. Daraus ergibt sich eine enge Zusammenarbeit zwischen dem Chemieanlagenbau und dem Maschinenbau, die sich vor allem in der Konstruktion und Fertigung leistungsfähiger Apparate und Anlagen niederschlagen muß. Beim Entwurf von neuen Anlagen oder bei der Rekonstruktion bestehender

Prozesse müssen wissenschaftliche Grundlagen fertigungstechnischer Vorgänge berücksichtigt werden. Für die Entwicklung des Chemieanlagenbaus und der chemischen Industrie ist der Bau von Pilotanlagen ein wichtiger, den Überführungsprozeß beeinflussender Faktor.

Die chemische Technologie ist also eng mit allen technischen Wissenschaften verbunden. Vor allen Dingen liefert sie in enger Kooperation mit dem Chemieanlagenbau neue, wichtige Erkenntnisse. Dennoch stellt sie keine Ingenieurdisziplin im herkömmlichen Sinne dar, sondern sie ist eine Wissenschaft, die zusätzlich zu den technischen Grundlagen auf den bereits geschilderten naturwissenschaftlichen Disziplinen aufbaut. Das wird vor allem bei der Behandlung der Maßstabsübertragung, der Gewinnung von Berechnungsgrundlagen für technische Prozesse und bei der Modellierung technischer Reaktionen deutlich.

Zur Beherrschung des Überführungsprozesses ist eine leistungsfähige Projektierungs- und Konstruktionskapazität erforderlich. Dabei besteht zwischen dem Konstruktionsaufwand und der Grundlagenforschung eine enge Wechselwirkung. Je besser die Grundlagen untersucht werden, je zuverlässiger die Forschungsergebnisse sind und je sorgfältiger die Modelle verfahrenstechnischer Lösungen ausgearbeitet werden, um so geringer kann der Konstruktionsaufwand gehalten werden, um so schneller wird die Überführungsphase durchschritten. Deshalb steht vor der Grundlagenforschung die Aufgabe, alles zu tun, um Erkenntnisse zu gewinnen, die für eine technische Nutzung wertvoll sind. Dies trägt wesentlich dazu bei, die arbeitsteilige Zusammenarbeit mit der Industrie wirksam zu gestalten.

Noch werden nicht immer solche Forschungsarbeiten als grundlegend angesehen, sondern ihre Bedeutung wird gelegentlich als zweitrangig eingeschätzt. Die Grundlagenforscher erfüllen ihre Pflicht als Wissenschaftler gegenüber unserer Gesellschaft erst dann, wenn die Ergebnisse ihrer Forschung auch einen Beitrag zu den praktisch-technischen Aufgaben der Stoffwirtschaft geleistet haben. Deshalb ist es so außerordentlich wichtig, Forscher und Leiter von Forschungskollektiven mit dem erforderlichen wissenschaftlichen Überblick auszurüsten, der es gestattet, die Zweckmäßigkeit begonnener Arbeiten und die Methoden zur effektiven Gestaltung des Überführungsprozesses richtig zu erkennen. Deshalb wird jetzt einer wissenschaftlich fundierten Ausbildung in chemischer Technologie an allen Hochschulen und Universitäten so große Bedeutung beigemessen. Und deswegen wird auch versucht, durch postgraduale Kurse im Hochschulwesen und in Akademien noch vorhandene Lücken auf dem Gebiet der chemischen Technologie auch bei bereits im Berufsleben stehenden Wissenschaftlern zu schließen.

3.   Wissenschaftliche Grundlagen der chemischen Technologie

Für die stoffwandelnde Industrie sind vielfältige aufeinander abgestimmte und oft zu Kreisläufen verbundene Produktionsverfahren charakteristisch. So besteht zum Beispiel das Hochdruckverfahren für die Gewinnung von Ammoniak aus 11 Verfahrensstufen, von denen 6 wichtige chemische Umsetzungen darstellen, während 4 Stufen als Reinigungs- und Trennschritte charakterisiert sind. Transportvorgänge und chemische Umsetzungen finden oft gleichzeitig in einem Aggregat statt [4]. Die Aufbereitungsstufen, die vorwiegend physikalischen Charakter haben, werden mit Verfahrensschritten gekoppelt, in denen chemische Reaktionen ablaufen. Das Ziel, den energetischen Wirkungsgrad der Verfahrensstufen zu verbessern, führt dazu, möglichst oft Energieaustauscher einzubauen und auftretende Reaktionswärmen vielseitig zu nutzen. Durch die Kopplung von Stoff- und Energieströmen entsteht eine starke Abhängigkeit der einzelnen Verfahrensstufen voneinander, so daß ein solches Produktionsverfahren nicht mehr als die Summe der einzelnen Teilschritte angesehen werden kann. Diese sollten so aufeinander abgestimmt sein, daß das Produktionsergebnis mit einem minimalen Aufwand an Rohstoffen, Energie, Arbeitskräften und Investitionsmitteln gewonnen werden kann. Ein chemisches Verfahren muß also als ein System betrachtet werden, weshalb die Systemverfahrenstechnik als eine Teildisziplin der chemischen Technologie zunehmend an Bedeutung gewinnt. Der Struktur solcher Systeme sowie den auftretenden Korrelationen zwischen wichtigen Parametern ist daher die größte Aufmerksamkeit zu schenken.

Vom Standpunkt der Thermodynamik aus gesehen handelt es sich bei der chemischen Technologie meist um offene Systeme. Sie stehen also mit ihrer Umgebung im Stoff- und Energieaustausch. Im allgemeinen sind die Zeiten, in denen chemische Umsetzungen technischen Ausmaßes stattfinden, so lang und die Umsatzgebiete so groß, daß die klassische Gleichgewichtsthermodynamik angewandt werden kann. Auch wenn man berücksichtigt, daß die Arbeitsbedingungen technischer Verfahren meist vom Gleichgewicht recht weit entfernt sind, um die Leistungsparameter der Aggregate zu erhöhen, so genügen doch die klassischen Ansätze in den meisten Fällen den zu bestimmenden Zusammenhängen. In zunehmendem Maße werden allerdings in der Technik auch Arbeitsbedingungen gewählt, die nicht mehr der Maxwell-Boltzmann-Statistik entsprechen. Bei plasmachemischen Umsetzungen werden Reaktionszeiten von 10^{-4} bis 10^{-5} s erreicht [5]. In technischen Vorgängen können heute außerordentlich starke Temperatur- und Druckgradienten auftreten, so daß für die an der Umsetzung beteiligten Teilchen Nichtgleichgewichtszustände angenommen werden müssen. Unter solchen Bedingungen ist der Einsatz der klassischen Thermodynamik nicht möglich; andere Ansätze zur Bestimmung thermodynamischer Größen sind vorzusehen.

Auch die Thermodynamik irreversibler Prozesse gewinnt steigende Bedeutung. Das gilt für die Berechnung von stationären Vorgängen, von Stoffaustauschproblemen und von gekoppelten Effekten, die heute auch in der Technik der Stoffwandlungsvorgänge auftreten können.

Vorgänge an fluiden Phasengrenzen, das Auftreten dissipativer Strukturen vorwiegend in fluiden Systemen, verlangen die Berücksichtigung besonderer thermodynamischer Ableitungen. Die klassische Reaktionskinetik, die weiterhin auf die überwiegende Zahl aller technischen Prozesse angewandt werden kann, wird durch Ansätze ergänzt, mit deren Hilfe es möglich ist, den Wirkungsquerschnitt und die Reaktionsgeschwindigkeit bestimmter Reaktionen bei hohen Energiedichten, zum Beispiel im Plasma, zu ermitteln.

Kinetik und Transportvorgänge sind eng miteinander verknüpft. Fragen der Keim- und der Phasenbildung spielen in allen drei Aggregatzuständen eine Rolle. Die Wechselwirkung zwischen Stoff und Reaktor, zwischen Apparat und Prozeß macht die Entwicklung eigener Methoden erforderlich.

In den vergangenen Jahren baute die chemische Technologie vorwiegend auf der Untersuchung makroskopischer Zusammenhänge auf, die mit Hilfe von thermodynamischen und kinetischen Methoden gefunden wurden. Heute verfügen wir auf diesem Gebiet über umfangreiches experimentelles Material und über ein beachtliches Wissen. Aber für die wissenschaftliche Vertiefung des Gesamtgebietes reicht dieses Vorgehen heute nicht mehr aus. Heute muß sich die technische Forschung vor allem auch den Elementarvorgängen und Mikroprozessen zuwenden, um die erforderlichen Zusammenhänge ableiten zu können. Zwischen Ergebnissen auf diesem Gebiet und den makroskopischen Zusammenhängen müssen Brücken geschlagen werden, die vor allem durch statistische Verfahren gestützt werden.

Auch in technologischer Hinsicht steht heute vor uns die Aufgabe, zwischen den Eigenschaften von Molekülen, Stoffen und ganzen Systemen sowie ihrer Struktur allgemeingültige Beziehungen aufzustellen. In die Eigenschaften ist auch die Reaktivität mit einzubeziehen. Gleichzeitig sind für technische Verfahren mit Hilfe der Systemtheorie und der Kybernetik Systemzusammenhänge herzustellen. Zwischen den technischen Ausführungsformen der einzelnen Verfahrensschritte müssen möglichst günstige Beziehungen hergestellt werden. Besonders dort, wo die sehr rationelle Form einer Einstranganlage gewählt wird, bei der alle wichtigen technischen Parameter gut miteinander abgestimmt sind, kommt diesen Fragen erhöhte Bedeutung zu. Die Kenntnis der Elementarvorgänge und die Vertiefung unseres Wissens um Systemzusammenhänge bilden eine Einheit, die zur Lösung der technologischen Aufgaben beiträgt.

Für chemische Verfahren besitzt die Modellierung eine große technische Bedeutung. Unter einem Modell sei hier ein System von Beziehungen verstanden, das wesentliche Eigenschaften des technischen Systems vereinfacht wiedergibt, so daß die wichtigsten funktionellen Relationen deutlich hervorgehoben werden. Alle Modelle werden in Form mathematischer Zusammenhänge ausgedrückt. Bereits im Jahre 1970 gab es für mehr als 2000 technische Verfahren Modelle, die in verschiedenem Umfang die Charakteristika des jeweiligen Verfahrens nachzubilden gestatten. Es kommt bei der Modellierung darauf an, die wichtigsten Einflußgrößen zu ermitteln, ihre Bedeutung für den Gesamtvorgang richtig abzuschätzen und allgemeingültige Korrelationsfunktionen aufzustellen. Mit Hilfe von Modellen kann man ein chemisches Verfahren nicht nur optimal gestalten, sondern auch automatisieren. Ein Modell gestattet es, die Zahl der Zwischenstufen im Überführungsprozeß zu reduzieren und für bekannte Verfahren die günstigsten Bedingungen für den Einsatz unterschiedlicher Roh- und Hilfsstoffe sowie für die Ausbeute an bestimmten Produkten zu ermitteln.

Optimale Fahrweise eines technischen Prozesses wird vor allem durch den Einsatz eines Prozeßrechners gewährleistet, mit dessen Hilfe es möglich ist, die für die variablen Betriebszustände erforderlichen optimalen Parameter trägheitsfrei zu ermitteln und einzustellen. Auch der Einsatz von Prozeßrechnern ist von ökonomischen Kriterien abhängig. Sie bewähren sich vor allem in Massenproduktionsverfahren mit kontinuierlicher Fahrweise, in denen die Betriebszustände über einen gewissen Wertebereich streuen dürfen und bei denen die Regelgrößen durch möglichst einfache Regelvorgänge verändert werden können. Der Einsatz eines Prozeßrechners setzt aber eine gute Kenntnis der dem Gesamtverfahren zugrunde liegenden Elementarvorgänge voraus. Ist dies nicht gegeben, kann sich der Einsatz von Rechnern als Fehlschlag erweisen.

Automatisierung und Rechnereinsatz sind von den erforderlichen analytischen Methoden und Hilfsmitteln abhängig. Diese müssen so gestaltet sein, daß sie den rauhen Bedingungen des technischen Betriebes gewachsen sind. Wir verfügen heute über eine größere Zahl leistungsfähiger und kontinuierlich arbeitender technischer Analysenverfahren. Von der Messung der Temperatur, des Druckes und der Strömungsgeschwindigkeit angefangen bis zum technischen Einsatz der Infrarotspektroskopie, der Gaschromatographie und der Polarographie erstreckt sich ein breites Spektrum von Methoden, die unter Betriebsbedingungen zuverlässig arbeiten und deren Signale durch Rechner ausgewertet werden können. Demnach bildet die Prozeßanalytik einen Schwerpunkt der weiteren Entwicklung. Wir müssen nicht nur unsere Kenntnisse erweitern, wie wir auf rationelle Weise bestimmte Stoffwerte unter Anwendung neuer Prinzipien ermitteln können, sondern wir müssen auch Kenntnisse darüber erhalten, welche Meßparameter die wichtigsten Größen für die Regelung des Gesamtprozesses sind. Wir müssen es also verstehen, nicht nur Daten zu gewinnen, sondern aus der anfallenden Datenfülle diejenigen Werte richtig herauszusuchen, die für den Gesamtprozeß von größter Bedeutung sind. Verfahren der Datenreduktion wird in Kürze also auch eine technische Bedeutung zukommen.

Einen wesentlichen Umfang nehmen Forschungsergebnisse der verschiedenen technischen Disziplinen für den Aufbau und die Gestaltung von Stoffwandlungsprozessen ein. Nicht nur Fragen des Stoff- und Energieaustausches, nein, auch die der Führung von Stoffströmen, der Gestaltung von Kreisläufen aller Art und der Beherrschung der Zu- und Abführung von Rohstoffen und Fertigprodukten bestimmen das Verfahren.

Die Konstruktion eines chemischen Reaktors, die von zahlreichen Größen abhängig ist, wird vor allem dadurch bestimmt, in welcher Phase die Reaktionspartner vorliegen. Während sich für Umsetzungen in der Gasphase das kontinuierlich arbeitende Strömungsrohr entwickelt hat, sind bei Umsetzungen, an denen eine feste Phase beteiligt ist, der Drehrohrofen, der Bewegbett- oder der Wirbelschichtreaktor von Bedeutung geworden. Für alle chemischen, plasmachemischen und strahlenchemischen Umsetzungen wurden ganz spezifisch gebaute Reaktoren entwickelt. Alle diese Größen bedürfen einer Analyse auf wissenschaftlicher Grundlage, um mit hohem Wirkungsgrad technisch wirksam gemacht werden zu können.

Der Bau chemischer Aggregate ist vor allem auch eine Frage der einzusetzenden Werkstoffe. Schon seit langem stehen deshalb Werkstofforschung und Chemieanlagenbau in einem engen Wechselverhältnis. Die stoffwandelnde Industrie ist der Industriezweig, der in seinen Anlagen den höchsten Anteil an hochlegierten Stählen verwendet. In bezug auf Temperaturbeständigkeit, mechanische Festigkeit, Beständigkeit gegen chemische Einflüsse und gegen die Beanspruchung durch die Betriebszeit werden an Werkstoffe für chemische Aggregate ständig höhere Anforderungen gestellt. Die Zunahme der Intensitätsparameter in chemischen Anlagen wie zum Beispiel die Erhöhung der Raum-Zeit-Ausbeute in Reaktoren, die Forderung nach intensivem Stoff- und Wärmeaustausch und die Erhöhung der Selektivität, vornehmlich bei katalytischen Umsetzungen und bei Stofftrennprozessen, stellen an die technische Forschung hohe Ansprüche.

Alle diese Fragen werden vor allem durch die wissenschaftlichen Grundlagen beherrscht, die den genannten Vorgängen zugrunde liegen. Sie stellen gleichzeitig die wissenschaftlichen Grundlagen für die chemische Technologie dar.

Der Beitrag, den die naturwissenschaftliche Forschung zur weiteren Entwicklung eines im Prinzip bekannten chemischen Verfahrens leistet, zeigt sich bei der Rationalisierung solcher Prozesse. Hierfür sei die Entwicklung der Ammoniaksynthese genannt. Bereits 1910 als vielstufiger Prozeß konzipiert, hat dieses Verfahren bis heute keine wesentliche Strukturänderung erfahren, wohl aber sind umfassende Rationalisierungsmaßnahmen wirksam geworden. Obwohl der Gesamtprozeß im Prinzip heute der gleiche wie vor sechs Jahrzehnten ist, stieg die Produktivität dieses Verfahrens auf das 25fache an. Die Raum-Zeit-Ausbeute der Hochdruckreaktoren erhöhte sich auf das 10- bis 15fache. Heute werden nach diesem Verfahren nahezu 80 Mio t Stickstoff/Jahr in Form von NH_3 in der Welt gewonnen. Die wissenschaftliche Durchdringung des Verfahrens äußerte sich z. B. in folgenden Rationalisierungsmaßnahmen:

1. Grundlagen für die Vergasung unter Druck,
2. Reduzierung der Temperatur für die Wasser/Gas-Konvertierung durch Einsatz neuer Katalysatoren,
3. Einführung neuer Entschwefelungsverfahren,
4. Einführung der Turbokompressoren,
5. konsequente Beachtung des Prinzips der Feinreinigung des Synthesegases,
6. Vervollkommnung des Ammoniakkatalysators,
7. veränderte Stoff- und Wärmeführung im Hochdruckreaktor.

4.   Die grundsätzlichen Aufgaben der chemischen Technologie in der DDR

Unsere Volkswirtschaft baut auf einer hochentwickelten Stoffwirtschaft auf. Da wir nicht über das gesamte Spektrum der benötigten Rohstoffe verfügen, sondern in sehr wichtigen Positionen auf den Import angewiesen sind, müssen wir stets darauf bedacht sein, alle Rohstoffe möglichst intensiv zu nutzen. Das gilt auch für die Primärenergieträger. Die uns zur Verfügung stehende Rohbraunkohle stellt nicht die günstigste Form an Rohstoff für eine leistungsfähige Energiewirtschaft dar. Sie muß so veredelt werden, daß ein möglichst hoher Effekt bei der komplexen Nutzung in stofflicher und energetischer Hinsicht erreicht wird. Die in der DDR bereits durchgeführten und noch geplanten Maßnahmen zur Umgestaltung der Landwirtschaft in einen Volkswirtschaftszweig von industrieartigem Charakter und von hoher Leistungsfähigkeit läßt auch auf diesem Gebiet die Bedeutung der chemischen Technologie und die Anforderungen an sie weiterhin wachsen.

Betrachten wir also vom Standpunkt umfassender gesellschaftlicher Zusammenhänge die wichtigsten Aufgaben der chemischen Technologie in den nächsten 10—15 Jahren, so bestehen sie im wesentlichen in folgenden:

1. Entwicklung von neuen Verfahren und Rationalisierung bestehender Verfahren für eine umfassende rationelle Nutzung von Rohstoffen, besonders der einheimischen Produkte.

   Das Ziel besteht darin, Endprodukte von hohem Veredelungsgrad zu erreichen. Da zu erwarten ist, daß die Qualität der zu verarbeitenden Rohstoffe absinkt und der Anteil an sogenannten Ballaststoffen zunimmt, müssen wir vor allem neue technologische Lösungen für das Ausbringen der wichtigsten Wertstoffkomponenten des Rohstoffes entwickeln. Das schließt energiesparende Aufschluß- und Trennverfahren ein, erfordert leistungsfähige neue technische Lösungen für die Gewinnung von Zwischenprodukten und muß gleichzeitig auf eine möglichst komplexe Nutzung der Rohstoffe ausgerichtet sein. Dabei möge aber das Wort „komplex" nicht mit totaler Nutzung verwechselt werden. Es soll unser Bestreben sein, möglichst viele Komponenten der Rohstoffe unter Berücksichtigung ökonomischer Kriterien wirksam zu machen. Diesem Ziel müssen auch die geologische Erkundung, die chemische Grundlagenforschung und die Forschung auf dem Gebiet der Applikation der Endprodukte dienen. Beispiele für eine komplexe Nutzung von Rohstoffen liegen in unserer Volkswirtschaft bei der Aufarbeitung des Mansfelder Kupferschiefers und bei der Nutzung des Kahlaer Feldspats vor [6].

2. In der Schaffung von Voraussetzungen für eine möglichst günstige stoff- und energiewirtschaftliche Nutzung von Primärenergieträgern aller Art.

Bekanntlich erfüllt das Element Kohlenstoff eine doppelte Funktion: Es ist heute und in absehbarer Zeit der wichtigste Energieträger und gewinnt gleichzeitig als Rohstoff für die Synthese organischer Produkte und synthetischer Werkstoffe ständig an Bedeutung. Dieser Doppelfunktion muß auch die Technologie gerecht werden. Heute noch wird der fossile Kohlenstoff, der in Form von Kohlen, Erdöl, Erdgas und anderen Rohstoffen vorliegt, zu über 90% verbrannt. Die chemische Synthese verbraucht weniger als 10%. Bereits seit zwei Jahren liegen in der DDR Beschlüsse vor, die den Einsatz von Erdgas vorwiegend auf chemische Umsetzungen orientieren [7]. Die chemische Technologie muß Lösungen schaffen, die es gestatten, diese Kohlenstoffträger in möglichst effektiver Weise selektiv umzusetzen und zu Produkten mit hohem Gebrauchswert zu veredeln und gleichzeitig auch feste Primärenergieträger so zu verarbeiten, daß aus ihnen wichtige Rohstoffe für die stoffwandelnde Industrie gewonnen werden können, ehe die kohlenstoffreichen Rückstände der Energieversorgung zugeführt werden. Diese technologischen Aufgaben umfassen auch Verfahren für die Nutzung von bisher nicht stoffwirtschaftlich eingesetzten Raffinerieabgasen, leichtflüchtigen Kohlenwasserstoffen und schweren Rückständen.

3. In Maßnahmen zur weiteren Verbesserung des energetischen Wirkungsgrades stoffwandelnder Prozesse.

Der Chemiker ist es gewohnt, die Wirksamkeit eines technischen Verfahrens unter dem Aspekt der Rohstoffausbeute zu beurteilen. Weniger geläufig ist ihm die Charakterisierung des Wertes eines Verfahrens durch den energetischen Wirkungsgrad. Wie unterschiedlich die beiden Größen für bekannte chemische Prozesse von Massencharakter sein können, zeigt Tab. 1.

Aus ihr geht eindeutig hervor, daß besonders bei thermischen Verfahren mit mehreren aufeinanderfolgenden Stufen von unterschiedlichem Tempe-

Tabelle 1: Vergleich der Rohstoffausbeute R mit dem energetischen Wirkungsgrad η bei ausgewählten Verfahren [8]

Produkt	Verfahren	R	η
C_2H_4	thermische Pyrolyse von Leichtbenzin	0,33	0,28—0,32
C_2H_2	Lichtbogenverfahren	0,3	0,32—0,38
NH_3	Hochdruck	> 0,9	0,25—0,42
NO	Ostwald-Verfahren	0,82—0,85	0,08
Vinylchlorid	über C_2H_2 + HCl	> 0,9	0,12
O_2	Diaphragmen Elektrolyse	> 0,92	0,59—0,71
P	elektrothermisch	> 0,9	0,47—0,54

ratur- und Druckniveau erhebliche Reserven des energetischen Wirkungs-
grades zu beobachten sind. In den letzten 5—7 Jahren hat die Haltung des
Chemikers gegenüber der Energie besonders als Faktor in technologischen
Prozessen bereits einen beträchtlichen Wandel erfahren. Alle in den letzten
Jahren eingeleiteten Prozeßanalysen und die überwiegende Zahl der Ver-
fahrensneuentwicklungen widmeten dieser Größe besondere Beachtung.
Dennoch sind hier durch weitere Maßnahmen zur Erhöhung der Selektivität
von chemischen Reaktionen, durch Vermeidung extremer Temperatur-,
Druck- und Strömungsbedingungen während des Reaktionsablaufes und
durch die weitere technische Entwicklung selektiver Stofftrennprozesse
noch beachtliche Reserven zu erschließen.

4. Verfahren zur Herstellung synthetischer Werkstoffe, die die ständig wachsenden Anforderungen an Materialien mit neuen spezifischen Eigenschaften
erfüllen und gleichzeitig zur Entlastung des volkswirtschaftlichen Bedarfs
an Metallen beitragen.
   Die Palette der Plast- und Elastwerkstoffe ist heute außerordentlich groß,
wobei die technische Herstellung von wenigen bestimmten Grundtypen an
Stoffen ausgeht und diese in immer stärkerem Maße durch geeignete Modi-
fizierungsmaßnahmen abzuwandeln versucht. Das Ziel besteht darin, Stoffe
von hohem Gebrauchswert zu erzeugen, weshalb dem Forschungsgebiet
einer zielgerichteten Applikation große Aufmerksamkeit zu schenken ist.
   Der Einsatz dieser Werkstoffe reicht von der Bau- und Möbelindustrie
über die Textilindustrie bis zur Halbleiterproduktion, von den Verpackungs-
materialien bis zu Konsumgütern. Die Substitution von Metallen gegen
Polymere (auch anorganischen Ursprungs) ist ein durch die chemische Technologie zu beherrschender Vorgang, der sich komplex gesehen noch im An-
fangsstadium befindet, da für ihn bisher weder die technologischen noch
die anwendungstechnischen noch die volkswirtschaftlichen Voraussetzungen
ausreichend geschaffen wurden. Die chemische Technologie muß durch
weitere rationelle Verfahren zur Gewinnung der Monomeren und der
Polymeren und durch Beiträge zu ihrer besseren Verarbeitung, zum
Beispiel auch zur Herstellung von Verbunden aller Art, neue Erkenntnisse
liefern.

5. In der Entwicklung von leistungsfähigen Verfahren, die auf neuartigen
Aktivierungsprinzipien aufbauen.
   Bisher ist es üblich, die Geschwindigkeit einer chemischen Reaktion durch
Temperaturerhöhung, in vielen Fällen gekoppelt mit heterogenkatalytischer
oder komplexkatalytischer Arbeitsweise, zu steigern. 95% aller technischen
Prozesse arbeiten bei erhöhter Temperatur, bei 70% aller Verfahren wird
das Aktivierungsprinzip der heterogenen Katalyse angewandt. Da diese
Verfahren meistens Massencharakter haben, beträgt der Gesamtwert der
auf diese Weise hergestellten Produkte mehr als 80% der Gesamterzeugung.
Die heterogene Katalyse wird unter Berücksichtigung der Komplexkatalyse
auch in Zukunft diese beherrschende Stellung wahren, wobei höhere Forde-

rungen an die Selektivität, die Aktivität und die Alterungsbeständigkeit der Katalysatoren erhoben werden als bisher [9].

Gleichzeitig ist aber die Tendenz zu beobachten, daß andere Energiearten als die Wärme zur Überwindung der Aktivierungsschwelle technisch genutzt werden. In steigendem Maße werden elektrochemische Verfahren auch zur Durchführung von organischen Synthesen und plasmachemische Bedingungen vor allem bei der Beherrschung stark endothermer Reaktionen verwandt. Die mögliche hohe Selektivität foto- und strahlenchemischer Aktivierung wird in steigendem Maße technisch genutzt. Schließlich kommt auch der mechanochemischen Aktivierung wachsende Bedeutung zu.

Allen diesen Aufgaben muß die chemische Technologie Rechnung tragen. Jedes Aktivierungsprinzip macht die Konstruktion spezifischer Reaktortypen erforderlich. Der Aufbau des Verfahrenssystems unterliegt charakteristischen Gesetzmäßigkeiten. Die Bedingungen hierfür auszuarbeiten und sie in einigen wichtigen Fällen technisch zu realisieren, ist Aufgabe der chemischen Technologie in den nächsten 20 Jahren.

6. In der Entwicklung selektiver Stofftrennprozesse.

Die Aufgabe, Rohstoffe, auch solche von minderer Qualität, möglichst weitgehend zu veredeln und dabei mit einem möglichst geringen Aufwand an Energie und Investitionsmitteln zu operieren, macht die Entwicklung neuer, selektiv arbeitender Stofftrennprozesse erforderlich. Solche Vorgänge sind die Adsorption an Molekularsieben, die Extraktion in flüssiger Phase, die Selektivabsorption aus der Gas- in die flüssige Phase und der Einsatz von Permeationsprozessen verschiedener Art in der Technik der Stoffwandlungsvorgänge. Diese Trennverfahren eignen sich hervorragend für die Trennung von Stoffgemischen nach Molekülgröße, -form und -polarisierbarkeit. Sie zeichnen sich durch einen günstigen energetischen Wirkungsgrad aus und gestatten eine einfache und kontinuierliche Prozeßführung. Allerdings ist bis zu ihrer vollständigen technischen Beherrschung [10] noch viel Grundlagenforschung und technologische Entwicklungsarbeit zu leisten. Es muß eingeschätzt werden, daß diese Verfahren in wichtigen Zweigen der stoffwandelnden Industrie in absehbarer Zeit beachtlichen Einsatz erfahren werden.

7. In der Schaffung der technologischen Grundlagen der Biotechnologie.

Schon heute haben bestimmte Produktionsprozesse auf biochemischer Grundlage wie die Gewinnung von Äthanol durch Gärung, die Verarbeitung von Abwässern auf biologischer Grundlage und die Gewinnung von Hefe sowie die Produktion von hochspezifischen Pharmazeutika durch enzymatische Prozesse eine große technische Bedeutung. In Zukunft werden wir aber auch damit rechnen müssen, daß die Versorgung mit Futtereiweiß, die Produktion organischer Zwischenprodukte und die Gewinnung weiterer biologischer Wirkstoffe aller Art auf biochemischem Wege vor sich gehen wird. Durch Gewinnung synthetischer Enzyme, die den natürlichen in vereinfachter Form nachgebildet werden, ist eine Verbreiterung der Palette

dieser Verfahren durchaus möglich. Solche Prozesse arbeiten unter günstigen
äußeren Bedingungen. Es ist Aufgabe der chemischen Technologie, die spezifischen Arbeitsbedingungen und die technologischen Zusammenhänge
hierfür auszuarbeiten und sie einer verstärkten wissenschaftlichen Bearbeitung und der Realisierung der Ergebnisse zuzuführen. Die Biotechnologie
wird im Rahmen der chemischen Technologie zweifellos zu einem wichtigen
Teilgebiet erweitert werden.

8. In der Verarbeitung von Sekundärrohstoffen und bei der Schaffung technologischer Grundlagen geschlossener Stoffkreisläufe.

Der sparsame Umgang mit Rohstoffen und Energie ist Grundsatz der
sozialistischen Volkswirtschaft. Einer „Wegwerftechnologie" haben wir
nie gehuldigt. Eine Haltung zu Rohstoffen und Fertigprodukten, die ihre
Wiederverwendung unberücksichtigt läßt, kann sich heute kein Land der
Welt mehr leisten. Vor uns steht also die Aufgabe, Sekundärrohstoffe im
höchstmöglichen Umfang aufzuarbeiten und sie einem nützlichen Wieder-
einsatz zuzuführen. Zum Teil fehlen hierfür die technologischen Voraussetzungen fast völlig. Vor uns steht die Aufgabe, neue Verfahren zur Auf-
·bereitung von Müll und von sehr unterschiedlichen Stoffgemischen zu entwickeln, eine möglichst einfache Regeneration der Sekundärrohstoffe vor-
zunehmen und für die dabei erhaltenen Produkte spezifische Einsatzgebiete
von hohem Gebrauchswert ausfindig zu machen. Typisch ist heute schon
die Tatsache, daß 70% der Stahlerzeugung der Welt aus Schrott gewonnen
werden; 60% des Kupferbedarfs der DDR werden aus Altkupfer gedeckt.
Für die Schaffung solcher Kreisläufe für organische Produkte liegen bisher
nicht ausreichend technologische Unterlagen vor. Es kommt daher darauf
an, für die Ausarbeitung von Altgummi, von Plasten, Verpackungsmateria-
lien und Textilien neue, leistungsfähige Verfahren zu entwickeln. Da
Wasser zu einem immer wertvolleren Rohstoff wird, ist der Einsatz geschlossener Wasserkreisläufe vor allem in Industriekombination ebenfalls
von volkswirtschaftlicher Bedeutung.

Bei der Konzipierung von Aufgaben für die chemisch-technologische Forschung ergeben sich einige allgemeine Probleme, auf die kurz hingewiesen
werden soll:

1. In der Stoffwirtschaft kommt es vor allem auf das Endprodukt an. Die
chemische Technologie wird also besonders dann wirksam, wenn sie sich der
Entwicklung und Rationalisierung von Produktionsverfahren mit dem Ziel
widmet, das vorgesehene Endprodukt auf möglichst rationelle Weise hervor-
zubringen. Bei dieser Aufgabenstellung müssen alle Stadien der Stoffwandlung und -trennung vom Rohstoff bis zum Fertigprodukt auf einem
vergleichbar hohen wissenschaftlichen Niveau bearbeitet werden. Vor allem
die chemische Industrie muß die Leistungsfähigkeit der technologischen
Forschung unter dem Aspekt des Gesamtverfahrens betrachten. In diesen
Fällen müssen sich auch die Forschungsergebnisse von Akademie- und Hochschuleinrichtungen in diese Arbeiten einfügen. Dabei ist die chemische

Industrie der DDR dazu übergegangen, bestimmte, durch das Produkt miteinander verbundene Produktionsprozesse zu Erzeugnislinien zusammenzufassen. So stellt zum Beispiel in Leuna die Produktion von Phenol, Caprolactam und von Polyamiden eine solche Erzeugnislinie dar. Nur auf diese Weise gelingt es, die Aufgaben der langfristigen Planung zu erfüllen und die Voraussetzungen für eine stabile Investitionspolitik zu schaffen.

Darüber hinaus gibt es aber vor allem für die Grundlagenforschung auch ein anderes Organisationsprinzip. Das ist eine problemorientierte Arbeitsweise. Seit langem ist bekannt, daß verschiedene Verfahrensstufen der chemischen Technologie unter gleichartigen wissenschaftlichen Gesichtspunkten zusammengefaßt werden können. Solche Prozeßgruppen sind zum Beispiel: die Stofftrennung durch Destillation, Extraktion, Absorption und Adsorption. Das Gemeinsame dieser Trennvorgänge ist die Stoffverteilung zwischen verschiedenen Phasen und eine Trennung dieser Phasen in reine Komponenten. Abbildung 1 zeigt dies anschaulich. Die Verteilung der trennenden Komponente wird durch ein Verteilungsgesetz erfaßt, das für alle Systeme ähnlich gestaltet ist. Die praktische Ausführungsform des Trennapparates richtet sich nach den beteiligten Phasen und der Art der Stoffzuführung, -verteilung und -trennung. Die technologischen Aufgaben und Lösungen sind sich also sehr ähnlich. Und es ist daher auch wissenschaftlich sehr rationell, solche Forschungsaufgaben unter einheitlichen Gesichtspunkten durchzuführen und analoge Bedingungen sowie Untersuchungsergebnisse unmittelbar miteinander zu vergleichen.

Es wäre also falsch, die Flüssigphasenextraktion etwa speziell unter dem Aspekt der Aromatenabtrennung aus Kohlenwasserstoffgemischen oder der Metallextraktion aus komplexen Lösungen isoliert durchzuführen. Die Grundlagenforschung muß also nicht nur stoffspezifisch, sondern vor allem auch problemorientiert angelegt sein. So wird sie am ehesten der Forderung gerecht, multivalent nutzbare Erkenntnisse zu liefern [11].

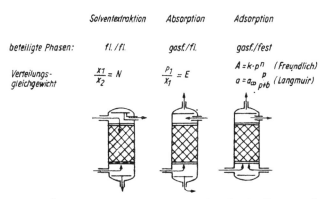

Abb. 1. Ähnlichkeit von Verfahrensstufen des Stoffaustausches (Füllkörperschichten)

2. Die Grundlagenforschung im Rahmen der chemischen Technologie trägt
dazu bei, weitgehend vereinheitlichte Verfahrensstufen und standardisierte
Apparate zu entwickeln. Das gilt nicht nur für den Stoff- und Wärmeaustausch, sondern auch für Transportvorgänge, für die Kompression von
Gasen oder für die Stofftrennung. Solche Verfahrensstufen, denen im wesentlichen physikalische Vorgänge zugrunde liegen, können zu einem einheitlichen System von Apparaten entwickelt werden, die sich baukastenartig
aus technologischen Grundelementen zusammensetzen. Für die Volkswirtschaft ergibt sich hieraus eine beträchtliche Rationalisierung. Durch den
Einsatz genormter Apparate und Apparateteile, durch die Anwendung
einheitlicher Betriebsbedingungen lassen sich dort, wo dies technologisch
möglich ist, nicht nur die Materialhaltung und der Reparaturablauf ver-
einfachen, auch die Projektierung und die Investitionsdurchführung werden
rationalisiert. Diese Maßnahmen sind eine wichtige Entwicklungsaufgabe
des Chemieanlagenbaus.

3. Es gibt Bemühungen, die Tendenzen der Standardisierung auch auf den
Bau von Reaktoren zu übertragen. Dort aber scheinen dieser Entwicklung
zunächst enge Grenzen gesetzt zu sein. Die Bedingungen, unter denen die
eigentliche chemische Reaktion abläuft, sind für jedes Verfahren sehr spezifisch. Da der Reaktionsablauf optimiert werden soll, ist die Anwendung
des Prinzips der Normierung von Reaktoren stark in Frage gestellt. International fand vielmehr immer stärkere Anerkennung der Grundsatz, daß
Reaktoren „maßgeschneidert" sein sollten, so daß tatsächlich heute für
jedes chemische Verfahren, ja oft für jede Variante der stofflichen Umsetzung ein spezifischer Reaktor konstruiert wird. Dennoch gibt es auch im
Reaktorbau allgemeingültige, vielseitig zu nutzende Erkenntnisse. Das gilt
sowohl für den Stoff- und Energieaustausch als auch für die Anordnung von
Katalysatoren oder für die Zuführung von Reaktionsgasen. Wenn also auch
der chemische Reaktor in Aufbau und Konstruktion stark spezifische Züge
aufweist, so erfolgt seine Entwicklung dennoch unter Verwertung von uni-
versell geltenden Forschungsergebnissen.

4. Die durch die technologische Grundlagenforschung zu lösenden Aufgaben
sind in der DDR so groß geworden, daß sie nur in enger Kooperation und
in abgestimmter Arbeitsteilung von Forschungseinrichtungen in der Industrie, der Hochschulen und der Akademie der Wissenschaften gemeinsam
gelöst werden können. Dabei hat jede dieser drei Institutionen spezifische
Verpflichtungen zu übernehmen. Es sollte stets eine solche Arbeitsteilung
vorgesehen werden, daß die Aufgaben dort gelöst werden, wo für sie die
günstigsten Voraussetzungen bestehen. Die Hauptsache ist das enge Zu-
sammenarbeiten und die regelmäßige Aussprache über die Probleme, so daß
Forschungsergebnisse gewissermaßen „überlappend" und in gemeinsam
wahrgenommener Verantwortung bis zur technischen Realisierung überführt werden können. Arbeitsteilung bedeutet niemals Abgrenzung im
Sinne von Abkapselung, sondern sie schließt die Verpflichtung zur Koopera-

tion ein. Die Forschungseinrichtungen der Hochschulen und der Akademie übernehmen entsprechend ihren Möglichkeiten daher vor allem die Lösung theoretischer, grundlegender experimenteller und problemorientierter Aufgaben im Labormaßstab. Für die Erprobung der Erkenntnisse in halb-technischen Anlagen kommt überwiegend der Industriebetrieb in Frage. Stets sollte aber die technologische Forschung von Anfang an gemeinsam mit Vertretern aller Institutionen geplant, besprochen und realisiert werden. Nur durch rechtzeitige Einbeziehung der Forderungen der Praxis lassen sich in der Grundlagenforschung die bereits genannten technologischen „Anschlußstücke" entwickeln.

Eine Analyse der chemisch-technologischen Forschungskapazität zeigt, daß die für die Entwicklung von Prozessen und Apparaten zur Verfügung stehenden Möglichkeiten stärker entwickelt sind als die für geschlossene Verfahren oder vollständige Anlagen. Vor allem auf dem Gebiet der Systemverfahrenstechnik erscheint eine Verstärkung der Forschungskapazitäten notwendig. Das betrifft vor allem Forschungsaufgaben wie die Modellierung und Optimierung verfahrenstechnischer Systeme, Unterlagen für die Berechnung verfahrenstechnischer Zusammenhänge und die Automatisierung von Produktionsverfahren. Fragen der Betriebssicherheit und der Zuverlässigkeit von Anlagen und einzelnen Aggregaten sind verstärkt, und zwar möglichst konkret am gegebenen technischen Objekt zu bearbeiten.

Das Forschungspotential der Akademie der Wissenschaften zeichnet sich durch einen sehr komplexen Charakter aus. Hier muß vor allem die Möglichkeit der interdisziplinären Kooperation voll genutzt werden. Gemeinsam mit den Hochschulen muß die Akademie verfahrenstechnische Prinziplösungen bearbeiten und Verantwortung für die Forschung auf den Gebieten: theoretische Grundlagen, mechanische Verfahrenstechnik, thermische Verfahrenstechnik und Reaktionstechnik wahrnehmen. Dabei müssen die Akademieeinrichtungen dort, wo die Institute über Technika verfügen, auch Arbeiten übernehmen, die über den Labormaßstab der Untersuchungen hinausgehen. Nur durch eine solche Arbeitsweise wird die enge Verflechtung mit der technischen Praxis hergestellt.

Dagegen sind Akademie- und Hochschuleinrichtungen nur in Ausnahmefällen in der Lage, die Forschungsarbeiten für gesamte Produktionsverfahren zu übernehmen. Sie sollten sich im allgemeinen auch nicht die Aufgabe stellen, als Verfahrensträger für komplexe Produktionsprozesse aufzutreten, müssen jedoch jederzeit bereit sein, ihre Forschungsergebnisse in Zusammenarbeit mit der stoffwandelnden Industrie einzusetzen.

5. Vor der chemischen Industrie der DDR steht die Aufgabe, in enger Kooperation mit der UdSSR und den anderen Ländern der sozialistischen Staatengemeinschaft in den nächsten Jahren zahlreiche Forschungsaufgaben auf technologischem Gebiet zu bearbeiten. Das Beispiel der gemeinsamen Entwicklung eines neuen Verfahrens zur Produktion von Hochdruckpolyäthylen (Polimir 50), das zwischen der UdSSR und der DDR ausge-

arbeitet wurde, beweist die Leistungsfähigkeit dieser Zusammenarbeit.
Weitere Projekte, die für die Volkswirtschaften der beteiligten Länder
eine große Bedeutung haben, sind bereits angelaufen oder befinden sich
in Vorbereitung. Hierfür sind von seiten der DDR wichtige Fragen der naturwissenschaftlichen und der technischen Grundlagen zu bearbeiten. Wir
werden uns vor allem auch mit Untersuchungen auf den Gebieten der thermischen Verfahrenstechnik, der selektiven Stofftrennung und der Durchführung katalytischer Reaktionen in diese gemeinsamen Arbeiten ein-
schalten.

Welche Forschungsschwerpunkte sind für die chemische Technologie in
den nächsten Jahren bevorzugt zu bearbeiten?

Beginnen wir bei theoretischen Fragen, so sollten hier vor allem Probleme,
die zu einer weiteren Entwicklung der theoretischen Grundlagen der Adsorption, der Chemisorption und der heterogenen Katalyse führen, genannt werden.
Die allgemeine Transporttheorie ist ebenso wie die Thermodynamik irreversibler Vorgänge und dissipativer Strukturen von Bedeutung. Theoretische
Fragen der Kinetik von Kopplungsprozessen, der Modellierung turbulenter
Strömungen und der Grundlagen von Mehrphasenströmungen sind zu berücksichtigen.

Für die technologischen Aufbereitungsstufen, für Trenn- und Reinigungs-
vorgänge macht sich die Bearbeitung von Verteilungsgleichgewichten an
selektiv wirkenden Phasen erforderlich. Der Stoff- und Wärmeübergang an
Phasengrenzen, auch unter extremen Bedingungen, Transportvorgänge in
Filmen und Membranen und Grundlagen der Diffusion in porösen Medien stehen
auf der Tagesordnung.

Die Reaktionstechnik stellt sich das Ziel, optimale Lösungen für den Bau
chemischer Reaktoren zu finden. Dabei ist die Tendenz zu beobachten, daß
Verfahrensstufen für Grundoperationen mit der Funktion von Reaktoren
gekoppelt werden. Das Forschungsprogramm umfaßt etwa folgende Aufgaben: die Entwicklung von Aggregaten für elektrochemische, plasmachemische, strahlenchemische und mechanochemische Umsetzungen, die Schaffung
von Reaktoren für biotechnische Verfahren, die Untersuchung des dynamischen
Verhaltens von Festbettreaktoren sowie die Bestimmung von Stabilitätskri-
terien in Kolonnen aller Art.

Bei Reaktoren stehen weiterhin Fragen der Maßstabsübertragung und der
wandlosen Reaktionsführung im Blickfeld. Auf allen Gebieten muß der verstärkten Erforschung der Grenzflächenvorgänge große Aufmerksamkeit ge-
schenkt werden. Der technische Ablauf chemischer Umsetzungen ist in bedeu-
tendem Umfange an die Bereitstellung leistungsfähiger Prozeßkontrollein-
richtungen geknüpft. Arbeiten auf dem Gebiet physikalischer Analysen-
methoden und ihres Einsatzes in der Technik sowie die weitere Entwicklung
entsprechender Prozeßkontrollgeräte gehören in das erweiterte Aufgaben-
gebiet der chemischen Technologie. Schließlich sind der Chemieanlagenbau und
die chemische Industrie auf die Bereitstellung von Stoffdaten für die Berech-

nung technischer Zusammenhänge und die Beurteilung von Neuentwicklungen angewiesen. Die fehlerfreie Gewinnung dieser Daten, ihre Speicherung und Methoden zur allgemeinen Nutzung spielen heute für die Effektivität der chemischen Technik eine große Rolle. Im Zuge der technologischen Entwicklung haben alle Kombinate der chemischen Industrie und die wissenschaftlichen Einrichtungen, die Grundlagenforschung betreiben, die Verpflichtung, zur Lösung des Datenproblems beizutragen.

Diese Aufgaben können nur eine Auswahl darstellen, die keinen Anspruch auf Vollständigkeit erheben kann. Um sie lösen zu können, ist es erforderlich, die Forschung auf technologischem Gebiet wesentlich zu intensivieren und auch an Hochschuleinrichtungen und Akademieinstituten Maßnahmen zur Verstärkung der technologischen Forschung zu schaffen. Das kann im Zuge des vorgesehenen Aufbaus von Technika geschehen, sollte aber auch bereits bei der Forschung im Labormaßstab berücksichtigt werden. Um die Zusammenarbeit mit der Industrie auch auf diesem Gebiet effektiver zu gestalten, ist die Bildung von Akademie- oder Hochschul-Industrie-Komplexen vorgesehen. Die ersten Erfahrungen, die mit solchen Einrichtungen gesammelt wurden, sind sehr positiv. Die Zusammenarbeit zwischen der Grundlagenforschung und den Forschungseinrichtungen des Chemieanlagenbaus bedarf ebenfalls einer weiteren Vertiefung, wenn der Überleitungsprozeß sicher beherrscht werden soll. In diesem Sinne werden auch die im Rahmen des Chemieanlagenbaus vorgesehenen Erweiterungen von Einrichtungen für die technologische Forschung wirksam werden.

Schließlich ist eine enge Zusammenarbeit zwischen der wissenschaftlich-technischen und der gesellschaftswissenschaftlichen Forschung erforderlich. Wie wir sahen, spielen bei der chemischen Technologie nicht nur Fragen der Ökonomie und der volkswirtschaftlichen Verflechtung eine große Rolle, sondern auch Probleme des Bildungsniveaus der Werktätigen und der Einbeziehung von heuristischen und kybernetischen Fragen. Alle diese Probleme bedürfen ebenfalls einer wissenschaftlichen Grundlage, die vor allem durch gemeinsame Forschungsarbeiten geschaffen werden muß.

Das Gebiet der chemischen Technologie erweist sich damit als außerordentlich komplex. Der Erfolg der vorstehend genannten Maßnahmen auf wissenschaftlichem und technischem Gebiet wird nur dann gewährleistet sein, wenn es gelingt, effektive Kooperationsbeziehungen zwischen allen Beteiligten herzustellen. In diesem Sinne möge der vorliegende Band dazu beitragen, komplex zu wirken und Anregungen für neue technologische Lösungen zu geben.

5.   Literatur

[1] SHAVORONKOV, N. M., persönliche Mitteilung
[2] Autorenkollektiv, „Gesetzmäßigkeiten der intensiv erweiterten Reproduktion bei der weiteren Gestaltung der entwickelten sozialistischen Gesellschaft", Akademie-Verlag, Berlin 1976

[3] Sitzungsberichte Plenum und Klassen der AdW der DDR, „*Probleme der organischen Verbindung der wissenschaftlich-technischen Revolution mit den Vorzügen des Sozialismus und der Einheit von wissenschaftlich-technischem und sozialem Fortschritt*", 3/1973, S. 67 ff.

[4] QUARTULLI, O. I., D. WAGNER, Erdöl und Kohle **26** (1973) 4, 192

[5] SPANGENBERG, H.-J., BÖRGER, I., HOFFMANN, H., MÖGEL, G., Z. phys. Chem. (Leipzig), im Druck

[6] UHLIG, D., SCHULZ, G., Ber. deutsch. Ges. geol. Wiss. A, Geolog. Paläont. **17** (1972) 5, 733

[7] Materialien der Kohle- und Energiekonferenz des ZK der SED und des Ministerrates der DDR am 30./31. 5. 1975 in Leipzig, herausgegeben vom Institut für Energetik, Leipzig

[8] SCHIRMER, W., „*Die Entwicklung einer leistungsfähigen chemischen Technologie als wissenschaftliches Problem und gesellschaftliche Ausgabe*", Sitzungsberichte der AdW der DDR 8N, 5—34, 1975

[9] ÖHLMANN, G., Vortrag vor der Klasse Chemie der AdW der DDR am 22. 9. 77, Sitzungsberichte der AdW der DDR, im Druck

[10] SCHIRMER, W., Chem. Techn. **27** (1975) 9, 514

[11] Autorenkollektiv (unter Leitung von G. GRUHN), „*Einführung in die Verfahrenstechnik*", S. 48 ff., VEB Deutscher Verlag für Grundstoffindustrie, Leipzig 1973

CHARAKTERISIERUNG DER STELLUNG DER TECHNOLOGIE UND IHRE AUFGABEN ZUR MATERIELL-TECHNISCHEN SICHERUNG DER PRODUKTIONSPROZESSE IN DER STOFFWANDELNDEN INDUSTRIE

(W. Fratzscher)

Summary

The paper deals with several conceptions about the subject and the methods of technology. Starting from the basic positions due to K. Marx, it is made clear that at present a broad conception of technology is more progressive.

In the following considerations, the importance of technological aspects is illustrated essentially by examples of the chemical industry. In addition, the dialectics of science and production as well as of theory and practice are discussed. For example, in the first case, a comprehensive position of the problems of transferring scientific results into production is achieved under technological aspects. On the other hand, technology may prove to be a kind of reference input for science. On comparing theory and practice from a technological point of view, the valuation methodically proves to be a central problem, and consequently technology assumes strategic functions. In conclusion, the superiority of the socialist system over the capitalist system is demonstrated by extending the valuation problems to social factors.

1. Einleitung

Die Technologie hat in der jüngsten Vergangenheit in der Diskussion an Hochschulen, an der Akademie der Wissenschaften, in der Industrie und in der Tagespresse eine hervorragende Rolle gespielt. Erinnert sei nur an die Ausführung von Kurt Hager [1], an ein Plenum der AdW der DDR [2] und an viele einschlägige Publikationen in der Tages- und Fachpresse [3].

Dieses Interesse ist offensichtlich darauf zurückzuführen, daß von der Technologie ein wesentlicher Beitrag bei der Lösung der Hauptaufgabe erwartet wird. Die Aufgaben, die hierbei vor der Wissenschaft stehen, sind charakterisiert durch die Bedürfnisse der Volkswirtschaft und die Verpflichtungen innerhalb des RGW, die im Komplexprogramm festgehalten und anvisiert worden sind. In der Phase der Verwirklichung der Beschlüsse des IX. Parteitages der SED ist das nationale Profil der Wissenschaft der DDR als eine unerläßliche Voraussetzung der internationalen Zusammenarbeit insbesondere mit der Sowjetunion weiter ausgeprägt worden. Dazu wurden die Profile der wissenschaftlichen Programme und Hauptforschungsrichtungen weiterentwickelt und präzise herausgearbeitet.

Da die Wissenschaft Technologie oder auch die technologische Forschung zur Qualifizierung der Technologie in der Produktion führen, müssen derartige Konzeptionen dazu beitragen, *„daß in der Epoche, in der die Rolle der Wissen-*

schaft als unmittelbare Produktivkraft immer deutlicher zutage tritt, nicht mehr einzelne ihrer Erfolge — wie glänzend sie auch immer sein mögen — sondern ein hohes wissenschaftlich-technisches Niveau der gesamten Produktion zur Hauptsache wird", wie Kurt Hager mit Hinweis auf ein Zitat von L. I. Breshnew ausführte [1].

2.   Zum Gegenstand und der Methode der Technologie

Zunächst einige Bemerkungen zur Gegenstandsbestimmung des Begriffes Technologie (s. a. [4]).

Über die Technologie ist nicht erst seit den letzten Jahren viel geschrieben und diskutiert worden, sondern bereits im 18. und vor allem im 19. Jahrhundert wurden intensive Auseinandersetzungen um die Technologie geführt. Karl Marx, der sich nachweislich mit dem gesamten damaligen Schrifttum über die Technologie aktiv auseinandergesetzt hat, definiert die Technologie als *„das aktive Verhalten des Menschen zur Natur, den unmittelbaren Produktionsprozeß seines Lebens, damit auch seiner gesellschaftlichen Lebensverhältnisse und der ihnen entquellenden geistigen Vorstellungen"* [6]. Dabei bezieht sich Karl Marx u. a. auf Beckmann, der erstmalig im modernen Sinn den Begriff der Technologie in seiner „Anleitung zur Technologie" 1777 folgendermaßen definierte: „*Die Technologie ist diejenige Wissenschaft, welche die Verarbeitung der Naturalien oder die Kenntnis der Handwerke lehrt. Anstatt das in den Werkstellen nur gewiesen wird, wie man zur Verfertigung der Waren die Vorschriften und Gewohnheiten des Meisters befolgen soll, gibt die Technologie in systematischer Ordnung gründliche Anleitung, wie man zu eben diesem Endzwecke aus wahren Grundsätzen und zuverlässigen Erfahrungen die Mittel finden und die bei der Verarbeitung vorkommenden Erscheinungen erklären und nutzen soll"* [5].

Bemerkenswert in der Beckmannschen Definition sind die Angaben der zwei Wurzeln der Technologie, die in den wahren Grundsätzen — mit anderen Worten den wissenschaftlichen Erkenntnissen — und den zuverlässigen Erfahrungen — der Empirie — zu suchen sind. In modernen Begriffen und mit unserem derzeit üblichen Sprachgebrauch könnte man auch sagen, unter Technologie oder wie auch gesagt wird Produktionstechnologie — da der Begriff in der neueren Zeit auch auf ideelle Prozesse angewandt wird —, versteht man das objektive Zusammenwirken der Menschen mit den Arbeitsmitteln bei der Formung der Arbeitsgegenstände zu einem Erzeugnis oder Funktionsteil nach wissenschaftlich-technischen Gesetzmäßigkeiten der Produktionsprozesse. Damit wird deutlich — und uns scheinen die folgenden Bemerkungen von grundsätzlicher Bedeutung —, daß im Hinblick auf die Marxsche Definition

1. der Inhalt des Begriffes Technologie an die Existenz der menschlichen Gesellschaft gebunden ist und erst in diesem Rahmen seinen Sinn erhält,

2. der Gegenstand der Technologie durch die Kombination von Arbeits- und Produk-

tionsprozeß, von Produktionsfunktionen der Produzenten und Funktionen materiell-
technischer Mechanismen gekennzeichnet ist,

3. das Ziel der Technologie in der optimalen Verknüpfung dieser Funktionen besteht,
   wobei immer mehr und in umfassenderem Maße Produktionsfunktionen des Menschen
   auf technische Mechanismen übertragen werden und schließlich

4. der Produktionsprozeß auf zweierlei Weise untersucht werden kann. Einmal als
   Prozeß, der zwischen Mensch und Natur stattfindet und somit die Produktivkräfte
   beinhaltet und zum anderen als Prozeß, der sich zwischen den Menschen in der Produktion vollzieht und damit die Produktionsverhältnisse betrifft.

Stellt man diese Auffassung der in der technischen Fachliteratur bisher üblichen gegenüber, wird deutlich, daß zwischen einer engeren und einer weiteren
Auffassung der Technologie unterschieden werden muß. Die engere Auffassung kann als ausschließlich technische bezeichnet werden, während die weitere
Kategorien der Politischen Ökonomie einbezieht.

Besonders auffallend werden die Bedeutungsunterschiede dann, wenn die
Beziehungen zwischen der Technologie der Produktion und der Wissenschaft
Technologie hergestellt werden. Die Zuordnung der Wissenschaft Technologie
reicht von den Naturwissenschaften über die technischen Wissenschaften bis
hin zu den Gesellschaftswissenschaften. So wird sie im Bereich der Naturwissenschaften als angewandte Naturwissenschaft geführt. STEINER [7] dagegen subsumiert die Wissenschaft Technologie gemeinsam mit den Leitungs-
wissenschaften unter die Wissenschaftswissenschaft. Die vorherrschende Meinung ordnet die Technologie den technischen Wissenschaften zu [8].

Die Vielfalt dieser Ansichten hat in der Vergangenheit zu Mißdeutungen
geführt. Eine schöpferische Entwicklung der Technologie erfordert deshalb die
Fixierung des eigenen Standpunktes.

Die Polemik um die Technologie läßt es angebracht erscheinen, zunächst
festzustellen, daß der Gegenstand jedweder Wissenschaft Gesetze und Theorien
ist. Fest steht weiter, daß die Technologie weder ohne Mitwirkung der Wissenschaft entstanden ist, noch ohne sie betrieben werden kann. Die Technologie
kann Gegenstand einer selbständigen Wissenschaft werden, wenn ihre Gesetzmäßigkeiten theoretisch erfaßt sind. Ansätze hierzu sind bereits hinreichend
vorhanden.

Der Charakter der Technologie wird durch den Charakter der Produktionsprozesse bestimmt. Danach ist es sinnvoll, zwischen mechanischer und chemischer Technologie zu unterscheiden. Die mechanische Technologie untersucht Produktionsprozesse, bei denen die Arbeitsgegenstände im wesentlichen
einer Änderung ihrer Form unterliegen. Für die Produktionsprozesse der chemischen Technologie ist die Änderung der inneren Struktur und des Zustandes
der Arbeitsgegenstände maßgebend. Damit ist die chemische Technologie für
die stoffwandelnde Industrie im allgemeinen und die chemische Industrie im
speziellen maßgebend. Der Übergang zwischen diesen beiden Zweigen der
Technologie ist fließend und oftmals findet man Elemente beider in einem Verfahren vereinigt. So ist offensichtlich, daß die volkswirtschaftlichen Prozesse
der Chemisierung, der Fluidisierung und mittelbar auch der Automatisierung

und Energetisierung zu einer ständig wachsenden Bedeutung der chemischen Technologie führen. Aus diesen Gründen erwartet Kurt HAGER [1] von der chemischen Technologie fundierte Aussagen

— über die naturwissenschaftlichen Zusammenhänge und Abhängigkeiten chemisch-technologischer Verfahren von Elementarvorgängen und ihnen zugrunde liegenden Naturerscheinungen,
— über die technischen Erfordernisse bei der Übertragung von chemischen Laborergebnissen in die Großproduktion und über apparative und werkstoffkundliche Fragen sowie
— über Möglichkeiten einer höheren ökonomischen Ergiebigkeit bei der Anwendung chemisch-technologischer Erkenntnisse in der Volkswirtschaft.

Für das Verständnis der Technologie ist außerdem der Unterschied zwischen allgemeiner und spezieller Technologie wichtig. Die allgemeine Technologie beschäftigte sich in der Vergangenheit mit den Grundverfahren oder, wie Karl MARX sagt, konstituierenden Elementen technologischer Gesamtheiten. Ihr Ziel bestand in der Formulierung allgemeingültiger Gesetzmäßigkeiten für Zustandsänderungen und Prozesse unabhängig vom konkreten Arbeitsgegenstand. Die spezielle Technologie bezieht im Gegensatz dazu den Arbeitsgegenstand in konkreter Form ein und ergänzt die allgemeinen Erkenntnisse durch solche, die nur in einem Industriezweig Bedeutung besitzen. Damit untersucht die spezielle Technologie stets technologische Gesamtprozesse. Sie ist nach Industriezweigen und Produktionsverfahren gegliedert.

In jüngster Zeit zeichnet sich eine Integration der speziellen und der allgemeinen Technologie ab [9]. Für das Verständnis dieses Prozesses ist wesentlich, daß es die Technologie schlechthin nicht gibt und geben wird; vielmehr existieren verschiedene technologische Verfahren zur Erzielung gleichartiger Stoffzustandsänderungen und können mit gleichartigen technologischen Verfahren verschiedene Stoffzustandsänderungen erreicht werden. Die durch die Entwicklung der Systemtechnik und Mathematik möglich gewordene allgemeingültige Behandlung von Strukturen setzt die allgemeine Technologie in die Lage, technologische Gesamtheiten als Systeme von Elementen und ihren zwischen den Elementen bestehenden Relationen zu betrachten. Unter technologischen Gesamtheiten oder auch Systemen verstehen wir demnach das gleiche, was in der ökonomischen Fachliteratur im technischen Sinne unschön als „technologische Kette" bezeichnet wird.

Technologische Gesamtheiten auf der Ebene von Verfahren werfen Fragen der Einordnung in höher aggregierte Systeme, wie den Betrieb, die Umwelt, den Verfahrenszug, das Verbundsystem u. ä. auf, deren Beantwortung eine Dimension erreicht, die auf jeden Fall die materiell- technische Seite der Produktion übersteigt und so gleichfalls zur breiteren Auffassung der Technologie führt.

Die technische Beherrschung der Produktionsprozesse durch die Kenntnis von Naturgesetzen und technischer Erfahrungen führt zu dem Wechselspiel zwischen Auslegung und Betrieb technologischer Gesamtheiten. Unter Berücksichtigung der zunehmenden Komplexität der Produktionsprozesse wird dieses Problem zum selbständigen Gegenstand — dem Problembearbeitungsprozeß —, dessen Einordnung in die Organisation und Leitung der Produktion gleichfalls zur weiteren Auffassung der Technologie führt. Damit umfaßt der Gegenstand der Technologie nicht nur die materiellen Produktionsprozesse und ihre Elemente, sondern auch deren ideelle Modelle. Das bekannte Problem der Organisation des Erfahrungsrückflusses vom Betreiber zum Projektanten ist ein Beispiel aus diesem Komplex.

Die Erfassung der mit diesen Tendenzen angedeuteten Qualitäten und Quantitäten verlangt deren Modellierung auf den verschiedenen Ebenen. Die Modellierung erweist sich so als eine bedeutende Methode der Technologie.

Bei diesen Auffassungen gehen wir mit FLEROV und BARASENKOV [10] konform, wenn sie schreiben: „*Man kann sich vorstellen, daß der Übergang von der detaillierten analytischen Beschreibung der Naturerscheinungen zu ihrer direkten Modellierung als grundlegendes Erkenntnisverfahren einen qualitativ neuen Schritt zur Weiterentwicklung der Wissenschaft darstellt. Dabei ist es überhaupt nicht wichtig, alle Details des Modells zu kennen. Einzelne Funktionsblöcke können in diesen Fällen empirisch als „schwarze Kästen" behandelt werden, deren Struktur prinzipiell völlig erkennbar, aber für die Modellierung des gegebenen konkreten Prozesses oder der Erscheinung unwesentlich ist*". MÜLLER geht noch weiter, wenn er ausführt, daß eine physikalische oder andere Interpretation — dieser „schwarzen Kästen" — eventuell sogar eine Belastung darstellt, „*weil der phänomenologisch aufgefaßte Ausdruck im allgemeinen einfacher und bequemer handhabbar ist und gestattet, die vielfältigen Einflüsse umfassender zu überschauen*" [11].

Damit sind außer dem Gegenstand der Wissenschaft Technologie auch Ansatzpunkte zur Bestimmung ihrer Methoden gegeben. Als weitere Schlußfolgerung wird aus diesen Überlegungen deutlich, daß die Untersuchung der Stoffe, ihrer Struktur und Eigenschaften nicht zur Technologie, sondern vielmehr in den Bereich der Natur- und Werkstoffwissenschaften gehören. Der Technologe muß lediglich ihren Funktionsaspekt als Voraussetzung der Wissenschaft Technologie kennen. Des weiteren gehört die Konstruktion technischer Mittel nicht zur Technologie; dessenungeachtet muß aber der Konstrukteur die technologische Zielstellung und der Technologe die Wirkungs- und Einsatzmöglichkeiten konstruktiver Lösungen kennen. Ebenso falsch wäre eine Gleichsetzung oder Unterordnung von Politischer Ökonomie und Technologie. Allerdings müssen die Produktivkraftaspekte von Arbeitsteilung, Kooperation, Leitung, Planung und Organisation von der Wissenschaft Technologie untersucht und beherrscht werden.

Ohne die vorhandenen unterschiedlichen Auffassungen über die Bestandteile sowohl der Produktivkräfte wie der materiell-technischen Basis beeinflussen zu wollen — wir neigen dazu, unter Produktivkraft das Zusammenwirken von Arbeitskraft und Arbeitsmittel zu verstehen und zu den Bestandteilen der materiell-technischen Basis die dinglichen Elemente der Produktivkräfte einschließlich der Arbeitsgegenstände zu rechnen — kann beim heutigen Stand der Erkenntnisse der schlüssige Beweis, ob die Technologie zur Wissenschaft von den Produktivkräften, zur Wissenschaft von der materiell-technischen Basis oder gar zur Wissenschaft von den Produktionsprozessen schlechthin tendiert, nicht angetreten werden. Im übrigen ist es durchaus legitim, daß ein Gegenstandsbereich durch mehrere Wissenschaften reflektiert wird.

Ohne an dieser Stelle schließlich die allgemeine Auffassung der Technologie präjudizieren zu wollen — damit schiene die Zielstellung ohne Kenntnis des Weges zum Ziel vorweg genommen zu sein — müssen nach diesen Überlegungen selbst bei Beschränkung der Technolgie auf die materiell-technische Seite die Interdependenzen zu außerhalb der Technik liegenden Aspekten — naturwissenschaftlichen wie auch gesellschaftlichen — aufgezeigt werden.

Aus dieser Position können nun für die verschiedensten Disziplinen Entwicklungstendenzen abgeleitet werden, deren Verfolgung für eine fruchtbare volkswirtschaftliche Anwendung Voraussetzung ist. Die Notwendigkeit, Produktionsprozesse unter technologischen Aspekten zu sehen, besteht bekanntlich unabhängig von den Integrations- und Spezialisierungstendenzen der Wissenschaft. Und diese Aufgabe enthält zweifellos interdisziplinäre Aspekte. Ihre Lösung erfordert die interdisziplinäre Arbeitsteilung und Zusammenarbeit und damit die Organisation und Leitung entsprechender Kollektive. Es ist in diesem Zusammenhang als eine Erfahrungstatsache zu berücksichtigen, daß die Arbeitsteilung und Kooperation in der materiellen Produktion stets größer ist als in den Wissenschaften oder, mit anderen Worten, der Vergesellschaftungsgrad innerhalb der Wissenschaften niedriger ist als in der Produktion. Aus den Überlegungen insgesamt folgt zwingend die Auseinandersetzung mit Gesamtheiten oder — kybernetisch gesprochen — mit Systemen, deren Charakter durch die Technologie bestimmt wird, wie das bei der Erörterung einer allgemeinen Technologie schon aufgezeigt worden war. Daraus erwachsen zwei Aufgaben, die im dialektischen Wechselverhältnis zueinander stehen: das ist einmal die Durchsetzung technologischer Denk- und Arbeitsprinzipien in der Volkswirtschaft und zum anderen die Entwicklung der technologischen Forschung, *,,um zu neuen Erkenntnissen zu gelangen sowie Bekanntes wissenschaftlich weiter zu durchdringen und sinnvoll zu nutzen"* [1], um von dieser Seite auf das Niveau der Technologie in der Volkswirtschaft einzuwirken. Im folgenden wird zu beiden Seiten etwas zu sagen sein.

3. Technologische Aspekte des Verhältnisses von Wissenschaft und Produktion

Die Technologie ist nach den bisherigen Überlegungen offensichtlich ein bestimmendes Element der Dialektik von Wissenschaft und Produktion. Es ist deshalb erforderlich, das Wechselspiel von Wissenschaft und Produktion unter technologischer Sicht näher zu untersuchen.

Wir gehen dabei davon aus, daß nach Marx [9] die Wissenschaft erst in dem Maße zur unmittelbaren Produktivkraft wird, wie die „vergegenständlichte Wissenschaft" in verbesserten Arbeitsmitteln, Arbeitsgegenständen usw. wirksam wird, wie sie beiträgt, den Wirkungsgrad der produktiven Arbeit zu erhöhen. Kurt Hager [1] hat dies im Hinblick auf die vorliegende Problematik verdeutlicht, wenn er sagt: „*Generell wird jeder wissenschaftlich-technische Fortschritt erst über die Technologie und ihr erreichtes Niveau produktivitätswirksam und effektiv*". Es kommt also darauf an, Wissenschaft und Produktion unter dem Gesichtspunkt der Technologie eng miteinander zu verbinden und es ist schon richtig, wenn gesagt wird, „*daß die Überleitung wissenschaftlicher Ergebnisse in die Produktion davon abhängt, wie wir es verstehen, die wissenschaftlich-technische Arbeit der Forschungseinrichtungen schon im Plan, in der Konzeption, in ihrem Inhalt, ihren organisatorischen Formen und ökonomischen Beziehungen fest mit der Produktion zu verbinden*" [13]. Wie die Erfahrungen gezeigt haben, erreicht man nur wenig, wenn zur Lösung dieses Problems aus anderen Bereichen der Volkswirtschaft schematisch Organisationsformen übernommen werden und die spezifischen Bedingungen der vorliegenden Problematik unzureichend berücksichtigt werden.

Worin bestehen nun diese spezifischen Bedingungen? Zunächst in der Spezialisierung im Forschungsprozeß, d. h. in der wissenschaftlichen Arbeit allgemein, die zur Herausbildung der Grundlagenforschung geführt hat. Vor allem in der Grundlagenforschung läßt sich bei einigen Vorhaben der Nutzungszeitraum bei beschränkter Mittelzufuhr manchmal nicht absehen und der Einführungsbereich schwer abstecken, so daß sich eine Arbeitsteilung zwischen den wissenschaftlichen Institutionen (dem Hochschulwesen, den Akademien) und der Produktion (der Industrie) herausgebildet hat. Da nun der Spezialisierungsgrad der wissenschaftlichen Arbeit geringer ist als in der Produktion, ist eine einfache eindimensionale Kopplung von Wissenschaft und Produktion unter diesen Umständen sicher volkswirtschaftlich nicht optimal.

Eine weitere Besonderheit ergibt sich aus dem Charakter und den Proportionen der einzelnen Stufen des Überleitungsprozesses, wenn er insgesamt technologischen Anforderungen genügen soll. In der Literatur findet man eine Vielzahl von Ablaufplänen, die von der Grobkonzeption bis zur Anlaufperiode in der Produktion reichen; damit ist jedoch nichts über den Charakter der verschiedenen Stufen und ihre Proportionen untereinander, die maßgebend für ihre quantitative Bedeutung sind, ausgesagt. Dieser Umstand ist erkannt worden und es wird z. Z. mit Nachdruck an diesen Problemen gearbeitet [14]. Einige bemerkenswerte Ansätze findet man in einer schon etwas älteren Arbeit von Sominski [15], deren Ergebnisse aus der Untersuchung von Prozessen der chemischen Technologie resultieren. Deshalb interessieren sie auch in diesem Zusammenhang.

Die wesentlichste Erkenntnis von Sominski scheint darin zu liegen, daß die zur Verbindung von Wissenschaft und Produktion bei der Überleitung wissenschaftlicher Ergebnisse herzustellende Informationskette Wahrscheinlichkeitscharakter trägt. So unterscheidet Sominski zwischen theoretischer Forschung, Versuchs- und Anwendungsforschung und rechnet den einzelnen Stufen Realisierungschancen zu von

  5 bis 7% für die theoretische Forschung
  50 bis 60% für die Versuchsforschung und
  80 bis 90% für die Anwendungsforschung.

Folgt man weiter seinen Vorstellungen über die Kapazitätsverteilung, nach der

  5 bis 10% auf die theoretische Forschung
  20 bis 30% auf die Versuchsforschung und
  60 bis 65% auf die Anwendungsforschung

fallen, so ergibt sich unter Berücksichtigung der materiellen Aufwendungen, daß
— die Versuchsforschung 3- bis 5mal teurer als die theoretische Forschung und
— die Anwendungsforschung rund 10- bis 15mal teurer als die Versuchsforschung ist.

Nimmt man weiter an, daß die Realisierung dann rund 5mal teurer als die Anwendungsforschung ist, kommt man unter Berücksichtigung der Realisierungswahrscheinlichkeiten im Endergebnis auf die bekannte Tatsache, daß die Forschung und Entwicklung in der Größenordnung die gleichen Aufwendungen wie die Realisierung der industriellen Erstanlage erfordert. Da man andererseits weiß, daß zur Realisierung eines neuen Verfahrens ca. 6 bis 8 Jahre erforderlich sind, läßt sich mit diesen Quantitäten nicht nur die Größenordnung der Aufwendungen, sondern auch deren zeitliche Verteilung verdeutlichen. Da die Realisierung in den letzten 2 bis 3 Jahren liegt, ist keineswegs eine Gleichverteilung vorhanden. Sicher kann man die angegebenen Zahlen anfechten. Wenn aber an die Unschärfe der Definitionen der Überleitungsstufen und an die Ungenauigkeiten bei ihrer Quantifizierung gedacht wird, sind die Zahlen nur als Größenordnungen anzusehen und als solche auch in der vorliegenden Form brauchbar.

Noch ein anderer Gesichtspunkt erscheint in diesem Zusammenhang bedeutungsvoll. Das für die Volkswirtschaft wichtigste und anzustrebende Ergebnis ist die realisierte Erstanlage; sie ist jedoch nicht die einzigste Ergebnisform, die bei der Überleitung wissenschaftlicher Ergebnisse in die Produktion auftritt. Sominski macht darauf aufmerksam, daß — entsprechend der Terminologie in der UdSSR — als Ergebnisse der theoretischen Untersuchungen Fachartikel und Entdeckerdiplome anfallen, daß die Ergebnisse der Versuchsforschung sich in Erfinderattesten, Patenten oder Veröffentlichungen niederschlagen, und daß als Ergebnisse der Anwendungsforschung Laborrezepte, Vorschriften für die Berechnung, Möglichkeiten zur Realisierung und Empfehlungen für die Projektierung angegeben werden können.

Die Angabe von Ergebnissen an den verschiedenen Stufen der Überleitungskette ermöglicht natürlich auch die Aufnahme von Informationen an der betreffenden Stelle. So kann die Abhebung von Zeitschriftenergebnissen theoretische und Versuchsforschung ersparen, in gleicherweise der Kauf von Lizenzen Aufwendungen für die Versuchsforschung unnötig machen.

Im Zusammenhang mit der technologischen Orientierung gewinnt der Austausch von Informationen als Ergebnis der Anwendungsforschung eine besondere Bedeutung. Begriffe wie Engineering, Know-how und Basic-Design sind für diese Stufe kennzeichnend. Recht aufschlußreich ist dabei die Wandlung der Begriffsbestimmung des ursprünglich auf die Übermittlung von technischen Erfahrungen abgestellten Begriffes des „Know-how". Im Jahre 1972 wurde unter Beteiligung der sozialistischen Staaten auf der Generalversammlung der internationalen Vereinigung für gewerblichen Rechtsschutz (AIPPI) in Mexiko der Grundsatz erarbeitet, daß unter „Know-how" Erkenntnisse und Erfahrungen zu verstehen sind, die nicht nur für die praktische Anwendung einer Technik, sondern auch für die industrielle, kommerzielle und administrative Führung eines Unternehmens von Bedeutung sind, bzw. diese erst ermöglichen. Interessant dabei ist, daß die Übertragung der Nutzensbefähigung immer kostenaufwendiger wird und sogar jetzt schon die ökonomische Bedeutung von Patentlizenzen übertrifft.

Schließlich soll noch auf eine weitere Besonderheit des Überleitungsprozesses aus dem Bereich chemischer Technologien aufmerksam gemacht werden. Der Charakter chemisch-technologischer Produktionsprozesse bringt es mit sich, daß bei einer Kapazitätserhöhung im allgemeinen mit erheblichen Kostendegressionen gerechnet werden kann. Dieser Umstand führt zu großen Verhältnissen der Maßstabsübertragung (etwa 1:100000), die beim derzeitigen Stand der Wissenschaft nicht sicher beherrscht werden. Deshalb errichtet man Pilotanlagen, um den Faktor der Maßstabsübertragung in beherrschbaren Grenzen zu halten. Es wird dabei oft übersehen, daß derartige Pilotanlagen nicht nur der Quantifizierung einiger Auslegungsparameter dienen, sondern vordergründig eine technologische Bedeutung besitzen. So kann mit ihnen der Einfluß unterschiedlicher Rohstoffe und Umweltbedingungen untersucht werden, auf Grund der kleineren Produktmengen ist eine Vorbereitung der Anwendungsforschung möglich, es lassen sich konkrete Richtlinien für die Schutzgüte und den Arbeitsschutz aufstellen, Pilotanlagen ermöglichen eine konkrete Kaderschulung u. ä. Wenn außerdem die Pilotanlage während der gesamten Periode der Projektierung und die erste Zeit nach Arbeitsbeginn der industriellen Anlage in Betrieb ist, ist mit ihrer Hilfe eine wirtschaftliche Störanalyse aus dem Blickwinkel des technologischen Gesamtkomplexes möglich. Über die Größenordnung von Pilotanlagen herrschen unterschiedliche Meinungen. Im allgemeinen werden 0,5 bis 5% der Kapazität der industriellen Anlage angegeben. Festzustellen ist aber, daß die Investitionskosten der Pilotanlage im Vergleich zu den Aufwendungen im Gesamtprozeß vernachlässigbar sind.

Die Verbindung von Wissenschaft und Produktion in Form der Überleitung wissenschaftlicher Erkenntnisse ist also nicht nur als ein stochastischer Prozeß sondern darüber hinaus als ein offener Prozeß anzusehen, der nach jeder Stufe In- und Outputs aufweisen kann und muß.

Schließlich läßt sich am Überleitungsprozeß auch die allgemeine Auffassung von der Technologie verdeutlichen. So weist BOHRING [16] mit Recht darauf hin, daß in dialektischer Einheit zur effektiven Überführung von Ergebnissen des wissenschaftlich-technischen Fortschritts die allseitige sozialistische Persönlichkeitsentwicklung jedes einzelnen Werktätigen vorgenommen werden muß. Der Wert überführter Ergebnisse besteht darin, solche technologischen Lösungen gefunden zu haben, die sich zugleich fördernd auf die Entwicklung der Werktätigen als sozialistische Eigentümer, auf ihr schöpferisches Handeln auswirken, die ihre Arbeits- und Lebensbedingungen entsprechend der Entwicklung der gesellschaftlichen Verhältnisse verbessern u. ä. Selbst in amerikanischen Unterlagen finden sich bei der komplexen Vorbereitung konstruktiver Entscheidungen Hinweise auf den Einfluß der Arbeitskraft [17], natürlich mit einer grundsätzlich anderen Zielstellung.

Die Gesamtheit dieser Einflußfaktoren hebt die Überleitung wissenschaftlicher Ergebnisse in die Produktion unter Berücksichtigung technologischer Gesamtheiten in den Rang eines volkswirtschaftlichen Problems. Es ist nicht Zielstellung dieses Beitrages, die möglichen und absehbaren Lösungsvarianten dieser Problematik zu diskutieren. Es sei nur darauf verwiesen, daß eine Komponente die Zeitplanung und die andere die sachliche Verantwortung für den Gesamtprozeß oder Teile desselben ist. So sind eben bei einer Überleitungszeit von 8—12 Jahren der Jahres- oder Fünfjahresplan keine geeignete Basis für konzeptionelle Programme. In der UdSSR ist dieser Umstand bereits in dem Rechenschaftsbericht auf dem 24. Parteitag angesprochen worden [18]. Eine optimale Lösung der Zuständigkeit für die sachliche Verantwortung strebt man in der UdSSR mit der Bildung von Wissenschafts-Produktions-Vereinigungen (WPV) an, die eine auf den Industriezweig bezogene Organisationsform darstellen. Diese Vereinigungen haben sich im allgemeinen als Träger und Stimulator der wissenschaftlich-technischen Entwicklung ganzer Industriezweige bewährt, insbesondere was größere, langfristige, komplexe — also im starken Maße technologisch orientierte — Maßnahmen des wissenschaftlich-technischen Fortschritts betrifft. In der UdSSR gibt es z. Z. etwa 70 derartige Vereinigungen.

Wenn die Wechselwirkung zwischen Wissenschaft und Produktion im Bereich der Technologie ausschließlich auf die Überleitungsproblematik beschränkt wird, vernachlässigen wir den dynamischen Charakter dieser Wechselwirkung, schöpfen wir die Dialektik dieses Prozesses unvollständig aus. Karl MARX sagte in diesem Zusammenhang: „*Die Entwicklung der Wissenschaft, besonders der Naturwissenschaft, und mit ihr aller anderen, steht selbst wieder im Verhältnis zur Entwicklung der materiellen Produktion*" [19]. ENGELS schrieb in der „Dialektik der Natur" u. a. „*So war von Anfang an die Entstehung und Entwicklung der Wissenschaften durch die Produktion bedingt*" [20]. Was letzten Endes das gleiche wie seine bekannte Formulierung besagt, daß ein praktisches Bedürfnis die Entwicklung der Wissenschaften stärker fördere als 10 Universitäten.

Mit anderen Worten: Über die Technologie werden nicht nur die wissenschaftlichen Ergebnisse in der Produktion wirksam, sondern die Technologie vermag Bedürfnisse der Produktion als Zielstellungen für die Wissenschaft aufzuzeigen. Die Technologie wird so zu einer Führungsgröße für die Wissenschaft. Die Entwicklung der Wissenschaft in der 2. Hälfte unseres Jahrhunderts liefert eine Fülle von Beispielen für diese These. Die Entwicklung der elektrotechnischen und chemischen Industrie zu Beginn des 20. Jahrhunderts charakterisiert den umgekehrten Vorgang — die Bedeutung der Wissenschaft als Führungsgröße für die Technologie. In der Epoche der industriellen Revolution finden sich klassische Beispiele für die Führungsfunktion der Produktion und der Technologie, an die wohl ENGELS gedacht hatte, als er die angegebenen Zusammenhänge formulierte. Erinnert sei nur an die Erfindung der Dampfmaschine durch James WATT, der hierfür im Jahre 1763 ein Patent erhielt. Faktisch erst ein Jahrhundert später folgte durch die Formulierung des Energieprinzips durch R. MAYER, J. P. JOULE und H. v. HELMHOLTZ und die Formulierung des Entropieprinzips durch R. CLAUSIUS der Aufbau der Thermodynamik als Energielehre, die in dieser Form die erforderlichen naturwissenschaftlichen Gesetzmäßigkeiten enthält. Aus der Fülle der Beispiele aus der jüngsten Entwicklung sei nur verwiesen auf die Entwicklung der Kernphysik im Gefolge der militärischen und zivilen Kerntechnik und auf die Entwicklung der Festkörperphysik nach der Erfindung des Transistors. Weiter findet man den Hinweis, daß die technologische Realisierung eines Magneten mit Supraleitfähigkeit die physikalische Forschung über die Supraleitfähigkeit und über Phänomene bei extrem tiefen Temperaturen anregte. Die Quantenelektronik wurde erst mit der Entwicklung des Maser und Laser zu einer Teildisziplin der Physik und Technik. Die Mikrowellen-Spektroskopie entstand im Gefolge der Entwicklung der Mikrowellenoszillatoren u. ä. [21].

Neben diesen allgemeinen Tendenzen möchten wir am Beispiel der Kerntechnik noch einige spezielle Wechselwirkungen aufzeigen, bei denen gleichfalls die technologische Problemstellung als Führungsgröße für die wissenschaftliche Entwicklung vorlag [22]. Nachdem durch die Kernkraftwerke in Obninsk, Calder Hall und Shippingport nachgewiesen war, daß es technisch möglich ist, in industriellen Dimensionen Kernenergie in Gebrauchs- oder Nutzenergie umzuwandeln, war zur wirtschaftlichen Fertigung und zum ökonomischen Einsatz der Brennelemente im Reaktor die Kenntnis der Belastungsbedingungen erforderlich. Da hierfür maßgebend die thermischen Belastungen waren, wurden durch dieses Problem Impulse zum Studium des Wärmeüberganges beim Sieden und des Wärmeüberganges bei der Strömung flüssiger Metalle ausgelöst, die zu qualitativ neuen Erkenntnissen gegenüber dem bisherigen Stand der Wissenschaft führten. Auch die Auseinandersetzung mit Wärmeleitproblemen mit inneren Wärmequellen, die für das Brennelement typisch sind, führte zu einer Weiterentwicklung von bisher brachliegenden Potenzen der Potentialtheorie. Mit der durch diese wissenschaftliche Entwicklung bedingten thermischen Auslastung der Brennelemente erwies sich als neue Leistungsgrenze ihr Langzeitverhalten, das sich im sogenannten „Swelling" äußert. Die Lösung dieses neuen Problems führte zur Untersuchung von Werkstoffeigenschaften und ihrer Veränderung im Strahlenfeld des Reaktors. Die wissenschaftliche Beherrschung dieses Problems setzt entweder langjährige Betriebserfahrung mit Leistungsreaktoren oder die Entwicklung von Höchstflußfaktoren voraus, die ihrerseits zu entsprechenden wissenschaftlichen Problemstellungen führt.

Dieses Beispiel zeigt, daß erst durch die technologische Umsetzung und praktische Realisierung deutlich wird, was, auch wissenschaftlich, als „wesent-

lich" für die technische und wirtschaftliche Reife anzusehen ist. Ohne die Bedeutung der „Prinziplösung" und der grundsätzlichen naturwissenschaftlichen Zusammenhänge mindern zu wollen, zeigt dieses Beispiel aus der Kerntechnik, daß als „wesentlich" sich oftmals Problemstellungen erweisen, die mit
der Prinziplösung in disziplinärer Hinsicht nichts zu tun haben. Interessant
ist auch, wie das Beispiel der Brennelemente zeigt, daß die Lösung eines Problems das „Wesentliche" für die technologische Entwicklung zu einem anderen Problem verlagert, das gewöhnlich auch zu einem anderen Fachgebiet
gehört. Mit anderen Worten, die für die Weiterentwicklung jeweils wesentliche
Schwachstelle oder der geschwindigkeitsbestimmende Schritt wird durch jede
Lösung eines Problems in disziplinärer Hinsicht verschoben. Es ist offensichtlich, daß dieser Umstand eine außerordentlich dynamische Leitung technologischer Forschungsvorhaben verlangt. Es ist interessant festzustellen, daß
in westlichen Publikationen in diesem Zusammenhang erstaunt formuliert
wird: „*Im Gegensatz zu dem Mythos über das Verhältnis von Grundlagen- und
angewandter Forschung geht der wichtigste Anstoß für die Forschung auf dem
Gebiet eher von Erfindungen aus, als das sie deren Voraussetzung schafft.*"
Oder an anderer Stelle „*Vielleicht müssen wir uns mehr darum bemühen, durch
die Technologie erschlossene Gebiete der Grundlagenforschung zu finden, um die
physikalische Forschung zu bereichern*" [23].
    Von westlicher Seite wird im Zusammenhang mit der Dialektik dieses Pro-
zesses die Gefahr gesehen, daß aus Gründen der Wissenschaftsentwicklung neue
esoterische Technologien geschaffen werden — als Beispiel wird auf die Entwicklung von Tiefsee-Tauchbooten verwiesen. Auch an diesem Beispiel wird
so die Unterlegenheit der kapitalistischen Gesellschaftsordnung gegenüber
der sozialistischen demonstriert, in der solche Befürchtungen auf Grund der
aktiven Kenntnis der gesellschaftlichen Gesetze nicht auftreten können.
    Zusammenfassend läßt sich einschätzen, daß die Technologie in der Volks-
wirtschaft eine Position einnehmen muß, die sie befähigt, beide Aufgaben
wahrzunehmen: wissenschaftliche Ergebnisse für die Produktion aufzubereiten
und anwendungsreif zu entwickeln sowie aus Bedürfnissen der Produktion
wissenschaftliche Fragestellungen abzuleiten und an die entsprechenden Disziplinen heranzutragen. Dazu muß die Wissenschaft, die technologische Forschung und Entwicklung und der Produktionsumfang in optimalen Relationen
stehen, die vom Entwicklungsniveau der Volkswirtschaft bestimmt werden.
    Für die Technologie bedeutet eine Erhöhung des Niveaus häufig noch anzu-
treffende Auffassungen einzuengen und zu überwinden, deren Charakter von
FRANCK einmal durch „traditionalistisch-empirische Rezeptlehren" gekennzeichnet wurde[1]. Durch den geringen Stand der Produktivkräfte verursacht,
wurden diese „Rezepte" überdies aus Konkurrenzgründen strikt geheim-
gehalten.

---

[1] Egon Erwin KISCH, einer der ganz wenigen Schriftsteller, die technologische Probleme
in ihrer ganzen Breite dargestellt haben, schildert in seinem Mexiko-Buch im Zusammen-

4. Die strategische Bedeutung der Technologie

In der Vergangenheit konnte das Kategorienpaar Theorie und Praxis vereinfachend gegenübergestellt werden. Wenn unter der Theorie das Erkennen und unter der Praxis das Tun oder Handeln verstanden wird, ist diese Gegenüberstellung ausreichend, um z. B. den Wahrheitsgehalt einer Erkenntnis zu überprüfen oder richtiges Handeln zu sichern. Diese Gegenüberstellung ist aber nicht hinreichend zur Kennzeichnung für zweckmäßiges Handeln. Die mit der Zweckmäßigkeit des Tuns verknüpften ideellen Momente des praktischen Handelns gewinnen immer mehr an Bedeutung, was sich nicht zuletzt in der zunehmenden Rolle des subjektiven Faktors ausdrückt. Aus diesem Grunde schiebt sich zwischen Erkennen und Tun mit annähernd gleicher Wichtigkeit das Bewerten und Entscheiden, zwischen Theorie und Praxis schiebt sich die Strategie. Die Theorie liefert die notwendigen, die Strategie die hinreichenden Grundlagen für ein zweckentsprechendes Handeln. Mit anderen Worten: Neben das Kriterium der Wahrheit tritt das der Zweckentsprechung [24].

Setzt man für die Theorie „Wissenschaft" und für die Praxis „Produktion" kann die ganz allgemein angestellte Überlegung auf die im vorhergehenden Abschnitt behandelte Problematik angewandt werden und führt zu dem Schluß, daß offensichtlich auch im Bereich der Technologie der Bewertung und Entscheidung eine zentrale Position zukommt. Oder mit anderen Worten: Die Technologie übernimmt in der Dialektik von Wissenschaft und Produktion die Rolle der Strategie. Damit ordnet sich die Auseinandersetzung um die Technologie in bestimmter Beziehung in die Diskussion um Wert- und Normensysteme der Gesellschaft ein [25].

Es gilt dabei als Ausgangspunkt: Der Vorgang des Wertens ist mit allen Arten der praktischen Auseinandersetzung des Menschen mit seiner Umwelt und den ihnen entsprechenden Bewußtseinsformen verbunden. Das Charakteristische jeder Wertbestimmung besteht darin, daß die Bedeutung bestimmter Erscheinungen in bezug auf die Realisierung von Interessen, Bedürfnissen und Zielen des gegebenen Subjekts gemessen wird. Konsequenterweise werden diese Interessen, Bedürfnisse, Ziele etc. selbst mit in den Prozeß des Wertes einbezogen [25].

---

hang mit der Verarbeitung von Agavensaft mit folgenden Worten eine solche Technologie:

„Unter Dach und Fach geschieht die Höherentwicklung, will sagen die Alkoholisierung. Binnen Tagesfrist wird dort der Pflanzensaft zu geronnenem Most, der klare und geruchlose Honigtrank zum trüben Pulque. Fragt man, welche Hefe diese rasend schnelle Metamorphose bewirkt, so bekommt man viele Antworten, aber keine Antwort. Wer's weiß sagt nichts, wer's nicht weiß behauptet, Hundedreck vollziehe das Wunder."

Wir kennen solche Märchen von überallher; in Frankreich zum Beispiel wird gerne erzählt, es sei Urin, was Cognac den goldenen Glanz verleihe, und Alphonse Daudet schreibt in seinem Brief aus seiner Mühle, der weltberühmte Chratreuse-Liqueur habe seine Blume nur bewahrt, solange der alte Abt die getragenen Socken in den Destillationsbottich warf.

Da Bewertung mit der Zweckmäßigkeit des Handelns, des Tuns zusammenhängt, muß sie für den Bereich der materiell-technischen Seite der Produktion,
der an dieser Stelle vordergründig interessiert, durch die Betrachtung technologischer Gesamtheiten, durch den Systemaspekt, gekennzeichnet sein. Obwohl
sich unter diesem Aspekt Naturwissenschaftler, Ingenieure und Ökonomen
hinsichtlich der Strategie ihres Vorgehens tangieren, soll zunächst die Problematik aus dem Blickwinkel technischer Entscheidungen, also aus dem Blickwinkel des Ingenieurs verdeutlicht werden.

Der Ingenieur verwendet technische und ökonomische Kategorien zur Bewertung. Zu den technischen Kategorien zählen Wirkungsgrade, Ausbeute,
Umsatz aber auch Leistungsgewicht, Platzbedarf, Leistungsdichte, Raum-Zeit-
Ausbeute u. ä. Die technischen Bewertungskategorien sind für die Auslegung
von Nutzen und für den Vergleich zwischen Apparaten und Anlagen eines Typs
geeignet. Sie vermögen den Wert technischer Verbesserungen zu quantifizieren
und sind für das Verhalten einzelner ökonomischer Kategorien verantwortlich.
Von den ökonomischen Kategorien sind am gebräuchlichsten die Kosten. Ihre
Benutzung ermöglicht die Formulierung eines, für den Ingenieur, absoluten
Gütekriteriums. Es ist nämlich dann diejenige Anlage die beste, die die geforderte Aufgabe mit den geringsten Kosten löst. Das Kostenminimum wird zur
Zielfunktion für die optimale Strukturierung technischer Systeme. Dabei
werden im allgemeinen typische, nicht allzu stark schwankende Belastungs-
situationen angenommen.

Diesem Vorgehen haften außer einigen grundsätzlichen Problemen der Entscheidungsfindung einige Schwierigkeiten an, auf die im folgenden hingewiesen
werden soll. Die Kostenfunktion, die zur Minimierung eingesetzt wird, entsteht
aus einer Kostenbilanz, die ihrerseits für ganz bestimmte Systemgrenzen aufgestellt wird. Die Wahl der Systemgrenze ist demnach maßgebend für das
Optimum. So ist z. B. darauf zu achten, daß systeminterne Rückkopplungs-
ströme von Energie und Stoff nicht zwei- oder mehrmals geschnitten werden,
da auf diese Weise die Gesamtaufwendungen falsch erfaßt werden. Die gleiche
Problematik in methodischer Hinsicht tritt aber auch noch in einem anderen
Zusammenhang auf. Da wir in unserer Volkswirtschaft fast durchgängig eine
objektgebundene Ökonomie benutzen, wird die Systemgrenze durch das
technische Objekt und die betrieblichen Bedingungen bestimmt. Das erweist
sich, vor allem bei energetischen Aufgaben und insbesondere bei der Nutzung
von Anfallenergie und Sekundärrohstoffen, häufig als unvollständig. Im konkreten Ergebnis läßt sich die kostengünstigste Variante z. B. nicht realisieren,
weil sie das Produktionsprofil eines Betriebes stört. Oder mit anderen Worten,
die sachliche Wirtschaftsstruktur ergibt nicht das gleiche Optimum wie z. B.
die territoriale. Es wäre z. B. die Frage aufzuwerfen, ob statt der objektge-
bundenen Ökonomie in konkreten Entscheidungssituationen nicht eine Ökonomie der durch eine bestimmte technische Anlage verursachten Systemeffekte
aussagekräftig wäre. Allgemeine Sensibilitätsuntersuchungen stellen für ein
solches Vorgehen das Ausgangsmaterial in methodischer Hinsicht dar.

Eine weitere Problematik besteht darin, daß das ökonomische Zielkriterium und damit die optimale technische Struktur von dem Preisgefüge der Inputs des Systems, das sind insbesondere die bereitgestellten Stoff- und Energieströme, abhängt. Unabhängig davon, daß in diesem Zusammenhang das Problem der Bewertung von Rohstoffen und Rohenergien aufgeworfen werden kann, auf das später nochmals kurz hinzuweisen ist, findet man bei technischen Systemen aus dem Bereich der Verfahrens- und Energietechnik oftmals die Tatsache vor, daß bestimmte Stoffe und Energien ineinander überführbar und damit substituierbar sind. Die Grenzen der Substitution werden durch Naturgesetze vorgegeben. Diese Zusammenhänge drücken sich derzeitig in keiner Weise in der preislichen oder tariflichen Staffelung aus. Das ist sicher, zumindest für bestimmte Grenzfälle, nicht richtig, da der naturwissenschaftlich-technische Wert eines Stoffes oder einer Energie auch eine Komponente des Gebrauchswertes sein muß. Da derartige Überlegungen bei der Bildung innerbetrieblicher Verrechnungspreise bereits mit Erfolg angewandt worden sind, ist es offensichtlich zweckmäßig, auch bei anderen Beispielen derartige Grenzwertuntersuchungen und -angleichungen durchzuführen.

Schließlich läßt sich noch ein drittes Problem anführen, das bei der Entscheidungsfindung auf der Grundlage von Kosten zu berücksichtigen ist. Im allgemeinen werden zur Ermittlung der Kosten im Bereich der Stoff- und Energiewirtschaft zweigliedrige Ansätze verwendet, die die einmaligen Aufwendungen für die Errichtung der technischen Anlage und die laufenden Rohstoff- und Energieaufwendungen enthalten. Bei geeigneter Skalierung können ohne weiteres zusätzliche Aufwendungen in den Kostenansatz projiziert werden. Im Prinzip verfährt man so mit konstanten, laufenden Aufwendungen, die proportional dem einmaligen Aufwand gesetzt werden. Es ist offensichtlich, daß mit der Anzahl der zu berücksichtigenden Teilziele die optimale Entscheidung beeinflußt wird.

Gerade dieses letzte Beispiel führt uns unmittelbar auf die grundsätzliche Problematik der Verwendung von Kosten als Bewertungsmaßstab, nämlich zu der Fragestellung, inwieweit optimierte technische Systeme auch optimal im Sinne von Obersystemen sind, worunter hierarchisch übergeordnete Systeme, wie Betrieb, Volkswirtschaft, Territorium, internationale Verflechtungen u. ä. zu verstehen sind. Diese Frage ist zunächst theoretisch zu verneinen. Hier ist eine der Bewertungslücken, die ihre Konsequenzen bis in die Wissenschaftsstrategie und damit zusammenhängend bis in die zukünftige Entwicklung der Gesellschaft hat. Es handelt sich dabei nicht nur um ein ökonomisch-methodisches Problem. Es geht dabei auch nicht nur um diesen schon schwierig zu handhabenden, aber noch einfachen Bewertungsmechanismus für technische Varianten und finanzielle Operationen. Das gleiche Problem tritt vielmehr auch bei Bewertungen von anderen Aufgaben, z. B. ökonomischen mit Hilfe von Bewertungsfaktoren, der Gebrauchswert-Kosten-Analyse u. ä., auf. Es geht letzten Endes darum, daß die technische Gestaltung in immer engerem Maße mit den Werten des gesellschaftlichen Lebens schlechthin zusammenhängt [24]. Oder, um mit BOHRING und MOCEK zu sprechen, *„nicht Technologie allein mißt Fortschritt, sondern die gleichzeitig erreichte Qualität* *der im Produktionsprozeß eingegangenen gesellschaftlichen Beziehungen der Produzenten"* [25]. Auch von dieser Seite wird so die Breite technologischer Problemstellungen deutlich, unabhängig davon, wieweit der Technologiebegriff gefaßt wird.

In Untersetzung der qualitativen Erkenntnis sind für die Lösung konkreter Aufgaben quantitative Schlußfolgerungen zu ziehen. Sicher ist es nur ein erster Schritt, wenn nach Munser [26] zwischen äußerer und innerer Optimierung unterschieden und als äußere Optimierung die Einpassung in das Obersystem verstanden wird. Es ist dann schon im Sinne der Mehrebenenoptimierung eine Iteration zwischen beiden Optimierungsaufgaben erforderlich.

Alle diese Vorstellungen gehen jedoch noch davon aus, daß die zu berücksichtigenden Faktoren quantitativ erfaßt werden können. Es gibt jedoch bei fast allen Aufgaben Einflußfaktoren, die sich entweder allgemein oder nur im Rahmen der speziellen Problematik nicht quantifizieren lassen, wie z. B. Fragen der Sicherheit, des Arbeits- und Gesundheitsschutzes u. U. auch Platz- und Raumbedarf u. ä. Derartige Einflußfaktoren werden bei energiewirtschaftlichen Aufgaben Imponderabilien genannt. Sie sind offensichtlich ein Ausdruck der gesellschaftlichen Beziehungen. Zu ihrer Erfassung sind von Bedeutung und, wie praktische Erfahrungen gezeigt haben, für technische Objekte geeignet, die sogenannten Zielbaummethoden, die über Expertenschätzungen des Einflußgewichtes der Teilziele ein quantitatives Maß für das Gesamtoptimum liefern. Bei diesem Verfahren wird der steigende subjektive Einfluß des Bewertenden offensichtlich, der im Sinne der Entwicklung nicht nur negativ einzuschätzen ist. Aber letzten Endes ist dieses Vorgehen selbst das Ergebnis eines Optimierungsprozesses, bei dem die möglichst exakte Erfassung weniger Teilziele der unscharfen von möglichst vielen Teilzielen gegenübergestellt wird.

Es kann vielleicht noch eine kurze Überlegung angestellt werden, welche Teilziele gegenüber denjenigen, die bisher in den Kostenfunktionen bei technologischen Untersuchungen erfaßt worden sind, an Bedeutung gewinnen werden. Ausgangspunkt hierfür ist, daß die polaren Grundbedürfnisse Sicherheit und Entfaltung [27] offensichtlich für die technische Entwicklung eine ganz besondere Rolle spielen. Diese Grundbedürfnisse bedingen die Probleme Verantwortung und Risiko und müssen optimal im Bewertungsprozeß widergespiegelt werden.

Dazu steht zu erwarten, daß die Rohstoffe und Rohenergien einerseits sowie die Beeinflussung der Umgebung durch die technischen Objekte andererseits in der Bewertung stärker Einfluß gewinnen. In welcher Form dies letzten Endes vorgenommen wird, ist relativ gleichgültig; ein wirkungsvolles Vorgehen besteht z. B. in der Festlegung entsprechender Preise. Es ist sicher vor allem für die technische Entwicklung unbefriedigend, wenn der Wert eines Rohstoffes ausschließlich von seiner Gewinnung bestimmt wird, obwohl wir wissen, daß seine Verarbeitung einen außerordentlich großen Einfluß auf den Gebrauchswert besitzt. Wir möchten an dieser Stelle ausdrücklich vermerken, daß die angesprochene Problematik nichts mit der Preispolitik auf dem kapitalistischen Markt zu tun hat. Es sei an dieser Stelle nur auf den Einsatz von schnellen Brütern in der Kernkraftwerkstechnik verwiesen, die gegenüber thermischen Reaktoren den Wert von Uranlagerstätten um den Faktor 100 vergrößern. In ähnlicher Weise muß die Umweltproblematik eine stärkere Gewichtung erfahren. Es steht außer Zweifel, daß wir in der sozialistischen Gesellschaft davon ausgehen, daß ein harmonischer Stoffwechsel zwischen menschlicher Gesellschaft und umgebender Natur möglich ist [28]. Zur Erfassung des hierzu notwendigen Gleichgewichtes müssen aber die Beziehungen untersucht werden, die zwischen den Hunderttausenden von Pflanzen- und Tierarten bestehen sowie außerdem deren Einfluß auf die Lebenssphäre des Menschen. Die hierzu erforderlichen Aufwendungen sind z. Z. gar nicht abschätzbar und man kann deshalb im Augenblick nur davon ausgehen, daß der durch den Menschen auf die Natur ausgeübte Einfluß zu minimieren ist, um den augenblicklichen Zustand zu erhalten.

Methodisch interessant ist, daß beide Einflüsse — die Rohstoffe und die Umweltbedingungen — im Kostenansatz zu einer Erhöhung der laufenden Aufwendungen führen. Damit kommt die relative Zunahme der Festkosten, die verschiedentlich als ein Ausdruck einer höheren Qualität der Technologie verwendet wird, wahrscheinlich nicht mehr so stark zum Tragen.

Schließlich müssen, um noch ein letztes Problem anzusprechen, die Zeitstrukturen insbesondere der technologischen Objekte in der Bewertung stärker Berücksichtigung finden, um sich nicht mehr ausschließlich wie bisher, auf typische Belastungssituationen beschränken zu müssen. Wichtige „Eigenzeiten" sind z. B. die Zeit zwischen dem Beginn einer Forschungs- und Entwicklungsstufe und der Großproduktion, die Verdopplungszeiten der Produktion, die physische Lebensdauer von Anlagen, Zeitmaße für den Verschleiß u. ä. Unter Berücksichtigung der damit verbundenen Effekte dürfte gegenüber der globalen Betrachtungsweise eine wesentliche Qualifizierung zu erreichen sein.

Die Illustration der mit der Bewertung verbundenen Probleme wurde aus der Sicht des Ingenieurs vorgenommen, dem letzten Endes die Realisierung der technischen Objekte technologischer Gesamtheiten obliegt. Es ist ohne weiteres möglich, ähnliche Fragestellungen aus dem Blickwinkel des Naturwissenschaftlers und des Betriebswirtschaftlers aufzuwerfen.

Da technologische Fragestellungen nicht allein auf das technische Objekt einschränkbar sind, sollen noch einige Worte über soziale Einflußfaktoren und den Einfluß sozialer Gesamtheiten gesagt werden, weil bei ihrer Wertung die gesellschaftliche Relevanz noch deutlicher zutage tritt. Wie eng derartige Fragestellungen zusammenhängen, zeigt z. B. eine Kennzahl zur Bewertung des Niveaus der Progressivität der Technologie, die ausschließlich auf dem Arbeitskräfteeinsatz basiert [29].

Die sozialistische Gesellschaftsordnung geht grundsätzlich davon aus, daß auch beliebig komplexe Gesamtheiten, wie sie im allgemeinen soziale Strukturen darstellen, optimiert, d. h. bewertet und zielstrebig verbessert werden können. Dabei ist es verständlich, daß man nicht deduktiv vorgehen kann. Vielmehr besteht die Optimierung in einer fortwährenden Analyse und integrierenden Induktion. Damit wird nur ausgesagt, daß derartige Systeme lernen und sich entwickeln können. Die Struktur derartiger Systeme und ihre Funktion sind also rational entwerf- und planbar.

Mit diesen Aussagen kommen bürgerliche Wissenschaftler in ihrer kapitalistischen Gesellschaftsordnung nicht zurecht. So drückt z. B. SCHELSKY [30] aus, daß die Übernahme des Begriffes Planung aus dem technischen Bereich, in dem er bereits uralt ist und die Machbarkeit ausdrückt, in den sozialen Bereich Ausdruck der Verachtung gegenüber dem Menschen sei, da er unfrei dem Plan unterworfen werde. Der Hinweis auf ENGELS und LENIN fehlt natürlich nicht. In ähnlicher Weise wird mit einem Seitenhieb auf die kommunistischen Länder von Nora MITROFANI [31] den „Planungstechnikern in der modernen Industriegesellschaft" technokratisches Vorgehen vorgeworfen, weil sie bei der Einbeziehung sozialer Strukturen den Menschen auf seine ökonomischen oder auch nur technischen Funktionen reduzieren. Damit würde eine Manipulation von Menschen vorgenommen. Schließlich sei noch ein 3. Beispiel angeführt, das in einer Publikation der RWTH Aachen mit dem Titel „Zukunft im System" zu finden ist [32]. Bei der Herausarbeitung von Bewertungskriterien für prognostische Untersuchungen wird eine Hierarchie von den naturwissenschaftlichen Gesetzen bis zu technischen Systemen auch im Sinne technologischer Gesamtheiten entwickelt, ohne daß die geringste Bezugnahme auf soziale Einflußfaktoren erfolgt. Damit ist im Grunde genommen der Einwand, der von SCHELSKY und von MITROFANI gemacht worden ist, bestätigt worden, allerdings nicht aus dem Bereich, den sie obligatorisch angesprochen hatten — das sozialistische Weltsystem —, sondern aus ihrer eigenen kapitalistischen Gesellschaftsordnung. Aus der sozialistischen Gesellschaftsordnung kann keine Bestätigung derartiger antihumanitärer Feststellungen kommen, denn das Ziel der sozialistischen Produktion ist die ständig bessere Befriedigung der materiellen und geistigen Bedürfnisse der Mitglieder der Gesellschaft, die Entfaltung der sozialistischen gesellschaftlichen Beziehungen und der Persönlichkeit der Menschen, ihrer schöpferischen Fähigkeiten und die Stärkung ihrer politischen Organisation, des Staates und der Gesellschaft. Karl MARX gab die methodische Voraussetzung dafür, diese Qualität in der Zielstellung der Produktion im Nationaleinkommen eindimensional meßbar und damit quantifizierbar zu machen [33]. Die Maximierung des Nationaleinkommens sichert die maximale Bedürfnisbefriedigung unter den konkreten Bedingungen. Von dieser Zielfunktion aus können die Zielfunktionen aller Teilsysteme der Gesellschaft bis hin zu rein geistig-kulturell bestimmten Teilsystemen grundsätzlich abgeleitet werden. Daß man diesen Zusammenhang nicht immer explizit und deduktiv aufzeigt, bedeutet nicht, daß man bei der Bewertung grundsätzlich noch auf andere und unabhängig vom Nationaleinkommen existierenden Zielfunktionen zurückgreifen müßte, wie das von KUCZYNSKI [34] ausgedrückt wird. Die humanen Zielstellungen sind Bestandteil der sozialistischen Gesellschaft und ihrer Produktion und stehen nicht neben ihr.

Damit dürfte aufgezeigt sein, daß bei der Einbeziehung von sozialen Strukturen in technologische Gesamtheiten unter den Bedingungen der sozialistischen Gesellschaft technokratische Lösungen schon vom methodischen

Ansatz her unmöglich sind, abgesehen von der ideologischen Seite, deren grundsätzliche Bedeutung an dieser Stelle nicht untersucht werden sollte.

Es ließen sich nun auch noch weitere Komponenten technologischer Fragestellungen ansprechen, die Konsequenz wird jedoch stets gleich sein: Welche Erkenntnis wie genutzt wird, hängt heute nur im notwendigen Maße davon ab, daß die objektive Realität adäquat widergespiegelt ist, vielmehr ist sie erst hinreichend begründet durch die Zweckvorgabe.

Die Zweckvorgabe bestimmt die Bewertung und beeinflußt dadurch nicht nur die Sicherung der Erkenntnis, sondern auch die Richtungen zu ihrer Vermehrung.

Diese Steuerungsfunktion hat nicht nur technisch-ökonomische, sondern auch philosophische Bedeutung.

5.   Zusammenfassende Schlußfolgerungen

Aus der Gegenstandsbestimmung der Technologie, der Untersuchung des Wechselspiels von Wissenschaft und Produktion und der Dialektik von Theorie und Praxis ergibt sich, die alten Grenzen zwischen Grundlagenforschung, vertreten durch den Naturwissenschaftler, und angewandte Forschung sowie Entwicklung, vertreten durch den Ingenieur, und schließlich Bewertung und Einordnung, z. B. vertreten durch den Ökonomen, im Sinne einer effektiven Lösung der Probleme verschwinden zunehmend.

Die Technologie erfordert, daß auch der Naturwissenschaftler für die Entwicklung und die Einordnung der Ergebnisse verantwortlich ist, sowie der Ökonom die durch naturwissenschaftliche Zusammenhänge gegebenen Gesetzmäßigkeiten kennen muß.

Schließlich ist der Ingenieur durch die Technologie ganz besonders angesprochen. Ergeben sich doch bei der Untersuchung technologischer Gesamtheiten Probleme, die durch einen eigenen Gegenstand und dem Lösungsweg angepaßte eigenständige Methoden gekennzeichnet sind. Der Gegenstand ist durch die mathematischen und ingenieurtechnischen sowie ökonomischen und sozialen Modelle industrieller Prozesse und Verfahren gegeben. Die Methoden lassen sich durch bestimmte Prinzipien und Algorithmen darstellen. Ansätze zur Weiterentwicklung der Methoden, die sowohl für die erhöhte Praxiswirksamkeit wie auch aus Gründen der Wissenschaftsentwicklung notwendig ist, finden sich im Bereich der Grundlagenforschung und auch bei der Projektierung und Entwicklung industrieller Anlagen. Es läßt sich absehen, daß die Herausarbeitung dieser Probleme Grundlagencharakter trägt, so daß die Technologie nicht nur Mittler zwischen Wissenschaft und Produktion oder zwischen Theorie und Praxis wird, sondern selbst Gegenstand der wissenschaftlichen Arbeit, selbst zur Wissenschaft. Damit ist ein echter Beitrag zur Intensivierung, d. h. zur Qualitätssteigerung, möglich. Allgemeingültige Lösungen machen es unnötig, für jedes konkrete Problem eigene Ergebnisse zu erarbeiten. Im Sinne einer umfassenden Rationalisierung kann auf allgemeine

Prinzipien, Gesetze und Algorithmen zurückgegriffen werden. Offensichtlich
ist dieser Prozeß eng mit der Herausbildung der technischen Wissenschaften
verbunden und geeignet, einen Beitrag zur Einheit der Wissenschaften zu
erbringen. Die Technologie erweist sich als ein objektives Element der Produktion und der Wissenschaft, das eine außerordentlich starke Dynamik besitzt, da
es Veränderungen in beiden Bereichen ausgesetzt ist und ihnen schöpferisch
folgen muß. Eine starre und dogmatisch angewandte Struktur ist der Technologie sicher nicht förderlich.

6.   Literatur

[1] Hager, K., „Wissenschaft und Technologie im Sozialismus", Dietz Verlag, Berlin
    1974
[2] Plenum der AdW der DDR, Berlin, 7. 11. 1974
[3] Keil, G., Kuczynski, J., Spektrum 4 (1973), 10
[4] Krug, K., „Technologieauffassungen in der Wissenschaftsgeschichte und die Ein-
    ordnung der Verfahrenstechnik", unveröffentlicht
[5] Beckmann, J., „Anleitung zur Technologie oder zur Kenntnis der Handwerke,
    Fabriken und Manufakturen...", Verlag der Witwe Vandenhoeck, Göttingen 1777
[6] Marx, K., „Ausgewählte Werke in sechs Bänden", Bd. III, S. 332, Dietz Verlag,
    Berlin 1972
[7] Steiner, H., „Vergesellschaftung der Wissenschaft und wissenschaftlich-schöpfe-
    rische Tätigkeit" in: „Wissenschaft im Sozialismus", Akademie-Verlag, Berlin 1973
[8] Autorenkollektiv, Studie „Technologie der Stoffwirtschaft", unveröffentlicht
[9] Fratzscher, W., „Stand der Entwicklung der interdisziplinären Wechselwirkungen
    an der Technischen Hochschule „Carl Schorlemmer" Leuna—Merseburg", Wiss. Z.
    TH „Carl-Schorlemmer" Leuna—Merseburg 17 (1975) 4, 569
[10] Flerov, G. N., Barasonov, V. S., Wiss. u. Fortschr. 25 (1975), 5, 235
[11] Müller, J., DZfPH 15 (1967) 12, 1431
[12] Marx, K., „Grundrisse der Kritik der Politischen Ökonomie", S. 594, Dietz Verlag,
    Berlin 1974
[13] Radtke, H., „Zu einigen Fragen der Verbindung von Wissenschaft und Produktion
    im Rahmen der sozialistischen Rationalisierung" in: „Persönlichkeit und Kollektiv
    in der Forschung", S. 35ff., Dietz Verlag, Berlin 1972
[14] Autorenkollektiv, „Die Beschleunigung des wissenschaftlich-technischen Fort-
    schritts. Aufgaben und Probleme der Leitung", S. 369, Dietz Verlag, Berlin 1975
[15] Sominski, V. S., „Ökonomie und Organisation der Wissenschaftlichen Forschung und
    der Entwicklungsarbeiten in der chemischen Industrie", Z. vsesojuznogo chimiceskogo
    obsoestva 12 (1967), 186
[16] Bohring, G., „Die wachsende Rolle der Arbeiterklasse bei der Verwirklichung des
    Zusammenschlusses von Wissenschaft und Produktion" in: „Persönlichkeit und
    Kollektiv in der Forschung", S. 10ff., Dietz Verlag, Berlin 1972
[17] Anonym „Forecasting the Technology of the 1970's", Chem. Engng. New York 76
    (1969), 88
[18] siehe [14], S. 92
[19] siehe [12], S. 592
[20] Engels, F., „Dialektik der Natur", MEW Bd. 20, S. 456, Dietz Verlag, Berlin 1964
[21] Rödel, U., „Forschungsprioritäten und technologische Entwicklung", S. 120, Suhr-
    kamp Verlag, Frankfurt/Main 1972

[22] FRATZSCHER, W., „*Die Rolle der Technologie als Führungsgröße für die Wissenschaft*", Diskussionsbeitrag auf dem Plenum der AdW der DDR, Berlin 7. 11. 1974

[23] siehe [21], S. 121

[24] FELKE, H., „*Zur Optimierung von ingenieurtechnischer und ökonomischer Tätigkeit unter systemtheoretischem Aspekt*", Dtsch. Z. f. Philosophie 15. Jg., H. 12 (1967), 1450

[25] BOHRING, G., MOCEK, R., „*Die Wissenschaft im System gesellschaftlicher Werte*", Dtsch. Z. f. Philosophie 22. Jg., H. 10/11 (1974), 1306

[26] MUNSER, H., DITTMANN, A., „*Methodische Probleme bei der Gestaltung und Bewertung der Effektivität von Energieversorgungssystemen*", Energietechnik 21. Jg., H. 11 (1971), 483

[27] FELKE, H., „*Zu einigen Zusammenhängen zwischen Prognose und Entscheidung*", Wiss. T. TU Dresden 16, H. 3 (1967), 773

[28] MILLIONSTSCHIKOW, M. D., „*Strategie der Wissenschaft und technischer Fortschritt*", Wissenschaft und Menschheit, Leipzig (1973), 9, S. 9

[29] siehe [11], S. 340

[30] SCHELSKY, H., „*Soziologisches Planungsdenken über die Zukunft*", Universitas 25. Jg., H. 12 (1970), 1237

[31] MITROFANI, N., „*Die Zweideutigkeit der Technokratie*", Atomzeitalter 7/8 (1967), 374 (zitiert nach [32])

[32] FRANGEN, J., „*Die Dimension technologischen Wandels als Bewertungskriterien einiger Prognosemethoden*" in: „*Zukunft im System*", S. 1, RWTH, Aachen 1970

[33] FELKE, H., „*Operationsanalytische Optimierung von Ganzheiten höherer Ordnung in der Operationsforschung*", S. 161, Wiss. Schriftenreihe der Humboldt-Universität zu Berlin, 1968

[34] KUCZYNSKI, J., „*Wissenschaft Heute und Morgen*", S. 125, Akademie-Verlag, Berlin 1973

MODELLIERUNG UND SIMULATION VERFAHRENSTECHNISCHER SYSTEME – INSTRUMENTARIEN DER MODERNEN TECHNOLOGIE

(K. Hartmann, L. Dietzsch)

Summary

Apart from enlarging the knowledge about the rules of unit processes and operations, the optimal design and optimal operation of complete processes and plants are regarded to be important trends of development in modern technology. They are based on the modern methods of modeling and simulation which are represented in a survey, starting from the term "chemical process system" and giving the essential tasks and possibilities of solution for modeling and simulation of chemical process systems. These include

— Modeling of the elements of chemical process systems
— Modeling of the structure of the system
— Selection of the principle of computation for simulation
— Performance of the structural analysis in selecting the principle of sequential calculation
— Selection of iteration methods
— Elaboration of calculation systems for the rationalization of system calculations

In the parts of the paper, comprehensive information and evaluation of the literature on both fundamentals and application is given.

In conclusion the paper presents a survey of important examples of application. By the establishment of a unified skeleton program system for computers of the ESER generation, by extension of the modular library and the establishment of a data bank of physical properties, the described methods of modeling and simulation become efficient and modern means for solving technological tasks.

1. Einleitung

Eine der wichtigsten Entwicklungstendenzen der modernen Technologie ist neben der Vertiefung der Kenntnisse über Gesetzmäßigkeiten der einzelnen Prozesse die optimale Gestaltung und der optimale Betrieb kompletter Verfahren und Anlagen. Diese Entwicklung wurde möglich durch

— die Existenz von zuverlässigen Berechnungsgleichungen für die einzelnen Prozeßeinheiten und Stoffwerte,
— das Vorhandensein von leistungsfähigen EDVA,
— die Herausbildung der Systemverfahrenstechnik als Teilgebiet der Verfahrenstechnik, das sich mit den Eigenschaften und grundlegenden Gesetzen und Methoden zur Gestaltung verfahrenstechnischer Systeme beschäftigt.

Wesentlich stimuliert wurde dieser Prozeß durch die Erkenntnis, daß die ökonomischen Effekte durch das optimale Zusammenwirken von Elementen im Verband eines Systems wesentlich größer sind als bei der Optimierung einzelner Elemente.

Grundlage für die Gestaltung und Untersuchung kompletter Anlagen der Stoffwirtschaft sind die modernen Methoden der Modellierung und Simulation, basierend auf gezielten experimentellen Ergebnissen und theoretischen Modellen. Durch den Systemcharakter der zu untersuchenden Objekte mußten die Modellierungs- und Simulationsverfahren wesentlich erweitert und modifiziert werden.

Im vorliegenden Beitrag soll eine Übersicht über die wesentlichsten Prinzipien und Methoden der Gestaltung verfahrenstechnischer Systeme gegeben werden. Dazu wird einleitend der Begriff „verfahrenstechnisches System" erläutert.

Der Begriff „verfahrenstechnisches System" (im Russischen „химикотехнологическая система", im Englischen „Chemical Process System") [1]—[12] stellt eine abstrakte Kategorie dar und umfaßt auf Grund des hierarchischen Aufbaus allgemeiner verfahrenstechnischer Systeme als kleinsten Baustein die Prozeßeinheit. Die Aggregation mehrerer gleichartiger Prozeßeinheiten führt zum Begriff „Prozeßgruppe".

Die Zusammenfassung von unterschiedlichen Prozeßeinheiten und/oder Prozeßgruppen zu einem System, in dem eine charakteristische Stoffwandlung durchgeführt wird, ergibt die Verfahrensstufe. Eine der wichtigsten Hierarchieebenen verfahrenstechnischer Systeme ist das Verfahren. Es besteht aus mehreren unterschiedlichen Verfahrensstufen und umfaßt die Vorbereitung der Rohstoffe auf die chemische Reaktion, die eigentliche chemische Umsetzung der Rohstoffe in die gewünschten Strukturen der Zielprodukte und die Nachbereitung der Reaktionsprodukte. Die Kopplung mehrerer Verfahren ergibt Verfahrenszüge oder Produktionslinien. Die Aggregation von Verfahren mit Systemen zur Energieerzeugung, Abwasseraufbereitung, Speicher- und Transportsystemen u. a. führt zum Begriff stoffwirtschaftlicher Betrieb (Chemiekombinat). Schließlich können entsprechend enge stoffliche und informationelle Kopplungen zwischen Chemiekombinaten zur Herausbildung von Verbundsystemen führen.

Diese Hierarchiestruktur stellt nicht nur eine geeignete Gliederung und Klassifikation der unterschiedlichen Elemente stoffwirtschaftlicher Anlagen dar, sondern hat fundamentale Bedeutung für die sich daraus ergebenden Problembearbeitungsprozesse, die Modellierungs-, Bewertungs- und Optimierungsstrategien und -methoden.

In einer stoffwirtschaftlichen Anlage (Maschinen- und apparatetechnische Ausrüstung) werden Rohstoffe oder Zwischenprodukte durch Anwendung unterschiedlicher energetischer Felder und Hilfsstoffe zielgerichtet in die gewünschten Endprodukte umgesetzt. Für den Entwurf und die Steuerung der Anlagen ist daher der Informationsaspekt von entscheidender Bedeutung. Die optimale Gestaltung des verfahrenstechnischen Systems erfordert demnach die Berücksichtigung stofflicher, energetischer, apparativer und informationeller Aspekte. In Abhängigkeit von der Zeit kann sich ein verfahrenstechnisches System in unterschiedlichen Phasen und damit Realisierungszuständen befinden. Für die weiteren Ausführungen sind die Phasen Entwurf (System befindet sich im Zustand eines „ideellen" Objektes), Rationalisierung und Rekonstruktion sowie Steuerung (System ist bereits materiell realisiert) von Bedeutung. Rationalisierung sowie Rekonstruktion und Steuerung stehen im engen Zusammenhang mit den Aufgabenstellungen für die Prozeßanalyse und beinhalten eine Art „Nachführung" des Verfahrens an die „ideale" Prozeßführung bzw. den aktuellen erreichten Stand von Wissenschaft und Technik für das jeweilige Verfahren.

Die wichtigste Grundlage für die Problembearbeitungsprozesse verfahrenstechnischer Systeme stellen die mathematischen Modelle des Systems und seiner wesentlichsten Elemente dar. Obwohl die Modellbildungsverfahren sich je nach Realisierungszustand des verfahrenstechnischen Systems unterscheiden können — in der Entwurfsphase überwiegen mathematische Modelle auf physikalisch-chemischer Grundlage, in der Betriebsphase können auch statistische Modelle zum Einsatz kommen — [13, 14], gehen die modernen Modellbildungsverfahren verfahrenstechnischer Systeme in der Regel davon aus, daß das zu untersuchende System in Elemente bzw. Teilsysteme zerlegbar ist (Dekomposition), wobei diese Elemente in Form mathematischer Modelle abgebildet werden, die Struktur des Systems, d. h. die Kopplung der Elemente untereinander und mit der Umgebung in geeigneter mathematischer Form dargestellt wird und das Gesamtverhalten des Systems an Hand dieser mathematischen Abbildung, durch die sogenannte Simulation auf EDVA erfolgt. Die Wertzuordnung für ausgewählte Eigenschaften des Systems (stoffliche, energetische, apparative, monetäre u. a. Wirkungsgrade oder Zielgrößen) ist Gegenstand der Bewertung [15, 16].

Auf die Bewertung wird im Rahmen der vorliegenden Übersicht nicht eingegangen. Die Ermittlung eines verfahrenstechnischen Systems, das eine bestimmte ausgewählte Zielgröße bestmöglich erfüllt, ist Gegenstand der Optimierung verfahrenstechnischer Systeme.

Auf Grund des hierarchischen Aufbaus verfahrenstechnischer Systeme kann für jede beliebige Hierarchieebene (und damit auch für jedes Element) die in Abb. 1 verwendete allgemeine Blockdarstellungsform gewählt werden. Die einzelnen Vektoren in Abb. 1, die stoffliche, energetische oder Informationsströme darstellen, haben folgende Bedeutung:

x — Vektor der Eingangsvariablen
y — Vektor der Ausgangsvariablen
u — Vektor der variierbaren Größen $u = d + u'$ (Entwurfsvariablen d und Steuervariablen u')
z — Vektor der Störgrößen (diese sind meß- jedoch nicht steuerbar)
p — Parametervektor (charakterisiert relativ unveränderliche Größen des Elements z. B. kinetische Parameter)
a — Strukturvariable (charakterisieren die Kopplungen im System)

Zur Darstellung der inneren Struktur des verfahrenstechnischen Systems, d. h. der Kopplungen zwischen den Elementen und der Umgebung kann als

graphische Darstellungsform das Blockschaltbild verwendet werden (Abb. 2).
Aus Abb. 2 wird der hierarchische Aufbau verfahrenstechnischer Systeme deutlich, außerdem ist ersichtlich, daß im System unterschiedliche Ein- und Ausgangsströme vorhanden sind. Man unterscheidet Ein- und Ausgangsströme,
die von der Umgebung kommen und Ein- und Ausgangsströme, die Kopp-

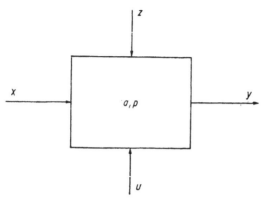

Abb. 1. Blockdarstellung eines verfahrenstechnischen Elements

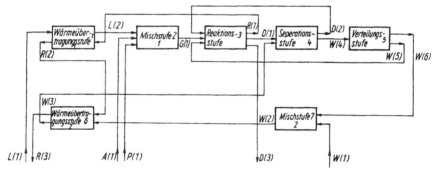

Abb. 2. Blockschaltbild des Beispielsystems (Teilsystem einer ACN-Anlage)

lungen mit anderen Elementen darstellen (Strukturvariable). Elemente, die
Eingangsströme von außen empfangen, heißen Eingangsrandelemente, Elemente, die Ausgangsströme an die Umgebung liefern, heißen Ausgangsrandele-
mente, Elemente, die weder Systemein- oder -ausgänge besitzen, nennt man
innere Elemente.
   Wesentliche Eigenschaften verfahrenstechnischer Systeme, die entscheidenden Einfluß auf die Modellierungs-, Simulations- und Optimierungsstrategien
ausüben, sind die Komplexität der Systeme (große Anzahl von Kopplungen
der Elemente untereinander und mit der Umgebung), deren Kompliziertheit
(große Anzahl von Elementen im System — bei Verfahren bis 1 000 Elemente),

die teilweise hohe Nichtlinearität der Elementeigenschaften (meist bedingt durch die Nichtlinearität der Prozeßkinetik), die hohe Dimension des Zustandsvektors, d. h. der die Elemente koppelnden Ströme und die Prozesse in den Elementen selbst (bei Prozessen der Erdölverarbeitung besitzen die Ströme bis zu 50 Komponenten), die bei Problemen des dynamischen Verhaltens auftretende Zeitabhängigkeit als zusätzliche Variable, der unterschiedliche Charakter der variierbaren Variablen — es sind stetige und diskrete (meist ganzzahlige) Variable bei der Lösung von Optimierungsproblemen zu berücksichtigen und bei Steuerungsproblemen das Auftreten von stochastischen, also Einflußgrößen (Störgrößen), deren Verhalten durch Verteilungsfunktionen beschrieben wird [17].

Diese Besonderheiten treten oft kombiniert auf, durch Vereinfachungen kann allerdings oft eine Beschränkung auf die wesentlichsten Gruppen von Einflußgrößen erreicht und damit der erforderliche Modellierungs- und Optimierungsaufwand reduziert werden [1, 8].

Entsprechend der Entwurfsmethodik verfahrenstechnischer Systeme [6, 10] bzw. der Methodik zur Durchführung von Prozeßanalysen [18] ist eine der wichtigsten Simulationsaufgaben die Berechnung der Stoff- und Energiebilanzen des Systems, der sich beim Entwurf die Auslegung, d. h. die Berechnung der Hauptabmessungen der Elemente anschließt, bei der Prozeßanalyse beinhaltet diese Aufgabe die Berechnung des Systems bei vorgegebenen Hauptabmessungen, die als einfache Simulation bezeichnet werden soll. Die optimale Festlegung der variierbaren Einflußgrößen, die meist eine Vielzahl von einfachen Simulationsberechnungen erfordert, ist wie bereits erwähnt, Gegenstand der Optimierung verfahrenstechnischer Systeme. Die Modellierung, Simulation und Optimierung verfahrenstechnischer Systeme war Gegenstand mehrerer Konferenzen und Übersichtsartikel sowie Monographien [19—28].

Im weiteren wird ein Überblick über die wesentlichsten Aufgaben und Lösungsmöglichkeiten zur Durchführung der Modellierung und Simulation verfahrenstechnischer Systeme gegeben. Die zu lösenden Aufgaben sind:

— Modellierung der Elemente verfahrenstechnischer Systeme
— Modellierung der Struktur des Systems
— Auswahl eines Berechnungsprinzips zur Simulation
— Durchführung der Strukturanalyse bei der Wahl des sequentiellen Berechnungsprinzips
— Bereitstellung von Iterationsverfahren
— Erarbeitung von Berechnungssystemen zur Rationalisierung der Systemberechnungen

Schließlich wird eine Übersicht über wichtige Anwendungsbeispiele gegeben.

2.   Modellierung der Elemente verfahrenstechnischer Systeme
[2, 4, 8, 9, 13, 14, 29 − 52]

Grundlage für die o. g. Strategie der mathematischen Modellierung und Simulation von Anlagen bilden die mathematischen Modelle der Elemente und der Struktur des Systems [2, 4, 8, 9].

Die Modellbildung der Elemente hängt in starkem Maße von der zu untersuchenden Hierarchieebene, der Art der Dekomposition des Systems in Teilsysteme und von der Aufgabenstellung für die Gestaltung und Optimierung ab. Bei Beschränkung auf die Hierarchie-Ebene-Verfahren treten die Elemente Prozeßeinheiten, Prozeßgruppe und Verfahrensstufe auf. Entsprechend der Blockdarstellung in Abb. 1, kann für das allgemeine Element i ein mathematisches Modell in der Form

$$y_i = f_i(x_i, u_i, p_i, t) \qquad i = 1, \ldots, N \tag{2.1}$$

eingeführt werden. Die Wirkung von Störgrößen soll hier vernachlässigt werden, die Rolle von Strukturparametern übernimmt die Struktur des Funktionsvektors f_i. Der Funktionsvektor f_i setzt sich bei physikalisch-chemischen Modellen aus folgenden Gruppen von Gleichungen zusammen:

1. Bilanzgleichungen
2. Zustandsgleichungen
3. Prozeßkinetik

Je nach Aufgabenstellung und Komplexität der Prozeßeinheit stellt Gl. (2.1) ein System partieller oder gewöhnlicher Differentialgleichungen bzw. finiter nichtlinearer oder linearer Gleichungen dar.

Bei geeigneter Formulierung können z. B. die Bilanzgleichungen linear gestaltet werden, die Zustands- und kinetischen Gleichungen sind in der Regel hoch nichtlinear, Modelle des dynamischen Verhaltens liegen entweder in Form gewöhnlicher bzw. partieller Differentialgleichungen vor.

Entsprechend dem Ziele der Systemuntersuchung und -gestaltung kann das mathematische Modell (2.1) vereinfacht werden, bzw. muß man das vollständige Gleichungssystem berücksichtigen. Eine wesentliche Vereinfachung ist z. B. die Linearisierung, die einmal durch geeignete Formulierung der Bilanzgleichungen für die Aufgaben der Bilanzierung erreicht werden kann (s. oben), bzw. die formale Linearisierung von Gl. (2.1) durch Verwendung sogenannter Verteilermodelle, wobei die Transformationsfunktion des Elementes durch eine Matrix mit konstanten bzw. variablen Koeffizienten beschrieben wird [2]. Für viele Prozeßeinheiten sind derartige Verteilermodelle bekannt, bzw. können leicht aus den nichtlinearen Modellen entwickelt werden. Die Linearität der Elementmodelle führt zu wesentlichen Vereinfachungen bei der Simulation des Gesamtverfahrens (s. Abschn. 4.). Der Gültigkeitsbereich von Verteilermodellen kann durch Berücksichtigung von Korrekturfaktoren, die z. B. die ersten partiellen Ableitungen beinhalten, erweitert werden. Die Linearität der Modelle bleibt dabei weiter gesichert [30].

Eine wesentliche Rationalisierung des aufwendigen Modellbildungsprozesses stellt die Verwendung von Typenmodellen verfahrenstechnischer Prozeßeinheiten dar. Unter einem Typenmodell versteht man eine allgemeine mathematische Beschreibung einer bestimmten Prozeßeinheit, die jeweils den konkreten Eigenschaften des zu modellierenden Objektes angepaßt werden muß. In zahlreichen Veröffentlichungen sind solche Typenmodelle zusammengestellt, für Stofftrennprozesse in [31, 32] für Reaktoren in [33—36], für Wärmeübertrager in [37] und weitere in [38—44].

Die Verwendung von Typenmodellen setzt in der Regel sowohl eine strukturelle Anpassung als auch die Präzisierung bestimmter Modellparameter voraus. Von großer praktischer Bedeutung ist die Verwendung von Kurzmethoden zur Modellierung und Berechnung von Elementen. Zahlreiche Kurzberechnungsverfahren für unterschiedliche Prozeßeinheiten sind bekannt [14, 45]. Speziell für Probleme der optimalen Steuerung, bei der die Echtzeitbedingung in der Regel erfüllt sein muß, haben sich weitere Formen der Vereinfachung komplizierter Elementmodelle bewährt — die quadratische Approximation, die schrittweise multiple Regression mit Auswahl des besten Modellansatzes und die Spline-Approximation [13, 46—49].

Die Modellbildung für die Elemente eines verfahrenstechnischen Systems bildet nach wie vor einen Engpaß bei der Simulation und Optimierung des Gesamtverfahrens. Es ist deshalb zweckmäßig, bei der Modellbildung schrittweise vorzugehen: Bei der Voruntersuchung wird die Modellbildung durch lineare Bilanz- und Verteilermodelle begonnen und nach Sammlung ausreichender Kenntnisse bzw. ungenügender Widerspiegelung der erforderlichen Zusammenhänge wird zu komplizierteren Modellen übergegangen.

Bei der Auslegung von Prozeßeinheiten sind im Programm spezielle Vorkehrungen zu treffen, damit die TGL-gerechten Baureihen bzw. Abmessungen verwendet werden. Dabei ist die Tendenz zu beobachten, zur Schaffung von kompletten Programmpaketen zur Berechnung von Prozeßeinheiten einer bestimmten Grundoperation überzugehen [50].

Eine besondere Modellierungsstrategie nichtlineare Elemente zu linearisieren stammt von YAGI und NISHIMURA [51]. Durch geeignete Transformationen, die im jeweiligen konkreten Falle speziell ermittelt werden müssen, wird eine Linearisierung der Elementmodelle dadurch erreicht, daß die Nichtlinearitäten in die Zielfunktion übertragen werden.

Für die Zwecke der Bewertung, speziell der kostenmäßigen Bewertung der Prozeßeinheiten sind im Berechnungsprogramm spezielle Programmteile vorzusehen, die es gestatten, die Kosten der maschinen- und apparatetechnischen Hauptausrüstung auf der Grundlage der jeweiligen Hauptabmessungen bzw. des Gewichtes des Elementes oder anderer Parameter zu berechnen.

Modell und Lösungsalgorithmus bzw. Programm einer Prozeßeinheit, die in der Regel in unterschiedlichen verfahrenstechnischen Systemen mehrfach verwendet werden können, wird auch als Modul bezeichnet, d. h. man versteht

unter Modul einen austauschbaren, mehrfach verwendbaren Modell- oder Pro-
grammbaustein eines Systems. Übersichten und Zusammenstellungen von Ele-
mentenmodellen sind in [19—52] zu finden.

3.   Modellierung der Struktur verfahrenstechnischer Systeme
[53—84]

Im Bereich des Verfahrensingenieurwesens ist bereits seit langem eine Vielzahl von Darstellungen zur Modellierung der Struktur von verfahrenstechnischen Systemen im Gebrauch, z. B. Verfahrensschema, technologisches
Schema usw.: Diesen Modellen ist gemeinsam, daß sie einerseits nicht nur die
Struktur der Systeme darstellen, sondern auch Informationen über die Elemente selbst beinhalten, andererseits jedoch nicht zur mathematischen Darstellung der Struktur geeignet sind. Dieser Forderung ist aber zur Durchführung rechnergestützter Bearbeitungsweisen derartiger Systeme zu erfüllen
und kann durch die Erstellung von Strukturmodellen, die lediglich die Kopplungen zwischen den Elementen eines Systems angeben, realisiert werden. Die
Gesamtheit der zwischen den Elementen bestehenden Kopplungen des Systems
kann durch Verknüpfungsbeziehungen der Form

$$x_K{}^{(j)} = y_l{}^{(i)}$$

erfaßt werden. Diese Beziehung bedeutet, daß der k-te Eingangsstrom des
Elementes j mit dem l-ten Ausgangsstrom des Elementes i übereinstimmt,
wobei diese Gleichung für alle Elemente des Systems und alle Eingangs- und
Ausgangsströme dieser Elemente aufzuschreiben ist. Theoretisch wäre diese
Möglichkeit der Strukturdarstellung ausreichend. Aus praktischen Gründen —
Kontrolle der Fehlerfreiheit des Modells der Struktur und Anpassung an Algorithmen zur Strukturanalyse — ist es notwendig, auch zu anderen Strukturmodellen zu kommen, die ihren Ausgangspunkt in der graphentheoretischen
Darstellung des verfahrenstechnischen Systems besitzen. Die Bedeutung von
Graphen für die Modellierung verfahrenstechnischer Systeme liegt darin, daß
man den Elementen des Systems Knoten eines Graphen und den die Elemente
verbindenden Stoff- und Energieströmen gleichgerichtete Bögen eines Graphen
zuordnen kann und auf diese Weise einen gerichteten Graphen als Modell des
betreffenden verfahrenstechnischen Systems erhält, der dann einer näheren
Untersuchung mit den Mitteln der Graphentheorie zugängig ist. Ein auf diese
Weise gebildeter Schaltungsgraph eines speziellen Systems ist insbesondere für
die Modellierung der Struktur bedeutsam.

Strukturdarstellung durch Matrizen

Die in die Graphendarstellung transformierte Struktur eines verfahrenstechnischen Systems kann in Form von Matrizen mathematisch abgebildet werden.
Allgemein bezeichnet man solche Matrizen als Strukturmatrizen, die nach der

Zuordnung der Knoten und Bögen des Graphen zu den Zeilen und Spalten der Matrix weiter unterschieden werden können. Je nachdem, ob als Matrixelemente nur die Elemente (Knoten) oder auch die Ströme (Bögen) verwendet werden, unterscheidet man eine elementorientierte und eine stromorientierte Variante.

Strukturmatrix

Die Strukturmatrix, auch Adjazenzmatrix, logische Matrix oder Verknüpfungsmatrix genannt, ist eine elementorientierte Darstellungsform der Struktur. Besteht der in der Strukturmatrix abzubildende Graph aus X Knoten, so ist die Matrix vom Typ $X \times X$. Für die Elemente der Matrix gilt vereinbarungsgemäß

$$s_{ij} = \begin{cases} 1, \text{ wenn vom Knoten } x_i \text{ ein Bogen zum Knoten } x_j \text{ führt} \\ 0, \text{ falls nicht.} \end{cases}$$

Daraus folgt, daß die Matrix nur aus „1" und „0"-Elementen besteht. In Abb. 3 ist dies für das Beispiel aus Abb. 2 dargestellt. Den Informationsgehalt der Strukturmatrix kann man erhöhen, wenn man die „1"-Elemente, die Kopplungen mit der Dimension des jeweiligen Stromes belegt. Die Matrixelemente sind dann ganze natürliche Zahlen und geben sofort Auskunft über die Dimension der bei dem betreffenden System vorhandenen Ströme. Derartige Strukturmatrizen werden für die Strukturanalyse zur Festlegung der günstigen Berechnungsreihenfolge für Simulationen benutzt.

	0	1	2	3	4	5	6	7
0	0	1	1	0	0	0	0	1
1	0	0	1	0	0	0	1	0
2	0	0	0	1	0	0	0	0
3	1	1	0	0	1	0	0	0
4	0	0	0	1	0	1	0	0
5	0	0	0	1	0	0	0	1
6	1	0	0	0	1	0	0	0
7	0	0	0	0	0	0	1	0

Abb. 3. Strukturmatrix für das Beispiel gemäß Abb. 2 (Umgebung des Systems = „Element 0")

Strommatrix

Die Strommatrix, auch Inzidenzmatrix genannt, ist eine stromorientierte Darstellungsform verfahrenstechnischer Systeme. Besteht der das verfahrenstechnische System charakterisierende Graph aus X Knoten (Systemelementen) und U Bögen (Kopplungen zwischen den Systemelementen), so ist die Strommatrix eine Matrix vom Typ $X \times U$, deren Elemente wie folgt gebildet werden:

$$s_{ij} = \begin{cases} -1, \text{ wenn der Bogen } u_j \text{ dem Knoten } x_i \text{ entspringt} \\ 1, \text{ wenn der Bogen } u_j \text{ in den Knoten } x_i \text{ mündet} \\ 0, \text{ falls nicht.} \end{cases}$$

Mit dieser Definition folgt eine erhöhte Redundanz der Strukturdarstellung, da jede Kopplung zwischen den Elementen zweimal notiert wird (Abb. 4). Auch hier ist es natürlich möglich, den Informationsgehalt der Strommatrix durch die Eintragung der Dimensionen der Ströme noch zu erhöhen.

	L(1)	(A1)	P(1)	W(1)	D(3)	L(2)	G(1)	R(1)	R(2)	R(3)	D(1)	D(2)	W(4)	W(5)	W(6)	W(2)	W(3)
1	1	0	0	0	0	-1	0	1	-1	0	0	0	0	0	0	0	0
2	0	1	1	0	0	1	-1	0	0	0	0	0	0	0	0	0	0
3	0	0	0	0	-1	0	1	-1	0	0	-1	1	0	1	0	0	0
4	0	0	0	0	0	0	0	0	0	0	1	-1	-1	0	0	0	1
5	0	0	0	0	0	0	0	0	0	0	0	0	1	-1	-1	0	0
6	0	0	0	0	0	0	0	0	1	-1	0	0	0	0	0	1	-1
7	0	0	0	1	0	0	0	0	0	0	0	0	0	0	1	-1	0

Abb. 4. Strommatrix zum Beispiel gemäß Abb. 2 mit Angabe der Eingangs- und Ausgangsströme des Systems

Diese einfache Form der Strukturdarstellung mittels Matrizen hat jedoch auch Nachteile. Reale verfahrenstechnische Systeme besitzen in vielen Fällen eine hohe Zahl von Elementen, die bei der Modellierung zu berücksichtigen sind. Es müssen bei kompletten Verfahren häufig 50 bis 100 und mehr Prozeßeinheiten erfaßt werden. Die Strukturmatrix erreicht dann eine sehr hohe Dimension. Da die Zahl der Ströme bei verfahrenstechnischen Systemen im allgemeinen nicht größer als die Zahl der Elemente ist, ist die Zahl der Matrixelemente bei der Strommatrix noch größer. Ein weiterer Nachteil zeigt sich in der Mehrdeutigkeit der Anordnung der Matrixelemente für das jeweils konkrete System.

Strukturdarstellung durch Listen

Eine kompaktere Form der Strukturdarstellung zeigt sich in der sogenannten Listenform. Diese wird dadurch erzielt, daß nur die tatsächlich zwischen den Knoten eines Graphen vorhandenen Verknüpfungen ohne bzw. mit geringer Redundanz notiert und damit alle anderen Informationen weggelassen werden.

Verknüpfungsliste

Die der Knotenadjazenzmatrix analoge Listenform wird als Verknüpfungsliste bezeichnet. Sie enthält die Nummern der die Ströme abgebenden und aufnehmenden Systemelemente in beliebiger Reihenfolge (Abb. 5a). Eine Modifikation der Verknüpfungsliste erhält man, wenn außer den Kopplungen zwischen den Elementen i und j in einer zusätzlichen Spalte die Stromdimensionen d_{ij} notiert werden. Ein- Nachteil dieser redundanzfreien Notierung ist die Unmöglichkeit der Prüfung auf Fehlerfreiheit hinsichtlich der Notierung.

Bei großen verfahrenstechnischen Systemen mit sehr vielen Knoten und Bögen sind solche Notierungsfehler jedoch nicht ausgeschlossen, und es ist günstig, zu Darstellungsformen überzugehen, die einen gewissen Redundanzgrad besitzen.

I	J	EN	Ein- und Ausgänge von und zu den Elementen				
1	2	1	0	3	-2	-6	
2	3	2	1	0	0	-3	
1	6	3	2	3	4	-4	-1 -0
3	1	4	3	6	-3	-5	
3	4	5	4	-3	-7		
4	3	6	1	7	-4	-0	
4	5.	7	0	5	-6		
5	3	0					
5	7	b)					
7	6						
6	4						
0	1						
0	2						
0	2						
0	7						
6	0						
3	0						

a)

Abb. 5. Verknüpfungs- (a) und Zuordnungsliste (b) zum Beispiel gemäß Abb. 2 (Umgebung = „Element 0")

Zuordnungsliste

Die der Inzidenzmatrix analoge Darstellung ist die Zuordnungsliste, auch Prozeß- oder Inzidenzliste. Hierbei werden in Listenform zu jedem Element des Systems die Ein- und Ausgangsströme notiert, wobei man für die Ein- und Ausgangsströme entweder entsprechende Spalten vorgeben kann (entsprechend der maximalen Anzahl) oder Eingangsströme positiv und Ausgangsströme negativ notieren (Abb. 5b). In dieser Liste sind alle Verknüpfungen genau zweimal notiert, einmal als Eingang und zum anderen als Ausgang, damit wird eine automatische Kontrolle der Richtigkeit der Strukturnotierung möglich. Eine Modifikation der Inzidenzliste besteht in der zu jedem Ein- bzw. Ausgang möglichen Notierung der Stromdimension.

4.   Berechnungsprinzipien verfahrenstechnischer Systeme
[53 — 84]

Unter der Simulation eines verfahrenstechnischen Systems wird dessen Berechnung auf der Grundlage der mathematischen Modelle der Elemente und der
Struktur bei Beachtung aller dabei auftretenden Probleme verstanden. Die
Berechnung des verfahrenstechnischen Systems bildet die Grundlage aller
weiterführenden Operationen in verfahrenstechnischen Strukturen, wie z. B.
Bilanzierung, Auslegung und Optimierung. In den vorhergehenden Abschnitten
wurde gezeigt, wie das verfahrenstechnische System auf eine Menge berechen-
barer Elemente abgebildet wird, wobei diese Menge entsprechend den Kopplungsbeziehungen der Elemente untereinander und mit der Umgebung strukturiert ist. Ein verfahrenstechnisches System berechnen heißt, den entsprechenden Strukturgraphen mit, die Aufgabenstellung repräsentierenden Zahlen-
werten derart zu belegen, daß die Modellgleichungen der Elemente und die
Kopplungsbeziehungen erfüllt sind.

Der Schwierigkeitsgrad der Berechnung ist eng mit den in einem System
auftretenden Rückkopplungen und der Nichtlinearität der Elemente verbunden. Die Rückkopplungen führen dazu, daß bei der Berechnung sogenannte
nichtberechenbare Elemente auftreten. In Abb. 2 ist z. B. das Element 3
nicht berechenbar, da die Werte der Rückführungen, Strom-Nr. D (2), W (5)
erst bekannt sind, wenn die Elemente 4 und 5 berechnet sind. Zur Berechnung
verfahrenstechnischer Systeme sind grundsätzlich drei Vorgehensweisen möglich [53—56]:

1. Sequentielle Berechnung, d. h. elementweise Berechnung des Systems
2. Simultane Berechnung, d. h. gleichzeitige Berechnung aller Ströme
3. Gleichungsorientierte Berechnung, d. h. Ausnutzung von Besonderheiten der das
   System beschreibenden Gleichungen zur Berechnung

Sequentielle Berechnung verfahrenstechnischer Systeme

Dieses Berechnungsprinzip geht von der im System vorliegenden Struktur
aus und ermittelt sukzessive auf der Grundlage der Vorgabewerte und der
Elementmodelle die Ströme. Komplikationen treten dann auf, wenn im System
nichtberechenbare Elemente, also Rückkopplungen vorliegen. In diesem Falle
muß die Rückkopplung an irgendeiner Stelle aufgetrennt und die Schnittströme müssen iterativ berechnet werden. Das globale Vorgehen bei diesem
Berechnungsprinzip besteht aus folgenden Teilschritten:

1. Ermittlung der Schleifen bzw. Komplexe im System, d. h. jener minimalen
   Menge von Elementen, die durch Rückkopplungen erfaßt sind. In großen
   verfahrenstechnischen Systemen treten viele, teilweise miteinander gekoppelte bzw. verschachtelte Rückführungen auf. Zur Bestimmung dieser
   Komplexe wurden spezielle Algorithmen erarbeitet, die im Abschn. 5. näher
   behandelt werden.

2. Ermittlung der optimalen Schnittstellen in den im Schritt 1 bestimmten Komplexen. Zur Bestimmung dieser optimalen Schnittstellen existieren ebenfalls zahlreiche Kriterien, die jedoch noch keine allgemein befriedigende Lösungen darstellen. Entsprechend diesen Kriterien wurden verschiedene Rechenprogramme aufgestellt. Diese Methoden werden ebenfalls im Abschn. 5. näher dargestellt.

3. Iterative Bestimmung der Werte der Schnittströme, die nach Schritt 2 als optimal ermittelt wurden. Durch die hohe Dimension der Schnittströme, eine große Anzahl von Elementen im Komplex, sowie deren Nichtlinearität stellen die Iterationsprobleme oft Engpässe bei der Berechnung von Systemen dar. Ein Überblick über die Iterationsproblematik wird im Abschn. 6. gegeben.

Simultane Berechnung verfahrenstechnischer Systeme

Die durch die zahlreichen Rückkopplungen bedingten Iterationsprozeduren machen das sequentielle Berechnungsverfahren rechenzeitintensiv. Beim simultanen Berechnungsverfahren wird das, das gesamte verfahrenstechnische System beschreibende Gleichungssystem (Modellgleichungen und Kopplungsgleichungen) als ein großes Gleichungssystem betrachtet und gelöst. Ist das System linear, z. B. bei geeigneter Formulierung der Bilanzgleichungen (s. Abschn. 2.), d. h., sind die Modellgleichungen alle linear (die Kopplungsbeziehungen sind ihrer Natur nach linear), dann ist ein lineares Gleichungssystem zu lösen. Betrachtet man diese Lösung als einen Berechnungsschritt (in Wirklichkeit erfolgt die Bestimmung der Lösung eines linearen Gleichungssystems z. B. nach dem GAUSSschen Algorithmus ebenfalls schrittweise), so hat man ein geeignetes simultanes Berechnungsverfahren erhalten. Dieses Vorgehen wurde erstmals von NAGIEW [57] angewendet. ROSEN [58] hat es auf nichtlineare Fälle ausgedehnt. Weitere Arbeiten dazu sind in der Folgezeit erschienen, z. B. [59, 68, 69]. Im Falle nichtlinearer Elemente müssen diese nach einem geeigneten Verfahren linearisiert werden (z. B. TAYLOR-Reihenentwicklung). Die Entwicklungsstellen der Reihenentwicklung oder anderer linearer Ansätze müssen allerdings nachgeführt werden. Die Koordinaten des gesuchten Arbeitspunktes sind jedoch noch unbekannt, was eine iterative Verbesserung durch mehrmalige Lösung des linearen Gleichungssystems notwendig macht. Dabei können auch Konvergenzprobleme zum Beispiel bei schlechten Startwerten auftreten.

Für ein allgemeines simultanes Berechnungsverfahren [53] ist das entstehende Koordinationsproblem durch Anwendung von Optimierungsverfahren zu lösen. Man geht von geschätzten Elementeingangsvektoren x_0 aus, berechnet die Ausgangsvektoren y_0 entsprechend den Modellgleichungen und erhält nach den Kopplungsbedingungen neue Eingangsvektoren x_1, die im allgemeinen nicht mit den Schätzwerten übereinstimmen. Das Koordinationsproblem und damit die simultane Berechnung ist gelöst, wenn diese Abweichungen verschwinden. Verwendet man als skalares Maß für diese Abweichungen die Fehlerquadratsumme

$$S = \sum_{i=0}^{n} |x_0{}^i - \sum N_{ij} f^j(x_0{}^j \dots)|^2 \geqq 0 \qquad (4.1)$$

so können für diese Zielfunktion Koordinationsalgorithmen in Form von Optimierungsprozeduren zur Minimierung von S verwendet werden [60, 61]. Durchgeführte Vergleiche sequentieller und simultaner Berechnungsverfahren [55, 56] zeigen, daß für Systeme mit einer großen Anzahl von Rückkopplungen und geringen Nichtlinearitäten die simultanen Verfahren den sequentiellen überlegen sind.

In der letzten Zeit wurde mit Erfolg an der weiteren Verbesserung simultaner Berechnungsverfahren gearbeitet. Zu erwähnen ist die Methode von SHACHAM und KEHAT, [62] die sogenannte Aufteilungsfaktorenmethode, die speziell für komplizierte Trennsysteme geeignet ist.

Gleichungsorientierte Berechnung verfahrenstechnischer Systeme [63—66]

Die zahlreichen Nachteile der sequentiellen und simultanen Berechnungsverfahren haben zur Suche neuer Berechnungsprinzipien geführt. Währenddem die sequentiellen Verfahren die Gleichungsstruktur der Elemente überhaupt nicht berücksichtigen, erfordert das simultane Verfahren lineare bzw. linearisierte Gleichungen. Das gleichungsorientierte Prinzip geht von der Originalstruktur des gesamten Gleichungssystems aus und versucht, spezielle Besonderheiten zu einer möglichst günstigen Berechnungsreihenfolge der Gleichungen des Systems auszunutzen. Die bekannten Algorithmen lösen die grundlegenden Aufgaben

— Abtrennung von Untersystemen
— Festlegung einer optimalen Lösungsreihenfolge.

Die unterschiedlichen Algorithmen erhalten entweder die Struktur des Gleichungssystems bzw. führen automatische Substitutionen durch. KEVORKIAN und SNOEK verwenden zur Festlegung der Iterationsvarianten Empfindlichkeitsmaße.

Kompliziertere Systeme lassen sich jedoch kaum vollständig entkoppeln, sie führen im allgemeinen ebenfalls zu iterativ zu lösenden Gleichungssystemen. Entsprechende Iterationsprozeduren werden im Abschn. 6. beschrieben.

Von HLAVAČEK [67] wurde kürzlich ein Berechnungsverfahren vorgestellt, das sowohl Prinzipien der Dekomposition des verfahrenstechnischen Systems als auch der gleichungsorientierten Berechnung verbindet — die sogenannte Blockrelaxationsmethode.

5. Algorithmen für die Strukturanalyse verfahrenstechnischer Systeme [53 — 84]

Die Festlegung der Strategie der Berechnung erfordert bei sequentieller Berechnung die Durchführung einer Strukturanalyse. Zu bestimmen ist die Reihenfolge, in der die sequentielle Berechnung der Elemente erfolgen kann. Dabei ist zu beachten, daß

— ein Element entsprechend seinem Modell nur berechnet werden kann, wenn alle seine unabhängigen Variablen bekannt sind
— die unabhängigen Variablen eines Elements die abhängigen Variablen eines oder mehrerer anderer Elemente sind.

Für Strukturen ohne Rückführungen läßt sich die Berechnungsreihenfolge aus den obengenannten Bedingungen leicht bestimmen. In Systemen mit Rückführungen sind immer Elementmengen vorhanden, für die nach diesen Bedingungen keine Reihenfolge gefunden werden kann, da die als unabhängig gewählten Variablen von den abhängigen des gleichen Modells beeinflußt werden. Derartige Elementmengen sind iterativ durch Auftrennung der Rückführung an geeigneter Stelle zu berechnen. Als Lösungswege sind aus der Literatur eine Vielzahl von Möglichkeiten bekannt, die sich im wesentlichen in zwei Schritte einteilen:

1. Festlegung einer vorläufigen Berechnungsreihenfolge durch Zerlegung des Systems in berechenbare Elemente und Blöcke (Komplexe) von Elementen, die iterativ zu berechnen sind. Als Ergebnis liegt ein Ersatzsystem vor, das durch eine Reihen- und/oder Parallelschaltung von Elementen, die keinen Schleifen angehören, und den o. g. Blöcken gekennzeichnet ist.

2. Festlegung der optimalen Berechnungsreihenfolge für jeden der im ersten Schritt gefundenen Blöcke durch Auswahl von Schnittstellen der Schleifen für die iterative Abarbeitung,

Für diese Problemstellung kann festgestellt werden:

1. Für beide o. g. Schritte liegen mehrere Vorschläge für leistungsfähige Algorithmen vor. Diese Algorithmen sind am Beispiel allgemeiner Systeme entwickelt worden. Die Möglichkeit, evtl. spezifische Eigenschaften verfahrenstechnischer Systeme für eine rationelle Gestaltung derartiger Algorithmen auszunutzen, ist bisher noch nicht systematisch untersucht worden, erscheint aber möglich.

2. Die bisher bekannten Vorschläge für die Auffindung von Schleifen und die Festlegung der günstigsten Schnittstelle innerhalb der Schleifen gehen im allgemeinen von einer bestimmten Kompliziertheit der Systeme aus. Diese Kompliziertheit wird den Schemata nicht immer zuerkannt, da die Rückführungen und damit die Blöcke insgesamt leicht erkennbar sind. Für die Schnittstellensuche ist jedoch die Kenntnis aller Schleifen erforderlich, um

die günstigsten Ströme zum Aufschneiden auszuwählen, was in den wenigsten Fällen die zurückgeführten Ströme selbst sind. Damit ist ein bestimmter Kompliziertheitsgrad zweifelsohne gegeben.

3. Allen Vorschlägen für Algorithmen zur Blockbildung und Schnittstellenfestlegung liegen bestimmte Voraussetzungen der Darstellung der Systemstruktur zugrunde. Es erscheint zweckmäßig, die Programme zur Analyse der Struktur nicht fest als Bestandteil von Programmsystemen einzubinden, sondern eigenständig zu bearbeiten.

Zum eingangs angeführten 1. Schritt der Lösung gibt es prinzipiell 2 Gruppen von Methoden

— die mathematisch begründeten Matrizenmethoden (PAM — Powers of adjacency matrix) und
— die sogenannten Suchtechniken
(PTM — path tracing method)

Autor	Methode
Norman [70]	PAM
Himmelblau [71, 72]	PAM
Kehat und Shacham [73]	PAM
Ledet [74]	PAM
Jänicke und Biess [75]	PAM
Wolin und Ostrowski [76]	PAM
Steward [77, 78]	PTM
Sargent und Westerberg [79]	PTM
Christensen und Rudd [80]	PTM
Forder und Hutchison [81]	PTM
Jain und Eakmen [82]	PAM + PTM

Die Matrizenmethoden beruhen auf der Invertierung der Knotenmatrix des komplexen Systems zur Auffindung der zusammenhängenden Elemente (Knoten). Ein entscheidender Nachteil der Matrizenmethoden ist der enorme Speicherplatzbedarf, der selbst durch matrizenverdichtende Darstellungen bei großen Systemen merklich die Anwendung beeinflußt. Die Suchtechniken besitzen diesen Nachteil nicht, da sie auf der Strukturliste, die nur die tatsächlichen Kopplungen angibt, aufbauen. Es werden Wege durch das komplexe System konstruiert, deren Analyse zur Angabe der vorläufigen Berechnungsreihenfolge für das System führt. Der Nachteil besteht hierbei in Programmierungsproblemen, der aber nur bei der Erstellung und rechentechnischen Umsetzung des Algorithmus einmalig auftritt. Eine Kombination beider Methoden wurde durch Jain und Eakmen [82] vorgeschlagen.

Der 2. Schritt der Festlegung der Berechnungsreihenfolge beinhaltet die Ordnung der Elemente in den nach dem 1. Schritt gefundenen Blöcken (Komplexen). Es ist daher das Problem der Auftrennung der Schleifen zu lösen — das Schnittproblem — d. h., es ist die Stelle zu ermitteln, an der eine iterative

Berechnung des Blockes zu beginnen hat. Dabei wird von der Annahme ausgegangen, daß es eine im Hinblick auf den notwendigen Iterationsaufwand
günstige Wahl der Schnittstelle für den Start der Iterationsberechnungen gibt.
Für eine exakte Lösung dieses Problems müßte ein funktioneller Zusammenhang zwischen dem Aufwand für die Durchführung der Iterationsberechnungen
und der Anzahl der an der Schnittstelle zu wählenden Stromkomponenten
vorliegen. Das ist bisher weder für allgemeine Systeme noch im speziellen für
verfahrenstechnische Systeme der Fall. In der Mehrzahl aller Arbeiten zur
Lösung des Schnittproblems wird das Kriterium

Anzahl zu schätzender Variabler → MIN!

benutzt, d. h., das Problem wird auf die Lösung eines Optimierungsproblems
zurückgeführt.

Eine Übersicht zu den Algorithmen gibt HLAVAČEK [83]. Dabei überwiegen
als Lösungsmethoden die Optimierungsmethoden, aber auch heuristische
Methoden wurden als Lösungsmethoden vorgeschlagen. Letztere sind insbesondere von Interesse, da diese praktische Erkenntnis — systemverfahrens-
technische Erkenntnisse — nutzen und technologisch günstige aber nicht-
minimale Schnitte ebenfalls zur Diskussion gestellt werden.

6. Iterationsverfahren [85—99]

Sowohl bei der sequentiellen als auch bei der gleichungsorientierten Berech-
nungsmethode verfahrenstechnischer Systeme besteht die Notwendigkeit, die
Schnittströme eines Komplexes bzw. bestimmte Variablen eines nichtlinearen
Gleichungssystems iterativ zu berechnen.

Obwohl eine Vielzahl von Iterationsverfahren bekannt ist [85, 86] besteht
eine Besonderheit der Auswahl einer geeigneten Methode darin, daß die Funktionen selbst erst über einen rechenzeitaufwendigen Algorithmus, der die Berechnung aller in der Schleife befindlichen Prozeßeinheiten beinhaltet, möglich
ist und zum anderen, eventuell benötigte Ableitungen meist nur numerisch —
also über eine Vielzahl von Schleifenberechnungen — beschafft werden können.
Deshalb ist eine Iterationsmethode, die eine geringe Anzahl von Iterations-
schritten benötigt, nicht unbedingt die beste, da sie andererseits viel Schleifenberechnungen erfordern und damit rechenzeitaufwendig sein kann.

Verwendet man die im Abschn. 4. eingeführten Bezeichnungen für den sogenannten Iterationsblock, so besteht die Aufgabe darin, folgendes allgemeines
nichtlineares Gleichungssystem zu lösen

$$f(x) = 0 \qquad (6.1)$$

f — Funktionsvektor (bzw. Algorithmus zur Berechnung der Schleife)
x — Vektor der unabhängigen Variablen

Bezeichnet man die Schnittvariablen nach der Schnittstelle mit z und die
nach der Schleifenberechnung ermittelten Variablen mit r (Abb. 6), so folgt

$$f(z) = z - r = 0, \qquad (6.2)$$

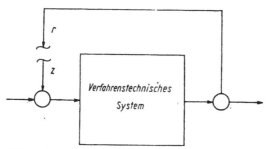

Abb. 6. Darstellung der Iterationsaufgabe

wenn Übereinstimmung mit den Eingangswerten z und den berechneten Werten r erreicht worden ist. Im allgemeinen wird diese Übereinstimmung nur schrittweise, also über mehrere Iterationen erreicht werden. Zur Lösung dieser Iterationsaufgabe sind folgende Probleme zu lösen:

1. Vorgabe einer Iterationsvorschrift nach der die Variablen z und r zur Übereinstimmung gebracht werden.
2. Festlegung eines Kriteriums, nach dem das Iterationsverfahren abgebrochen wird.

Überblick über wichtige Iterationsverfahren [87, 88]

Je nachdem, ob zur Durchführung der Iterationen Ableitungen oder nicht benötigt werden, unterscheidet man ableitungsfreie und ableitungsbehaftete Verfahren.

Ableitungsfreie Verfahren

Das rechentechnisch einfachste Verfahren ist das Einsetzverfahren (Substitutionsverfahren, einfache oder direkte Iteration u. a. Bezeichnungen sind üblich).

Die Iterationsvorschrift lautet

$$z_i + 1 = r_i, \tag{6.3}$$

i — Iterationsindex

d. h., die jeweils neu berechneten Schnittvariablen der Schleife werden zur nachfolgenden Iteration verwendet. Auf Grund der Einfachheit wird diese Methode sehr häufig angewendet. Ihre wesentlichen Nachteile bestehen in der geringen Konvergenzgeschwindigkeit und häufiger Divergenz des Iterationsverfahrens. Letztere kann manchmal durch Umkehrung der Berechnungsreihenfolge in der Schleife herbeigeführt werden.

Die Nachteile der geringen Konvergenzgeschwindigkeit des Einsetzverfahrens sind in den ableitungsfreien Verfahren mit Konvergenzbeschleunigung beseitigt.

Die Konvergenzbeschleunigung beim Wegstein-Verfahren [82] wird durch die Einführung einer Beschleunigungsmatrix t (Diagonalmatrix) erreicht. Die Iterationsvorschrift lautet

$$z_{i+1} = t_i z_i + (1 - t_i) r_i. \tag{6.4}$$

Die Elemente von t_i werden wie folgt berechnet

$$t_i = \frac{a_i}{a_i - 1} \qquad (6.5)$$

$$a_i = \frac{r_{i,j} - r_{i-1,j}}{z_{i,j} - z_{i-1,j}} \qquad (6.6)$$

j — Index der Schnittvariablen

Die Konvergenzgeschwindigkeit ist meist gut. Zahlreiche Anwendungen sind bekannt. Ein wesentlicher Nachteil ist jedoch, daß häufige Divergenz beobachtet wird.

Beim Konvergenzbeschleunigungsverfahren auf der Grundlage des dominierenden Eigenwertes gilt die Iterationsvorschrift (6.4), t ist jedoch ein Skalar und wird wie folgt berechnet:

$$t = \lambda/(\lambda - 1) \qquad (6.7)$$

$$\lambda = |r_i - r_{i-1}|/|z_i - z_{i-1}| \qquad (6.8)$$

Beide Methoden benötigen als Anlaufrechnung zwei Funktionswerte, die z. B. durch das Einsetzverfahren beschafft werden können.

Die Konvergenz der Verfahren mit Beschleunigung ist geometrisch. Es sind Algorithmen bekannt, die durch Beschränkung des Beschleunigungsfaktors bzw. durch Einführung eines Relaxationsfaktors die Konvergenz erzwingen. Günstige rechentechnische Realisierungen dieser Methoden sind jedoch nicht bekannt.

Verfahren unter Verwendung von Ableitungen

Die meisten Verfahren dieser Gruppe sind Modifikationen des NEWTON-Verfahrens, für das folgende Iterationsvorschrift gilt

$$Z_{i+1} = Z_i + t_i H_i f(Z_i) \qquad (6.9)$$

Bein klassischen NEWTON-Verfahren ist $t_i = 1$ und

$$H_i = (J_i)^{-1} f(Z_i) \qquad (6.10)$$

(J) ist die JACOBI-Matrix, die alle Ableitungen des Typs $\frac{\partial f}{\partial z}$ enthält.

Die numerische Berechnung dieser Ableitungen und die Invertierung der JACOBI-Matrix ist sehr rechenzeitaufwendig, Konvergenz ist oft nur in der Nähe der Lösung gewährleistet. Verschiedene Methoden zur Beseitigung dieser Nachteile wurden entwickelt.

Beim NEWTON-Verfahren mit eindimensionaler Suche wird durch geeignete Wahl des Dämpfungsfaktors t Konvergenz erzwungen [91].

Eine weitere Variante stellt das NEWTON-RAPHSON-Verfahren dar [88].

Weitere Verbreitung haben modifizierte NEWTON-Verfahren erhalten, bei denen die inverse negative JACOBI-Matrix nicht in jedem Iterationsschritt vollständig neu berechnet, sondern nur nach einer bestimmten Vorschrift korrigiert wird:

$$H_{i+1} = H_i - (t_i P_i + H_i y_i) \, s^T H_i / s^T H_i y_i \qquad (6.11)$$

$$y_i = f(z_{i+1}) - f(z_i) \qquad (6.12)$$

$$P_i = z_{i+1} - z_i \qquad (6.13)$$

Der Vektor s^T kann beliebig gewählt werden. Im Broyden-Verfahren wird $s^T = P^T$ gesetzt [92].

Von Bedeutung ist die Anwendung von Optimierungsverfahren (z. B. Gradientenverfahren) zur Durchführung der Iteration. Dabei wird die Zielfunktion als Quadratsumme der Abweichungen $(z - r)$ verwendet:

$$f^T f = (r - z)^T (r - z) = 0! \qquad (6.14)$$

Als Optimierungsverfahren finden die Methoden nach Powell, Marquardt u. a. Anwendung.

Auch die Formulierung des Iterationsproblems als Aufgabe der Tscheby-schew-Approximation wurde mit Erfolg angewendet [93].

Weitere Iterationsverfahren z. B. das Relaxationsverfahren nach Cavett [94] und die Methode von Wolfe [96] bzw. Wolfe-Ostrowski [97] werden verwendet, ihre Effektivität konnte jedoch noch nicht hinreichend nachgewiesen werden.

Abbruchkriterien

Wie bei den Iterationsverfahren herrscht auch bei den Abbruchkriterien große Vielfalt. Häufig werden folgende Teste verwendet [62]:

1. Absoluter Fehler $\|f(z_i)\| \leq \varepsilon$

2. Relativer Fehler $\dfrac{\|f(z_i)\|}{\|z_i\|} \leq \varepsilon$

3. $\|z_i + 1 - z_i\| < \varepsilon$

4. $\|z_i + 1 - z_i\| < \varepsilon \|z_i\|$

5. $\max\limits_{j} \left| \dfrac{f_j(z_i)}{z_i{}^j} \right| < \varepsilon \qquad j = 1, \ldots, h$

6. $f_j(Z_{i+1}) \, f_j(Z_i) < 0, \qquad j = 1, \ldots,$

ε — vorzugebende Genauigkeitsschranke

Über die Wahl der Genauigkeitsschranken bei gekoppelten Schleifen wird in [97] berichtet.

Die Wahl des Iterationsverfahrens wird durch viele Faktoren beeinflußt. Bei einer einmaligen (oder seltenen) Berechnung eines verfahrenstechnischen Systems wird — bei erreichter Konvergenz — die Anwendung von Einsetzverfahren mit und ohne Beschleunigung ausreichend sein. Ist — in Zusammenhang mit einer Optimierung des Systems — eine häufige Berechnung des Systems erforderlich, — wird man erhöhten Wert auf ein schnelles Iterationsverfahren legen und kompliziertere Verfahren anwenden, wobei, wie bereits erwähnt, nicht die Anzahl der Iterationen, sondern die Anzahl der Systemberechnungen ausschlaggebend sein kann. Oft spielt auch die Güte der Anfangsschätzwerte für die Konvergenzgeschwindigkeit eine Rolle. Auch die Kopplung unterschiedlicher Iterationsverfahren ist bekannt, z. B. die Anwendung des Einsetzverfahrens zusammen mit dem NEWTON-Verfahren [98].

7. Berechnungssysteme für verfahrenstechnische Systeme
[27, 28, 100 – 125]

Im Zeitraum der letzten zwanzig Jahre wurde die Simulation verfahrenstechnischer Systeme auf elektronischen Datenverarbeitungsanlagen, speziell auf Digitalrechnern, als leistungsfähige Methode bis zu deren praktischen Anwendung ausgearbeitet. Die Simulation des Anlagenverhaltens ist Voraussetzung für alle Aufgaben der Verfahrensentwicklung und Projektierung, z. B.

— der Bilanzierung, d. h. der Berechnung der Stoff- und Energiebilanzen auf der Grundlage von Bilanzbeziehungen;
— der Verfahrenssimulation, d. h. der Berechnung der Stoff- und Energieströme bei gegebenen Werten aller Prozeßvariablen;
— der Verfahrensauslegung, d. h. der Berechnung der Stoff- und Energieströme und der Hauptabmessungen der Elemente;
— der Verfahrensoptimierung, d. h. der Berechnung optimaler konstruktiver und technologischer Variablen des Verfahrens, und
— der Prozeßoptimierung, d. h. der Berechnung optimaler technologischer Variabler (Steuergrößen) bei gegebenen konstruktiven Daten.

Jede dieser Aufgaben läßt sich auf die mehrfach durchzuführende einfache Berechnung eines verfahrenstechnischen Systems mit vorgegebenen Eingangs-

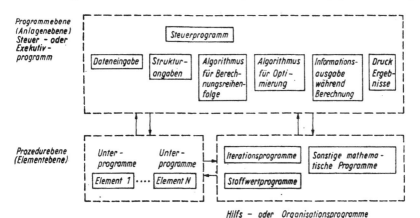

Abb. 7. Allgemeiner Aufbau eines Programmsystems zur Berechnung verfahrenstechnischer Systeme

und Steuergrößen zurückführen. Wegen der hohen Anzahl der Systemelemente und deren Nichtlinearität, der Vielzahl der Prozeßvariablen und der
komplizierten Struktur verfahrenstechnischer Systeme ist eine solche System-
berechnung mit großen rechentechnischen Schwierigkeiten verbunden. Zur
Rationalisierung dieser Aufgaben wurden spezielle Programmsysteme zur auto-
matisierten Berechnung verfahrenstechnischer Systeme entwickelt, deren allgemeiner Aufbau in Abb. 7 veranschaulicht wird.

In diesen Programmsystemen nutzt man system- und rechentechnische
Grundprinzipien, um die mathematische Darstellung der Struktur von der konkreten Anlage zu trennen, so daß Systemstruktur und Elementenmodelle un-
abhängig voneinander sind. Dadurch lassen sich die Struktur und die Prozeß-
einheiten flexibel ändern. Durch weitere selbständige Programmteile — wie
Stoffwerteprogramme oder spezielle mathematische Programme für die Durch-
führung der Iterationen bzw. für die Simulation von Prozeßeinheiten- wird der
Automatisierungsgrad beim Einsatz derartiger Programmsysteme noch erhöht.
Auf diese Weise kann man praktisch jede beliebige Anlage berechnen, deren
Elementmodelle vorliegen.

In Tab. 1 sind die bisherigen Vorschläge für Programmsysteme angegeben,
ohne dabei den Anspruch auf Vollständigkeit zu erheben, da man berücksichtigen muß, daß die Angaben in der Fachliteratur — sowohl die Zahl der Vorschläge als auch deren konkreten Inhalt betreffend — unvollständig sind. Eine
Durchsicht der Vorschläge zeigt, daß ausgehend vom Grundprinzip des „Unit
operation simulator" mit der Entwicklung der elektronischen Rechentechnik
ein zunehmender Umfang der einzelnen Programmsysteme erreicht wurde. Die
Ausarbeitung erfolgte durch Hochschulen bzw. Universitäten, größere Unter-
nehmen des Anlagenbaues, Chemiebetriebe und Rechnerproduzenten — und
war vorzugsweise an bestimmten Technologien orientiert. Mit Tab. 2 wird ein
Überblick vermittelt, welche konkreten Anwendungsfälle bisher bearbeitet
wurden. Die in der DDR existierenden Programme wurden erfolgreich zur
Lösung verschiedenartiger Aufgaben genutzt. Das an der Technischen Hochschule „Carl Schorlemmer" entwickelte System wird vorrangig im Rahmen
der Ausbildung von Verfahrenstechnikern genutzt.

Der Einsatz dieser Programmsysteme ist besonders dann effektiv, wenn verschiedene Varianten einer Anlage berechnet und untersucht werden sollen. Bei
einer nur einmaligen Anwendung ist der Aufwand für die Vorbereitung relativ
hoch. Diese Programmsysteme lassen sich außerdem mit Optimierungspro-
grammen koppeln, so daß für die festgelegte Anlagenstruktur die Elemente
optimal festgelegt werden können.

Durch die Schaffung eines unifizierten Rahmenprogrammsystems für Rechner
der ESER-Generation (R-40), die Erweiterung der Modulbibliothek durch weitere effektive Unterprogramme für wichtige Prozeßeinheiten sowie umfangreiche Stoffwertepakete werden die beschriebenen Methoden der Modellierung
und Simulation kompletter Verfahren der Stoffwirtschaft zu effektiven und
modernen Instrumenten des Verfahrensingenieurs zur optimalen Lösung
wichtiger technologischer Aufgabenstellungen.

Tabelle 1: Übersicht zu den bekannten Berechnungssystemen für verfahrenstechnische Systeme

Name	Jahr	Ausführliche Bezeichnung	Institution	Autoren	EDVA bzw. Programmiersprache	Literatur
Flexible Flowsheet	1958		M. W. Kellogg Co.	M. G. KESLER, M. M. KESSLER, P. R. GRIFFITHS	Burroughs 205-Electrodata IBM 7070	[102], [103]
UOS	1960	Unit Operations Simulator	Bonner and Moore Engng. Assoc., Huston, Tex.	J. F. MOORE, J. S. BONNER, L. P. KARVELAS	IBM 650/1620	[102], [103]
CHEOPS	1961	Chemical Engineering Optimization System	Shell Devlpt. Co., Emeryville, Calif.	R. R. HUGHES, E. SINGER, H. H. ENGEL, C. O. HURD, L. LOPEZ, R. A. MUGELE, R. VANDERWATER, J. WRIGHT	IBM 704/90+94/40 (FORTRAN II) + FAP (FORTRAN IV)	[102], [103]
GIFS	1962	Generalized Interrelated Flow Simulation (superseded by CHIPS)	Service Bureau Corp.	W. H. DODRILL		[102], [103]
PACER	1963	Process Assembly Case Evaluator Routine	Purdue Univ. and Dartmouth College	P. T. SHANNON, H. A. MOSLER, D. R. FRANZ	IBM 7040 (FORTRAN II) GE 265 (ALGOL)	[102], [103]
CHEVRON	1964	Generalized Heat and Material Balancing System	Chevron Research Co., Richmond Calif.	A. E. RAVICZ, R. L. NORMAN	IBM 7090/94 (FORTRAN II)	[102], [103]
SPEED-UP	1964	Simulation Programme for the Economic Evaluation and Design of Unsteady-State Processes	Imperial College, London	R. W. H. SARGENT, A. W. WESTERBERG		[102], [103]

Tabelle 1 (Fortsetzung)

Name	Jahr	Ausführliche Bezeichnung	Institution	Autoren	EDVA bzw. Programmiersprache	Literatur
CHIPS 1	1966	Chemical Engineering Information —	Service Bureau Corp. Palo Alto/Calif.	K. J. NABAVIAN	IBM 7090/94 etc.	[102], [103]
CHIPS 2	1968	Processing System			(FORTRAN)	
MAEBE	1966	Material and Energy Balance Execution	Univ. of Tennessee	L. N. KENNY, J. W. PRADOS	(FORTRAN IV) IBM 1620	[102], [103]
PACER (MAS)	1966	Revision of PACER in MAD language	Univ. of Houston	R. L. MOTARD	IBM 7090/94 (MAD)	[102], [103]
MACSIM	1967	McMaster Simulator (Version of PACER)	McMaster Univ.	A. I. JOHNSON et al.	IBM 7040 (MAP and FORTRAN IV)	[28]
NETWORK 67	1967	None	Imperial Chemical Industry	J. G. P. BARNES, H. R. A. BROWN	ALGOL KDF-9-Computer	[103]
ChemE	1968	Chemical Engineering	Petrochem. Consultants, Houston, Tex.		IBM 7094 (FORTRAN IV)	
GPFS	1968	Generalized Process Flow Simulator	Sun Oil Co.		(FORTRAN)	
CHESS	1968	Chemical Engineering Simulation System	Univ. of Houston	R. O. MOTARD	IBM 7044/94 an 360, Univac 1108, Sigma 7, CDC 6400 (FORTRAN IV)	[28], [103]
GEMCS	1968	General Engineering Management Computation System	Canadian General Elec., McMaster Univ., Hamilton, Ontario	A. I. HOHNSON, T. TOONG	GE 265 Mark II, B 5500, IBM 360/30 (FORTRAN)	[28]

Tabelle 1 (Fortsetzung)

Name	Jahr	Ausführliche Bezeichnung	Institution	Autoren	EDVA bzw. Programmiersprache	Literatur
JUSE-GIFS	1968	Generalized Interrelated	Inst. of Union of Japanese Scientists et al. & Engrs	E. Ohshima	FORTRAN	
CPC	1968	Chemical Plant Calculating System	Univ. Cambridge	G. J. Forder, H. P. Hutchison	FORTRAN	[103]
DISCOSSA	1969	Digital Simulation for Computation of Steady-State Analysis	Oregon State Univ.	E. Elzy, Y. J. Kwon	CD 3300 (with timesharing) (FORTRAN)	[28]
SIMUL	1969	System zur Simulation von Chemieanlagen	VEGYTERV Budapest MAVEMI Budapest MAFKI Veszprem	T. Sztano	GIER-ALGOL 3	[103], [27]
SCOPE (GPROF) (PROVES)	1969	Sizing and Costing of Process Equipment General Profitability Project Valuation and Estimation System	Diamond Shamrock Corp.	I. V. Klumpar	IBM 1800/1180 FORTRAN IV	[103]
PGCC	1969	Programme Général de Genie Chimique	Inst. Francaise du Petrole	R. Michelot	CDC 6400 FORTRAN	[103]
ASCEND	1969	Automatic System for Chemical Engineering Design	Univ. of Florida	A. Westerberg		[110]
PACER 245	1969	Commercial Version of Pacer	Digital Systems, Corp. Hannover	P. T. Shannon, S. Gemoicke	IBM 370/ CDC 3600 FORTRAN II	[28]

Tabelle 1 (Fortsetzung)

Name	Jahr	Ausführliche Bezeichnung	Institution	Autoren	EDVA bzw. Programmiersprache	Literatur
FLOWTRAN	1969	FLOWSHEET Translator	Monsanto Co.	B. Duncan, H. Morris, R. Ody, R. Cavett, et al.	FORTRAN/ IBM 360/65 CDC 6000-Serie CDC 6400 CDC 6600	[111]
CHESS-2	1969	Commercial Version of CHESS	Chem. Share, Inc.			
GEPDS	1970	General Electric Process Design System	General Electric Co.	J. H. Erbar, R. N. Maddox	G. E. Timeshar- ing System	[111]
FLOWPACK	1970	Process Flowsheeting Package	Imperial Chemical Industry, Centr. Instr. Res. Laboratory Runcorn	C. Davies, F. A. Perris	CDC 6400 IBM 360/50 370/145, Honeywell 6080	[104]
—	1970	System zur nume- rischen Verfahrens- planung	TH München	Ch. Heucke		[103]
SIPRO	1970	Simulationspro- grammierungssystem	VUT/Brno VUCHZ Brno	M. Dohnal, J. Klemeš, V. Vasek	DATASAAB D 21/ ALGOL-Gemins	
APACHE (GECECS) (GEPDS) (GECCMS)	1970	Application Package for Chemical Engineers	General Electric			
SUCES	1970	Sydney University Chemical Engineering System	University of Sydney	D. B. Batstone, G. Fenton, R. G. H. Prince	FORTRAN IV	[107]
GPS	1971	General Process Simulator	Lummus Co.	J. Newman, J. J. Schorsch		[108]

Tabelle 1 (Fortsetzung)

Name	Jahr	Ausführliche Bezeichnung	Institution	Autoren	EDVA bzw. Programmiersprache	Literatur
PROSLATORS	1971	Process Simulator for Steady State System	Nippon Univac Sogo Kenkyusho Inv.	H. Yokoegawa, S. Watabe, M. Umeda	Univac 1108/1106	[109]
SLED	1971	Simplified Language for Engineering Design	Universität Michigan	M. D. Nott, B. Carnahan	IBM 360	[103]
PROCESS-COMPILER	1971	Process Compiler Programmsystem	F. Uhde GmbH.	E. Futterer		
PBVS	1971	Programm zur Berechnung verfahrenstechnischer Systeme	TH Leuna—Merseburg	D. Klöditz	CDC 1604/ ALGOL	[103]
PAVTS	1971	Programmierte Auslegung verfahrenstechnischer Anlagensysteme	VEB CA Dresden	D. Clausnitzer	NE 503/ALGOL	[103]
ASYP	1971		VEB Leuna-Werke	G. Kleemann	CDC 3300/ FORTRAN	[106]
AIDES	1972	Adaptive Initial Design Synthesizer	University of Wisconsin	D. F. Rudd, J. J. Sirola, G. J. Powers	Burroughs 5500 Time sharing	[112]
DIGSIM	1972	Digitale Simulation	VEB KIB Leipzig	S. Arndt, O. Langer	FORTRAN CDC 3300	[124]
CAPES	1972	Computer Aided Process Engineering System	Chiyoda Chem. Eng. and Constr'n	T. Maejima, A. Shinedo, T. Umeda	FORTRAN IV	[113]
PROCESS-COMPILER	1972	Programm zur Bilanzierung von Chemieanl.	Fa. Höchst AG.	R. G. Ketchum	IBM 360/40	

Tabelle 1 (Fortsetzung)

Name	Jahr	Ausführliche Bezeichnung	Institution	Autoren	EDVA bzw. Programmiersprache	Literatur
ROSS (Weiterentwicklung von RSS)	1973	(Berechnung und Optimierung komplexer Systeme)	Karpow-Inst. Moskau VEB PCK Schwedt	G. M. OSTROWSKI, I. M. WOLIN, K. HANSEL	MINSK 22/ ALGOL	[115]
CONCEPT MARK 3	1973	Computation on line of networks of chem. eng. process technology	CAD Centre Cambridge	P. WINTER, H. E. LEESLEY, H. P. HUTCHISON, M. J. BENDING	IBM 370/125 LUNIVAC 1108 FORTRAN	
GOLEM	1973	Generally oriented language for energy and material balance	Chemoprojekt Prag	L. SLAVIČEK, J. ČERNY	IBM 360/40 PL/1	[120]
VERSYP	1974		VEB Leuna-Werke	G. WEINELT	CDC 3300/ FORTRAN	[114]
SCHEMATA	1974	Programmsystem zur Berechnung chem.-techn. Schemata	VEB CMK Leipzig	S. PILZ, G. SCHLEGEL, K. SCHÜRER	CDC 1604 A/ FORTRAN ODRA 1104/ ALGOL	[114]
PROSIM	1974	Prozeßsimulation	VEB Leuna-Werke	I. OCHMANN	CDC 3300/USASI FORTRAN	
TISFLO	1974	Technological Information System-Flowsheet Simulator	DSM, Central Laboratory Geelen/NL	I. A. de LEEW, den BOUTER, A. G. SWENKER	FORTRAN Unisac 1108	[125]
NEFTECHIM	1975	Programm zur Berechnung von Anlagen der Erdölverarbeitung und Petrolchemie	WNIIPINeft Moskau	I. K. TELKOW, W. I. MESCHKOW, A. I. SOLOWEJ u. a.		
CHECAL	1975	Programm zur Berechnung von Chemieanlagen	LTI „Lensowjet" Leningrad	I. N. TAGANOW, W. K. VIKTOROW, J. A. SOLOWJOW		

Tabelle 1 (Fortsetzung).

Name	Jahr	Ausführliche Bezeichnung	Institution	Autoren	EDVA bzw. Programmiersprache	Literatur
DSS	1975	Dinamika sloshnych sistem	Karpow-Inst. Moskau	G. M. Ostrowski, J. M. Wolin, K. Hansel u. a.		[115]
COST		Cost Oriented Systems Technique	Icarus Corp. Silver Spring, Md.		IBM 360 UNIVAC 1108	
CYSL		Cyanamid Simulation System	Am. Cyanamid Co. Wayne, NJ.	D. L. Ripps, B. H. Wood j.	FORTRAN IV	
PROCESS-SM	1978	Process Simulation	Simulation Sciences Inc. Fullerton, Calif.	N. F. Brannock, V. S. Verneuil, Y. L. Wang	IBM, UNIVAC CDC FORTRAN IV	[127]
SSPS	1978	Steady State Process Simulator	Abo Akademi, Dep. of Chem. Engng., Turku Finnland	S. Kaijaluoto	FORTRAN	[128]
DIS 78	1978	Design Integrated System	CHEPOS Brno, Czechoslovakia	J. Klemeš, J. Lutcha, V. Vašek	IBM, EC 1030/1040 PL/I	[129]
QUASILIN	1978	Equation-oriented Process Simulator	Dep. of Chem. Enging., Cambridge	H. P. Hutchison		[130]
GOS	1978	Gleichungsorientierte Simulation	TH Leuna—Merseburg	K. Hartmann, W. Gabrisch, L. Dietzsch	EC 1040	[131]

Tabelle 2: Übersicht zu den Anwendungen von Berechnungssystemen für ausgewählte
Technologien

Programmsystem	Technologie	Literatur
ASYP	Erdöl- und Benzinverarbeitung	[106]
VERSYP	Methylaminsynthese, Parex-Verfahren	
PROSIM	Synthesegaserzeugung, -verarbeitung, Weichmacherproduktion	
SYSCOM	Therephthalsäureerzeugung Organische Synthesen	[121]
PAVTS/SCHALT 11	Tieftemperaturgaszerlegung Äthylenerzeugung, Syntheserestgaszerlegung	[103]
SCHEMATA	Elektrolyse, Fluorabsorption	[114]
GOLEM	Ammoniaksynthese, Synthesegaserzeugung	[120]
PACER	Schwefelsäureerzeugung Äthylenerzeugung Synthesekautschukerzeugung	[117]
Flexible Flowsheet	Ammoniaksynthese	[118]
GIFS	Äthylenchloriderzeugung	[109]
CHEOPS	Erdölverarbeitung Isoprenerzeugung Äthylenoxiderzeugung Polypropylenerzeugung	[102]
PACER (MAD)	Erdgaszerlegung	[102]
SIMUL	Erdölverarbeitung, Olefingewinnung	[103]
SCOPE	Benzolgewinnung	
GPS	Verarbeitung leichter Kohlenwasserstoffe	[116]
FLOWTRAN	Erdölverarbeitung, -transport, Chlorierung von Alakanen	[111]
SYPRO	Erdölverarbeitung	[105]
CONCEPT-Mark 3	Rohgasverdichtung/Äthylenerzeugung	[122]
CHESS	Polymerisation von Olefinen	[123]
PBVS	Ammoniakerzeugung, Teilsystem der ACN-Erzeugung, Äthylenchloridproduktion	[126]
PROCESS-SM	Crack-Verfahren, Gaszerlegung	[127]
DIS 78	Erdölverarbeitung	[129]
GOS	ACN-Erzeugung, OTTO-WILLIAMS-Prozess, CO-Druckkonvertierung	[131]

8. Literatur

[1] Autorenkollektiv, „*Systemverfahrenstechnik I*", VEB Deutscher Verlag für Grundstoffindustrie, Leipzig 1976

[2] KAFAROW, W. W., PEROW, W. L., MESCHALKIN, W. P., „*Prinzipien der mathematischen Modellierung chemisch-technologischer Systeme*", Chimija, Moskau 1974 (russ.)

[3] RUDD, D. F., WATSON, C. C., "*Strategy of Process Engineering*", Wiley, New York 1968

[4] HIMMELBLAU, D. M., BISCHOFF, K. B., "*Process Analysis and Simulation (Deterministic Methods)*", Wiley, New York 1968

[5] OSTROWSKI, G. M., WOLIN, JU. M., „*Modellierung komplexer chemisch-technologischer Systeme*", Chimija, Moskau 1975 (russ.)

[6] ICHIKAWA, A., UMEDA, T., "*Chemical Process Design*", Kogyo Chosakai Publishing Co. Ltd. Tokyo 1973 (japan.)

[7] Autorenkollektiv, „*Modellierung und Optimierung verfahrenstechnischer Syste me*" Akademie-Verlag, Berlin 1977

[8] Autorenkollektiv, „*Analyse und Steuerung von Prozessen der Stoffwirtschaft*", Akademie-Verlag, Berlin, VEB Deutscher Verlag für Grundstoffindustrie, Leipzig, 1971

[9] KAFAROW, W. W., „*Kybernetische Methoden in der Chemie und chemischen Technologie*", Akademie-Verlag, Berlin 1971

[10] HARTMANN, K., GRUHN, G., Vortrag „*Neuere Ergebnisse der Systemverfahrenstechnik*", Verfahrenstechnisches Seminar „*Systemverfahrenstechnik*", Technische Hochschule „Carl Schorlemmer" Leuna—Merseburg 19. 3. 1976

[11] GRUHN, G., Wiss. Z. TH „Carl Schorlemmer" Leuna—Merseburg 16 (1974), 394

[12] HLAVAČEK, V., VACLAVEK, V., KUBIČEK, M., „*Zaklady systemoveho inzenyrstvi chemicke technologie*", SNTL, Praha 1976

[13] HIMMELBLAU, D. M., "*Process Analysis by Statistical Methods*", Wiley, New York 1969

[14] Autorenkollektiv, „*Statistische Versuchsplanung und -auswertung in der Stoffwirtschaft*", VEB Deutscher Verlag für Grundstoffindustrie, Leipzig 1974

[15] FRATZSCHER, W., Energieanwendung 22 (1973), 243

[16] FRATZSCHER, W., Wiss. Z. TH „Carl Schorlemmer" Leuna—Merseburg 15, (1973), 106

[17] DITTMAR, R., Dissertation A, Technische Hochschule „Carl Schorlemmer" Leuna—Merseburg 1976

[18] Fachausschuß „Systemverfahrenstechnik" der KdT, „Methodik zur Durchführung von Prozeßanalysen innerhalb der stoffwandelnden Industrie", Dez. 1975

[19] HLAVAČEK, V., Vortrag "*Analysis and Synthesis of Complex-Plants-Steady-State and Transient Behavior*", Symposium "*Computers in the Design and Erection of Chemical Plants*" Karlovy Vary 31. Aug.—4. Sept. 1975

[20] Symposium-Proceedings "*Computers in the Design and Erection of Chemical Plants*" Karlovy Vary 31. Aug.—4. Sept. 1975

[21] Konferenzberichte „*Mathematische Modellierung komplexer chemisch-technologischer Systeme*" (SChTS-1), Jerewan, Nov. 1975

[22] Konferenzberichte „*Computeranwendung bei der Prozeßentwicklung*", 7. Europäisches Symposium, Erlangen 2.—3. 4. 1974

[23] Proceedings of "*2nd Symposium on the Use of Computers in Chemical Engineering*", Usti nad Labem 1973

[24] Proceedings of "*3rd Symposium on the Use of Computers in Chemical Engineering*", Gliwice 1974

[25] Preprints "DISCOP", IFAC-Symposium on Digital Simulation of Continuous Process", Györ 6.—10. Sept. 1971

[26] Nagiew, M. F., „*Rezirkulationstheorie und Erhöhung der Optimalität chemischer Prozesse*", Nauka, Moskau 1970 (russ.)

[27] Autorenkollektiv, „*SIMUL — ein Programm für die mathematische Simulation von verfahrenstechnischen Systemen*", Akademie-Verlag, Berlin 1977

[28] Crowe, C. M. et al., "*Chemical Plant Simulation*", Prentice-Hall, Englewood Cliffs 1970

[29] Kauschus, W., Unveröffentlichter Forschungsbericht, Technische Hochschule „Carl Schorlemmer" Leuna-Merseburg, Sektion Verfahrenstechnik, 1976

[30] Kafarow, W. W., „*Album mathematischer Beschreibungen und Algorithmen zur Steuerung von Prozessen der chemischen Technologie*", NIITECHIM, Moskau 1965 bis 1968 (russ.)

[31] Kafarow, W. W., „*Grundlagen der Stoffübertragung*", Akademie-Verlag, Berlin 1977

[32] Levenspiel, O., "*Chemical Reaction Engineering*", Wiley, New York 1965

[33] Aris, R., "*The Optimal Design of Chemical Reactors*", Academic Press, New York 1961

[34] Aris, R., "*Introduction to the Analysis of Chemical Reactors*", Prentice-Hall, Englewood Gliffs 1965

[35] Ioffe, I. I., Pissmen, L. M., „*Heterogene Katalyse. Chemie und Technik*", Akademie-Verlag, Berlin 1975

[36] Klimenko, A. P., Kanewez, G. E., „*Berechnung von Wärmeübertragungsapparaten auf EDVA*", Energia, Moskau 1966 (russ.)

[37] Lipatow, L. M., „*Typenprozesse der chemischen Technologie*", Chimija, Moskau 1973 (russ.)

[38] Puckow, G. E., Chatiaschwili, Z. C., „*Modelle technologischer Prozesse*", Technika, Kiew 1974

[39] Sackgeim, Ju. A., „*Einführung in die Modellierung chemisch-technologischer Prozesse*", Chimija, Moskau 1973

[40] Franks, R. G. E., "*Modelling and Simulation in Chemical Engineering*", Interscience, New York 1972

[41] Franks, R. G. E., "*Mathematical Modelling in Chemical Engineering*", Wiley, New York 1967

[42] Henley, E. J., Rosen, E. M., "*Material and Energy Balance Computations*", Wiley, New York 1969

[43] Bondar, A. G., „*Mathematische Modellierung in der chemischen Technologie*", Wischtscha Schola, Kiew 1973

[44] Gilliland, E. R., Ind. Engng. Chem. 32 (1940), 9, 1220

[45] Perry, J. H., "*Chemical Engineers Handbook*", Mc. Graw-Hill Book Company Inc., New York/Toronto/London 1950

[46] Borodjuk, W. P., Lezki, E. K., „*Statistische Modellierung verfahrenstechnischer Systeme*", Akademie-Verlag, Berlin 1977

[47] Efroymson, M. A., "*Multiple Regression Analysis*" in: "*Mathematical Methods for Digital Computers*", Wiley, New York 1960

[48] Späth, H., „*Spline-Funktionen zur Interpolation für glatte Kurven und Flächen*", F. Vieweg & Sohn, Braunschweig 1973

[49] Hartmann, K., Vortrag — "*Unit Operations and Process Equiment Design for*"

Heat and Mass Transfer (Review)'', Symposium *"Computers in the Design and Erection of Chemical Plants"* Karlovy Vary 31. Aug.—4. Sept. 1975

[50] YAGI, S., NISHIMURA, H., Vortrag *"Mathematical Models of Chemical Process for Optimization"*, CHISA-Kongreß, Marianske Lazne 1965

[51] VILLADSEN, J., Vortrag *"Mathematical Models for Chemical Process and Automatic Plant Simulation"*, Symposium *„Computeranwendung bei der Prozeßentwicklung"*, Erlangen 2.—3. 4. 1974

[52] BRACK, G., *„Dynamische Modelle verfahrenstechnischer Prozesse"*, VEB Verlag Technik, Berlin 1972

[53] HARTMANN, K., KAUSCHUS, W., OSTROWSKI, G., *„Modellierung und Optimierung verfahrenstechnischer Systeme"* in: *„Modellierung und Optimierung verfahrenstechnischer Systeme"*, Akademie-Verlag, Berlin 1977

[54] KAUFMANN, F., HOFFMANN, U., HOFMANN, H., Chemie-Ing.-Techn. **45** (1973), 450

[55] VAŠEK, V., KLEMEŠ, J., VERMOUZEK, C., DOHNAL, M., Coll. Czech. Chem. Commun. **39** (1974), 2772

[56] UMEDA, T., *"Studies of the Optimal Design of Chemical Processing Systems"*, Dr. Eng. Thesis, Tokyo 1972

[57] NAGIEW, M. F., *„Theorie der Rezirkulationsprozesse in der chemischen Technologie"*, Akademia, Moskau 1958 (russ.)

[58] ROSEN, M. E., Chem. Engng. Progr. **58** (1962), 10

[59] RUBIN, D. I., Chem. Engng. Progr. Syp. Ser. **58** (1962), 37, 54

[60] POWELL, M. J. D., Computer J. **7** (1965), 30

[61] MARQUARDT, D. W., Soc. Ind. appl. Math. J. **11** (1963), 431

[62] SHACHAM, M., KEHAT, E., AIChE Journal, im Druck

[63] LEDET, W. P., HIMMELBLAU, D. M., Advances Chem. Engng. 8 (1970), 98

[64] KEVORKIAN, A. K., SNOEK, J., *"Decomposition of Large Scale Systems"* in: *"Decomposition of Large Scale Problems"*, North Holland, Amsterdam 1973

[65] SOYLEMEZ, S., SEIDER, W. D., AIChE Journal **19** (1973), 934

[66] KOHLERT, W., Vortrag *„Merseburger Gespräche"*, Technische Hochschule „Carl Schorlemmer" Leuna—Merseburg, Sektion Verfahrenstechnik, 24. 10. 1975

[67] HLAVAČEK, V. u. a., Vortrag *„Berechnung verfahrenstechnischer Systeme mittels der nichtlinearen Blockrelaxationsmethode"*, Verfahrenstechnisches Seminar „Systemverfahrenstechnik", Technische Hochschule „Carl Schorlemmer" Leuna—Merseburg, 19. 3. 1976

[68] VACLAVEK, V., KUBIČEK, M., HLAVAČEK, V., MAREK, M., Coll. Czeck. Chem. Commun. **33** (1968), 3653

[69] VACLAVEK, V., *„Bilanční vypočty v. chemickem inženyrstvi"*, SNTL, Praha 1972

[70] NORMAN, R. L., AIChE Journal **11** (1965), 450

[71] HIMMELBLAU, D. M., *"Decomposition of Large-Scale Problems"*, North-Holland Publ. Company, Amsterdam, London 1973

[72] HIMMELBLAU, D. M., Chem. Engng. Sci. **21** (1966), 425

[73] KEHAT, E., SHACHAM, M., Process Techn. Inter. 18, 1/2 (1973), 35, 18, 4/5 (1973)

[74] LEDET, W. P., HIMMELBLAU, D. M., *"Decomposition Procedures for the Solving of Large Scale Systems"*, Adv. Chem. Engng., 8 (Academic Press 1970), 186

[75] JÄNICKE, W., BIESS, G., Chem. Techn. **26** (1974), 740

[76] WOLIN, J. M., OSTROWSKI, G. M., Theoretische Grundlagen der chemischen Technologie **3** (1969), 893

[77] STEWARD, D. V., SIAM Rev. 4 (1972), 321

[78] STEWARD, D. V., J. SIAM Num. Anal. **2** (1965), 345

[79] SARGENT, R. W. H., WESTERBERG, A. W., Trans. Chem. Eng. **42** (1964), T 190

[80] CHRISTENSEN, J. H., RUDD, D. F., AIChE-Journal **15** (1969), 94
[81] FORDER, G. J., HUTCHISOW, W. P., Chem. Engng. Sci. **24** (1969), 771
[82] FRANKS, R. G. E., *"Modelling and Simulation in Chemical Engineering"*, J. Wiley, New York 1972
[83] HLAVAČEK, V., *"Computers in the Design and Erection of Chemical Plants"*, Symp. proceedings, Vol. 3 (1975), 903
[84] NAPHTHALI, L. M., Chem. Engng. Progr. **60** (1966), 70
[85] ORTEGA, J. M., RHEINBOLDT, W. C., *"Iterative Solution of non-linear Equations in Several Variables"*, Academic Press, New York 1970
[86] CARNAHAN, B., LUTHER, H. A., WILKES, J. D., *"Applied Numerical Methods"*, Wiley, New York 1969
[87] KEHAT, E., SHACHAM, M., Process Technol. internat. London **18** (1963), 181
[88] HARTMANN, K., HEINEMANN, E., *"Iterationsverfahren"*, unveröffentlichtes Lehrmaterial, Technische Hochschule „Carl Schorlemmer", Leuna—Merseburg, Sektion Verfahrenstechnik, 1975
[89] WEGSTEIN, J. H., Comm. ACM **1** (1958), 9
[90] ORBACH, O., CROWE, C. M., Canad. J. Chem. Engng. **49** (1971), 509
[91] WILDE, D. J., *"Optimum Seeking Methods"*, Prentice-Hall, ENGLEWOOD CLIFFS 1964
[92] BROYDEN, L. G., Math. Comp. **19** (1965), 577
[93] DAMERT, K., „*Rechentechnik — Datenverarbeitung*", im Druck
[94] CAVETT, R. M., Proc. Assoc. Petr. Inst. **43** (1963), 57
[95] OSTROWSKI, G. M., WOLIN, JU. M., „*Methoden zur Optimierung komplexer verfahrenstechnischer Systeme*", Akademie-Verlag, Berlin 1973
[96] WOLFE, P., Comm. ACM **2** (1959), 12
[97] DITTMAR, R., DAMERT, L., HARTMANN, K., Wiss. Z. TH „Carl Schorlemmer", Leuna—Merseburg, **18** (1976) 4 .
[98] KETCHUM, R. G., Vortrag *"Strategy of the Computation of Interlinked Separation Columns for Non-ideal Mixtures"*, Symposium *"Computers in the Design and Erection of Chemical Plants"*, Karlovy Vary 31. Aug.—4. Sept. 1975
[99] BATSTONE, D. B., PRINCE, R. G. H., FENTON, G., Vortrag *"The Steady-State Digital Simulation of Chemical Plant of Arbitrary Configuration"* DISCOP-IFAC-Symposium *"Digital Simulation of Continuous Processes"*, Györ 1971
[100] RUDD, D. F., WATSON, C. C., *"Strategy in Process Design"*, J. Wiley, New York 1968
[101] SARGENT, R. W. H., Chem. Engng. Progr. **63** (1967), 9, 71
[102] EVANS, L. B., STEWARD, D. G., SPRAGUE, C. R., Chem. Engng. Progr. **64** (1968), 4, 39
[103] GRUHN, G., DIETZSCH, L., RAINER, H., Chem. Techn. **23** (1971) 1, 4
[104] DAVIES, C., PERRIS, F. A., IFAC Symposium *"Digital Simulation of Continuous Processes"*, Preprint Nr. D-1 (1971)
[105] KLEMEŠ, J., VAŠEK, V., „*Simulacñi programovači system SIPRO*", Wiss. Z. TH Brno (1974)
[106] KLEEMANN, G., WEINELT, G., SCHMIDT, G., Wiss. Z. TH „Carl Schorlemmer", Leuna—Merseburg **14** (1972) 1, 55
[107] BATSTONE, D. B., PRINCE, R. G. H., „CHEMECA" 70 (1970), 107
[108] NEWMAN, J., SCHORSCH, J. J., Am. Petrol. Inst., 36th Meeting Preprint, Nr. 46 bis 71 (1971)
[109] YOKOEGAWA, H., WATABE, S., UEDA, M., Soken Kiyo **21** (1972), 141
[110] EVANS, L. B., Notes used in summer program *"New Development in Modeling, Simulations and Optimisation of Chemical Process"*, Mass. Inst. Tech. (1971)

[111] Anonym, Chem. Engng. News, N. Y. 48 (1970), 14, 38
[112] Powers, G. J., Rudd, D. F., AIChE, 71st National Meeting Preprint Nr. 1b (1972)
[113] Maejima, T., Shindo, A., Umeda, T., 1st Pacific Chem. Eng. Congress Preprint Nr. 14-2 (1972)
[114] Pilz, S., Schlegel, G., Schürer, K., "Computers in the Design and Erection of Chemical Plants", Symp. proceedings, Vol. 1, S. 399, Karlovy Vary 1975
[115] Ostrowski, G. M. u. a., "Computers in the Design and Erection of Chemical Plants", Symp. proceedings, Vol. 2, S. 645, Karlovy Vary 1975
[116] Motard, R. L., Shacham, M., Rosen, E. M., AIChE-Jour. 21 (1975) 3, 417
[117] Shannon, P. T., Chem. Engng. Progr. 62 (1966) 6, 49
[118] Kesler, M. G., Griffiths, P. R., Proc. Am Petrol. Inst. 43, sect. III (1963), 49
[119] Dodrill, W. H., AFIPS Conf. Proc. 22, pp. 275–279 (1962) Philadelphia, USA
[120] Černy, J., Slaviček, L., Maconn, J., „20. Nationale CHISA Konferenz", Brno 1973
[121] Ostrowski, G. M., Wolin, Y. M., Hansel, K., Sauer, D., Rechentechnik/Datenverarbeitung 9 (6) (1972), 12
[122] Computer-Aided Design Centre, Cambridge: CONCEPT Mark 3, 1973
[123] Motard, R. L., Lee, H. M., CHESS User's Guide, 3th Edition. Dept. of Chem. Eng., University of Houston, Houston 1971
[124] Arndt, S., Langer, O. U., Chem. Tech. 24 (1972), 199, 333
[125] de Leew den Bouter, I. A., Swenker, A. G., Preprints: „Computeranwendung bei der Prozeßentwicklung", S. 174, 7. Europäisches Symposium, Erlangen 2. bis 3. 4. 1974
[126] Dietzsch, L., Grosse, R., Reinemann, G., Chem. Techn. 28 (1976) 10, 618
[127] Brannock, N. F., Verneuil, V. S., Wang, Y. L., "Process Simulation Program — an advanced Flowsheeting Tool for Chemical Engineers", 12th Symposium on Comp. Applications in Chem. Engineering, Montreux, 1979 (C. A. C. E. '79), Preprints Vol. 1, 6. A. 4, S. 76
[128] Kaÿaluoto, S., "Experiences of the Use of Plex Data Structure in Flowsheeting Simulation"; C. A. C. E. '79, Preprints Vol. 1, 6. A. 1., 591
[129] Klemeš, J., Luřcha, J., Vašek, V., "Recent Extension and Development of Design Integrated System — DIS", C. A. C. E. '79, Preprints Vol. 1, 6. A. 7., 597
[130] Gorczynski, E. W., Hutchison, H. P., Wajih, A. R. M., "Development of a modularly organised Equation — oriented Process Simulator", C. A. C. E. '79, Preprints Vol. 1, 6. A. 5., 568
[131] Kohlert, W., Gabrisch, W., Hartmann, K., Wiktorow, W., Wiss. Z. TH „Carl Schorlemmer" Leuna–Merseburg, 21 (1979) 2, 240

ANALYSE UND GRUNDLAGEN DER MATHEMATISCHEN MODELLIERUNG UND DER TECHNOLOGIE DES ELEKTROTHERMISCHEN CALCIUMCARBIDPROZESSES

(K. BUDDE, A. STRAUSS)

Summary

The complex intensification of chemical production lines in the GDR also demands the rationalization of the electrothermal carbide process requiring great amounts of energy. The present paper contributes to this purpose by analyzing and elaborating the bases of the mathematical modeling as a presupposition for the establishment of new computation bases for electrothermal reactors. Starting from the state of the mathematical modeling of the electrothermal carbide process, two methods of solution are elaborated:

1. Description and mathematical modeling by the aid of electric and reaction technical equivalent circuits

2. Mathematical modeling of the chemical-physical and electric partial processes, taking into consideration the electric field which forms.

To analyze the partial processes, a scheme of decomposition as a 4-level modeling hierarchy for electrothermal reactors was developed and used. The results of the analyses and the mathematical modeling of the single levels of hierarchy are presented and weighted. An energetic and material balancing of the carbide process cannot be achieved by the aid of electric equivalent circuits. A combination of the results about the extension of the electric field in the reaction space with reaction technical equivalent circuits (e.g. the cell model) for determining the formation of carbide led to practical statements about the technical carbide process (distribution of power density, formation of carbide in dependence on the volume of the main reaction zone, specific power consumption etc.), permitting the formulation of an algorithm of computation for electrothermal reactors.

1. Einleitung

Die Komplexintensivierung chemischer Produktionslinien der DDR orientiert in der gegenwärtigen Periode vorrangig auf den rationellen Einsatz von einheimischen Rohstoffen und Elektroenergie in möglichst effektiv gestalteten Anlagensystemen. Es ist dementsprechend erforderlich, den durch sehr hohe Material- und Energieverbrauchsnormen gekennzeichneten elektrothermischen Carbidprozeß einer eingehenden Prozeßanalyse mit dem Ziel einer Rationalisierung zu unterziehen.

Das real mögliche Entwicklungstempo der chemischen Produktionsprozesse wird entscheidend dadurch bestimmt, wie es gelingt, die dazu erforderlichen Grundstoffe auf rationelle Weise herzustellen.

Dabei geht es um eine für die speziellen Verhältnisse der DDR optimale Gestaltung dieser Produktionsanlagen, wobei die optimale Proportionierung des Verhältnisses zwischen Synthese aus einfachen Rohstoffen — wie beispielsweise bei der Carbidproduktion — und einer Umwandlung aus vorgebildeten Kohlenwasserstoffen — wie bei der Petrolchemie — eine wichtige Rolle spielt.

Obwohl elektrothermische Prozesse auch in der chemischen Industrie — vorrangig zur Herstellung von Calciumcarbid und Phosphor eingesetzt — eine beachtliche Entwicklung und Bewährung erfahren haben, ist der Betrieb dieser Prozesse einschließlich ihrer Neu- bzw. Umgestaltung auch heute noch problematisch und mit vielen Unsicherheiten behaftet. Letzteres liegt vor allem darin begründet, daß eine Vielzahl komplex wirkender Faktoren das Betriebsverhalten elektrothermischer Prozesse beeinflussen. Trotz der Tatsache, daß elektrothermische Prozesse in der chemischen Industrie als industrielle Verfahren große Bedeutung im Rahmen moderner chemischer Produktionslinien

— Calciumcarbid insbesondere für die Produktion von Plasten,
— Phosphor zur Herstellung von Komplexdüngemitteln,

haben und weiterhin haben werden, wurde ihre prozeßtechnische Erforschung und Weiterentwicklung gegenüber anderen Verfahren vernachlässigt. Das war u. a. auf eine vorgesehene weltwirtschaftliche Verschiebung der Rohstoffgrundlage für eine Vielzahl chemischer Synthesen zugunsten petrolchemischer Zwischen- und Finalerzeugnisse zurückzuführen.

Durch diesen ehemals einseitigen weltwirtschaftlichen Trend in Richtung der Erzeugung neuer organischer Produkte nach neuen Verfahren und Technologien bei gleichzeitiger Rohstoffsubstitution wird verständlich, daß bevorzugt die der anorganischen Chemie zugeordneten Verfahren — Carbid und Phosphor — hinsichtlich konsequenter prozeßtechnischer Weiterentwicklung, hinter dem sich für organische Verfahren durchgesetzten modernen Bearbeitungsalgorithmen zurückblieben.

Bis zum gegenwärtigen Zeitpunkt überwiegen deshalb noch immer bei diesen Prozeßtypen in der Forschung und Entwicklung empirische Vorgehensweisen (vom elektrischen Teil der Anlage abgesehen), sowohl hinsichtlich der technischen Reaktionsführung, als auch bei der Dimensionierung derartiger Reaktoren bzw. Öfen.

Der vorliegende Beitrag ist deshalb der Analyse des in der chemischen Industrie erarbeitenden elektrothermischen Carbidprozesses mit dem Ziel gewidmet, die Grundlagen der mathematischen Modellierung von elektrothermischen Reaktoren als Beitrag für die Rationalisierung vorhandener und die Dimensionierung neuer Reaktoren zu erarbeiten. Die reaktionstechnische Bearbeitung dieses Verfahrenskomplexes stellt auf der Grundlage des derzeitigen Erkenntnisstandes einen weiteren Beitrag auf dem Wege zur Entwicklung einer allgemeingültigen Modelltheorie für elektrothermische Prozesse dar und schafft eine weitere Voraussetzung für die Verbesserung der Technologie.

Der weitere Ausbau der Plasterzeugung in der DDR erfordert, den elektrothermischen Calciumcarbidprozeß auch weiterhin zu betreiben. Zu den dabei zu lösenden typischen verfahrenstechnischen Aufgabenstellungen auf dem Gebiet der Reaktionstechnik gehören u. a.

1. die Dimensionierung der Hauptabmessungen der zu rekonstruierenden Reaktoren bzw. Öfen durch eine Einbeziehung einer physikalisch begründeten Reaktormodellierung in die derzeitigen Dimensionierungsverfahren und

2. die Rationalisierung und Intensivierung vorhandener Reaktoren durch eine gezielte Beeinflussung der technischen Reaktionsführung.

Die Lösung beider Aufgabenstellungen erfordert jedoch als Voraussetzung für die Schaffung neuer Berechnungsgrundlagen für eine Dimensionierung und eine optimale Prozeßführung die Erarbeitung der Grundlagen der mathematischen Modellierung für elektrothermische Reaktoren.

Eine mathematische Modellierung von Reaktoren setzt jedoch eine determinierte Analyse aller chemischen, chemisch-physikalischen und elektrischen Vorgänge in der Reaktionszone und darüber hinaus im gesamten Carbidofenraum voraus. Nur bei Verfügbarkeit über diese Informationen und deren mathematische Verknüpfung miteinander können die Hauptabmessungen des Ofenraumes und die Prozeßführung optimal gestaltet werden.

Zur Lösung dieser Probleme wird von dem bekannten hierarchischen Aufbau verfahrenstechnischer Systeme und Modelle [1, 2] ausgegangen.

Eine Abgrenzung und Charakterisierung der verschiedenen Systeme von Elektro-Reduktionsöfen, in denen die elektrothermischen Prozesse ablaufen, ist nach physikalischen und elektrotechnischen Gesichtspunkten nicht ohne weiteres möglich, weil die Wirkungsweisen teilweise ineinander übergehen.

Bei Produkten mit hoher Enthalpie, bei denen zum Prozeßablauf hohe Temperaturen und Energiekonzentrationen erforderlich sind, wendet man vorzugsweise sog. Lichtbogen-Reduktionsöfen an. Diese sind u. a. dadurch gekennzeichnet, daß ihre Elektroden tief im Möller (Reaktionsmasse) stehen und Temperaturen über 1273 K benötigt werden. Der Strom fließt sowohl durch den Lichtbogen als auch durch den Möller. In diesen Öfen werden vorwiegend

Calciumcarbid
Ferrolegierungen
Roheisen
Phosphor
Korund
Siliciumlegierungen
Aluminiumlegierungen

hergestellt.

Zu den elektrothermischen Prozessen der chemischen Industrie zählen vor allem die Verfahren zur Herstellung von

Calciumcarbid [3, 4] und
Phosphor (gelb) [3].

Im Vordergrund dieser Prozesse steht einmal die Erzeugung einer sehr reaktionsfähigen, chemisch ungesättigten Verbindung, dem Calciumcarbid, zum anderen die Erzeugung von elementarem gelben Phosphor.

Beide Produkte sind Ausgangsstoffe für eine Reihe wichtiger chemischer Groß-
synthesen [3]. Den Untersuchungen in dem vorliegenden Beitrag wird der elektrothermische Carbidprozeß zugrunde gelegt.

2.   Der Calciumcarbidprozeß

2.1.   Aufbau eines Carbidreaktors

Dem Kernstück des Calciumcarbidprozesses, dem sog. Carbidofen sind folgende
technische Einrichtungen vorgeschaltet:

— Rohstoffvorbereitung, d. h. Kalk- und Koksaufbereitung und
— Rohstoffzuführungseinrichtungen.

Dem Carbidofen sind nachgeschaltet

— Carbidkühlung und
— Produktlagerung.

Die elektrothermische Erzeugung von Calciumcarbid im technischen Maßstab begann um 1914 mit Anlagengrößen von ca. 3 MW Leistung. 1940 wurden
bereits Carbidöfen mit etwa 32 MW Leistung (sog. offene Öfen) eingesetzt.

In den Jahren 1951 bis 1961 wurden international Carbidöfen mit folgenden
Leistungen gebaut und in Betrieb genommen:

Wirkleistung (max. MW)
15 MW
21 MW
35 MW
54 MW

1955 bis 1959 wurden im Werk Knapsack (BRD) je ein geschlossener Carbidofen mit ca. 42 MW Leistung in Betrieb genommen, 1961 dagegen ein 50 bis
56 MW-Hochleistungs-Rundofen geschlossener Bauart in Trostberg [5].

Die Form der Carbidöfen entwickelte sich vom offenen (Abb. 1), zum voll
gedeckten Ofen (Abb. 2), dessen Ofenraum (auch Herd genannt), bis auf die
Beschickungsschlitze, durch die sog. Herdabdeckung abgedeckt ist.

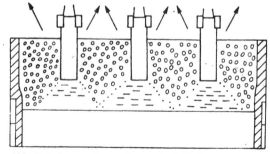

Abb. 1. Schema eines offenen Carbidofens

Die Entwicklung ist mit dem sog. vollgeschlossenen Ofen vorerst beendet. Diese Carbidöfen verfügen über einen gasdichten Ofendeckel. Letzteres gibt die Möglichkeit, das gesamte anfallende CO-Gas energetisch zu nutzen.

Die Zuführung der elektrischen Energie erfolgt in modernen Carbidöfen über die Söderbergelektroden [3, 4], die sowohl in Reihe (Rechteckofen) als auch im Dreieck (Rundofen) angeordnet werden (Abb. 3).

Seit etwa 15 Jahren finden international sog. Hohlelektroden [6] Anwendung bei der Carbidherstellung. Ein in der Mittelachse der Söderbergelektroden ver-

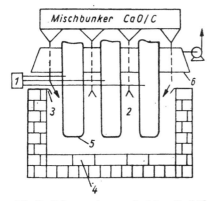

Abb. 2. Schema eines gedeckten Carbidofens

1 — Trafo; *2* — Gastrichter; *3* — Herdabdeckung; *4* — Gegenelektrode; *5* — Söderbergelektrode; *6* — Ofenhaube

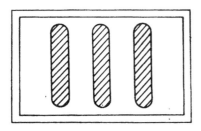

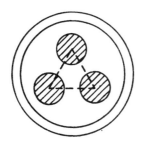

Abb. 3. Elektrodenanordnung im Rechteck- und Rundofen

laufendes Rohr gestattet mit Hilfe eines Gasstromes (Stickstoff), feinkörniges Material (Kalk und Koks) in die Reaktionszone einzubringen. Diese Maßnahme ist mit einer Reihe von Vorteilen verbunden. Zusammenfassend läßt sich der gegenwärtige Stand des Carbidofenbaues wie folgt einschätzen:

1. Einsatz großer Ofeneinheiten (vorwiegend Rundöfen).
2. Vollgeschlossene Bauart der Öfen zur Verbesserung der Umweltfreundlichkeit und zur vollständige CO-Gasgewinnung.
3. Verwendung von Hohlelektroden (Söderberg) zur Zuführung feinkörniger Reaktionspartner.

2.2.   *Die Materialbilanz eines Carbidofens*

Dem Carbidprozeß werden folgende Rohstoffe bzw. Reaktionspartner zugeführt:

1. Schwarzmaterial

   Steinkohlenkoks
   Braunkohlen-Hochtemperatur-Koks
   Rohstoffe der Söderbergelektrode

   Dieses Schwarzmaterial enthält neben fixem Kohlenstoff noch
   — Fremdoxide in der Asche
   — Wasser
   — flüchtigen Kohlenstoff

2. Weißmaterial

   Calciumoxid, einschließlich folgender Fremdbestandteile
   — Fremdoxide
   — ungebrannter Kalkstein
   — Wasser.

Die Materialbilanz eines vollgedeckten Carbidofens zeigt Abb. 4.

Das gebildete Carbid besitzt etwa 80,6% (entspricht etwa 300 Liter C_2H_5 pro kg Carbid) reines Calciumcarbid und wird als Normalcarbid bezeichnet.

Die eingebrachten Rohstoffe, Kalk und Koks, einschließlich ihrer Verunreinigungen ergeben nach dem Prozeßablauf ca.

65% technisches Carbid
30% CO-Gas
5% Verluste (Staub- und Kohlenstoffabbrand).

Das CO-Gas enthält etwa 75—80 Vol.-% CO. Dieses Gas wird aber nur als Heizgas verwendet. Eine stoffwirtschaftliche Nutzung des CO-Gases würde den Calciumcarbidprozeß weiter aufwerten. Das CO-Gas kann nach einer Teilkonvertierung prinzipiell für die Methanolsynthese oder zur Synthetisierung von gesättigten und ungesättigten Kohlenwasserstoffen nach einer Fischer-Tropsch-Synthese-Variante dienen. Bei einer vollständigen Konvertierung des CO erhält man nach Zumischen von Stickstoff Synthesegas für die NH_3-Synthese.

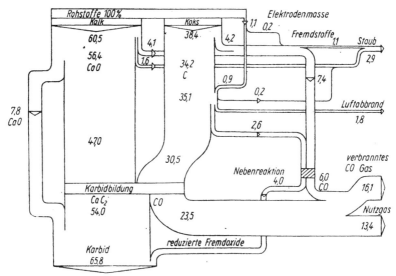

Abb. 4. Materialbilanz eines Carbidofens

2.3. *Die Energiebilanz eines Carbidofens*

Die technische Reaktionsführung eines elektrothermischen Carbidofens ist dadurch gekennzeichnet, daß die eingebrachte elektrische Energie maximal in JOULEsche Wärme, sowohl durch den elektrischen Widerstand des Lichtbogens als auch vor allem durch den elektrischen Widerstand der Reaktionsmasse im stromdurchflossenem Bereich umgewandelt wird.

Die JOULEsche Wärme dient dabei vorrangig zur Deckung folgender im Carbidofen ablaufender Teilprozesse (Abb. 5):

— Reaktionswärme der Hauptreaktion
— Schmelzwärme
— Reaktionswärme der Nebenreaktionen
— Wärmeinhalt der aus dem Reaktor austretenden Komponenten
— Wärmeverluste (Kühlwasser, Wandabstrahlung, Schwadengas etc.).

Der Wärmeinhalt der aus dem Carbidreaktor austretenden Komponenten wird bisher nur ungenügend oder gar nicht genutzt. Bei Ausnutzung dieser Energie ist es möglich, ca. 2,4 t Dampf pro t NK zu erzeugen [65]. Dazu sind jedoch noch eine Vielzahl technologischer Entwicklungen erforderlich. Die Lösung dieses technologischen Problems macht den Calciumcarbidprozeß bei den ständig steigenden Erdölpreisen wieder attraktiv als Verfahren zur Acetylenerzeugung und das um so mehr, wenn außerdem eine stoffwirtschaftliche Verwertung des CO-Gases erfolgt.

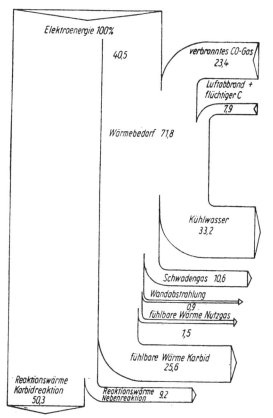

Abb. 5. Vereinfachte Energiebilanz eines Carbidofens

3.　Stand der mathematischen Modellierung von elektrothermischen Reaktoren

3.1.　*Vorbemerkung*

Budde u. a. [7] schätzten zum Calciumcarbidprozeß im Jahre 1976 ein, daß auf Grund von jahrzehntelangen Vernachlässigungen in der Grundlagenforschung wichtige Zusammenhänge zwischen einzelnen technologischen Prozeßparametern teilweise nur unzureichend bekannt sind. Hierzu kommen noch die großen Schwierigkeiten, bestimmte Prozeßgrößen meßtechnisch zu erfassen und zu beeinflussen, da sich der gesamte Prozeß in einem abgeschlossenen Reaktionsraum unter extremen Reaktionsbedingungen vollzieht.

Budde u. a. [7] führen weiterhin aus, daß die gegenwärtig betriebenen

Carbidöfen weder optimal gestaltet sind, noch hinsichtlich ihrer technischen Prozeßführung den Anforderungen entsprechen.

3.2.   Bewertung des Standes der Dimensionierung

DANZIS und ZHILOV [8] schätzten den erreichten Stand zur Dimensionierung bzw. Auslegung von Elektro-Reduktionsöfen 1975 wie folgt ein:

„Bisher gibt es keine Verfahren zur Auslegung von Elektro-Reduktionsöfen, nach denen sich die Verhältnisse zwischen Nennleistung, Nennstrom und Nennspannung exakt bestimmen lassen. Das dürfte einmal daran liegen, daß das Zusammenspiel der im Ofengefäß ablaufenden Vorgänge (energetische, physikalische, hydrodynamische, chemische usw.) sehr kompliziert ist. Zum anderen sind die Methoden zur experimentellen Untersuchung noch nicht weit genug vervollkommnet, um damit die Gesetzmäßigkeiten zu bestimmen, die zur Entwicklung der theoretischen Grundlagen für die Berechnung von Reduktionsöfen erforderlich sind".

Die o. g. Autoren führen u. a. weiter aus, daß viele Forscher, wie ANDREAE [9], KELLY [10], MORKRAMER [11], MIKULINSKI [12—14] u. a. sich mit den Problemen der Auslegung von Elektro-Reduktionsöfen eingehend befaßt haben. Dabei seien vor allem zwei Grundfragen behandelt worden, nämlich die Ermittlung von Strom- bzw. Spannungswerten bei vorgegebener Leistung des Ofentransformators und die Ermittlung der geometrischen Parameter (Elektrodendurchmesser, Abstand der Elektroden voneinander, Ofengefäßgröße) in Abhängigkeit von gegebenen Strom- und Spannungswerten.

Faßt man die Ergebnisse dieser Autoren zusammen, so stützen sich die derzeitigen Dimensionierungsalgorithmen alle auf Betriebswerte bereits existierender Anlagen. Da jedoch die Daten für eine Dimensionierung nicht direkt meßbar sind, müssen sie aus meßbaren Betriebswerten mit den von den Autoren angegebenen Formeln berechnet werden. Letzteres heißt jedoch, die Dimensionierungsmethoden basieren auf der identischen Übertragung gemittelter praktischer Erfahrungswerte auf neue Anlagen, deren Betriebsweise kann dementsprechend bestenfalls so gut sein, wie der Durchschnitt der bereits existierenden Anlagen.

Die in der Praxis betriebenen Elektro-Reduktionsöfen in der Welt haben bewiesen, daß die derzeitig vorhandenen Dimensionierungsunterlagen (nicht nur für Calciumcarbidöfen) zu brauchbaren Ergebnissen führen, so lange man an der Grundkonzeption der Ofenkonstruktion keine Veränderungen vornimmt.

3.3.   Bewertung des Standes der Prozeßmodellierung

Die bisher durchgeführten Arbeiten zur Modellierung elektrothermischer Prozesse, speziell des Calciumcarbidprozesses, sind u. a. dadurch gekennzeichnet, daß sie entweder aus der Sicht der Energiewirtschaft oder der Verfahrenschemie mit Hilfe von Stoff- und Energiebilanzen Berechnungsalgorithmen für einzelne Betriebszustände von Carbidöfen

— zur Durchführung verschiedener Optimierungsrechnungen (z. B. Ofenstillstands-
zeiten bei unterschiedlicher Tarifzeitstaffelung bzw. Material- und Energieverbrauchs-
kennziffern des technischen Prozesses [15, 16],
— zur Leistungsoptimierung elektrischer Parameter [17]
umfassen.

In allen Fällen werden jedoch die im Reaktor bzw. im Ofeninneren ablaufenden chemisch-physikalischen Teilprozesse bei der mathematischen Modellierung nicht berücksichtigt. Letzteres ist vor allem darauf zurückzuführen,
daß bisher keine theoretische Methode existiert, die es ermöglicht, den Ablauf
chemischer Prozesse und physikalischer Transportvorgänge unter dem Einfluß des elektrischen Feldes bei extrem hohen Temperaturen zu analysieren
bzw. mit Hilfe experimenteller Versuchsdaten mathematisch zu modellieren.

Die bislang vorliegenden Ergebnisse [15—17] können deshalb auch nur als
ein erster Beitrag zur Lösung der Gesamtproblematik betrachtet werden.
Letzteres ist u. a. mit darauf zurückzuführen, daß ein Teil der energetischen,
stofflichen und elektrischen Wechselbeziehungen bisher wegen der noch vorhandenen erkenntnistheoretischen Lücken bei elektrothermischen Prozessen
meistens nur qualitativ untersucht werden konnten.

Da der prozeßanalytische und modelltheoretische Kenntnisstand (abgesehen von einer tiefgehenden strukturanalytischen chemischen Forschung)
über elektrothermische Prozesse — speziell des Calciumcarbidprozesse — im
internationalen Maßstab sich fast ausschließlich auf empirische Bearbeitungsalgorithmen begründet, wird hier im Rahmen der verfügbaren Wissens-
grenzen der Versuch unternommen, methodische Grundlagen für die ingenieur-
technische Bearbeitung dieses bedeutenden Prozeßtyps vorzustellen und deren
Aussagevermögen zu überprüfen.

Als Beitrag zur Weiterentwicklung des Wissenschaftsgebietes „Reaktionstechnik" werden in dem vorliegenden Beitrag auf der Basis von Analysen der
chemisch-physikalischen und elektrothermischen Teilvorgänge die Grundlagen
der mathematischen Modellierung von elektrothermischen Reaktoren des
Calciumcarbidprozesses erarbeitet.

Die Verallgemeinerungsfähigkeit und die Aussagekraft der erarbeiteten Ergebnisse werden neben den bereits genannten Aspekten durch den gegenwärtigen Wissensstand der naturwissenschaftlichen und verfahrenstechnischen
Forschung auf dem Gebiet des elektrothermischen Calciumcarbidprozesses
begrenzt.

4.   Formulierung und Begründung einer Modellierungshierarchie
für elektrothermische Reaktoren

Es wurde bereits darauf hingewiesen, daß neben den chemisch-physikalischen
Teilvorgängen bei elektrothermischen Prozessen auch die elektrothermischen
Teilprozesse analysiert und modelliert werden müssen. Dabei sind diese Teil-
prozesse untereinander gekoppelt. Analog zu SLINKO und HARTMANN [1, 2]

lassen sich die einzelnen Niveaus des Dekompositionsschemas wie folgt charakterisieren:

1. Chemische Umsetzungen und spezifische elektrische Leitfähigkeiten der Reaktionskomponenten.

   Unter diesem System versteht man die Gesamtheit aller Elementarakte und Reaktionen des betreffenden Stoffsystems, d. h., daß zur mathematischen Beschreibung folgende Abhängigkeiten zu erfassen sind:

   — Geschwindigkeit der einzelnen Reaktionen als Funktion der Zusammensetzung und Temperatur (der Systemdruck wird bei diesem Prozeß als annähernd konstant betrachtet).

   — Spezifische elektrische Leitfähigkeit der einzelnen Reaktionskomponenten als Funktion der Zusammensetzung, Temperatur und des betrachteten geometrischen Raumes.

2. Volumenelement in den verschiedenen Zonen des Innenraumes des Carbidreaktors.

   Hierzu gehören folgende funktionelle Abhängigkeiten:

   — Ermittlung der den Prozeßablauf limitierenden Teilvorgänge, d. h. Untersuchung der Einflüsse von
     • Energietransport- und -umwandlungsprozessen sowie
     • Stofftransportprozessen (Konvektion und Diffusion)

   — Bestimmung der räumlichen Verteilung des Nutzwiderstandes (auch Herdwiderstand genannt) und der Leistungsdichte unter Berücksichtigung der sich örtlich und temperaturabhängig ändernden spezifischen elektrischen Leitfähigkeit bzw. des spezifischen elektrischen Widerstandes der Reaktionsmasse im stromdurchflossenen Volumenelement.

3. Grundelement

   Diese Ebene umfaßt alle chemisch-physikalischen und elektrothermischen Teilprozesse in einem charakteristischen Teil des Reaktors, d. h. in diesem Falle der Reaktionsraum unterhalb einer Phase im Carbidofen.

   Zur Beschreibung dieser Ebene sind die Bilanzgleichungen für die entsprechenden

   Stoff- und Energietransportprozesse sowie für die
   Stoff- und Energieumwandlungsprozesse

   erforderlich.

4. Reaktor

   Der Reaktor ist charakterisiert durch die Integration von drei prinzipiell getrennten Reaktionsräumen unterhalb der einzelnen Phasen sowie der dazugehörenden anderen Zonen des Ofeninnenraumes.

   Der Reaktor wird charakterisiert durch

   — die chemischen Umsetzungen der Reaktionspartner zur Erzielung eines bestimmten Umsatzes als Funktion der Verweilzeit im Reaktionsraum sowie
   — die Energieumwandlungs- und -transportbeziehungen.

Unter der Berücksichtigung der Ausdehnung des elektrischen Feldes im Ofeninnenraum lassen sich die für jede Phase unterschiedlichen Reaktionsräume eines mehrphasigen elektrothermischen Reaktors berechnen.

Bei der Kenntnis aller Teilprozesse und der entsprechenden Stoffdaten kann mit Hilfe der o. g. Modellierungshierarchie für elektrothermische Prozesse sowohl eine Dimensionierung der Hauptabmessungen eines Carbidreaktors, als auch eine Prozeßmodellierung vorgenommen werden.

In Abb. 6 ist die Hierarchie zur Modellierung elektrothermischer Prozesse in Form eines Dekompositionsschemas dargestellt.

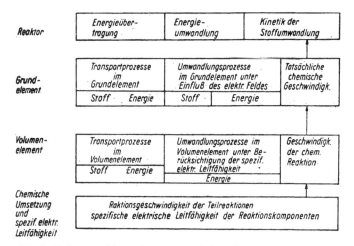

Abb. 6. Dekompositionsschema von elektrothermischen Reaktoren

5.   Analyse der Teilprozesse und Aufstellung der Teilmodelle für die einzelnen Hierarchieebenen

5.1.   Analyse der Calciumcarbidherstellung

Es ist bekannt, daß die endotherm zwischen 2173 K und 2373 K ablaufende Calciumcarbidbildung im Regelfalle nach der Bruttogleichung

$$CaO + 3C \rightarrow CaC_2 + CO \tag{1}$$

abläuft, obgleich es sich um eine Gleichgewichtsreaktion handelt. Die Lage des Gleichgewichtes wird vom Partialdruck des entstehenden CO bestimmt. Prinzipiell wäre der Betrieb technischer Calciumcarbidöfen bei $T_R = 2193$ K möglich, da diese Reaktionstemperatur mit dem Kohlenmonoxidpartialdruck $p_{CO} = 98,07 \cdot 10^3$ Pa übereinstimmt. Vergleichsweise beträgt der Kohlenmonoxidpartialdruck $p_{CO} = 980,7$ Pa bei $T = 1693$ K. Mit $T_R = 2193$ K ist

die erste thermodynamische Bedingung für den Betrieb technischer Calciumcarbidöfen formuliert, da das die Öfen verlassende kohlenmonoxidhaltige Gas
im Regelfalle gegen Atmosphärendruck aus dem Reaktionsraum abgezogen
wird.

Neben der thermodynamischen Fahrbedingung ist eine quasikinetische Voraussetzung, daß offenbar eine flüssige Phase vorhanden sein muß, die die Funktion eines Lösungsmittels, Ladungsträgertransportsystems und Energieträgers
erfüllt. Weder Calciumcarbid noch Calciumoxid können jedoch als flüssige
Phase allein fungieren, da die Schmelztemperaturen für Calciumcarbid 2573 K
und für Calciumoxid 2773 K betragen.

Calciumcarbid und Calciumoxid bilden jedoch ein eutektisches Gemisch
(Abb. 7), dessen Schmelzpunktminimum von verschiedenen Autoren [18
bis 22] schwankend in Abhängigkeit von den gewählten Einsatzproduktquali-
täten angegeben wird. Die Fähigkeit von Calciumcarbid und Calciumoxid,
eutektische Systeme zu bilden, ermöglicht prinzipiell die Reaktionsführung
technischer Öfen bei 2193 K. Unter Bezug auf vorstehend genannte Autoren
und die von diesen aufgestellten Schmelzdiagramme des Systems CaC$_2$—CaO
kann die dem Kohlenmonoxiddruck $p_{CO} = 98,07 \cdot 10^3$ Pa entsprechende
Reaktionstemperatur 2193 K gewährleistet werden, wenn man die Öfen mit
15 Ma.-% bis 20 Ma.-% Calciumoxidüberschuß fährt. Unter diesen Fahrbedingungen verläßt bei ungestörtem Ofengang eine durch 73 Ma.-% bis
80 Ma.-% Calciumcarbid gekennzeichnete Schmelze das Reaktorsystem.
Werden die Calciumcarbidöfen bei Temperaturen größer 2193 K gefahren, so
tritt bereits eine merkliche Calciumcarbidzersetzung durch thermische Dissoziation auf. Den Fragen der thermischen Dissoziation von Calciumcarbid bei
hohen Temperaturen widmet sich im einzelnen DUTOIT und ROSSIER [23],
ERLWEIN, WARTH und BEUTNER [24], JNOUE [25], KAMEYAMA und URAGAMI
[26], KOLEDA [27] sowie JUZA und BÜNZEN [28].

Über das elektrothermische und chemische sowie physikalische Geschehen in
technischen Calciumcarbidöfen liegen derzeit sehr widersprüchliche Meinungen vor, die im Zusammenhang mit den sehr harten Fahrbedingungen der
technischen Aggregate ein zielgerichtetes ingenieurtechnisches Herangehen an
die Lösung reaktionstechnischer Aufgabenstellungen erschweren. So vertritt
beispielsweise TAUSSIG [4] die Auffassung, daß unterhalb der Elektroden
schmelzflüssiges Calciumcarbid vorliegt, und daß dort lediglich ein sogenanntes
,,Garschmelzen", auch Raffinieren genannt, stattfindet (Abb. 7). Diese Auffassung ist weit verbreitet und wird auch in Darstellungen von HEALY [29]
vertreten (Abb. 8).

Die endotherme Bruttoreaktion (1) ist durch eine Reaktionsenthalpie
$\Delta_R H_T = 460$ kJ $\cdot$ mol^{-1} gekennzeichnet. Parallel dazu kann die Calciumcarbid-
dissoziation zu

$$CaC_2 \rightleftharpoons Ca + 2C \qquad (2)$$

angegeben werden, wobei bei einer Temperatur 2273 K in Anlehnung an HEALY

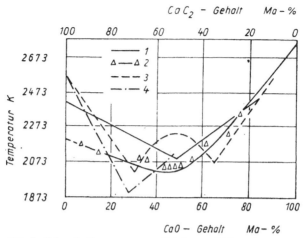

Abb. 7. Schmelzdiagramm von Calciumcarbid nach verschiedenen Autoren

1 — nach Juza und Schuster (reines CaC₂); *2* — nach Juza und Schuster (techn. CaC₂); *3* — nach Aall; *4* — nach Ruff und Förster

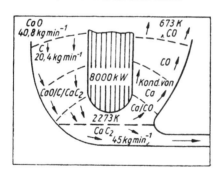

Abb. 8. Das Innere eines Carbidofens bei normaler Arbeitsweise

[29] ein Calciumpartialdruck $p_{Ca} = 3138\,Pa$ über einer 80 Ma.-% Calcium-carbid beinhalteten Schmelze vorliegt.

Werden die Calciumcarbidöfen günstig gefahren, dann kondensiert und rea-giert ein wesentlicher Teil der Calciummenge in den kühleren losen Schüttungs-schichten am eingesetzten Koks und liefert über die Reaktion

$$Ca + 2C \rightleftharpoons CaC_2 \tag{3}$$

wieder Calciumcarbid.

Alle vorherigen Betrachtungen im Zusammenhang mit dem Calciumpartial-druck p_{Ca} waren der Bedingung untergeordnet, daß stets an jedem Ort der Hauptreaktionszone ein genügend großes Kohlenstoffangebot für die Calcium-carbidbildungsreaktion zur Verfügung steht. Verarmt in lokalen Bereichen das Kohlenstoffangebot, so kommt es zu Gleichgewichtsverschiebungen mit verstärkter Calciumbildung, die offenbar auf die Reaktion (4)

$$CaC_2 + 2CaO \rightleftharpoons 3Ca + 2CO$$

zurückzuführen sind. Der Calciumpartialdruck beträgt $p_{Ca} = 3138$ Pa bei einer Reaktionstemperatur von 2273 K in einer Schmelze mit 80 Ma.-% Calciumcarbid, dieser muß für einen ungestörten Ofengang zunächst untergeordnete Bedeutung beigemessen werden, da das entweichende Calcium in den Möllerschüttungen nach Gl. (3) mehr oder minder wieder in Carbid umgesetzt wird. Erfolgt nun aus einem nicht näher zu definierenden Grunde in endlichen Bereichen eine Unterbrechung des Möllerabsinkens in die Hauptreaktionszone, so wird dort die Calciumcarbidbildungsreaktion gehemmt. Zwangsläufig erfolgt durch die weitergehende Energiezufuhr eine Begünstigung der Umsetzung (4) in Richtung Calciumbildung. Bei 2506 K kommt es zu stürmischer Calciumcarbidzersetzung und zur weitgehenden Zurückdrängung der Carbidbildung. Die Summe der Partialdrücke von Calcium und Kohlenmonoxid übersteigt den Atmosphärendruck, und es kommt zu eruptionsartigen Ofenausbrüchen, die in der Praxis als Ausbläser bezeichnet werden. Für 2573 K werden pro kg zersetztes Calciumcarbid nach Gl. (4) 14,9 m³ Gas eruptionsartig freigesetzt. Nicht im Auftreten explosiver Gasgemische wird die Hauptgefahr beim Betrieb technischer Calciumcarbidöfen gesehen, sondern vielmehr in den Ausbläsern. Ursachenanalysen über das Entstehen von Ausbläsern, die sich aus Forschungsergebnissen von HEALY [29], AALL [30] u. a. ableiten lassen, ergeben, daß derartige Störungen des Ofenganges einzig und allein auf Feinkornanteile im Beschickungsgut zurückzuführen sind. Im Zusammenhang mit Reaktion (3) neigt feinkörniges Gut zu vorzeitigen Sinterungen. Sinterungen aber sind unvereinbar mit der Forderung nach Fließfähigkeit des Möllers bis hin zur Hauptreaktionszone. Zur Vermeidung von sich auf zu große Oberflächen des Beschickungsgutes begründenden Sinterungen mit all ihren Nachteilen (Verkrustungen, Bückenbildungen), ist es erforderlich, der Qualität der Einsatzprodukte ganz besondere Aufmerksamkeit zu schenken. Nur bei einwandfreien Einsatzprodukten wird es möglich sein, Calciumcarbidöfen sehr großer Leistungen, wie sie beispielsweise von KEASS und GRIMM [31] beschrieben sind, zu betreiben. In diesem Sinne sei nochmals auf die von STRIEBEL und TISCHER [32] formulierten Anforderungen an die Koksqualität für die Calciumcarbiderzeugung einschließlich der dort erhobenen Wünsche nach dem Einsatz von Reaktionsbriketts verwiesen.

MAKAIBO und YAMANAKA [33] führten in diesem Zusammenhang Untersuchungen über den Einfluß des Preßdruckes und der Teilchengröße auf die Carbidbildungsreaktion durch.

Durch unerwünschte Sinterungen im Bereich zwischen den Söderbergelektroden werden die Einsatzprodukte länger als notwendig überhitzten Ofenabgasen ausgesetzt. Dieser Erscheinung läuft eine verstärkte Calciumcarbidbildung durch Fest-Gas-Reaktionen in Anlehnung an Gl. (3) parallel, was zu einer schlagartigen Leitfähigkeitserhöhung führt. Im Gegensatz zum normalen Ofengang, wo die Stromleitung zwischen den Elektroden als vernachlässigbar

angesehen werden sollte, fließen somit starke Ströme zwischen den Kopf-
elektroden. Der Stromfluß zwischen den Söderbergelektroden wiederum be-
günstigt die schnelle Ausbreitung des Calciumcarbidbildungsbereiches in
Gebieten vorheriger Sinterungen. Damit verschiebt sich die Calciumcarbidbildungsreaktion, d. h. die Reaktionszone des Calciumcarbidprozesses bis in die
Möllerschüttungen hinein und verursacht damit durch Reduzierung des „Herdwiderstandes" eine Verschlechterung des Ofenganges, die in der Ofensprache als
Straffwerden bezeichnet wird. Mit der Verlagerung der Carbidbildungszone
geht ein Heben der Elektroden einher, da die Regelung technischer Calciumcarbidöfen bis zur Gegenwart an ein konstantes Strom-Spannungs-Verhältnis
gekoppelt ist. Prinzipiell ist es möglich, durch Eingriff in das Elektroden-
steuersystem eine erzwungene Absenkung der Elektroden herbeizuführen.
Dieses Absenken wiederum ist mit einer Verringerung der Ofenleistung bei
gleichzeitiger Erhöhung der Induktivitäten neben höherem Elektrodenver-
brauch verbunden. Die Verlagerung der Carbidbildungszone nach oben geht
einher mit der Verschlechterung des Calciumcarbidabstiches infolge Viskosi-
tätserhöhung in den unteren kälteren Zonen. Um die Calciumcarbiderzeugung
wieder auf normalen Ofengang zu bringen, ist zeitweise mit erhöhtem Zusatzkalk zu fahren, da dieser in einem begrenzten Zeitintervall zwischen den Elektroden eine Isolatorfunktion übernimmt. Zur Verbesserung der Viskosität
können darüber hinaus in Anlehnung an Erfahrungen aus Thermophosphat-
industrie Calciumfluoridgaben, wie u. a. von KAESS [34] vorgeschlagen, vor-
übergehend im Interesse der möglichst schnellen Wiederherstellung eines
normalen Ofenganges eingesetzt werden. Es liegt auf der Hand, daß Zusatz-
kalkgaben zu Carbidqualitätsabsenkungen führen. Diese müssen allerdings in
Kauf genommen werden, denn nur ein ungestörter Ofengang ermöglicht die
Beherrschung der Blindleistungsanteile in ökonomisch vertretbaren Grenzen.

Abschließend sei noch vermerkt, daß bei gestörtem Ofengang, der mit einer
Verringerung der Schüttungshöhe über der Carbidbildungszone einhergeht,
hohe Stoff- und Energieverluste auftreten und damit den Energie- und Mate-
rialverbrauch negativ beeinflussen. Auch können Ausbläser durch mit in die
Möllerschüttungen gerissenes Calciumcarbid infolge starker Sinterungen und
Verkrustungen gänzlich zum Ausfall einer Ofenanlage führen.

Phasenverhältnisse in den Reaktionszonen

Eine wichtige Grundlage für die chemisch-physikalisch begründete Erarbeitung eines Modells des elektrothermischen Calciumcarbidprozesses ist das
bereits erwähnte Zustandsdiagramm der eutektischen Schmelze (Abb. 7). Aus
den chemisch physikalischen und thermodynamischen Grundlagen über den
Calciumcarbidprozeß läßt sich u. a. folgendes ableiten:

1. Die Temperatur der Reaktionsmasse in der Schmelze kann einen maximalen Wert
   von ca. 2773 K (Erstarrungspunkt des reinen CaO 3183 K nach [57]) entsprechend
   der Schmelztemperatur des technischen CaO und einen minimalen Wert von ca.
   2073 K entsprechend dem eutektischen Punkt annehmen.

2. Aus den Angaben über die Zersetzung (Abb. 9) läßt sich ableiten, daß die maximale Temperatur in der Schmelze im Bereich höherer Carbidkonzentrationen maximal ca. 2673 K betragen kann, da oberhalb dieser Temperaturen CaC_2 vollständig dissoziiert. Durch die thermodynamischen Daten lassen sich die Temperaturbereiche in der Schmelze eingrenzen.

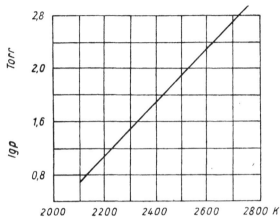

Abb. 9. Logarithmische Dissoziationsdruckkurve für CaC_2 als Funktion der Temperatur nach THAUSSIG

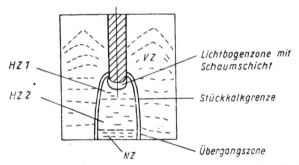

Abb. 10. Modellgrundlage für die Bilanzierung der Stoffänderungsprozesse bei Einteilung des Ofeninneren in verschiedene Zonen

VZ — Vorzone; *HZ 1* — Hauptreaktionszone 1; *HZ 2* — Hauptreaktionszone 2; *NZ* — Nachreaktionszone

Auf der Grundlage o. g. Angaben können die Phasenverhältnisse in einem Reaktionsraum des Carbidofens entsprechend der in Abb. 10 skizzierten Reaktionszonen symbolisiert in Abb. 11 dargestellt werden.

Neben dem in der Hauptreaktionszone vorliegenden Calciumoxid ist ein Koksgerüst vorhanden, das durch diese hindurch bis zur Bodenelektrode reicht. Durch die hohen Temperaturen ist der Kokskohlenstoff weitestgehend graphi-

tiert vorhanden und damit reaktionsträge. KOHLSCHÜTTER [35] berichtet darüber hinaus auch über Graphitausscheidungen bei der thermischen Dissoziation
von Calciumcarbid. Kohlenmonoxid und zum überwiegenden Teil Calcium sind
gasförmig. Calciumoxid dissoziiert außerdem zu einem geringen Anteil:

$$CaO \rightleftharpoons Ca^{2+} + O^{2-} . \tag{5}$$

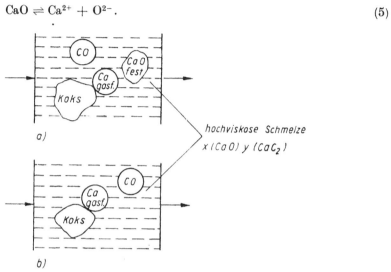

Abb. 11. Symbolisierte Darstellung der Phasenverhältnisse im
Reaktionsraum

a) unterhalb der Söderbergelektrode (mit Stückkalk)
b) oberhalb der Bodenelektrode (ohne Stückkalk)

Die hochviskose Schmelze mit noch unbekannten rheologischen Eigenschaften
wird sich nur in dem Maße in Bewegung befinden, wie dort chemische Reaktionen ablaufen, die mit Volumenexpansionen bzw. -kontraktionen verbunden
sind und durch die Einwirkung der Schwerkraft. In Abhängigkeit von der Intensität der Calciumcarbidbildung bei ungestörtem Ofengang werden sich demzufolge Isotachenprofile zwischen dem Plasmabereich bis hin zur Bodenelektrode — auch in der Hauptreaktionszone — einstellen. Da vorausgesetzt
werden darf, daß zwischen Calciumoxid und Calciumcarbid in der Schmelze
·nach MARON [36] keine chemische Bindung existiert, kann dem Calciumoxid
im System CaO/CaC_2 infolge seiner sterischen Eigenschaften eine höhere Be-
weglichkeit gegenüber dem Calciumcarbid zugeordnet werden.

5.2.   Analyse und Modellierung der Teilprozesse der Hierarchie — Chemische Umsetzung und spezifische elektrische Leitfähigkeit

5.2.1.   Analyse und Modellierung der Kinetik

Die ersten Ergebnisse von Untersuchungen über Bildung und Zersetzung des Calciumcarbids wurden 1923 von RUFF und FÖRSTER [37] veröffentlicht. Weiterführende Untersuchungen wurden in den 40iger und 50iger Jahren in Japan vorgenommen [38, 39]. Neuere Ergebnisse zur Kinetik und zum Reaktionsmechanismus liegen erst wieder in den letzten Jahren vor, u. a. von ERSCHOW [40] und HELLMOND [41—44].

ERSHOV [40] geht von dem Reaktionssystem

$$CaO + 3C \rightarrow CaC_2 + CO$$

$$CaO + C \rightarrow Ca + CO$$

$$Ca + 2C \rightarrow CaC_2$$

$$2CaO + CaC_2 \rightarrow 3Ca + 2CO$$

aus, wobei auch die Rückreaktionen möglich sein sollen. ERSHOW bezieht die Reaktionsgeschwindigkeit auf die Kohlenstoffoberfläche, an der mit hoher Wahrscheinlichkeit die chemische Reaktion abläuft. Er kommt selbst zu der Schlußfolgerung, daß die kinetischen Ansätze und die ermittelten Parameter nicht auf andere Versuchsbedingungen und erst recht nicht auf die Arbeitsbedingungen von industriellen Carbidreaktoren übertragen werden können.

Von HELLMOLD u. a. [41—44] wurde für das kinetische Modell folgender Reaktionsmechanismus zugrunde gelegt:

$$CaO + C \xrightarrow{k_1} Ca + CO \tag{6}$$

$$Ca + 2C \rightarrow CaC_2 \tag{7}$$

$$CaC_2 \xrightarrow{k_2} Ca + 2C \tag{8}$$

Weitere Annahmen für die Modellierung waren:

1. Homogenität des Systems
2. Isothermie
3. Ca aus Reaktion (7) reagiert vollständig weiter zu CaC_2.
4. Die Reaktion (6) ist geschwindigkeitsbestimmend. Reaktion (7) sei um ein Vielfaches schneller als die Reaktion (6).
5. Ca aus Reaktion (8) verdampft vollständig und steht für die CaC_2-Bildung nicht mehr zur Verfügung.
6. CaO-Rückbildung nach dem Mechanismus

$$Ca_{(g)} + CO_{(g)} \rightarrow CaO_{(kond)} + C_{(kond)}$$

ist nicht möglich.

Die Geschwindigkeitsansätze entstammen wiederum der homogenen Kinetik und lauten

$$r_1 = k_1 n_A{}^{a_1} n_B{}^{a_2} \tag{9}$$

$$r_2 = k_2 n_E{}^{a_3} \tag{10}$$

$A = \text{CaO}$
$B = \text{C}$
$E = \text{CaC}_2$

Das Modell o. g. Autoren geht von dem Sonderfall aus, daß

$$a_1 = a_2 = a_3 = 1 \quad \text{ist.}$$

Das entspricht der Annahme, daß die Reaktionsordnung gleich der Molekularität ist und Reaktion (6) geschwindigkeitsbestimmend sei. Das Modell erhält dann folgende Form

$$\frac{dn_A}{dt} = -k_1 n_A n_B \tag{11}$$

$$\frac{dn_B}{dt} = -3k_1 n_A n_B + 2k_2 n_E \tag{12}$$

$$\frac{dn_E}{dt} = k_1 n_A{}^{a_1} n_B - k_2 n_E \tag{13}$$

Trotz umfangreicher Optimierungsrechnungen zur Ermittlung der kinetischen Parameter, gelang es nur für jeweils einige Reaktionsisotherme spezifische Parameter zu ermitteln, die bei der Nachrechnung anderer Isothermen, vor allem bei höheren Temperaturen, zu keinen sinnvollen Ergebnissen führten.

Zusammenfassend läßt sich zum Erkenntnisstand über den Reaktionsablauf der Calciumcarbidbildung und -zersetzung sowie über deren kinetische Modellierung folgendes einschätzen:

1. Der von den sowjetischen und japanischen Autoren sowie von HELLMOLD [41—44] angenommene Zweistufenmechanismus für die CaC$_2$-Bildung erscheint real und wurde allen weiteren Betrachtungen zugrunde gelegt.

Für die Carbidzersetzung gilt, daß in reinem CaC$_2$—CaO-Mischungen der Hauptanteil der Ca-Verluste aus der Reaktion

$$\text{CaC}_2 \rightarrow \text{Ca}_{(g)} + 2\text{C}$$

resultiert und partiell die Nebenreaktionen

$$\text{CaO} + \text{C} \rightarrow \text{Ca}_{(g)} + \text{CO} \quad \text{und}$$

$$2\text{CaO} + \text{CaC}_2 \rightarrow 3\text{Ca}_{(g)} + 2\text{CO}$$

wirksam werden, wobei der CaC$_2$-Zerfall in die Elemente mit steigender Temperatur zunimmt [68].

2. Der Einfluß von Fremdoxiden, die als Verunreinigungen in den Rohstoffkomponenten enthalten sind, kann durch folgende Reaktionsgleichungen
dargestellt werden:

$$MgO + C \rightleftharpoons Mg + CO$$

$$Al_2O_3 + 3C \rightleftharpoons 2Al + 3CO$$

$$SiO_2 + 2C \rightleftharpoons Si + 2CO$$

$$Fe_2O_3 + 3C \rightleftharpoons 2Fe + 3CO$$

Die Auswirkungen dieser Fremdoxide auf den Prozeßablauf der Calciumcarbiderzeugung, d. h. auf

— die Viskosität der Schmelze
— die Carbidbildung und -zersetzung

wurde umfassend von HELLMOLD u. a. [41—44] analysiert.

3. Die im TAMMANN-Laborofen ermittelten Carbidausbeute-Zeitverläufe
konnten unter vereinfachenden Voraussetzungen bei der Modellierung und
unter Zugrundelegung der unter Pkt. 1 genannten Bildungs- und Zersetzungsreaktionen mit Hilfe von Differentialgleichungen der Formelkinetik
nach einem quasihomogenen Modell nachgebildet werden. Dabei erfolgte
der Angleich der modellierten Ausbeute-Zeit-Verläufe mittels eines Analog-
rechners an die gemessenen Versuchsdaten. Bei reinen Ausgangskomponen-
ten im stöchiometrischen CaO — C-Molverhältnis war der Angleich am besten,
Abweichungen ergaben sich beim Einsatz verunreinigter bzw. technischer
Reaktanden (Fremdoxideinfluß), die das Modell nicht berücksichtigte.

Durch diese Ausführungen zeigt sich bereits die Unzulänglichkeit der quasihomogenen Betrachtungsweise. Die bei o. g. Optimierungsrechnungen erhaltenen
Modellparameter (z. B. Reaktionsgeschwindigkeitskonstanten und Exponenten
in den Potenzproduktgeschwindigkeitsansätzen) stellen lediglich Modell-
konstanten (evtl. Bruttokonstanten) für bestimmte prozeßtechnische Bedingungen dar und beinhalten keine expliziten chemisch-physikalischen Aussagen
zum untersuchten Stoffsystem.

Bei Reaktionen in heterogenen Systemen, die hier vorliegen, muß erwartet
werden, daß die Reaktionspartner aus unterschiedlichen Phasen kommen und
nur über die entsprechende Phasengrenze zueinander gelangen und reagieren
können. Unabhängig davon, ob die Reaktion unmittelbar an der Phasengrenz-
fläche vollständig abläuft oder teilweise bzw. vollständig in einer der beiden
Phasen, muß dabei mindestens einer der Partner an die Phasengrenze transportiert und mit ihr in Kontakt gebracht werden.

Diese physikalischen Transporterscheinungen und die zu erwartenden Phasengleichgewichte können den Ablauf der Reaktionen so stark beeinflussen,
daß sie geschwindigkeitsbestimmend sind. Es dürfte vorerst nicht möglich sein,
mit den z. Z. verfügbaren experimentellen Einrichtungen für die Calciumcarbidbildung und -zersetzung eine reine chemische Kinetik, d. h. unter Aus-
schaltung von zusätzlich ablaufenden Transporteinflüssen, zu ermitteln.

Die dargelegten Ergebnisse über die Modellierung der Geschwindigkeit der Carbidbildung zeigten, daß die Reaktionsgeschwindigkeitsansätze den Prozeßablauf im realen System für diskrete Prozeßbedingungen nur formal nachbilden. Damit ist jedoch die Annahme, daß die chemische Reaktion bzw. eine chemische Reaktion im Reaktionsmechanismus der Carbidbildungs- und -zersetzungsreaktionen geschwindigkeitsbestimmend für den gesamten Prozeßablauf ist, nicht mehr zutreffend. Es ist der nächsthöheren Hierarchieebene vorbehalten, die Einflüsse von Transportprozessen auf den Reaktionsablauf im Volumenelement zu analysieren und zu modellieren.

5.2.2.   *Analyse und Modellierung der spezifischen elektrischen Leitfähigkeit*

Im Abschn. 3. wurde gezeigt, daß der Nutz- bzw. Herdwiderstand eines Carbidofens — allgemein eines Elektro-Reduktionsofens — ein entscheidender Parameter für den Prozeßablauf und für die Dimensionierung ist.

Der Nutzwiderstand in einem Elektro-Reduktionsofen zur Herstellung von Calciumcarbid ergibt sich nach SINGER u. a. [45] aus den Widerständen

— des Lichtbogens und
— der stromdurchflossenen Reaktionsmasse.

In großen Elektro-Reduktionsöfen zur Herstellung von Calciumcarbid überwiegt der Anteil des Widerstandes der Reaktionsmasse (wie späterhin noch nachgewiesen wird) am Gesamtnutzwiderstand, so daß dieser vorrangig zu analysieren ist.

Der Nutzwiderstand der Reaktionsmasse ergibt sich:

1. aus den mehr oder weniger variablen geometrischen Formen und Abmessungen des für einen elektrischen Stromfluß in Betracht kommenden Wirkungsraumes innerhalb der Reaktionsmasse des Carbidofens und
2. aus der durchschnittlichen elektrischen Leitfähigkeit bzw. dem durchschnittlichen elektrischen Widerstand der in diesem Wirkungsraum befindlichen Reaktionsmasse. Diese wiederum wird im wesentlichen von folgenden Faktoren bestimmt:

— Den jeweiligen Masseanteilen der beiden für eine Stromleitung in der Reaktionsmasse entscheidenden Substanzen, dem Schwarzmaterial (Koks) und dem gebildeten Carbid im Carbidofen (z. B. dem Verhältnis Kalk/Koks oder den jeweiligen abstichbedingt variablen Carbidmengen in der Reaktionszone).
— Der Korngrößenverteilung des Schwarzmaterials (Koks) und dem Korngrößenverhältnis Kalk/Koks.
— Dem durchschnittlichen Druck, der an den Kontaktstellen der jeweiligen Koksteilchen und an deren als Leitfähigkeitsträger auftretenden Feststoffteilchen (z. B. evtl. erstarrtem Carbid) im Ergebnis der darüber lastenden Feststoffsäule auftritt und den Übergangswiderstand an den Kontaktstellen beeinflußt.
— Der spezifischen elektrischen Leitfähigkeit bzw. dem spezifischen elektrischen Widerstand von Koks und Carbid bei den jeweiligen Temperaturen, die stoffbedingte, dem jeweiligen Material immanente Eigenschaften darstellen.

Die elektrische Leitfähigkeit $\varkappa$ in $S \cdot m^{-1}$ ist bekanntlich ein Maß für das Vermögen eines Stoffes, elektrischen Strom zu leiten. Der Kehrwert von $\varkappa$ ist der spezifische elektrische Widerstand ϱ in $\Omega \cdot m$.

Die einzelnen Reaktionskomponenten des Carbidprozesses sind hinsichtlich ihrer elektrischen Leitfähigkeit wie folgt charakterisiert:

5.2.2.1. *Einflußfaktoren auf den spezifischen elektrischen Widerstand des Kokses*

Nach KRÖGER und DOBMAIER [46] ist zwischen dem sog. spezifischen elektrischen Widerstand einer Kokskornschüttung, eines Kokskornes und dem der reinen Kokssubstanz zu unterscheiden. Letzteres wird als wahrer spezifischer Widerstand bezeichnet, die ersten beiden als scheinbare Widerstände, wobei der Widerstand eines Kokskornes sich aus dem wahren spezifischen Widerstand der Kokssubstanz und dem der Poren zusammensetzt. Bei einer Koksschüttung wirken noch zusätzlich das Lückenvolumen zwischen den Körnern sowie die besonderen Verhältnisse an den Kornkontaktstellen. Kokse rechnet man ihrem elektrischen Leitvermögen nach zu den Eigenhalbleitern [47]. Das sind Kristalle ohne metallische Bindungen, wenn in ihnen auf thermischem Wege eine überwiegend elektronische Elektrizitätsleitung ermöglicht wird.

Bekanntlich ist der spezifische elektrische Widerstand eine Funktion der Temperatur. In Abb. 12 sind nach [48] für einige Kokse diese Temperaturabhängigkeiten dargestellt. Es ist erkennbar, daß trotz starker Unterschiede der Anfangswiderstände ab ca. 1573 K alle Kokse einen annähernd gleich großen spezifischen elektrischen Widerstand besitzen.

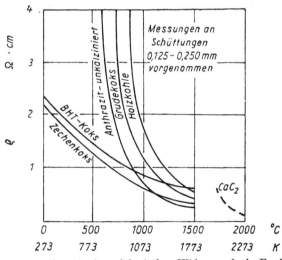

Abb. 12. Spezifischer elektrischer Widerstand als Funktion der Temperatur von Feinkoksschüttungen

Nach MENDLICH u. a. [48] muß im Bereich zwischen 1673 K bis 1873 K ein weiterer Abfall der Widerstandskurven infolge eintretender Graphitierung erfolgen.

Umfangreichen Forschungsarbeiten zur Ermittlung der Einflußfaktoren auf den spezifischen elektrischen Widerstand des Kokses ist zu entnehmen, daß vor allem folgende Größen eine Änderung von ϱ bewirken:

— Verkokungsendtemperatur und -zeit [46, 47]
— Porosität des Kokses [50]
— Aschegehalt des Kokses [51]
— Korngröße, Kornverteilung und Berührungsflächen des Kokses [48—53].

Das Zusammenwirken der genannten Größen setzt die Existenz einer Schüttung voraus. Je größer demnach die Korngröße des Kokses ist, um so weniger Übergangs- und Kontaktwiderstände treten innerhalb einer bestimmten Entfernung in den drei Dimensionen auf.

In der Literatur [48, 50, 52] wird angegeben, daß die Übergangs- und Kontaktwiderstände um ein Vielfaches (in handelsüblichen Körnungen 10 bis 20mal) größer sind als der wahre Widerstand im Kokskorn.

Der spezifische elektrische Widerstand einer Koksschüttung ist nach [52] der Korngröße umgekehrt proportional. Neuere Untersuchungen [49] deuten darauf hin, daß es in einem bestimmten Korngrößenbereich ein Maximum (15 bis 25 mm bzw. 20—30 mm) gibt.

Der Übergangs- und Kontaktwiderstand ist der Kontakt- und Berührungsfläche umgekehrt proportional, letzteres läßt die Schlußfolgerung zu, daß an diesen Stellen auch die höchsten Temperaturen innerhalb der Koksschüttung auftreten.

— Anpreßdruck [46, 48, 52, 53, 54].

Bewertet man die genannten Faktoren hinsichtlich ihres Einflusses auf den spezifischen elektrischen Widerstand des Kokses, so ergeben sich 2 Gruppen:

1. Faktoren mit großem Einfluß auf ϱ:

— Temperatur
— Korngröße, Kornverteilung und Berührungsflächen
— Porosität und Rissigkeit
— Verkokungsgrad

2. Faktoren mit geringem Einfluß auf ϱ:

— Aschegehalt
— Anpreßdruck

5.2.2.2. *Einflußfaktoren auf den spezifischen elektrischen Widerstand des Kalkes*

Kalk wird im Calciumcarbidprozeß mit der Korngröße von 3 bis 60 mm eingesetzt. Kalk ist bei niedrigen Temperaturen ein sog. elektrischer Nichtleiter [55]:

$$\varrho_{Kalk} = 7{,}3 \cdot 10^8 \,\Omega\,cm \ \text{ bei } 1036 \text{ K}$$

5.2.2.3. Einflußfaktoren auf den spezifischen elektrischen Widerstand der Reaktionsmasse

Bei der Betrachtung der Reaktionsmasse ist es bereits erforderlich zu beachten, daß im Carbidofenraum Zonen unterschiedlicher Temperatur existieren, die verschiedene Aggregatzustände der Reaktionsmasse und damit eine sich ändernde stoffliche Zusammensetzung zur Folge haben.

Es sei vermerkt, daß der spezifische elektrische Widerstand ϱ der Reaktionsmasse in Abhängigkeit von

— der Temperatur
— der stofflichen Zusammensetzung (CaO, C, CaC_2 und Verunreinigungen)
— der Korngröße und Kornverteilung der Reaktionskomponenten und
— der geometrischen Abmessungen des Wirkungsraumes unter Berücksichtigung der Ausdehnung des elektrischen Feldes

für die weiteren Betrachtungen und für die noch aufzustellenden Stoff- und Wärmebilanzen in den nächst höheren Hierarchieebenen von großer Bedeutung ist.

Die elektrische Leitfähigkeit $\varkappa_K$ bzw. der elektrische Widerstand ϱ_K des Kokses ist, wie gezeigt wurde, von vielen Faktoren abhängig:

$$\varrho_K = \frac{1}{\varkappa_K} = f(K_{\text{Stoff}}, d_K, L, F \cdot c_j \text{ u. a.})$$

K_{Stoff} = stoffspezifische Konstante
d_K = Korngröße
L = Länge der Schüttung
F = Querschnittsfläche der Schüttung

$$\varkappa_K \;\; = \sigma \cdot \frac{L}{F}$$

$$\varkappa_K \;\; = \frac{I}{U} \cdot \frac{L}{F}$$

Das bedeutet jedoch, daß nur mit Hilfe von vergleichenden Meßreihen mit unterschiedlicher Körnung des Kokses reproduzierbare Daten über $\varkappa_K$ bzw. ϱ_K genommen werden können.

5.3. Analyse und Modellierung der Teilprozesse der Hierarchieebene Volumenelement

5.3.1. Annahmen und Voraussetzungen

Ziel der Analyse und Modellierung dieser Hierarchieebene besteht vorrangig in der Formulierung der Bilanzgleichungen für die verschiedenen Zonen innerhalb des Reaktionsraumes unter Berücksichtigung der ablaufenden chemischen

Reaktionen. Als mathematisches Modell dienen die Diffusions-, Wärmetransport- und elektrischen Feldgleichungen.

Entsprechend Abb. 10 wird der Innenraum eines Carbidreaktors in verschiedene Zonen aufgeteilt. Zur Modellierung der in den einzelnen Volumenelementen dieser Zonen ablaufenden chemisch-physikalischen und elektrothermischen Teilprozesse ist es erforderlich, für diese Zonen folgende Annahmen zu treffen:

1. Vorwärmzone (Temperaturbereich 300 K bis 2 100 K)

    Für diese Zone wird postuliert, daß keine Senken auftreten, d. h. in diesem Temperaturbereich laufen keine endothermen chemischen Reaktionen ab, die den Gesamtprozeß wesentlich beeinflussen. Eventuell stattfindende langsame Feststoff- und Gas-Feststoffreaktionen werden vernachlässigt. Bedingt durch einen geringfügigen Stromfluß zwischen den Elektroden muß mit dem Vorhandensein einer Quelle gerechnet werden, d. h., in dieser Zone wird bereits ein geringer Anteil der eingebrachten elektrischen Energie in Wärmeenergie umgewandelt.

2. Übergangszone (Temperaturbereich 2000 K bis 2 100 K — sog. Eutektischer Schmelzpunkt)

    Diese Zone ist durch den Übergang von der festen über eine Art teigige in eine flüssige Phase der Reaktionsmasse gekennzeichnet.
    Über die endliche Ausdehnung dieser Zone ist nichts bekannt. Eine gesonderte Bilanzierung der in dieser Zone ablaufenden Teilprozesse aller Art werden deshalb vernachlässigt.

3. Schmelzsammelzone (Temperaturbereich 2 100 K bis 2400 K)

    Für diese Zone wird angenommen, daß keine wesentlichen chemischen Reaktionen ablaufen, da das Kohlenstoffgerüst weitestgehend aufgebraucht sein wird. Aus diesem Grunde werden auch alle in dieser Zone evtl. noch ablaufenden Teilprozesse bei der Modellierung der Hauptreaktionszone berücksichtigt.

4. Neutralzone (Temperaturbereich 800 K bis 2 100 K)

    Für die Neutralzonen (beiderseitig der Außenelektroden sowie an der Stirn- und Rückseite des Carbidofens) wird angenommen, daß innerhalb dieser Zonen weder Quellen noch Senken auftreten. Die in diesen Zonen enthaltenen Reaktionsmassen befinden sich in relativer Ruhe. Lediglich an den Randzonen zur Übergangszone und in der Nähe der Elektroden wird ein Massentransport infolge der Schwerkraft vorhanden sein, der aber bei den Bilanzierungen der Wärmetransportprozesse vernachlässigt wird, da er ohne Bedeutung ist.

5. Hauptreaktionszone (Temperaturbereich 2 100 K bis 2773 K)

    In dieser Zone laufen die bereits genannten Carbidbildungs- und -zersetzungsreaktionen sowie die bekannten Nebenreaktionen ab. Innerhalb dieser Zone befinden sich demnach Quellen und Senken, d. h., daß hier Wärmeenergie durch elektrische Arbeit (vorwiegend durch Widerstandsheizung) entsteht und Wärmeenergie durch endotherme Reaktionen verbraucht wird.
    Diese Zone wird zweckmäßigerweise unterteilt in die

    — Hauptreaktionszone 1 (mit Stückkalk) und
    — Hauptreaktionszone 2 (ohne Stückkalk).

    Hierauf wird noch im Abschn. 5.3.3. ausführlicher eingegangen.

5.3.2. Analyse und Modellierung der Teilprozesse in einem Volumenelement der Hauptreaktionszone

Die Gesamtenergiebilanz für ein Volumenelement der Hauptreaktionszone ergibt sich im dreidimensionalen Raum zu

$$\frac{dQ_I}{dt} = d\dot{Q}_{\text{elektr.}} + dQ_{R\text{Brutto}} + d\dot{Q}_{S/L} + d\dot{Q}_S. \tag{14}$$

Dabei bedeuten:

$\frac{dQ_I}{dt}$ = zeitliche Änderung des Wärmeinhaltes von dV_R.

Den weiteren Betrachtungen wird eine stationäre Prozeßführung zugrunde gelegt, d. h.

$$\frac{dQ_I}{dt} = 0. \tag{15}$$

$d\dot{Q}_{\text{elektr.}}$ = in das System (dV_R) eingebrachte elektrische Energie in Form von Wärmeenergie

$$d\dot{Q}_{\text{elektr.}} = c \cdot E \cdot S \cdot \cos\varphi \cdot dV_R \tag{16}$$

$c = 1{,}001 \text{ J} \cdot \text{W}^{-1}$
$E = -\text{grad } \varphi$
$S = -\varkappa \text{ grad } \varphi$

$dQ_{R\text{Brutto}}$ = Reaktionswärme zur Deckung des Wärmebedarfes der endothermen Bildungs- und Zersetzungsreaktionen für Carbid sowie der Nebenreaktionen.

$$dQ_{R\text{Brutto}} = r_{\text{Brutto}}(-\varDelta_R H_{T\text{Brutto}})\, dV_R - dQ_{R_N} \tag{17}$$

dQ_{R_N} = Reaktionswärme zur Deckung des Wärmebedarfes der endothermen Nebenreaktionen (Reduktion der Fremdoxide)

$$dQ_{R_N} = \sum_i r_{Ni}(-\varDelta_R H_{T_{N_i}})\, dV_R \tag{18}$$

$d\dot{Q}_{L/S}$ = aus dem System (dV_R) durch Leitung und Strahlung abgeführte Wärmemenge

$$dQ_{L/S} = \left[\frac{\partial}{\partial x}\left(\lambda_{\text{eff}}\frac{\partial T}{\partial x}\right) + \frac{\partial}{\partial y}\left(\lambda_{\text{eff}}\frac{\partial T}{\partial y}\right) + \frac{\partial}{\partial z}\left(\lambda_{\text{eff}}\frac{\partial T}{\partial z}\right)\right] dV_R \tag{19}$$

$$d\dot{Q}_S = d\dot{Q}_{S(s)} - d\dot{Q}_{S(g)} \tag{20}$$

$d\dot{Q}_S$ = konvektiver Wärmestrom der heterogenen Reaktionsmasse im Reaktor von oben nach unten und der gasförmigen Komponente von unten nach oben.

$$d\dot{Q}_{S(s)} = c_{p(s)}\varrho_{(S)}\left[w_{x(S)}\frac{\partial T}{\partial x} + w_{y(S)}\frac{\partial T}{\partial y} + w_{z(S)}\frac{\partial T}{\partial z}\right] dV_R \tag{21}$$

$$d\dot{Q}_{S(g)} = c_{p(g)}\varrho_{(g)}\left[w_{x(g)}\frac{\partial T}{\partial x} + w_{y(g)}\frac{\partial T}{\partial y} + w_{z(g)}\frac{\partial T}{\partial z}\right] dV_R \tag{22}$$

$c_{p(s)}$, $\varrho_{(s)}$ und $c_{p(g)}$, $\varrho_{(g)}$ werden im Temperaturbereich der Hauptreaktionszone in erster Näherung als konstant und die Strömung der Reaktionsmasse nur infolge der Schwerkraft in z-Richtung angenommen.

Dieses Gleichungssystem ist untereinander über die Temperatur und die chemischen Umsetzungen (Stoffbilanzen der einzelnen Komponenten) gekoppelt.

Eine numerische Lösung dieses dreidimensionalen gekoppelten Systems von Differentialgleichungen ist vorerst ohne entsprechende Stoffdaten und Vereinfachungen nicht möglich.

5.3.3. *Analyse und Modellierung der Stoffänderungsvorgänge in einem Volumenelement der Hauptreaktionszone 1 und 2*

Entsprechend der im Abschn. 5.3.1. getroffenen Annahmen und Voraussetzungen finden nur in der Hauptreaktionszone 1 und 2 Stoffänderungsvorgänge statt.

Zur Ermittlung der Stoffänderungsvorgänge ist für die mathematische Modellierung der im Grundelement ablaufenden Teilprozesse u. a. gekoppelt mit Wärmetransportprozessen [Gl. (17) und (18)] erforderlich, für r_{Brutto} und die Reaktionsgeschwindigkeiten der Nebenreaktionen $\sum\limits_{i} r_{N_i}$ entsprechende Ansätze zur Verfügung zu haben.

Da es hierfür notwendig ist, die in einem Versuchsofen nach Tammann von [41—44] ermittelten experimentellen Versuchsdaten mit Hilfe eines mathematischen Modells nachzubilden, ist es erforderlich, die dem Versuchsofen adäquate Stoffbilanzgleichung aufzustellen.

Der Tammann-Versuchsofen entspricht in seiner Wirkungsweise in etwa einem diskontinuierlichen Reaktor. Die Stoffbilanzgleichung für einen derartigen Reaktortyp lautet für eine komplexe Reaktion in allgemeiner Schreibweise:

$$\frac{dn_j}{dt} + \sum_i \nu_{ij} r_i V_R = R_j \cdot V_R \tag{23}$$

Aus dieser Stoffbilanz erhält man die Geschwindigkeitsgleichung der Bruttoreaktion r_{Brutto}, wie sie späterhin für die Kopplung mit der Wärmebilanz [Gl. (17)] benötigt wird.

$$r_{\mathrm{Brutto}} = \left(\frac{dn_j}{dt}\right)_{HZ1+2} \cdot \frac{1}{\nu_{j\mathrm{Brutto}}} \cdot \frac{1}{V_R} \tag{24}$$

Im Tammann-Ofen sind die experimentellen Änderungen der Molzahl an Carbid als Funktion der Reaktionszeit zu ermitteln, d. h. es sind die funktionellen Zusammenhänge für den Term

$$\left(\frac{dn_j}{dt}\right)_{HZ1+2}$$

der Stoffbilanz aufzunehmen.

Im Abschn. 5.2.1. wurde herausgearbeitet, daß die Geschwindigkeit der ablaufenden chemischen Reaktionen die Carbidbildung und -zersetzung *nicht* limitiert.

Es wurde deshalb untersucht, inwieweit Stofftransportprozesse die Geschwindigkeit der Carbidbildung bestimmen.

Dabei wurden vorerst folgende Annahmen bzw. Voraussetzungen für die Modellierung der Stofftransportvorgänge in der Hauptreaktionszone für den Term

$$\left(\frac{dn_j}{dt}\right)_{HZ1+2}$$

postuliert:

1. Alles gebildete Carbid geht in die Schmelze.
2. Die Bildungsgeschwindigkeit von CaC_2 und die Lösegeschwindigkeit des CaO in der Schmelze sind wesentlich größer als die Diffusionsgeschwindigkeit des geschmolzenen CaO zur festen Kokspartikel.
3. Die Carbidkonzentration an der Koksoberfläche entspricht der maximal möglichen Konzentration lt. Schmelzdiagramm (Abb. 7)
4. Die Calciumoxidkonzentration an der Kalkoberfläche entspricht der maximal möglichen Konzentration lt. Schmelzdiagramm (Abb. 7)
5. Der Diffusionsweg δ entspricht der Schichtdicke des Schmelzfilms, der alle Koksteilchen gleichmäßig umgibt

$$\delta = \frac{V_B}{O_S}$$

V_S = Volumen der Schmelze
O_B = Oberfläche aller Koksteilchen (aus der Korngrößenanalyse berechnet).

6. Die Abhängigkeit der Konzentrationsdifferenz entlang des Diffusionsweges ist linear. Eine symbolisierte Darstellung der angenommenen Diffusionsverhältnisse in der Schmelze wird in Abb. 13 gegeben.

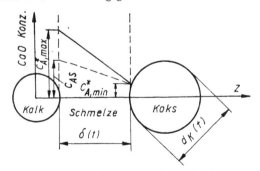

Abb. 13. Symbolisierte Darstellung des Konzentrationsgefälles

$c_{A,min}^*$ lt. Schmelzdiagramm minimale CaO-Konzentration in der Schmelze
$c_{A max}^*$ lt. Schmelzdiagramm maximale CaO-Konzentration in der Schmelze
c_{AS}^* nach Verbrauch des Stückkalkes vorhandene maximale CaO-Konzentration

Bei Gültigkeit der getroffenen Annahmen kann die Stoffänderungsgeschwindigkeit für die Reaktion fester Stoffe (im vorliegenden Fall Kohlenstoff) mit in Lösung befindlichen Stoffen, *wenn das Reaktionsprodukt in Lösung geht*, die Umsetzung also nur an der Oberfläche des festen Stoffes stattfindet, berechnet werden:

$$\frac{dn_j}{dt} = -D \cdot \frac{0}{\delta} \, \Delta c_j \tag{25}$$

In Gl. (25) bedeutet D der Diffusionskoeffizient des gelösten Stoffes, O die Oberfläche des festen Stoffes, δ die Dicke der an der Oberfläche adhärierenden Flüssigkeitsschicht, c_j die Konzentration der diffundierenden Komponente außerhalb der adhärierenden Schicht.

Die Gleichung besagt, daß die Geschwindigkeit, mit der ein fester Stoff mit einem gelösten reagiert, ausschließlich durch die Geschwindigkeit bestimmt wird, mit der die mit dem festen Stoff reagierenden Moleküle oder Ionen durch Diffusion an dessen Oberfläche gelangen.

Diese Gleichung ergibt sich aus dem Fickschen Gesetz, wenn man den Diffusionsquerschnitt durch die Oberfläche ersetzt, einen linearen Konzentrationsabfall über dem Diffusionsweg δ und die Konzentration des gelösten Stoffes an der Oberfläche mit Null annimmt.

Da entsprechend dem Schmelzdiagramm die Konzentration der diffundierenden Komponente, also von CaO, nur bei sehr hohen Temperaturen ($T > 2273$ K) Null sein kann, wurde diese Gleichung modifiziert. Da die umgesetzte Menge an CaO lt. Brutto-Reaktionsgleichung der gebildeten Carbidmenge, abzüglich des sich zersetzenden Carbides, entspricht, kann das Diffusionsgesetz wie folgt zur Beschreibung der Stoffänderung von Carbid angewendet werden:

Mit Stückkalk:

$$\left(\frac{dn_E}{dt}\right)_{\text{HZ1}} = \underbrace{D_A(c^*_{A,\max}(T) - c_{A,\min}(T)\frac{O_B(t)}{\delta(t)}}_{\text{CaC}_2\text{-Bildung}} - \underbrace{\frac{dX_2}{dt}}_{\substack{\text{CaC}_2\text{-Zer-}\\\text{setzung}}} \tag{26}$$

Ohne Stückkalk:

$$\left(\frac{dn_F}{dt}\right)_{\text{HZ2}} = \underbrace{2D_A\left(\frac{n_A(t)}{V_S(t)}\right) - c^*_{A,\min}(T)\frac{O_B(t)}{\delta(t)}}_{\text{CaC}_2\text{-Bildung}} - \underbrace{\frac{dX_2}{dt}}_{\substack{\text{CaC}_2\text{-Zer-}\\\text{setzung}}} \tag{27}$$

$X_1 = $ Fortschreitungsgrad der Reaktion
$\quad$ CaO $+ 3$C $\rightleftharpoons$ CaC$_2$ $+$ CO

$X_2 = $ Fortschreitungsgrad der Reaktion
$\quad 2$CaO $+$ CaC$_2$ $\rightleftharpoons 3$Ca$_{(g)}$ $+ 2$CO

Auf Grund der getroffenen Voraussetzungen wurden bei der mathematischen

Modellierung auch die beim Reaktionsablauf eintretenden Veränderungen der Parameter

— Schmelzvolumen V_S
— Kohlenstoffoberfläche O_B
— mittlerer Diffusionsweg δ

die einen wesentlichen Einfluß auf die Geschwindigkeit des ablaufenden Prozesses haben, berücksichtigt.

Aus den Gl. (24) und (26) läßt sich nunmehr die Bruttoreaktionsgeschwindigkeitsgleichung bei gleichzeitiger Berücksichtigung der Carbidzersetzung nach der Reaktion

$$2\,CaO + CaC_2 \rightleftharpoons 3\,Ca_{(g)} + 2\,CO$$

sowie der ablaufenden Nebenreaktionen in allgemeiner Schreibweise aufstellen:

$$r_{\text{Brutto}} = \underbrace{\left[D_A \frac{O}{\delta} \Delta c_A{}^* - \frac{dX_2}{dt} \right]}_{\left(\frac{dn_E}{dt}\right)_{\text{HZ1}+2}} \frac{1}{\nu_j} \frac{1}{V_R} \tag{28}$$

Für die Berechnung der Reaktionsgeschwindigkeiten der ablaufenden Nebenreaktionen beim Carbidprozeß (Reduktion der Fremdoxide) gibt es gegenwärtig keine kinetischen Gleichungen in der Literatur, so daß der Wärmebedarf dQ_{R_N} nach Gl. (18) nur auf der Grundlage der von MÖHLHENRICH [16] angegebenen integralen Bilanzen für die einzelnen Nebenreaktionen berücksichtigt werden kann. Zur Lösung der Stoffbilanz eines Carbidreaktors, die mit den Nebenreaktionen über die Kohlenstoffoberfläche (d. h. Kohlenstoffbilanz) gekoppelt ist, sind somit mindestens drei Bilanzgleichungen erforderlich.

5.3.4. Analyse und Modellierung der elektrothermischen Vorgänge in einem Volumenelement der Hauptreaktionszone 1 und 2

Nach KLUSS [56] soll nun für diesen vereinfachten Fall die sich im betrachteten Volumenelement in der Hauptreaktionszone zwischen Elektrodenende und Ofenboden ergebende Leistungsdichte

$$\frac{dP}{dV} \quad \text{in W} \cdot \text{cm}^{-3}$$

errechnet werden.

Analog zu den Ausführungen von MORKRAMER [11] im Abschn. 3. erhält man aus dem Wert der Feldstärke durch einfache Integration nach der aus der Feldtheorie bekannten Beziehung

$$E_z = -\text{grad}_z \, \varphi$$
$$E_z = -\frac{\partial \varphi}{\partial z} \tag{29}$$

das Potential in jedem beliebigen Punkt mit dem Abstand z vom Elektroden-ende des Strömungsfeldes

$$\varphi = -E_z + C$$

Um auf die im Volumenelement gesuchte Leistungsdichte in $W \cdot cm^{-3}$ zurückzukommen, gilt nunmehr die Beziehung

$$
\begin{aligned}
p = \frac{dP}{dV} &= S \cdot E \\
&= S^2 \cdot \varrho \\
&= E^2 \cdot \varkappa
\end{aligned}
\tag{30}
$$

Die Leistungsdichte ist von großer Bedeutung für die im Volumenelement für die Reaktionsprozesse benötigte Energie, denn der Diffusionskoeffizient ist stark temperaturabhängig.

Es gilt allgemein für ein Gebiet, in dem die Leitfähigkeit

$$\varkappa = f(x, y, z)$$

eine gegebene Ortsfunktion ist, für den Leitungsstrom gilt

$$\operatorname{div} \vec{S} = 0$$
$$E = -\operatorname{grad} \varphi$$
$$\vec{S} = \varkappa \cdot E$$

d. h.

$$\operatorname{div} \varkappa E = \varkappa \operatorname{div} E + E \operatorname{grad} \varkappa = 0 \tag{31}$$

Weiter ist

$$\operatorname{div} E = \frac{\partial E_x}{\partial x} + \frac{\partial E_y}{\partial y} + \frac{\partial E_z}{\partial z}$$

$$\operatorname{grad} \varkappa = i \frac{\partial \varkappa}{\partial x} + j \frac{\partial \varkappa}{\partial y} + k \frac{\partial \varkappa}{\partial z}$$

Trifft man die Annahme, daß $\varkappa$ bzw. ϱ nur von der z-Koordinate nach folgen-der einfachen analytischen Funktion [56]

$$\varrho = \varrho_0 e^{-\beta z} \tag{32}$$
$$\varkappa = \varkappa_0 e^{\beta z} \tag{33}$$

abhängen, dann sind für $z = 0$ (Elektrodenende) die Werte von $\varkappa$ und ϱ gleich $\varkappa_0$ und ϱ_0, und β ist hierbei ein Modellparameter.

Die Leistungsdichte errechnet sich zu

$$
\begin{aligned}
p &= E \cdot S \\
p &= S^2 \varrho_0 e^{-\beta z} \ [W \cdot cm^{-3}]
\end{aligned}
\tag{34}
$$

Das Ergebnis zeigt, daß unter Berücksichtigung der getroffenen Voraussetzungen — konstante Stromdichte im ganzen Strömungsfeld infolge der Annahme eines konstanten Strömungsquerschnittes — folgende Größen Funktionen des Abstandes z (Elektrodenende — Ofenboden) sind:

E = elektrische Feldstärke
p = Leistungsdichte
φ = skalares Potential

Von großer Bedeutung für die im Reaktionsraum stattfindende Stoffumwandlung ist der Verlauf der Leistungsdichte p in $W \cdot cm^{-3}$, der einen bestimmten Grenzwertbereich nicht unter- bzw. überschreiten darf, da sonst die Stoffumwandlungsprozesse zum Stillstand kommen (zu niedrige Leistungsdichte) bzw. durch zu hohe Temperaturen zu Zersetzungen des Reaktionsproduktes führt.

Die Analyse und Modellierung der elektrothermischen Vorgänge in der Hauptreaktionszone zeigt, daß die Kenntnis der Änderung der spezifischen elektrischen Leitfähigkeit bzw. des spezifischen elektrischen Widerstandes der Reaktionsmasse eines Grundelementes in Abhängigkeit der Reaktionstemperatur und der Geometrie des stromdurchflossenen Querschnittes die wesentlichste Voraussetzung zur Berechnung des elektrischen Feldes und dessen Parameter ist.

Weiterhin ließen die Darlegungen und mathematischen Ableitungen erkennen, daß gegenwärtig die funktionelle Abhängigkeit von $\varkappa$ bzw. ϱ von der Temperatur und der Geometrie nur mittels einer empirischen statistischen Beziehung wiedergegeben werden kann.

5.4.   Analyse und Modellierung der Teilprozesse der Hierarchieebene Grundelement

5.4.1.   Definition des Grundelementes beim elektrothermischen Carbidprozeß

Ein Grundelement umfaßt nach HARTMANN [57] einen begrenzten, jedoch charakteristischen Teil der Prozeßeinheit. Es werden durch die Transportvorgänge für Stoff und Energie im Inneren des Grundelementes, die Transportvorgänge an den Rändern und die tatsächlich wirkenden Zeitgesetze der Stoffänderung mathematisch beschrieben.

Als Grundelement wird für einen 3-Elektrodenofen für die Carbidherstellung der Reaktionsraum unterhalb einer Elektrode (Phase) definiert. Diese Definition setzt jedoch voraus, daß sich unter den 3 Elektroden eines Rechteck-Drehstromofens drei weitestgehend getrennte Reaktionsräume ausbilden.

Während des Betriebes eines elektrothermischen Carbidofens besteht bekanntlich nicht die Möglichkeit, die hydrodynamischen, energetischen und stofflichen Teilprozesse meßtechnisch bzw. visuell zu erfassen. Die o. g. Annahme beruht lediglich auf Erfahrungen des den Carbidprozeß betreibenden Personals sowie auf eigenen Anschauungen von stillgelegten Carbidöfen mit abgesprengter Vorderfront.

Abbildung 14 zeigt in grober Vereinfachung das sich ausbildende Profil von verschiedenen Zonen unterhalb der Elektroden. Letzteres würde jedoch bedeuten, daß sich im Ofenraum neben den sog. aktiven Reaktionsräumen zusätzlich in ihrer geometrischen Ausdehnung weitestgehend unbekannte Übergangs- und Randzonen bzw. sog. Totzonen ausbilden (s. a. Abb. 10).

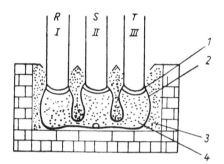

Abb. 14. Zoneneinteilung im Rechteckcarbidofen

1 — Lichtbogenzone-Plasma; *2* — Übergangszone, teigig-fest; *3* — Totzone, fest; *4* — Reaktionszone heterogene Schmelze

Im folgenden wird versucht, auf der Grundlage des Erkenntnisstandes, die Ausbildung des in Abb. 14 angegebenen Profils der Raumaufteilung unterhalb der Elektroden zu begründen.

CZOK [17] ist der Auffassung, daß zwischen dem Wunsch nach der Ermittlung der Abhängigkeiten der einzelnen technologischen Parameter und dafür gegebenen technischen und theoretischen Voraussetzungen zur Zeit ein objektiver Widerspruch vorhanden ist, der die Lösung dieser Aufgabe nicht ermöglicht. Zur Überwindung dieser Schwierigkeiten wird deshalb von sog. Gedankenmodellen ausgegangen. CZOK [17] übernimmt die von BUDDE, PAULI, SCHMIDT und STRAUSS [58] angegebenen Vorstellungen über separate Einschmelzzonen unterhalb der einzelnen Elektroden und der stofflichen Zusammensetzung dieser Zonen bzw. Grundelemente.

In Abb. 14 erkennt man unter jeder Elektrode eine sehr kleine Lichtbogenzone, die von einer Zone schmelzflüssiger Materialien umgeben ist. Darunter schließt sich die bereits erläuterte heterogene Hauptreaktionszone (Abb. 10 und 11) an, in der die gebildete Schmelze auf Grund der Schwerkraft nach unten sickert. Der Übergang von der Mischung zur Schmelze vollzieht sich allmählich und ist in der Nähe der Lichtbogenzone bedingt durch die hohen Temperaturen und im übrigen Reaktionsraum durch das Eutektikum. Der größte Teil des Ofeninhaltes besteht mehr oder weniger aus toten Zonen, in denen Mischung über sehr lange Zeiträume verbleibt. Der Hauptmischungsfluß vollzieht sich im wesentlichen seitlich der Elektroden in die Lichtbogenzone und von dort in Richtung der Bodenelektrode zur Abstichöffnung.

Zusammenfassend läßt sich ein Grundelement im Carbidreaktor wie folgt charakterisieren (Abb. 14):

1. Der Ofenraum unterhalb einer Elektrode besteht aus Zonen verschiedener Temperatur- und stofflicher Zusammensetzung.

Man kann unterscheiden in:
— Lichtbogenzone (Plasma),
— Hauptreaktionszone,
— Übergangszone,
— Schmelzsammelzone und
— Totzonen (Neutralzonen).

2. Die in Abb. 14 vorgenommene grobe Zoneneinteilung begründet sich auf
— Modellversuchen mit einem elektrischen Analogieverfahren,
— Verweilzeitmessungen mit $BaCO_3$ und
— der geometrischen Ausdehnung der elektrischen Feldlinien nach [56].

3. Die in einem Rechteckofen vorhandenen drei Elektroden haben unterschiedliche räumliche Ausdehnungen, bedingt durch die differenzierte Leistungsaufnahme der einzelnen Elektroden.

5.4.2. *Modellierung der elektrischen Vorgänge in einem Grundelement ohne chemische Reaktionen*

Der Verlauf des elektrischen Stromes im Reaktionsraum bzw. in einem Grundelement vollzieht sich unter dem Einfluß eines dreidimensionalen elektrischen Feldes. Bisher sind jedoch alle Bemühungen gescheitert, die Feldverteilung im Reaktionsraum mathematisch zu beschreiben. Ein wesentlicher Grund dafür ist, daß die elektrische Leitfähigkeit der Reaktionsmasse infolge der Inhomogenität derselben (körnige Rohstoffe, gesinderte halbgeschmolzene Mischung und Schmelze) sowie ihre Abhängigkeit von der Temperatur und der stofflichen Zusammensetzung eine unbekannte Orts- und Zeitfunktion ist.

Hinzu kommt noch, daß im Carbidofen die Umwandlung der elektrischen Energie in thermische Energie gleichzeitig durch Widerstands- und Lichtbogenheizung erfolgt. Letzteres nicht nur in der Hauptbogenzone, sondern *vermutlich* auch an vielen anderen Orten, wo zwischen einzelnen Kokskörnern kleine Lichtbögen entstehen können. Auch die sog. Übergangswiderstände zwischen den körnigen Rohstoffen können von großer Bedeutung für den Gesamtwiderstand sein.

Nach Czok [17] müßte streng genommen auch das magnetische Feld im Ofen berücksichtigt werden, denn bei den sehr hohen Stromstärken können evtl. auch Stromverdrängungserscheinungen eine Rolle spielen.

In dem vorliegenden Beitrag werden zwei Wege zur Beschreibung der elektrischen Vorgänge in einem Grundelement beschritten:

1. Modellierung der Widerstands- und Stromverteilung im Ofenraum mit Hilfe von elektrischen Ersatzschaltungen und

2. Modellierung der elektrischen Parameter (Stromverteilung, Äquipotentiallinienverlauf und Energiedichte etc.) mit Hilfe der Feldtheorie.

Die Lösung erfolgt zunächst unter Vernachlässigung der im Grundelement ablaufenden chemischen Reaktionen, d. h. ohne Berücksichtigung von Stoff- und Wärmeumwandlungsprozessen sowie von Stoff- und Wärmetransportprozessen.

*5.4.2.1. Modellierung der Strom- und Widerstandsverteilung im Grundelement
mit Hilfe von elektrischen Ersatzschaltungen*

Auf der Grundlage von elektrischen Ersatzschaltungen versuchten Singer
u. a. [45] den sog. Herdwiderstand eines Rechteckcarbidofens *unter Berücksichtigung geometrischer Hauptabmessungen* zu berechnen und den gemessenen
Werten gegenüberzustellen.

Die gewählten Modellvorstellungen beinhalten folgende Voraussetzungen:

1. Einteilung des Ofeninnenraumes in vier verschiedene Zonen gemäß Abb. 15.

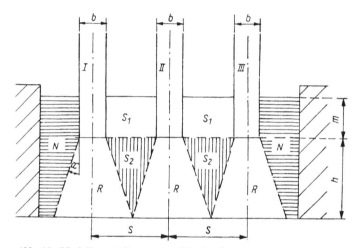

Abb. 15. Modellvorstellung zum Ofeninneren

2. Diesen Zonen werden konstante mittlere spezifische elektrische Widerstände zugeordnet. Daraus wird schließlich ein elektrisches Ersatzschaltbild abgeleitet
   (Abb. 16).

3. Das Herdwiderstandverhalten läßt sich unter der Annahme der Beaufschlagung
   des Ofensystems mit Gleichstrom nachbilden.

In der Praxis beaufschlagt man jedoch ein solches System von elektrischen
Widerständen mit Drehstrom, so daß sich im Verlaufe einer Periode für eine der
drei Phasen entsprechend der augenblicklichen Verteilung der Stromstärken im
Drehstromsystem, unterschiedliche Strömungskonfigurationen im Wider-
standsschaltbild und damit auch zeitlich unterschiedliche Werte des resultierenden Gesamtwiderstandes selbst ergeben.

Da die nachfolgenden Betrachtungen in erster Linie auf die Erfassung der
Änderung des Herdwiderstandes für jedes Grundelement in Verbindung mit
der Änderung bestimmter geometrischer Parameter gerichtet sind, genügt es,
einen diskreten Strömungszustand herauszugreifen und für diesen unter der

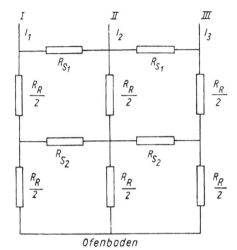

Abb. 16. Elektrisches Ersatzschaltbild

Annahme der Beaufschlagung des Systems mit Gleichstrom den regulierenden Gesamtwiderstand zu berechnen.

Die in Abb. 15 dargestellten vier Zonen sind wie folgt definiert:

— Neutralzonen N

Kein Stromfluß und keine chemische Reaktion, d. h. keine Carbidbildung.

— Schüttungszonen S_1

Umfassen den oberen Teil der sich zwischen den Elektroden befindlichen Rohstoffschüttungen.

— Schüttungszonen S_2

Grenzen nach unten an die Zonen S_1 und erstrecken sich keilförmig bis zum Ofenboden.

— Hauptreaktionszonen R

Der Raum unterhalb der Elektrode. Hier wird der Hauptteil der zugeführten elektrischen Energie in Wärmeenergie umgewandelt. Der Stromfluß wird senkrecht zum Ofenboden von der Elektrode angenommen.

Nach den allgemeinen Gesetzmäßigkeiten der Reihen- und Parallelschaltung von Widerständen erhalten SINGER u. a. [45] folgende mathematische Beziehung für den Herdwiderstand in $10^{-3}\ \Omega$ eines Grundelementes:

$$R_H = \frac{(R_R + 2R_{S_2})\, R_R \cdot R_{S_1}}{2R_R(R_R + R_{S_1} + 2R_{S_2}) + R_{S_1} \cdot R_{S_2}} \tag{35}$$

Nach Erweiterung dieser Beziehung durch Einführung von Ofen- und Materialkennzahlen ergibt sich:

$$R_R = \varrho_R \cdot \frac{2 \cdot h}{1(b + s)} \cdot 10^{-2} \quad \text{in } 10^{-3}\,\Omega \tag{36}$$

$$R_{S_1} = \varrho_S \cdot \frac{s - b}{m \cdot l} \cdot 10^{-2} \quad \text{in } 10^{-3}\,\Omega \tag{37}$$

$$R_{S_1} = \varrho_S \cdot \frac{s - b}{2h \cdot l} \cdot 10^{-2} \quad \text{in } 10^{-3}\,\Omega \tag{38}$$

In Gl. (35) eingesetzt

$$R_H = \frac{4h(s - b)\,[2h^2\varrho_R + (s^2 - b^2)\,\varrho_S''] \,\varrho_R \cdot \varrho_S' \cdot 10^{-2}}{2l\{4h\varrho_R[2mh^2\varrho_R + (s^2 - b^2)\,(h\varrho_S' + m\varrho_S'')] + (s^2 - b^2)^2 \,\varrho_S' \cdot \varrho_S''\}} \tag{39}$$

Hierin bedeuten l, b, s und m geometrische Abmessungen gemäß Abb. 15 und die mittleren spezifischen elektrischen Widerstände der einzelnen Zonen. Letztere können aus Abb. 12 entnommen werden.

Dem Modell liegen weitere Annahmen zugrunde:

1. Abstand h (Elektrodenspitze — Ofenboden) ist für alle 3 Elektroden gleich.
2. Gleiche physikalische und chemische Kennwerte in den bezeichneten Zonen.
3. Vernachlässigung der Energietransformationen durch die tote bzw. lebhafte Phase.
4. Flußrichtung des elektrischen Stromes senkrecht zum Ofenboden in der Reaktionszone, in den Schüttungszonen parallel zum Ofenboden.

Infolge der Annahme der Gleichheit der Widerstände in allen Phasen gilt:

$$I_1 = I_2 \text{ und } I_3 = 0 \quad \text{bzw.}$$
$$I_2 = I_3 \text{ und } I_1 = 0.$$

Allen diesen betrachteten Fällen ist eigen, daß die sich für die Hauptreaktionszone ergebende Geometrie vermutlich nicht der Geometrie der sich ausbildenden Reaktionszonen im Carbidofen nahekommt. Aus diesem Grunde wurde noch eine weitere Form des Querschnittes der Hauptreaktionszone gewählt, die dem von KLUSS [56] dargestellten Strömungsbild des elektrischen Stromes in etwa entspricht. Bei diesem Modell wurde angenommen, daß im Raum mit den Abmessungen

$$V = a \cdot l(h - h_1) \tag{40}$$

l = Elektrodenlänge

kein Strom fließt, da die Spannungsdifferenzen in den tieferen Zonen der Schüttung bzw. der Schmelze (wie später noch nachgewiesen wird) nur sehr gering sind (Abb. 17).

Die mit Hilfe dieser Modellvorstellungen vorgenommenen Parameterstudien

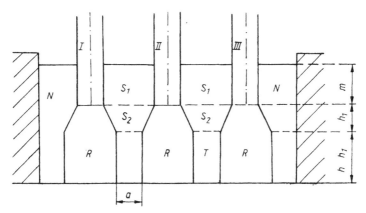

Abb. 17. Kombinierte Modellvorstellung vom Ofeninneren

[60] für einen 50 MW-Carbidofen mit den Hauptabmessungen

$$h = 2600 \text{ mm}$$
$$s = 2800 \text{ mm}$$
$$m = 1000 \text{ mm}$$

brachten die in den Abb. 18 und 19 dargestellten Ergebnisse.

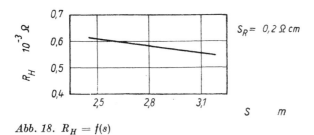

Abb. 18. $R_H = f(s)$

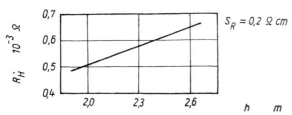

Abb. 19. $R_H = f(h)$

Trotz einer Reihe von Vereinfachungen, die zur Lösung verschiedener Problemstellungen getroffen werden mußten (z. B. Verwendung einer begrenzten Anzahl von Einzelwiderständen und damit Festlegung der Richtung der Stromlinien), konnten einige wesentliche Erscheinungsformen im Reaktor analysiert und modelliert werden. Hierzu gehören u. a. folgende Problemstellungen [59, 60]:

— Einfluß des Achsabstandes der Elektroden untereinander, des Abstandes Elektrode — Ofenboden sowie der unterschiedlichen spezifischen elektrischen Widerstände der einzelnen Zonen im Ofeninneren eines elektrothermischen Prozesses auf den Nutz- bzw. Herdwiderstand.

— Einbau einer feuerfesten Trennwand als sog. Strombarriere zwischen zwei benachbarten Elektroden zur Erhöhung des Nutzwiderstandes und damit der Wirkleistung des Ofens.

Die Grenze der Aussagefähigkeit von elektrischen Ersatzschaltungen beruhte bisher darauf, daß die Einzelwiderstände mit Hilfe von angenommenen Geometrien und ortsunabhängiger spezifischer elektrischer Leitfähigkeiten berechnet wurden. Die Geometrie und die Ortsabhängigkeit der elektrischen Leitfähigkeit haben aber für die Prozeßmodellierung und Dimensionierung eine außerordentliche Bedeutung.

5.4.2.2. *Modellierung der elektrischen Teilprozesse in einem Grundelement mit Hilfe der Feldtheorie*

Aufbauend auf den theoretischen Arbeiten von KLUSS [56] wurden Gleichungen entwickelt, die die Abhängigkeit der spezifischen elektrischen Leitfähigkeit der Reaktionsmasse im Grundelement, d. h. zwischen der Elektrodenspitze und dem Ofenboden berücksichtigt.

Unter der Annahme, daß der Reaktionsraum unterhalb der Elektroden aus einer heterogenen Schmelze aus Kalk und Carbid mit darin enthaltenen Kokspartikeln besteht und unter Ausschluß der Bildung eines Lichtbogens unmittelbar unter der Elektrode gilt folgende partielle elliptische Differentialgleichung für eine stationäres elektrisches Strömungsfeld:

$$\frac{\partial}{\partial x}\left(\varkappa(x, y, z)\frac{\partial \varphi}{\partial x}\right) + \frac{\partial}{\partial y}\left(\varkappa(x, y, z)\frac{\partial \varphi}{\partial y}\right) + \frac{\partial}{\partial z}\left(\varkappa(x, y, z)\frac{\partial \varphi}{\partial z}\right) = 0 \quad (41)$$

Die in dieser Differentialgleichung enthaltene spezifische elektrische Leit⁻fähigkeit $\varkappa$ der Reaktionsmasse unter Prozeßbedingungen ist infolge der In⁻homogenität des Reaktionsraumes und der Abhängigkeit von der Temperatur und der Zusammensetzung eine unbekannte Ortsfunktion.

Erste Aussagen über die Leistungsdichteverteilung, die Größe des sich ausbildenden Reaktionsraumes, den Spannungsabfall u. a. kann man unter der Annahme der Gültigkeit folgender empirischer Exponentialfunktion nach

KLUSS [56] für die Ortsabhängigkeit entsprechend Gl. (32) und (33) erhalten:

$$\varkappa = \varkappa_0 e^{\beta(r-r_0)}; \qquad \varrho = \varrho_0 e^{-\beta(r-r_0)} \tag{42}$$

$$\varkappa = \varkappa_1 e^{\beta(z-z_1)}; \qquad \varrho = \varrho_1 e^{-\beta(z-z_1)} \tag{43}$$

$\varkappa_0$ und ϱ_0 stellen dabei die spezifische elektrische Leitfähigkeit bzw. den spezifischen elektrischen Widerstand unmittelbar unter der Elektrode dar. β ist ein empirischer Modellparameter. Beide Größen sind mit Hilfe von Experimenten zu bestimmen.

Für die Berechnung der Leistungsdichteverteilung unterhalb einer Rechteckelektrode eines Hochleistungs-Elektro-Reduktionsofens wurden folgende Vereinfachungen angenommen:

1. Die Veränderungen in X-Richtung werden generell auf Grund des Länge-Breite-Verhältnisses der Elektrode vernachlässigt (Abb. 20).

   Die Korrektur der Zunahme des Reaktionsraumes in X-Richtung, bedingt durch die runden Enden der Elektrode an den Stirnseiten, erfolgt durch die Definition einer mittleren Elektrodenlänge BL [6].

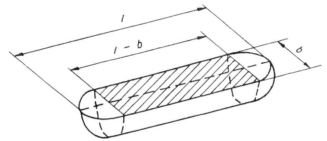

Abb. 20. Idealisierte Darstellung des Elektrodenendes einer Rechteckelektrode

2. Das Elektrodenende ist im Querschnitt (y-z-Ebene) viertelkreisförmig abgebrannt. Zur Vermeidung von Unstetigkeiten bei der Berechnung der Äquipotentiallinien und den Linien verschiedener Leistungsdichte wird die Reaktionszone (HZ 1 und 2 gemäß Abb. 20 in [61]) in eine geometrische Form nach Abb. 21 überführt.

3. Annahme einer gleichmäßigen Stromdichte auf der Elektrodenoberfläche.

4. Der Reaktionsraum ergibt sich gemäß der Annahme nach Punkt 2 als ein nach unten geöffneter Raum mit halbellipsenförmigen Begrenzungsflächen und einem sich anschließenden Quader (Abb. 22).

5. Auf Grund der großen Trägheit des Systems wird anstelle eines Dreiphasenwechselstromes mit einem sog. äquivalenten Gleichstrom gerechnet:

$$I_{Gl} = I_{\text{eff}} \cdot \cos \varphi \tag{44}$$

$$U_{Gl} = U_{\text{eff}} \tag{45}$$

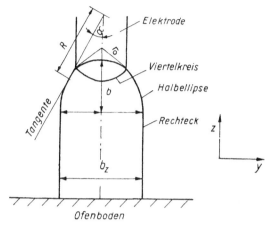

Abb. 21. Geometrie der Hauptreaktionszone (Schnittfläche)

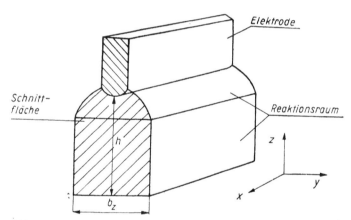

Abb. 22. Räumliche Geometrie eines Grundelementes (schematisch)

Die weitere Berechnung basiert auf der Zerlegung des Reaktionsraumes in zwei Teile unterschiedlicher Geometrie (Halbellipse und Rechteck in der y-z-Ebene).

Halbellipse

Mit Hilfe der an die Halbellipse gelegten Tangente (Abb. 21) wird der obere Reaktionsraum im Querschnitt in schmale Kreissektorringe zerlegt. Neben dem Radius, der sich mit jedem Rechenschritt ändert, verkleinert sich auch der Öffnungswinkel α zwischen der Tangente und der z-Achse. Der Radius und der Öffnungswinkel errechnen sich aus:

$$R = \sqrt{a^2 \left(\frac{b^2 - y_E^2}{b^2}\right) + \left(\frac{b^2 - y_E^2}{y_E^2}\right)^2} \tag{46}$$

$$\alpha = \text{arc tan} \left[\frac{a \cdot y_E}{b \sqrt{b^2 - y_E^2}}\right] \tag{47}$$

Unter Verwendung der Expotentialfunktion nach Gl. (42) für den spezifischen elektrischen Widerstand ergibt sich die zweidimensionale Differentialgleichung zu:

$$\frac{\beta}{\sqrt{y^2 + z^2}} \left(y \frac{\partial \varphi}{\partial y} + z \frac{\partial \varphi}{\partial z}\right) + \frac{\partial^2 \varphi}{\partial z^2} + \frac{\partial^2 \varphi}{\partial y^2} = 0 \tag{48}$$

Transformiert man die Kartesischen Koordinaten in Polarkoordinaten für jeweils einen Kreisringsektor, so wird die ursprünglich partielle Differentialgleichung in eine gewöhnliche Differentialgleichung 2. Ordnung überführt, die folgende Struktur besitzt:

$$\frac{d^2 \varphi}{dr^2} + \left[\frac{1}{r} + \beta\right] \frac{d\varphi}{dr} = 0 \tag{49}$$

Die elektrische Feldstärke E, der negative Gradient des Potentials, ergibt sich zu:

$$E = -\frac{d\varphi}{dr} = C_1 \frac{e^{-\beta r}}{r} \tag{50}$$

Die Integrationskonstante C_1 wird mit Hilfe der Feldstärke direkt an der Elektrodenoberfläche bestimmt:

$$E = \frac{J \cdot \varrho_0}{2\alpha \cdot BL \cdot r} e^{\beta(r - r_0)} \tag{51}$$

Die Stromdichte S errechnet man als Quotient aus der Feldstärke E und dem aktuellen spezifischen elektrischen Widerstand.

Die Leistungsdichte p_W ergibt sich als Produkt aus Feldstärke und Stromdichte. Die umgesetzte elektrische Leistung p_W läßt sich aus dem Integral der Leistungsdichte über das Reaktionsvolumen errechnen.

$$P_W = \int p_W dV \tag{52}$$

Damit erhält man:

$$\frac{dP_W}{dr} = \frac{J^2 \varrho_0}{2\alpha \cdot BL \cdot r} e^{-\beta(r - r_0)} \tag{53}$$

Rechteck

Im unteren Teil der Reaktionszone liegt nur eine Abhängigkeit in z-Richtung vor, das bedingt, daß die Äquipotentiallinien und Linien der Leistungsdichte parallel zum Ofenboden verlaufen.

Wird auch hierfür die Gültigkeit der Exponentialfunktion [Gl. (43)] angenommen, so ergibt sich die Dgl. zu:

$$\beta \frac{d\varphi}{dz} + \frac{d^2\varphi}{dz^2} = 0 \tag{54}$$

Nach der Integration und Bestimmung der Integrationskonstanten errechnet sich die Feldstärke nach

$$E = \frac{J \cdot \varrho_1}{BL \cdot b_z} \cdot e^{-\beta(z-z_1)} \tag{55}$$

das Potential dagegen nach

$$\varphi = \varphi_1 + \frac{J\varrho_1}{BL \cdot b_z \cdot \beta} e^{-\beta(z-z_1)} \tag{56}$$

die umgesetzte elektrische Leistung zu

$$P_W = P_{W_1} + \frac{J^2\varrho_1}{BL \cdot b_z \cdot \beta} [1 - e^{-\beta(z-z_1)}] \tag{57}$$

Eine geschlossene Integration des mathematischen Modells ist nicht möglich. Die numerische Lösung erfolgte mit Hilfe des Rhomberg-Algorithmus.

Von der EDVA wurden folgende Parameter in Abhängigkeit der Ortskoordinate z (Abstand Elektrode—Ofenboden) errechnet:

φ in V, P_W in MW
E in V $\cdot$ cm^{-1}, ϱ in $\Omega \cdot$ cm
S in A $\cdot$ cm^{-2}, V_R in m^3
p_W in W $\cdot$ cm^{-3}, R_G in mΩ

Der Einfluß der Parameter β, ϱ_0 und b_z auf die Leistungsdichteverteilung und die Geometrie der Reaktionszone wurde durch Parameterstudien ermittelt. Kriterium für eine sinnvolle Parameterwahl war in jedem Falle der Gesamtspannungsabfall als Funktion des Abstandes h Elektrode—Ofenboden.

$z \to h$, dann $\varphi \to 0$.

Abbildung 23 zeigt den Einfluß des empirisch-statistischen Modellparameters β auf den Verlauf von φ und p_W als Funktion von h unterhalb einer Elektrode. Der durchschnittliche Abstand h Elektrode—Ofenboden beträgt bei großtechnischen Elektro-Reduktionsöfen ca. 2600 bis 2800 mm [4]. Die Abb. 24 und 25 lassen erkennen, welchen Einfluß eine Variation des Anfangs-

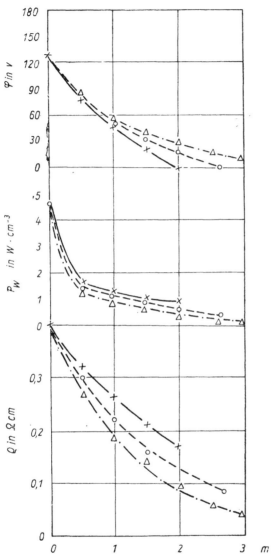

Abb. 23. Parameterstudie von β in einem Grundelement

Abstand Elektrode−Ofenboden (h)

×———×	$\beta = 0,004$ cm^{-1};	$\varrho_0 = 0,4\ \Omega$cm
o − − − o	$\beta = 0,0055$ cm^{-1};	$b_2 = 1300$ mm
△−·−△	$\beta = 0,007$ cm^{-1}	

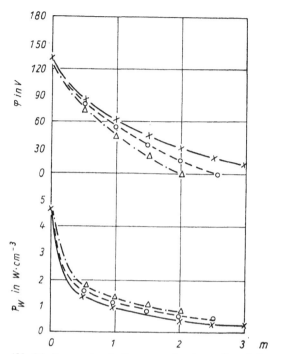

Abb. 24. Parameterstudie von ϱ_0 in einem Grundelement

Abstand Elektrode − Ofenboden (h)

×———× $\varrho_0 = 0,35\ \Omega\text{cm}$; $\beta = 0,0055\ \text{cm}^{-1}$
o – – – o $\varrho_0 = 0,40\ \Omega\text{cm}$; $b_z = 1300\ \text{mm}$
△ – · —▽ $\varrho_0 = 0,45\ \Omega\text{cm}$

wertes von ϱ, d. h. von ϱ_0 bei $z = 0$ sowie von b_z auf den Verlauf von φ und p_W haben.

Für einen Reaktionsraum eines technischen elektrothermischen Calciumcar-bidofens wurden der Verlauf der Strom-, Äquipotentiallinien und die Linien der gleichen Leistungsdichte berechnet und in Abb. 26 graphisch dargestellt.

Trotz der erforderlichen Annahmen, die zur Lösung der Feldgleichung ge-troffen werden mußten, ist zu erkennen, daß vorerst zumindestens die elek-trischen Verhältnisse eines großtechnischen Elektro-Reduktionsofens als Funktion des Abstandes h Elektrodenspitze−Ofenboden berechnet werden konnten.

Die Ergebnisse lassen sich wie folgt interpretieren:

— Die an eine Elektrode angelegte Spannung reduziert sich bei realen Werten von h auf nahezu Null.

— Der Spannungsabfall und damit die Leistungsdichte sind im oberen Teil der Reak-tionszone am höchsten. Die Carbidbildung dürfte demnach in diesem Bereich am größten sein.

Betrachtet man einen Bereich von 150 bis 200 mm direkt unterhalb der Elektrodenspitze, so werden dort folgende Leistungen umgesetzt:

$z =$ 0 mm, $P_W = 0$ MW =   0%
$z =$ 150 mm, $P_W = 2{,}35$ MW =   18%
$z =$ 200 mm, $P_W = 2{,}92$ MW =   22%
$z = 2670$ mm, $P_W = 13{,}25$ MW = 100%.

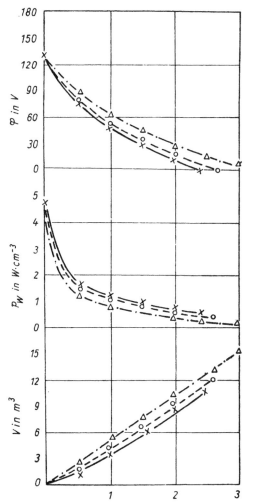

Abb. 25. Parameterstudie von b_z in einem Grundelement

Abstand Elektrode—Ofenboden (h)

□————□ $b_z = 1200$ mm;   △— · — △ $b_z = 1500$ mm $\varrho_0 = 0{,}4\ \Omega\mathrm{cm}$
○— — —○ $b_z = 1300$ mm; $\beta\ = 0{,}055\ \mathrm{cm}^{-1}$

Die Werte zwischen 0—200 mm liegen in der Größenordnung wie der Leistungsumsatz beim Lichtbogen angenommen wird. Dies untermauert die Ansicht, wie bereits von KLUSS [56] vermutet, daß die für den Calciumcarbidprozeß notwendige Wärmemenge vorrangig über Widerstandsheizung erzeugt wird.

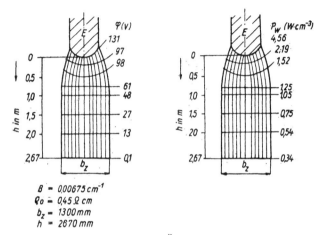

$B = 0,00675\,cm^{-1}$
$\varrho_0 = 0,45\,\Omega\,cm$
$b_z = 1300\,mm$
$h = 2670\,mm$

Abb. 26. Verlauf der Strom-, Äquipotential- und Leistungsdichtelinien in einem Grundelement eines 50 MW-Carbidofens

5.4.3. *Modellierung der chemisch-physikalischen und elektrischen Vorgänge in einem Grundelement*

5.4.3.1. *Grundlagen der mathematischen Modellierung*

Das im Abschn. 5.3.3. vorgestellte Diffusionsmodell enthält noch folgende Vereinfachungen:

1. Annahme gleichgroßer Oberflächen der polydispersen Feststoffkomponenten Kalk und Koks über einen längeren Zeitraum und
2. Vernachlässigung eines realen Verdünnungseffektes in der Schmelze, d. h., Annahme einer konstanten Triebkraft ΔC_{CaO} über die gesamte Koksoberfläche.

In Weiterführung der Modellierungsarbeiten wurde daher auf der Grundlage der im Abschn. 5.3.3. genannten 6 Voraussetzungen die unterschiedliche Größe der Feststoffoberfläche berücksichtigt. Man benötigt hierzu eine 2. Differentialgleichung, die die zeitliche Oberflächenabnahme der festen Kalkpartikel bis zum „Verschwinden" des Stückkalkes beschreibt. Zum anderen ergeben sich zwei hypothetische Bilanzräume, die miteinander gekoppelt sind und den erwähnten Verdünnungseffekt modellmäßig beinhalten (Abb. 27). Durch entsprechende Kopplung aller notwendigen Bilanzgleichungen und Umrechnungsbeziehungen erhält man folgende zwei Differentialgleichungen erster Ordnung:

$$\frac{dn_{CaC_2}}{dt} = A\left[D_A \frac{O_A}{\delta} (c^*_{A\,max} - c^*_{A\,min}) + D_A \frac{O_B - O_A}{\delta} (c_{A,B} - c_{A\,min}) \right.$$
$$\left. - B\frac{dm_v}{dt} \right] \tag{58}$$

$$\frac{dn_{CaO\,fest}}{dt} = D_A \frac{O_A}{\delta} (c^*_{A,max} - c^*_{A,min}) \left[1 - A \frac{c_{A_1} M_{CaC_2}}{g_{ES}\cdot\varrho_S} - B\frac{c_{A_1} M_{CaC_2}}{g_{ES}\cdot\varrho_S}\cdot\frac{V_{S1}}{V_S} \right]$$
$$\tag{59}$$

$$A = \frac{M_{Ca} + M_{CO}}{M_{Ca}}; \qquad B = \frac{1}{M_{Ca} + M_{CO}}$$

Eine Lösung dieses Differentialgleichungssystems ist nur numerisch möglich.

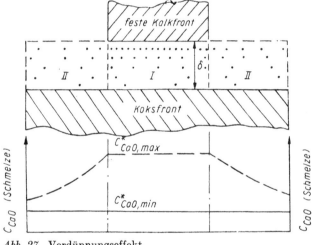

Abb. 27. Verdünnungseffekt

5.4.3.2. *Ermittlung der temperaturabhängigen Diffusionskoeffizienten zur Modellierung der Stoffänderungsvorgänge in einem Grundelement*

Die mit dem weiterentwickelten Diffusionsmodell nachgerechneten Umsatz-Zeit-Verläufe, die von HELLMOLD u. a. [41—44] im Labormaßstab erhalten wurden, zeigen unter Berücksichtigung des Verdünnungseffektes für Temperaturen von 2073 K, 2273 K und 2473 K relativ gute Übereinstimmung (analog zu Abb. 28 für 2273 K).

Vergleicht man die durch Optimierung erhaltenen Diffusionskoeffizienten aus beiden Modellen, so liegen diejenigen mit Berücksichtigung des Verdünnungseffektes etwa um eine Zehnerpotenz höher. Letzteres steht in Übereinstimmung mit der bereits o. g. verminderten Triebkraft Δc_{CaO} in der Schmelze.

Die aus den Versuchsergebnissen durch Optimierung ermittelten temperaturabhängigen Diffusionskoeffizienten lagen mit [62]

$D_{CaO} = 2{,}78 \cdot 10^{-7} \, cm^2 \cdot s^{-1}$ für 2073 K

$D_{CaO} = 4{,}32 \cdot 10^{-7} \, cm^2 \cdot s^{-1}$ für 2273 K

$D_{CaO} = 12{,}37 \cdot 10^{-7} \, cm^2 \cdot s^{-1}$ für 2473 K

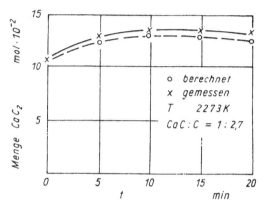

Abb. 28. Vergleich der gemessenen und berechneten CaC$_2$-Molzahlen

in physikalisch sinnvollen Größenordnungen. Eine Migration innerhalb der Schmelze im Wechselstromfeld wird nicht angenommen.

Der nächste Schritt der Problembearbeitung erfordert die Übertragung bzw. Anwendung des Diffusionsmodells auf die Stoffänderungsvorgänge in einem großtechnischen Carbidofen. Letzteres wurde durch die Einbeziehung der Kornverteilung des eingesetzten Kokses in Verbindung mit einem Formfaktor zur Ermittlung der realen Koksoberfläche gewährleistet.

5.4.3.3. Modellierung der Calciumcarbidbildung in einem Grundelement

Eine exakte Modellierung aller Teilprozesse im Carbidofenraum erfordert die Kopplung der Energie- und Stoffbilanzen. Die Lösung des gekoppelten Gleichungssystems ist gegenwärtig wegen fehlender Stoffdaten noch nicht möglich. Eine indirekte Kopplung erfolgt jedoch bereits insofern, daß die Ausdehnung des Reaktionsraumes, in dem definitionsgemäß die Stoffänderungsvorgänge ablaufen, aus den Modellberechnungen des elektrischen Strömungsfeldes übernommen wird. Auf der Grundlage einer vereinfachten Energiebilanz ist es möglich, jedem Leistungsumsatz einen bestimmten Stoffumsatz zuzuordnen.

Der Reaktionsraum unterhalb einer Elektrode wird in die zwei Hauptreaktionszonen gemäß Abb. 29 unterteilt.

In der Hauptreaktionszone wird der größte Anteil an elektrischer Energie zugeführt und somit ein beträchtlicher Anteil des Carbides gebildet.

Eine Durchrechnung des Stoffumsatzes unter einer Elektrode wurde auf der

Grundlage eines Berechnungsalgorithmus durchgeführt, der auf der Energiebilanz, dem eutektischen Schmelzdiagramm sowie thermodynamischen Daten
(z. B. Dissoziationsdruck von Carbid als Funktion der Temperatur) basiert.

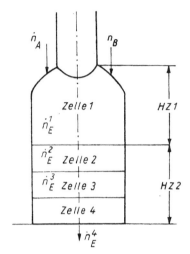

Abb. 29. Hauptreaktionszone 1 und 2
(Grundelement) unterteilt in Zellen
A — Koks; B — Kalk; E — Carbid

Während der Energieumsatz in der Hauptreaktionszone 1 (auch Zelle 1
gemäß Abb. 29) mit Hilfe integraler Berechnungsgleichungen (blackbox)
unter Verwendung der Energieverbrauchswerte von MÖHLHENRICH [16] berechnet wurde, konnten die in der sich anschließenden Hauptreaktionszone 2
(Zelle 2 bis 4 gemäß Abb. 29) ablaufenden Teilprozesse in erster Näherung mit
einer sog. reaktionstechnischen Ersatzschaltung, einem Zellenmodell, quantifiziert werden.

*Mathematische Modellierung der Teilprozesse
in der Hauptreaktionszone 1*

Die Hauptreaktionszone 1 ist gegenüber der Hauptreaktionszone 2 durch ein
wesentlich höheres Temperaturniveau gekennzeichnet. Infolge dieses Temperaturniveaus bildet sich ein relativ hoher Dissoziationsdruck des Calciumcarbids
aus. Dieser bewirkt infolge der Carbidzersetzungsreaktion eine Art inneren
Calciumkreislauf (Calcium verdampft in den „heißen" Zonen und kondensiert
wieder an den „kälteren" Reaktionskomponenten), der nicht quantitativ
bilanzierbar ist.

Aus diesem Grunde ist es auch nicht möglich, für die erste Zelle des Zellenmodells bzw. die Hauptreaktionszone 1 Stoffänderungsgleichungen aufzustellen, um damit den erreichbaren Umsatz an CaO bzw. die Carbidbildung zu
berechnen.

Folgende Annahmen bilden die Grundlage zur Bilanzierung der Teilprozesse der Hauptreaktionszone 1:

— Infolge der hohen Energiedichten und damit hoher örtlicher Temperaturen, die im Bereich der Schmelztemperatur des Kalkes und der Zersetzungsgrenze des CaC_2 liegen, wird der Stückkalk aufgeschmolzen und es existiert der obengenannte innere Calciumkreislauf. Die Isotherme mit 2573 K bildet die Grenze zur Hauptreaktionszone 2.

— Auf Grund der Grenztemperatur für die Hauptreaktionszone 1 von ca. 2573 K ergibt sich laut Schmelzdiagramm (Abb. 7) bei linearem Konzentrationsgefälle von der Koksoberfläche in die Schmelze folgende stoffliche Zusammensetzung:

● an der äußeren Grenzfläche des Schmelzfilms

   90 Ma.-% CaO
   10 Ma.-% CaC_2

● an der Kohlenstoffoberfläche

   100 Ma.-% CaC_2

● in der Schmelze im Mittel

   45 Ma.-% CaO
   55 Ma.-% CaC_2.

Für die Hauptreaktionszone 1 ist die Kenntnis des Energiebedarfes von Bedeutung, der für die ablaufenden Energieumwandlungs- und transportprozesse sowie für die bis zur Grenztemperatur von 2573 K stattgefundene Carbidbildung erforderlich ist.

Ein Vergleich dieses notwendigen Energiebedarfes mit dem mittels der Feldtheorie für diese Zone berechneten Energieangebotes ermöglicht es, die geometrische Ausdehnung der Hauptreaktionszone 1 zu bestimmen und somit die Anfangsbedingungen für die Berechnung des Temperatur- und Konzentrationsfeldes der Hauptreaktionszone 2 mit Hilfe des Zellenmodells festzulegen. Die notwendige elektrische Leistung, die der Hauptreaktionszone 1 zur Deckung aller energieverbrauchenden Teilprozesse zuzuführen ist, bildet die Grundlage für die Ermittlung der geometrischen Ausdehnung der ersten Zelle [62].

Aus der Feldberechnung kann für eine vorgegebene Wirkleistung P_W in Abhängigkeit der geometrischen Ausdehnung der Reaktionszone das zur Verfügung stehende Energieangebot bestimmt werden.

Die Grenze der ersten Zelle ist an der Stelle erreicht, an der die Beträge für den Energiebedarf und für das Energieangebot P_W identisch sind.

Mathematische Modellierung der Teilprozesse
in der Hauptreaktionszone 2

Für die Hauptreaktionszone 2 werden durch Kopplung von Stoff- und Energiebilanz (getrennt für die drei gewählten Zellen) nach einem iterativen Verfahren die Temperaturen und die Carbidmenge ermittelt. Dabei wird zunächst angenommen, daß der Temperaturbereich der Hauptreaktionszone 2 zwischen

2573 K und ca. 2273 K liegt. Die wirkliche Temperatur der Carbidschmelze am Abstich kann gegenwärtig noch nicht exakt gemessen werden.

Auf Grund des o. g. Temperaturbereiches der Hauptreaktionszone 2 ist die Carbidzersetzung gering (Abb. 9), so daß für diese Hauptreaktionszone 2 eine

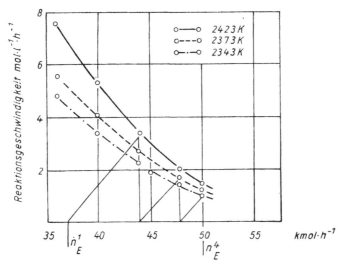

Abb. 30. Ermittlung der gebildeten Carbidmenge der HZ 2

relativ genaue reaktionstechnische Bilanzierung erfolgen kann, d. h., daß sich mit Hilfe von Reaktionsgeschwindigkeitsgleichungen und verschiedenen Randbedingungen die Carbidbildung in Abhängigkeit von der Temperatur und der Koordinate z (approximiert durch mehrere Zellen) berechnen läßt.

Unter Zugrundelegung der Ergebnisse aus der elektrischen Feldberechnung für eine Elektrode (Abb. 26) wurde die Carbidbildung in den beiden Hauptreaktionszonen 1 und 2 (Abb. 30) berechnet. Die dabei erhaltene Temperaturverteilung in den beiden Hauptreaktionszonen ist in Abb. 31 dargestellt. Die Abb. 32 zeigt die Carbidbildung in der Hauptreaktionszone 1 und 2 bzw. in den 4 Zellen einschließlich der sich für diesen konkreten Fall eingestellten Carbidqualität, ausgedrückt in der Litrigkeit.

Die prozentuale Carbidbildung verteilt sich demnach wie folgt auf die einzelnen Zellen:

Zelle 1 73,6% Hauptreaktionszone 1

Zelle 2 15,0% ⎫

Zelle 3 7,4% ⎬ Hauptreaktionszone 2

Zelle 4 4,0% ⎭

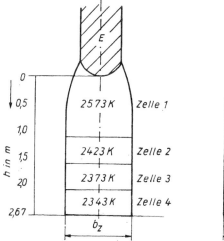 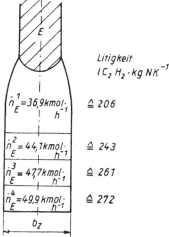

Abb. 31. Temperaturverteilung im
Grundelement (errechnet) Elektrode III

Abb. 32. Carbidbildung im Grundelement,
Elektrode III

5.5.   *Anlayse und Modellierung der Teilprozesse
der Hierarchieebene Reaktor*

5.5.1.   *Vorbemerkung*

Nach HARTMANN [57] beruht die Modellierung der Hierarchieebene Reaktor
auf der Anwendung der Modellgleichungen für die Grundelemente unter Berücksichtigung der entsprechenden Elementenanzahl und zur Lösung erforderlichen Randbedingungen sowie der notwendigen Ergänzungen durch Energie-
übertragungsglieder.

Im Falle eines Rechteck-Carbid-Reaktors — dieser soll hier nur betrachtet
werden — setzt sich der Gesamtofenraum bzw. der Reaktor aus den bekannten
drei Grundelementen (Hauptreaktionszonen) mit unterschiedlichen räumlichen
Ausdehnungen und den anderen, die in Abb. 26 dargestellten Zonen, zusammen.
Die Zielstellung, mit der die Teilprozesse dieser Hierarchieebene analysiert und
modelliert werden, besteht (entsprechend dem gegenwärtigen Erkenntnisstand)
vor allem darin, den für die einzelnen Grundelemente entwickelten Berechnungsalgorithmus zur Nachrechnung der Prozeßführung von Carbidreaktoren bei
vorgegebenen geometrischen Abmessungen anzuwenden und zu überprüfen.

5.5.2.   *Der Berechnungsalgorithmus für elektrothermische Reaktoren*

Der erarbeitete Berechnungsalgorithmus für elektrothermische Reaktoren
stellt vorerst noch einen Kompromiß zwischen anzustrebender Vollständigkeit
(Lösung des gekoppelten Differentialgleichungssystems für die elektrischen,

wärmetechnischen und stofflichen Teilprozesse wurde 1979 erreicht [61—65])
und den erkenntnisbedingten Möglichkeiten zu diesem Prozeßtyp dar.

Der Berechnungsalgorithmus beruht auf der Ausnutzung der Hierarchiestruktur verfahrenstechnischer Systeme [57] und der dazu gehörigen mathematischen Modelle, wobei die Hierarchie mehrere Ebenen umfaßt.

Bestandteile und Erläuterungen des Berechnungsalgorithmus

In Abb. 33 sind die wichtigsten Schritte des Algorithmus zusammengestellt
worden. Die einzelnen Etappen lassen sich sie folgt beschreiben:

Etappe I:
Berechnung der geometrischen Ausdehnung des elektrischen Feldes in einem
Grundelement.

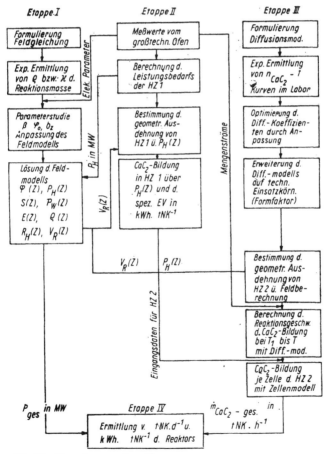

Abb. 33. Berechnungsalgorithmus

1. Schritt:

Formulierung der elektrischen Feldgleichung unter Berücksichtigung von Randbedingungen der zu lösenden Aufgabenstellung (z. B. Vorgabe einer Geometrie
für die Hauptreaktionszone, ein- oder mehrdimensionale Betrachtungsweise,
Strom- und Spannungswerte, usw.)

2. Schritt:

Experimentelle Ermittlung des Modellparameters (spezifische elektrische Leitfähigkeit der Reaktionsmasse unter Prozeßbedingungen)

3. Schritt:

Ermittlung der optimalen Parameterkombination (β, ϱ_0, b_z) durch Anpassung
des elektrischen Feldmodells an praxisnahe technologische und konstruktive
Bedingungen von Rechteckcarbidöfen. Kriterium für die Anpassung des Feldmodells ist bei Erreichen des realen Abstandes h Elektrode—Ofenboden die
Äquipotentiallinie $\varphi = 0$ am Ofenboden.

4. Schritt:

Lösung der Feldgleichung und Berechnung der Parameter als Funktion der
Koordinate Z (Abstand Elektrode—Ofenboden)

φ, V; V_R, m³

E, V · cm⁻¹; P_H, MW

S, A · cm⁻²; ϱ, Ω cm

p_W, W · cm⁻³; R_H, m Ω

Etappe II:

Berechnung des in der Hauptreaktionszone 1 (HZ) erforderlichen Leistungs-
bedarfes zur Bildung einer bestimmten Carbidmenge in einem Grundelement)

1. Schritt:

Aufnahme der elektrischen Parameter und Mengenströme für einen bestimmten
Betriebszustand.

2. Schritt:

Berechnung des erforderlichen Leistungsbedarfes der Hauptreaktionszone 1
bei Annahme einer mittleren Temperatur der Reaktionsmasse von 2573 K
und der stofflichen Zusammensetzung aus dem Schmelzdiagramm.

3. Schritt:

Bestimmung der geometrischen Ausdehnung der Hauptreaktionszone 1 durch
Nutzung der Ergebnisse der Feldberechnung $P_H = f(z)$. Über die Koordinate z
erhält man für den Leistungsbedarf der HZ 1 die geometrische Ausdehnung
derselben, d. h. V_R an der Stelle z.

4. Schritt:

Berechnung der in der HZ 1 gebildeten Carbidmenge unter Vorgabe des spezifischen Energieverbrauches in kWh · tNK^{-1} und des errechneten Leistungs-bedarfes für die HZ 1.

Etappe III:

Bilanzierung der Carbidbildung in der Hauptzone 2 mit Hilfe der reaktions-technischen Ersatzschaltung, dem Zellenmodell in einem Grundelement.

1. Schritt:

Formulierung der Stoffänderungsvorgänge mit Hilfe eines Diffusionsmodells unter Berücksichtigung von Randbedingungen der zu lösenden Aufgaben-stellung (z. B. Vorgabe eines linearen Konzentrationsgefälles von CaO in der Schmelze usw.)

2. Schritt:

Experimentelle Ermittlung von Molzahl-Zeit-Verläufen der Carbidbildung im TAMMANN-Ofen unter labortechnischen Versuchsbedingungen.

3. Schritt:

Bestimmung des Modellparameters D_{eff} (effektiver Diffusionskoeffizient) durch Optimierungsrechnung auf der Grundlage der aufgenommenen Molzahl-Zeit-Verläufe.

4. Schritt:

Erweiterung des Diffusionsmodells auf technische Einsatzkornzusammen-setzungen durch Berücksichtigung der realen spezifischen Koksoberfläche in der Schmelze mit Hilfe der Kornverteilung und eines Formfaktors (Abweichung von der Kugelgestalt der Kokskörner).

5. Schritt:

Übernahme der geometrischen Ausdehnung der HZ 2 aus der Feldberechnung und Unterteilung der Hauptreaktionszone 2 in verschiedene gleichgroße Reak-tionsräume (sog. Zellen) mit unterschiedlichen Temperaturen.

6. Schritt:

Berechnung der Reaktionsgeschwindigkeit der Carbidbildung in Abhängigkeit verschiedener Reaktionstemperaturen mit Hilfe des Diffusionsmodells.

7. Schritt:

Ermittlung der Carbidmenge je Zelle (Abb. 34) der HZ 2 durch die Anwendung des Zellenmodells (graphische Interpolation). Die Ausgangsdaten der Haupt-reaktionszone 1 bilden die Eingangsdaten in die HZ 2.

8. Schritt:

Berechnung des spezifischen Energieverbrauches in kWh · tNK^{-1} je Grundelement.

Etappe IV:

Berechnung des Reaktors

Ermittlung der Gesamtcarbidmenge und des spezifischen Energieverbrauches
des Carbidofens auf der Grundlage der Ergebnisse der separaten Grundelemente.

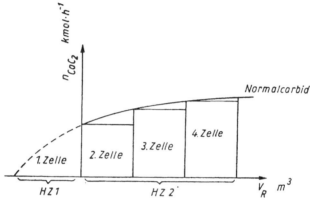

Abb. 34. Ermittlung der stündlich produzierten CaC$_2$-Menge in einem Grundelement durch Näherung als Reaktorkaskade

*5.5.3.   Anwendung des Berechnungsalgorithmus
          auf einen großtechnischen Rechteckcarbidofen*

Für die Modellierung wurde ein 50-MW Carbidreaktor in Rechteckbauweise
[66] ausgewählt. Die wesentlichsten geometrischen und elektrischen Parameter
sind nachstehender Übersicht zu entnehmen:

Elektrodenabmessungen:

Länge, mm   3 200
Breite, mm   800

Abstände:

Elektrode—Elektrode:

Mitte—Mitte, mm   2 800
lichter Abstand, mm   2 000
Elektrode—Ofenboden, mm 2 600

Elektrische Parameter:

Elektrode		I	II	III	
Wirkleistung[1])	MW	16,66	16,66	16,66	50
Wirkleistung[2])	MW	17,56	13,70	14,04	45,30
Wirkleistung[3])	MW	16,58	12,93	13,25	42,76
Spannung	V	164,8	115,3	131,1	
Stromstärke[4])	kA	110	134	120	
cos φ		0,915	0,836	0,824	
Stromstärke[5])	KA	100,8	102,0	101,0	

[1]) projektierte elektrische Leistung
[2]) gemessene elektrische Leistung einschl. der Verlustleistung
[3]) elektrische Leistung im Herd
[4]) Wechselstrom
[5]) adäquater Gleichstrom

Der ausgewählte Carbidofen in sog. gedeckter Bauart besitzt zwischen den Elektroden noch wassergekühlte CO-Gasabsaughauben (Abb. 2). Diese Einbauten wirken als Strombarrieren.

Der Stromfluß zwischen den einzelnen Elektroden muß auf der Grundlage des Widerstandes der Zone S_1 berechnet und bei der Feldberechnung vom Elektrodenstrom subtrahiert werden.

$$R_{S_1} = \varrho_{S_1} \frac{s}{F} \quad \text{in } \Omega \tag{60}$$

s = lichter Elektrodenabstand (2000 mm)
F = Querschnittsfläche der stromdurchflossenen Schütthöhe der Zone S_1 (320000 mm²)

Entsprechend den im Abschn. 5.4.3.1. vorgenommenen Berechnungen über den Herdwiderstand bei Einbau einer feuerfesten Trennwand in einem vollgeschlossenen Carbidofen, kann der spezifische elektrische Widerstand ϱ_{S_1} für die Zone S_1 mit ca. $4\,\Omega \cdot$ cm (Abb. 12) der Berechnung von R_{S_1} zugrunde gelegt werden.

$$R_{S_1} = 25{,}0 \cdot 10^{-3}\ \Omega$$

Für den Carbidofen ergeben sich demnach folgende korrigierte Stromstärken an den einzelnen Elektroden I, II und III:

$I_1 = 100{,}8$ kA, $P_{W_1} = 17{,}56$ MW, $P_{H_1} = 16{,}58$ MW
$I_2 = 102{,}0$ kA, $P_{W_2} = 13{,}70$ MW, $P_{H_2} = 12{,}93$ MW
$I_3 = 101{,}0$ kA, $P_{W_3} = 14{,}04$ MW, $P_{H_3} = 13{,}23$ MW

In Abb. 35 wurden die Ergebnisse der elektrischen Feldberechnung graphisch für alle drei Elektroden dargestellt.

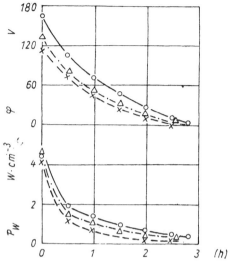

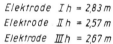

Elektrode I h = 2,83 m
Elektrode II h = 2,57 m
Elektrode III h = 2,67 m

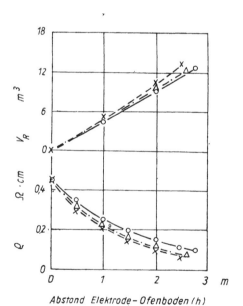

Abstand Elektrode-Ofenboden (h)

Abb. 35. Ergebnisse für Carbidofen (50 MW)

Wichtige Parameter für die weiteren Berechnungen sind

Elektrode	I	II	III
Abstand h, m	2,83	2,57	2,67
Reaktionsvolumen, m³	12,46	13,17	12,22
ϱ_0, Ωcm	0,45	0,45	0,45
β, cm⁻¹	0,0050	0,007	0,006 75
b_z, m	1,20	1,40	1,30

Die Berechnung der in den drei Grundelementen gebildeten Carbidmenge wird analog zur Elektrode III im Abschn. 5.4.4.3. vorgenommen. Die Ergebnisse für die Hauptreaktionszone 1 nach dem Berechnungsalgorithmus von MÖHLHENRICH [16] zeigen nachstehende Zusammenstellungen:

Energieverbrauchende Teilprozesse in der HZ 1	Leistung in MW		
Elektrode	I	II	III
1. Q_R für CaC$_2$-Bildung	5,367	4,185	4,289
2. Q für 273 K mehr als [37]	0,570	0,444	0,455
3. Fühlbare Wärme der Schmelze	4,316	3,366	3,449
4. Ferrosiliciumbildung (50%)	0,069	0,054	0,055
5. Fühlbare Wärme des Nutzgases	0,214	0,167	0,171
6. Fühlbare Wärme des Nutzgasstaubes	0,028	0,022	0,022
7. C (frei)	0,154	0,120	0,123
8. Reduktion von Fe$_2$O$_3$ (55%)	0,026	0,020	0,021
9. Reduktion von Al$_2$O$_3$ (55%)	0,008	0,006	0,007
10. Reduktion von SiO$_2$ (55%)	0,066	0,051	0,053
11. Reduktion von MgO (55%)	0,001	0,001	0,001
12. Abgeführte Wärmemengen durch			
Ofenwanne (50%)	0,428	0,334	0,342
— Kühlwasser (30%)	0,693	0,540	0,554
— Schwadengas	0	0	0
13. Q_R für Ca(OH)$_2$-Zersetzung	0,056	0,044	0,045
14. Q_R für CaCO$_3$-Zersetzung	0,219	0,171	0,175
Summe für HZ 1	12,215	9,525	9,762

Der spezifische Energieverbrauch beträgt wiederum nach [16]

3 333,8 kWh · tNK⁻¹

und damit die mögliche (oberste Grenze) Carbidproduktion

Elektrode I	3,664 tNK · h⁻¹
Elektrode II	2,857 tNK · h⁻¹
Elektrode III	2,928 tNK · h⁻¹
HZ 1	9,449 tNK · h⁻¹
HZ 1	226,776 tNK · d⁻¹

In den Hauptreaktionszonen 1 der drei Elektroden ergeben sich demnach folgende Teilmengen:

Elektrode		I	II	III
$\dot{m}_{CaC_2}$	$kgNK \cdot h^{-1}$	3664	2857	2922
$\dot{m}_{CaC_2}$ (rein)	$kg \cdot h^{-1}$	2931	2286	2342
$\dot{n}_{CaC_2}$	$kmol \cdot h^{-1}$	46,0	36,0	36,9
$\dot{n}_{CaO}$	$kmol \cdot h^{-1}$	43,3	33,6	34,4
$\dot{m}_{CaO}$	$kg \cdot h^{-1}$	2424,8	1881,6	1926,4
$\dot{m}_{telquel}$	$kg \cdot h^{-1}$	5356	4186	4268
Litrigkeit	$1 C_1H_2 \cdot kgNK^{-1}$	205	234	206
$\dot{m}_{CaC_2}$	$tNK \cdot d^{-1}$	87,9	68,6	70,3

Die geometrische Ausdehnung der HZ 1 für die drei Elektroden wurde der Berechnung des elektrischen Feldes entnommen:

Elektrode			I	II	III
Energieumsatz HZ 1	MW		12,215	9,525	9,762
Abstand h	HZ 1	m	1,53	1,56	1,30
Volumen V_R	HZ 1	m^3	6,67	8,15	5,66
Volumen V_R	HZ 1 + 2	m^3	12,46	13,17	12,22
Volumen V_R	HZ 2	m^3	5,79	5,02	6,26
	Zelle 2	m^3	1,93	1,67	2,09
	Zelle 3	m^3	1,93	1,67	2,09
	Zelle 4	m^3	1,93	1,67	2,09

Berechnung der Carbidbildung in der Hauptreaktionszone 2 (Zelle 2 bis 4)

Analog zur Berechnung der Carbidbildung in den Zellen 2 bis 4 der Elektrode III (Abschn. 5.4.3.3., Abb. 30) erfolgt die Bestimmung der Carbidbildung für die Elektroden I und II in der HZ 2.

Für den Ofen 12 ergeben sich nunmehr folgende Gesamtergebnisse:

Wirkleistung (gesamt), MW	45,30
Carbidproduktion, $tNK \cdot h^{-1}$	12,72
Carbidproduktion, $tNK \cdot d^{-1}$	305,3
Spezifischer Energieverbrauch, $kWh \cdot tNK^{-1}$	3561

Es ist jedoch auch erkennbar, daß der spezifische Energieverbrauch für den Ofen mit $3333,8 \, kWh \cdot tNK^{-1}$ von [16] nur auf die im Herd umgesetzte elektrische Leistung P_H bezogen wurde. $3561\ \text{kWh} \cdot \text{tNK}^{-1}$ entsprechen etwa den realen Verhältnissen am betrachteten Ofen.

Elektrode		I	II	III	Summe
P_W (gesamt),	MW	17,56	13,70	14,04	45,30
P_H,	MW	16,58	12,93	13,25	42,76
HZ 1 (Zelle 1) P_H, MW		12,22	9,53	9,76	
HZ 2 (Zelle 2) P_H, MW		1,80	1,49	1,52	
(Zelle 3) P_H, MW		1,36	1,08	1,13	
(Zelle 4) P_H, MW		1,20	0,83	0,84	
ZH 1 (Zelle 1) T, K		(2700 bis 2573)			
HZ 2 (Zelle 2) T, K		2433	2423	2423	
HZ (Zelle 3) T, K		2403	2388	2373	
(Zelle 4) T, K		2383	2358	2343	
HZ 1 (Zelle 1) D_{eff}, $\text{cm}^2 \cdot \text{s}^{-1}$		—	—	—	
HZ 2 (Zelle 2) D_{eff}, $\text{cm}^2 \cdot \text{s}^{-1}$		$9{,}2 \cdot 10^{-7}$	$8{,}6 \cdot 10^{-7}$	$8{,}6 \cdot 10^{-7}$	
(Zelle 3) D_{eff}, $\text{cm}^2 \cdot \text{s}^{-1}$		$7{,}5 \cdot 10^{-7}$	$6{,}9 \cdot 10^{-7}$	$6{,}5 \cdot 10^{-7}$	
(Zelle 4) D_{eff}, $\text{cm}^2 \cdot \text{s}^{-1}$		$6{,}9 \cdot 10^{-7}$	$6{,}0 \cdot 10^{-7}$	$5{,}6 \cdot 10^{-7}$	
HZ 1 (Zelle 1) $\dot{m}_{\text{CaC}_2}$, $\text{tNK} \cdot \text{h}^{-1}$		3,66	2,86	2,93	9,45
HZ 2 (Zelle 2) $\dot{m}_{\text{CaC}_2}$, $\text{tNK} \cdot \text{h}^{-1}$		0,64	0,54	0,60	1,78
(Zelle 3) $\dot{m}_{\text{CaC}_2}$, $\text{tNK} \cdot \text{h}^{-1}$		0,36	0,27	0,29	0,84
(Zelle 4) $\dot{m}_{\text{CaC}_2}$, $\text{tNK} \cdot \text{h}^{-1}$		0,22	0,19	0,16	0,65
Summe $\dot{m}_{\text{CaC}_2}$, $\text{tNK} \cdot \text{h}^{-1}$		4,88	3,86	3,98	12,72
Spez. EV, $\text{kWh} \cdot \text{tNK}^{-1}$		3598	3549	3528	3561

In Abb. 36 wurden die wichtigsten Ergebnisse der Feldberechnung und der Stoffbilanzierung, getrennt für die drei Elektroden des Carbidofens, graphisch dargestellt. Eine Reihe der konstruktiven Unzulänglichkeiten des Rechteckcarbidofens ist in der Darstellung im Abb. 36 erkennbar.

Beim betrachteten Carbidofen ergeben sich Abstichschwierigkeiten. Generell ist zu beobachten, daß Abstichschwierigkeiten vor allem dann auftreten, wenn eine der drei Elektroden (besonders der beiden Außenelektroden) „straff" steht, d. h., daß der Elektrodenabstand zum Ofenboden die maximal zulässige Höhe erreicht hat. Die Folge davon ist, daß die Hauptreaktionszone 1 mit der hohen Temperatur im Grundelement nach oben wandert. Mit diesem Vorgang geht ein Abkühlen der Schmelze am Ofenboden einher. Niedrige Temperaturen der Schmelze führen jedoch nach [67] gemäß Abb. 37 und 38 zur starken Erhöhung der Viskosität. Abstichschwierigkeiten sind die Folge und können meistens nur durch eine übermäßig große Menge an Zusatzkalk kompensiert werden. Zusatzkalk bewirkt eine Erhöhung des spezifischen elektrischen Widerstandes der Schmelze. Die Widerstandsregelung des Carbidofens, die auf ein konstantes $I:U$-Verhältnis eingestellt ist, regelt daraufhin den Elektrodenstand

11*

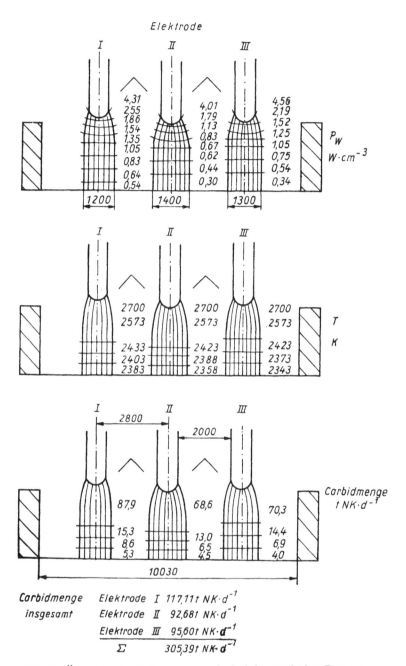

Abb. 36. Übersichtsdarstellungen zum Carbidofen (gedeckte Bauart)
(Maße in mm)

so ein, daß der Elektrodenabstand wieder verkürzt wird. Hauptreaktionszone 1 wandert im Grundelement in Richtung Ofenboden, wodurch die Temperatur der Schmelze am Ofenboden ansteigt und die Viskosität abnimmt. Negative Auswirkungen ergeben sich vor allem auf die Qualität (Litrigkeit) des produzierten Carbids. Der hohe Gesamtkalkanteil bewirkt eine niedrige Litrigkeit des Carbids.

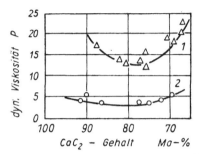

Abb. 37. Dynamische Viskosität in Abhängigkeit vom CAC$_2$-Gehalt bei verschiedenen Temperaturen

1 — 1940°C, nach MARKOVSKIJ; *2* — 2050°C, nach EMONS, HORLBECK und HELIMOLD

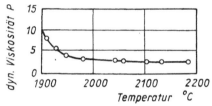

Abb. 38. Dynamische Viskosität einer CaC$_2$-Schmelze in Abhängigkeit von der Temperatur nach EMONS, HORLBECK und HELLMOND

6.   Zusammenfassung

Die Komplexintensivierung chemischer Produktionslinien der DDR erfordert auch die Rationalisierung des energieintensiven elektrothermischen Carbidprozesses.

Der vorliegende Beitrag liefert zu dieser Zielstellung durch die Analyse und die Erarbeitung der Grundlagen der mathematischen Modellierung als Voraussetzung für die Schaffung neuer Berechnungsgrundlagen elektrothermischer Reaktoren einen entsprechenden Beitrag. Ausgehend vom Stand der mathematischen Modellierung des elektrothermischen Carbidprozesses werden zwei Lösungswege erarbeitet:

1. Beschreibung und mathematische Modellierung mit Hilfe elektrischer und reaktionstechnischer Ersatzschaltungen.

2. Mathematische Modellierung der chemisch-physikalischen und elektrischen Teilprozesse unter Berücksichtigung des sich ausbildenden elektrischen Strömungsfeldes.

Zur Analyse der Teilprozesse wurde für elektrothermische Reaktoren ein
Dekompositionsschema als Modellierungshierarchie für 4 Ebenen entwickelt
und angewandt. Die Ergebnisse der Analyse und der mathematischen Modellierung der einzelnen Hierarchieebenen wurden dargelegt und bewertet.

Eine energetische und stoffliche Bilanzierung des Carbidprozesses ist mit
Hilfe von elektrischen Ersatzschaltungen nicht möglich. Eine Kombination
der Ergebnisse zur Ausdehnung des elektrischen Strömungsfeldes im Reaktionsraum mit reaktionstechnischen Ersatzschaltungen (z. B. dem Zellenmodell) zur Berechnung der Carbidbildung führte zu praktischen Aussagen
über den technischen Carbidprozeß (Leistungsdichteverteilung, Carbidbildung
in Abhängigkeit vom Volumen der Hauptreaktionszone, spezif. Energieverbrauch usw.) und gestattete die Formulierung eines Berechnungsalgorithmus
für elektrothermische Reaktoren.

7. Symbolverzeichnis

A	Ampere
a	Exponent
a	große Halbachse der Ellipse
B	Gesamtbreite
B	Blindleistung
BL	Länge der Elektrode
b	Breite
b	Längeneinheit
C	Integrationskonstante
c_j	Konzentration der Komponente j
c_p	spezifische Wärme
c	Umrechnungsfaktor
$c_{A,\max}$	maximale Kalkkonzentration in der Schmelze
$c_{A,\min}$	minimale Kalkkonzentration in der Schmelze
c_A	verdünnte Kalkkonzentration an der äußeren Schmelzfront
D	Diffusionskoeffizient
D	Durchmesser
d	Differentialzeichen
d	Durchmesser
E	Feldstärke
E	Spannung
F	Fläche
g	Massenanteil
g_{ES}	Massenanteil CaC_2 in der Schmelze
$\Delta_R H^u_T$	Reaktionsenthalpie
h	Höhe
I	Stromstärke
$k^\rceil$	Geschwindigkeitskonstante
L	Gesamtlänge

l	Länge
M_j	Molmasse der Komponente j
M	Mehrverbrauch an Energie
m	Masse
m	Massenstrom
m_V	Masseverlust
N	Teilchenanzahl
n_j	Molzahl der Komponente j
n_j	Molenstrom der Komponente j
O	Oberfläche
O_A, O_B	Oberfläche der Komponente A und B
P	Druck
P	elektrische Leistung
p	Partialdruck
p	Leistungsdichte
Q	Wärmemenge
Q	Wärmestrom
q	Fläche
R	Radius
R	Gaskonstante
R	OHMscher Widerstand
r	Reaktionsgeschwindigkeit
r	Polarkoordinate
S	Stromdichte
S	Scheinleistung
S	Mehrverbrauch an Kohlenstoff
T	Temperatur
t	mittlere Verweilzeit
U	Umsatz
V	Volumen
V	Volt
V_{SI}	Schmelzvolumen im Bilanzraum I
V_S	Gesamtschmelzvolumen
v	Volumenstrom
w	Strömungsgeschwindigkeit
X	entkoppelter induktiver Widerstand
X	Fortschreitungsgrad einer Reaktion
x	Ortskoordinate
x_j	Molenbruch der Komponente j
y	Ortskoordinate
Z	Zahlenwert
z	Ortskoordinate
α	Wärmeübergangszahl
β	Modellparameter
σ	Schmelzfilmdicke
η	Wirkungsgrad
λ	Wärmeleitzahl
v_{ij}	stöchiometrischer Koeffizient
v	kinematische Zähigkeit
∂	partielles Differentialzeichen

ϱ Dichte
ϱ_S Schüttdichte u. Dichte der Schmelze
ϱ spezifischer elektrischer Widerstand
φ skalares Potential
$\varkappa$ spezifische elektrische Leitfähigkeit

Indizes:

A, B, C, D Reaktionskomponenten
Br Brutto
eff Effektivgröße
g gasförmig
i i-te Teilreaktion
j Bezeichnung einer Reaktionskomponente
L Leitung
N Nebenreaktion
R Reaktion
S Strahlung
s flüssig

Alle weiteren Symbole werden im Text erläutert.

8.   Literatur

[1] SLINKO, M. G., „Mathematische Modellierung chemischer Reaktoren", Nouka Nowosibirsk 1968
[2] Autorenkollektiv, „Analyse und Steuerung von Prozessen der Stoffwirtschaft", Akademie-Verlag, Berlin, VEB Deutscher Verlag für Grundstoffindustrie, Leipzig, 1971
[3] MATTHES, F., WEHNER, G., „Anorganisch-technische Verfahren", VEB Deutscher Verlag für Grundstoffindustrie, Leipzig 1964
[4] TAUSSIG, R., „Die Industrie des Kalziumkarbides", Monographie „Angewandte Elektrochemie", Bd. 51, Verlag von W. Knapp, Halle (Saale) 1930
[5] MÜLLER, H., „Die Entwicklung der industriellen Elektrowärme im letzten Jahrzehnt. Ihre Bedeutung auf wirtschaftlichem und sozialem Gebiet", V. Internationaler Elektrowärmekongreß, Wiesbaden 1963
[6] HAMBY, D. E., „Kohleelektrodensystem für Calciumcarbidöfen", Journal of Metals (USA), 1967
[7] SCHREIER, M., BUDDE, K., STRAUSS, A., Vortrag „Mathematische Modellierung des elektrischen Feldes in Calciumcarbidreaktoren", Verfahrenstechnisches Seminar „Reaktionstechnik", Merseburg 1977
[8] DANZIS, J., ZHILOW, G., „Elektrische Auslegung von Elektro-Reduktionsöfen", Elektrowärme International 33 (1975) B 5, Oktober, S. 229
[9] ANDREAE, F., „Coutribution a'l étude des méthodes de calcul des fours d'electrométallurgie", Journal dur Four Elektrique 75 (1965) 8, 37
[10] KELLY, W., „Calcul et construction de four áare submergé", Journal dur Four Elektrique 69 (1959), 27; „Berechnung und Konstruktion des Elektro-Reduktionsofens", Chem.-Ing.-Techn. 34 (1962) 3, 154
[11] MORKRAMER, M., „Richtlinien für die Dimensionierung von Elektro-Reduktionsöfen", Journal dur Four Elektrique et des Industries, Elektrochimique 2 (1960), 61

[12] MIKULINSKI, A. S., „Auswahl der Hauptparameter elektrischer Reduktionsöfen" (russ.), Promischlenaja Energetika 4 (1948)

[13] MIKULINSKI, A. S., „Zur Theorie der Öfen für die Gewinnung von Carbid und Ferrolegierungen" (russ.), Trudi Uralskogo nautschno-issledowatelskoko, chimitscheskogo Instituta (1954) 8

[14] MIKULINSKI, A. S., „Bestimmung der Parameter von Reduktionsöfen auf Grund der Ähnlichkeitstheorie" (russ.), Energija, 1964

[15] WARNKE, B., Dissertation „Untersuchung der Wechselbeziehungen und Einheit von Stoff- und Energiewirtschaft am Beispiel des elektrothermischen Calciumcarbidprozesses", Technische Hochschule „Carl Schorlemmer" Leuna—Merseburg 1973

[16] MÖHLHENRICH, S., persönliche Mitteilung

[17] CZOK, D., persönliche Mitteilung

[18] FLUSSIN, G., AALL, CH., „Das Phasendiagramm von CaC_2-CaO-Mischungen", Compt. rend. 201 (1953), 451

[19] JUZA, R., SCHUSTER, H. U., „Das Zusatzdiagramm CaC_2CaO", Z. anorg. Chem. 311 (1961), 62

[20] KAMEYAMA, N., INOUE, Y., „Bildungswärme von Kalziumkarbid. Schmelzpunkt des Systems $CaC_2 - CaO$", J. Soc. chem. Ind., Japan 45 (1942), 656

[21] KAMEYAMA, N., INOUE, Y., „Schmelzpunkt von industriellem Kalziumkarbid. Brikettierung des Abfallöschkalkes von Azetylenerzeugungen. Zusammensetzung und Eigenschaften von Kalziumkarbid und die Azetylenbildungsgeschwindigkeit", J. Soc. chem. Ind., Japan 46 (1943), 1

[22] KAMEYAMA, N., INOUE, Y., „Schmelzpunkt des Systems $CaC_2 - CaO$", J. Soc. chem. Ind., Japan 46 (1943), 862

[23] DUTOIT, P., ROSSIER, M., „Zersetzung von Kalziumkarbid bei hohen Temperaturen", J. chim. phys. 29 (1932), 238

[24] ERLWEIN, G., WARTH, C., BEUTNER, R., „Über die Zersetzung von CaC_2 in der Hitze", Z. Elektrochem. 17 (1911), 117

[25] INOUE, Y., „Dissoziationsdruck von CaC_2", J. chem. Soc., Japan, ind. Chem. Sect. 53 (1950), 152

[26] KAMEYAMA, N., URAGAMI, Y., „Bildungs- und Zersetzungsgleichgewicht von Kalziumkarbid", J. Soc. chem. Ind., Japan 46 (1943), 1147

[27] KOLEDA, M., „Thermische Eigenschaften des Kalziumkarbides", Chem. prum. 9 (1959), 238

[28] JUZA, R., BÜNZEN, K., „Über das Verhalten von CaS, SiO_2 und Al_2O_3 in CaC_2-Schmelzen bei Temperaturen bis $2900°C$", Z. anorg. Chem. 311 (1961) 62

[29] HEALY, G. W., „Ausbrechen eines Karbidofens", J. Metals 18 (1966), 643

[30] AALL, CH., „Zusammensetzung, Struktur, physikalische und chemische Eigenschaften, Anwendung, Herstellung, industriell gebrauchte Ofentypen, Rohmaterial und Zukunftsaussichten für Kalziumkarbid", Chem. Products 8 (1955), 14

[31] KAESSE, F., GRIMM, L., „Fortschritte in Deutschland auf dem Gebiet der Kalziumkarbidherstellung. Der 70 000 kV A-Karbidofen von Trostberg", J. du four electrique et des industries electrochimiques 7 (1962) (Arbeitsübersetzung)

[32] STRIEBEL, H., TISCHER, H., „Anforderungen des Calciumcarbidofens an die Koksqualität", Freib. Forschungshefte A 140 (1960), 49

[33] MUKAIBO, T., YAMANAKA, Y., „Kalziumkarbid. Einfluß des Preßdruckes und der Teilchengröße auf die Bildungsreaktion", J. chem. Soc. Japan, ind. Chem. Sect. 56 (1953), 313

[34] KAESS, F., „Erniedrigung des Schmelzpunktes von Calciumcarbid durch Zusatz von Calciumfluorid", GB-P 742 108

[35] KÜHLESCHÜTTER, V., „Dissoziation von Kalziumkarbid unter Graphitbildung", Z. anorg. Chem. **105** (1919), 35

[36] MARON, J. S., „Thermodynamische Analyse des Systems $Ca-C-O$", Sh. prikl. chim. **30** (1957) H. 6, 851

[37] RUFF, O., FÖRSTER, E., „Über das Calciumcarbid, seine Bildung und Zersetzung", Z. anorg. allg. Chem. **131** (1923) H. 3/4, 321

[38] KAMEYAMA, N., OTA, Y., INOUE, Y., „Calciumcarbid. II. Thermische Zersetzung von CaC_2. III. Mechanismus der Bildung von CaC_2 aus Kalk und Kohlenstoff", J. chem. Soc. Japan, ind. Chem. Sect. **44** (1941), 929

[39] KAMEYAMA, N., URAGUCHI, Y., „Gleichgewicht der Bildung und Zersetzung von CaC_2. I. Zersetzung von CaC_2", J. Soc. Chem. Ind. Japan **46** (1943) „III. Bildung von Calciumdampf durch Kohlenstoff", J. Soc. chem. Ind., Japan **47** (1944)

[40] ERSHOV, V. A., „Kinetik obrazovanija karbida kalcija", Tr., Leningrad, Gos. Nauch.-Issled. Proekt Inst. Osn. Khim. Prom. (1970) 3, S. 74

[41] HELLMOLD, P., GEILHUFE, CHR., STEUDTE, H.-J., „Die quantitative Bestimmung der Hauptbestandteile technischer Calciumcarbidproben", Chem. Techn. **27** (1975) 12, 752

[42] EMONS, H. H., HOLLMOLD, P., GEILHUFE, CHR., STEUDTE, H.-J., „Der Einfluß von Metalloxiden auf die Bildung des Calciumcarbides", Teil 1, Chem. Techn. **28** (1976), 1, 19

[43] siehe [42], Teil 2, Chem. Techn. **28** (1976) 2, 92

[44] HELLMOLD, P., VIEHWEGER, U., GEILHUFE, CHR., STEUDTE, H.-J., „Der Einfluß von Metalloxiden auf die Bildung des Calciumcarbids", Teil 3, Chem. Techn. **28** (1976) 3, 160

[45] BUDDE, K., SINGER, W., STRAUSS, A., Vortrag „Möglichkeiten einer Steigerung der Produktionskapazität des elektrothermischen Calciumcarbidprozesses", Verfahrenstechnische Jahrestagung, Köthen 1976

[46] KRÖGER, C., DOBMAIER, N., „Das elektrische Leitvermögen von Braun- und Steinkohlenkoks und seine Temperaturabhängigkeit", Brennstoff-Chemie **40** (1959) 1, 1

[47] AGROSKIN, A. A., „Die Änderung des elektrischen Widerstandes von Kohle beim Erhitzen", Bergakademie (1957) 6, S. 286—294

[48] HÖY, A., MAEHRE, K., „Ein neuer Apparat zur Messung der elektrischen Leitfähigkeit von Koks", Brennstoff-Chemie **47** (1965) 2, 59

[49] MENDLICH, GLAUER, STEUIERT, SCHÄFER, „Leitfähigkeitsmessungen", DMK VEB Stickstoffwerk Piesteritz, Jahresbericht 1951 (unveröffentlicht)

[50] INONYE, K., TATSUTA, J., „Struktur und elektrischer Widerstand von Hochofenkoksen", Brennstoff-Chemie **37** (1955/56), 23/24

[51] KOPPERS, E. H., JENKNER, A., „Reaktionsfähigkeit, Graphitierung und elektrische Leitfähigkeit von Koks", Archiv f. d. Eisenhüttenwesen **5** (1932) 11, 543

[52] THIELE, H., GRUSON, G., SCHEIDIG, K., „Strukturuntersuchungen an Steinkohlenkoks durch Messung der elektrischen Leitfähigkeit", FFH A **422** (1967), 59

[53] DURRER, R., „Über die elektrische Leitfähigkeit von Holzkohle und Koks", Stahl und Eisen **44** (1924) 17, 465

[54] SCHMEISER, K., „Die elektrische Leitfähigkeit von Koks als Maß für seine Reaktionsfähigkeit", Erzmetall **19** (1966), 328

[55] D'ANS, J., LAX, E., „Taschenbuch für Chemiker und Physiker", S. 1218, 2. Auflage, 1949

[56] KLUSS, E., „Einführung in die Probleme elektrischer Lichtbogen- und Widerstandsöfen", Springer-Verlag, Berlin—Göttingen—Heidelberg 1951

[57] HARTMANN, K., Dissertation B „Analyse und Synthese verfahrenstechnischer Sy-

steme am Beispiel von Reaktorsystemen", Technische Hochschule "Carl Schorlemmer" Leuna—Merseburg 1974

[58] BUDDE, K., PAULI, W., SCHMIDT, B., STRAUSS, A., *„Grundlagen zur Modellierung elektrothermischer Prozesse*", Chem. Techn. **28** (1976), Heft 1, S. 4—8

[59] RETTKOWSKI, W., Chem. Techn. **28** (1976), 652

[60] WICHMANN, K., Diplomarbeit *„Beitrag zur mathematischen Modellierung des Herdwiderstandes im Reaktionsraum eines großtechnischen Kalziumkarbidreaktors*", Technische Hochschule "Carl Schorlemmer" Leuna—Merseburg, Sektion Verfahrenstechnik, 1976

[61] BUDDE, K., STRAUSS, A., SCHMIDT, B., *„Mathematische Modellierung elektrothermischer Prozesse, dargestellt am Calciumcarbidprozeß*", Teil I: *„Modellierung von physikalisch-chemischen Teilprozessen in der Hauptreaktionszone*", Chem. Techn. **28** (1976), Heft 10, 585—587

[62] SCHMIDT, B., BUDDE, K., STRAUSS, A., Vortrag *„Mathematische Modellierung der Stoffübergangsvorgänge beim Kalziumkarbidprozeß*, Verfahrenstechnisches Seminar *„Reaktionstechnik*", Merseburg 1977

[63] BUDDE, K., STRAUSS, A. und SCHREIER, M., *„Mathematische Modellierung elektrothermischer Prozesse, dargestellt am Calciumcarbidprozeß*", Teil II: *„Modellierung des elektrischen Strömungsfeldes der Hauptreaktionszone*", Chem. Techn. **30** (1978), Heft 6, 287—289

[64] BUDDE, K., STRAUSS, A. und SCHMIDT, B., *„Mathematische Modellierung elektrothermischer Prozesse, dargestellt am Calciumcarbidprozeß*", Teil III: *„Modellierung der Stoffänderungsvorgänge in der Hauptreaktionszone*", Chem. Technik **30** (1978), Heft 12, 617—620

[65] BUDDE, K., STRAUSS, A., SCHREIER, M. und SCHMIDT, B., *„Mathematische Modellierung elektrothermischer Prozesse, dargestellt am Calciumcarbidprozeß*", Teil IV: *„Modellierung der elektrischen und physikalischen Teilprozesse in der Neutral- und Vorwärmzone*", Chem. Technik **31** (1979), Heft 10, 510—514

[66] KUHLOW, P., Forschungsbericht (unveröffentlicht), 1975

[67] EMONS, H. H., HORLBECK, W., HELLMOLD, P., *„Der Einfluß von Magnesiumoxid und Aluminiumoxid auf die Viskosität des geschmolzenen Calciumcarbides*", Ukr. chim. shn. 48 Bd. 15, H. 1 (1974), 24—28

CHEMISCHE UMSETZUNGEN
VON KOHLENWASSERSTOFFEN IM PLASMASTRAHL

(H.-J. Spangenberg)

Summary

The subjects of this paper are chemical conversions of hydrocarbons in the plasma-jet. The hydrogen- and nitrogen plasma-jet as a reactive medium of hot gases as well as the corresponding mixing processes and finally the quenchprocesses causing a sudden drop in temperature will be discussed.

Results of thermodynamic equilibrium calculations in thermic C/H- and C/H/N-systems in the temperature range between 2000 K and 6000 K on the basis of molecular parameters will be presented. Particular attention will be paid to parameters which are necessary for processes with radical species. Additional calculations deal with the total enthalpy and the ratios of specific heats of molecular mixture systems at higher temperatures. Conversions in plasma which are treated concern formations of acetylen and cyanic compounds. Profiles of temperature, enthalpy and concentration distributions of reactive plasma species are measured by spectroscopic and probe methods in both, acial and radial, directions of the jet.

Problems on the mixture of reactive gases into a plasma-jet, the role of turbulences and the characteristics of coaxial, tangential and radial mixing are essential in this connection.

Further facts dealt with, concern the reaction kinetics and the determination of overall reaction constants, furthermore will be treated the mathematical model of the chemical concentration gradients along the gas jet and by ignoring of transport effects.

In a final chapter will be discussed specific energies of plasma-chemical conversions, especially for the formation of acetylene and hydrocyanacid and possibilities to reduce them in large-scaled devices.

1. Einleitung

Chemische Prozesse bei hohen Temperaturen ($\geq$ 2000 K), wie sie vornehmlich bei stark endotherm verlaufenden Reaktionen zur Anwendung gelangen, verwenden in jüngerer Zeit mit Erfolg den Plasmastrahl (bei Normaldruck als Plasmabogenstrahl) als Reaktionsmedium [1, 2]. Verfahren, bei denen die gewünschten Reaktionen direkt im Entladungsgebiet des Bogens ablaufen (Birkeland-Eyde-Verfahren zur Bildung von Stickoxiden), werden für Umsetzungen von Kohlenwasserstoffen heute nur noch selten benutzt. Sie haben den Nachteil, daß die elektrischen Parameter des Bogens sehr empfindlich auf die Zusammensetzung des Gasgemisches reagieren und daß konstante Bedingungen nur schwer einzuhalten sind. Weitere technologische Schwierigkeiten ergeben sich, weil Reaktionsprodukte mit dem Elektrodenmaterial reagieren.

Ein wesentlicher Fortschritt ergab sich, als es gelang, das heiße Plasmagas des Bogens aus der eigentlichen Brennzone herauszuführen und chemische Prozesse außerhalb der elektrischen Entladung im Plasma ablaufen zu lassen.

Im Gegensatz zu den sogenannten nicht-thermischen Plasmen, wie sie in Glimm-, Hochfrequenz- und Coronaentladungen vorliegen und bei denen, vom physikalischen Standpunkt gesehen, keine Gleichverteilung der Energie über die verschiedenen Partikelarten des Plasmas, wie Atome, Ionen, Elektronen, vorliegt (Fehlen einer BOLTZMANN-Verteilung der Energie), handelt es sich bei Bogenplasmen höherer Drücke ($\geqq$ 1 atm) um thermische Systeme. Im Folgenden werden Prinzip, physikalisch-chemische und technologische Probleme und einige Ergebnisse chemischer Umsetzungen im Plasmastrahl erörtert. Von den Anwendungen des thermischen Plasmas für chemische Zwecke, die vornehmlich im Plasmastrahl erfolgen (s. Tab. 1), werden vorrangig Umsetzungen von Kohlenwasserstoffen im Wasserstoff- bzw. Stickstoffplasmastrahl besprochen, wobei die endotherme Bildung von Acetylen, Äthylen, Blausäure und Dicyan im Vordergrund steht.

Tabelle 1: Chemische Nutzung des thermischen Plasmas

1. Acetylen/Äthylen aus Methan, Erdgas, Benzin, Rohöl oder Kohle
2. Stickoxid aus Luft
3. Blausäure aus Methan und Stickstoff
4. Dicyan aus Kohlenstoff und Stickstoff
5. Synthese einfacher halogen-organischer Verbindungen (C_2F_4, CF_4 usw.)
6. Bildung von Chlorsilanen
7. Synthese von $TiCl_3$ aus $TiCl_4$
8. Plasma-Metallurgie (Reduktion von Metalloxiden und -chloriden)
9. Phosphor bzw. P_2O_5 aus Phosphaten (z. B. Fluorapatit)

2.   Plasmastrahl und plasmachemischer Reaktor

2.1.   *Erzeugung des Plasmastrahls*

In Abb. 1 ist das Prinzip eines Plasmastrahlerzeugers dargestellt.

Zwischen Kathode *1* und Hohlanode *2* brennt ein Lichtbogen in einer gasdicht geschlossenen Kammer. Durch die Düsen *3a* und *3b* wird das Trägergas eingeblasen. Der entstehende Überdruck bewirkt den Austritt heißen Lichtbogengases durch die gekühlte Hohlanode *2* in Form eines freien Plasmastrahls. Um eine Einschnürung des Bogens in der Entladungskammer und damit eine höhere Energiedichte zu erhalten, wird das Trägergas (N_2, H_2, Ar) meist tangential zum Bogen eingeblasen (Wirbelstabilisierung). Je nach Leistung können mit solchen Plasmatronen Temperaturen von 5000—15000 K erhalten werden. Bei Brennspannungen zwischen 30 und 150 V liegen die aufgenommenen Leistungen bei 5—200 kW. Bei Anwendung von Thyristorsteuerungen und Vermeidung großer OHMscher Vorwiderstände können bis zu 85% der aufgewendeten elektrischen Energie in thermische Energie des Plasmas überführt werden.

Bei höheren Drücken ($\gtrsim$ 1 atm) ist die Zahl der Stöße zwischen den Teilchen des Plasmas so hoch, daß sich ein thermisches Gleichgewicht sowohl zwischen den Partikelarten als auch zwischen den Energiezuständen der innermolekularen Freiheitsgrade (Rotationen, Oszillationen) einstellt. Der Plasmazustand kann deshalb lokal durch die Angabe einer einzigen Temperatur (keine voneinander abweichende Subtemperaturen der Partikelarten) charakterisiert werden.

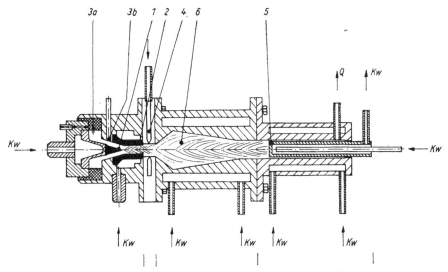

Abb. 1. Prinzip eines Plasmastrahlreaktors zur Umsetzung von Kohlenwasserstoffen
Kw — Kühlwasser

In Abb. 2 ist die Enthalpie verschiedener Trägergase als Funktion der Temperatur dargestellt [3]. Zweiatomige Gase haben auf Grund der gespeicherten Dissoziationsenergie bei Temperaturen über 2000 K einen höheren Energieinhalt als die Edelgase und können daher entsprechend größere Wärmemengen an Reaktanten abgeben, ohne daß die Plasmatemperatur wesentlich absinkt.

Die Austrittstemperaturen der Gase von Plasmatronen mittlerer Leistung liegen zwischen 5000 und 10000 K (Achsentemperatur), die Austrittsgeschwindigkeiten v_0 bei einigen Hundert bis 2000 ms^{-1}. Mit zunehmendem Abstand von der Austrittsdüse bzw. der Achse des als rotationssymmetrisch angenommenen Gasstrahls fallen Temperatur und Geschwindigkeit erheblich ab. Der Wasserstoffdurchsatz für Plasmatrone beträgt z. B. für 20 kW 5 m³/h und für 1 MW 130 m³/h.

Gegenwärtig existieren im Pilotbetrieb Plasmatrone der Leistungsklasse von 1—5 MW.

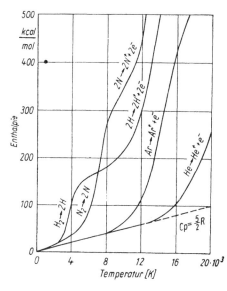

Abb. 2. Enthalpie verschiedener Plasmaträgergase nach [3]

2.2. Der plasmachemische Reaktor

Um chemische Reaktionen im Plasmastrahl durchzuführen, wird das Reaktionsgas (z. B. Kohlenwasserstoffe, Halogene usw.) hinter der Hohlanode *2* (s. Abb. 1) über die Zuführung *4* in den Strahl eingemischt. Reaktionsgas und strömendes Plasma vollständig zu vermischen ist wegen der hohen Viskosität des letzteren schwierig. Das Reaktionsgas verbleibt im ungünstigen Falle vorwiegend in den kälteren Randzonen des Plasmastrahls, ohne dessen heißen Strahlkern zu erreichen. Günstiger ist, das Gas in den turbulenten Strahl einzumischen, vor allem auch dann, wenn pulverförmiges Material eingebracht (verwirbelt) werden soll.

Die hydrodynamischen Eigenheiten bei der Vermischung hochtemperierter Gase werden in Abschn. 8. ausführlicher behandelt.

Bei günstigen hydrodynamischen Bedingungen erreichen die Moleküle des Reaktionsgases sehr schnell die Temperatur des Plasmagrundgases und zerfallen in einigen $10^{-4}-10^{-5}$ s in Atome und Radikale, bzw. es bilden sich thermodynamisch begünstigte neue Moleküle, z. B. Acetylen und Blausäure nach Einbringen von Methan in einen Stickstoffplasmastrahl. Diese auf Grund von Dissoziations- und nachfolgenden Rekombinationsprozessen gebildeten neuen Spezies verteilen sich gemäß den unterschiedlichen Reaktionszeiten, die von Temperatur und Zusammensetzung abhängen, sowohl axial als auch radial im Plasmastrahl. Aus diesem Grunde erreichen die einzelnen Komponenten eine maximale Konzentration an bestimmten Orten des vermischten heißen Gasstrahls, d. h. in definierten Abständen von der Austrittsdüse des

Plasmastrahls bzw. der Einmischung des Kohlenwasserstoffs. Um zu verhindern, daß die neugebildeten Moleküle bei längerem Verweilen im Plasmastrahl weiter zerfallen (z. B. $C_2H_2 \rightarrow 2C + H_2$) muß das Plasmagas an dieser Stelle schnell abgekühlt werden. Durch diesen Quenchprozeß wird die Zusammensetzung des reaktiven Plasmas „eingefroren" und Zerfallsreaktionen abgebrochen. Technisch geschieht das, indem der Plasmastrahl gegen eine kalte Fläche gerichtet wird (Kühlfinger—Wärmeaustauscher 5 in Abb. 1) oder Flüssigkeiten in den Strahl eingesprüht werden. Bei der adiabatischen Expansion durch eine Lavaldüse wird die Temperatur des Gasstrahls ebenfalls schnell abgesenkt. In einigen Fällen können auch Reaktionspartner selbst abkühlend wirken, indem sie Energie aufnehmen und endotherm reagieren (Benzinquenchung bei der Erdgaspyrolyse, zusätzlich entsteht zum Acetylen auch Äthylen bei niederen Temperaturen). Bei allen Quenchprozessen ist wesentlich, daß die Abschreckgeschwindigkeit größer ist als die Zerfallsgeschwindigkeit (s. Abschn. 9.). Im allgemeinen sind Temperaturänderungsgeschwindigkeiten von $\frac{dT}{dt} \approx 10^6 - 10^8$ grd s^{-1} notwendig.

An Hand des in diesem Abschnitt in kurzer Form dargelegten Prinzips der Wandlung von Kohlenwasserstoffen und anderen Molekülgasen im Plasmastrahl sind für diesen Prozeß drei Teilschritte zu erkennen:

1. die Einmischung der kalten Reaktionsgase in ein Grundplasma
2. der Ablauf von Dissoziations- und Rekombinationsprozessen in einem Reaktor
3. der Quenchvorgang des heißen Gases zum Abbrechen der Hochtemperaturreaktionen durch schnelle Temperatursenkung.

Reaktive Molekülsysteme, wie sie im vermischten Plasmastrahl bei Normaldruck und Temperaturen zwischen 2000 und 6000 K vorliegen, sind charakterisiert durch das Auftreten einer großen Zahl angeregter stabiler Moleküle und Radikale, wogegen die Ionen- und Elektronenkonzentration in der eigentlichen chemischen Reaktionszone relativ niedrig ist. Nicht betrachtet werden im Folgenden plasmachemische Prozesse oberhalb von 6000 bzw. 10000 K Gastemperatur, da bei diesen Temperaturen kaum noch Moleküle oder mehratomige Radikale existieren und bei Abschreckprozessen Atome und Ionen in nicht zu kontrollierender Weise rekombinieren und somit die selektive Bildung bestimmter chemischer Verbindungen wesentlich erschwert ist.

Im Temperaturgebiet zwischen 2000 und 6000 K entstehen beim Einbringen von Kohlenwasserstoffen in ein stationär strömendes Wasserstoff- oder Stickstoffplasma radikalische Spezies durch Molekülstoß, der zum Aufbrechen von C—C-Bindungen und der Abspaltung von Wasserstoffatomen bis zum Auftreten elementaren Kohlenstoffs führt. Bei der stofflichen und energetischen Optimierung von Gasphasenprozessen in Vielkomponentensystemen, wie sie beim reaktiven Plasmastrahl vorliegen, ergeben sich aus physikalisch-chemischer Sicht folgende Probleme [4]:

— Berechnung der Simultangleichgewichte in Abhängigkeit von Temperatur und

Druck auf der Grundlage molekularer Bildungsenthalpien und thermodynamischer
Funktionen (zunächst für ein gradientenfreies System).

— Prüfung, inwieweit in realen strömenden Systemen mit ablaufenden Reaktionen
eine Boltzmann-Verteilung der Energie existiert und Gleichgewichtsberechnungen
anwendbar sind.

— Bestimmung von Reaktionsgeschwindigkeitskonstanten $k(T)$ für Brutto-Prozesse
und der Versuch der mathematischen Modellierung des Reaktionsgeschehens im
System des Plasmastrahls.

— Unter welchen Strömungsbedingungen findet eine optimale Vermischung von
Grundplasma und Reaktanten-Gas statt.

— In welcher Weise gelingt der schnelle Abbruch von Hochtemperaturreaktionen
durch plötzliche Temperatursenkung — Klärung der Rolle von Radikalrekombina-
tionsprozessen beim Quenchvorgang.

Die optimale Gestaltung von chemischen Prozessen zur selektiven Bildung
einzelner Verbindungen im Finalgas setzt also Kenntnisse über thermodynamische, reaktionskinetische und hydrodynamische Parameter voraus. Hierzu
sind solche Funktionen wie Temperatur $T(z, r)$, Subtemperaturen der innermolekularen Freiheitsgrade T_{rot}, T_{vib}, Enthalpie $H(z)$, Strahlgeschwindigkeit
$v(z)$, chemische Konzentration $c_i(z, r)$ und Reaktionsgeschwindigkeitskonstanten
$k_{ij}(T)$ zu ermitteln, wobei z den Abstand vom Zumischort des Kohlenwasserstoffs in den Plasmastrahl (axial) und r den Abstand von der Achse des als
rotationssymmetrisch angenommenen Plasmastrahls bedeuten.

3.   Thermodynamische Grundlagen

3.1.   Berechnung von Gleichgewichten bei hohen Temperaturen

Beim Einbringen z. B. von Methan in ein Wasserstoffplasma im T-Intervall
von $2000-6000$ K bilden sich Spezies wie: H_2, H, CH, CH_2, CH_3, C_2H_2, C_2H_4,
C_2H, aber auch C, C_2 und C_3, beim Unterschreiten der Sublimationstemperatur
($T_S \approx 3300$ K für $p = 1$ atm) auch fester Kohlenstoff C_S. Beim Einbringen
niederer Alkane in ein Stickstoffplasma existieren im C/H/N-Hochtemperatur-
system außerdem noch N_2, N, NH, NH_2, CN, HCN, C_2N_2, C_2N. Für die Chemie
im thermischen Plasma sind thermodynamische Gleichgewichtsberechnungen
zur Abschätzung von Konzentrationen einzelner Komponenten bedeutungsvoll, allein schon wegen des Temperaturgebiets ihrer bevorzugten Existenz [5].
So zeigen die Bildungsreaktionen einiger Stoffe aus den Elementen erst bei
stärkerer Temperaturerhöhung negative Werte der Änderung der Freien
Enthalpie und damit Stabilisierung; z. B. ist Methan bei Raumtemperatur
der stabilste Kohlenwasserstoff, bei 1600 K ist es das Äthylen, bei 2400 K
Acetylen und bei 4000 K sind es Radikale wie C_2H oder C_3.

Nach der Gibbs-Helmholtz-Gleichung $\Delta G = \Delta H - T\Delta S$ wird die Änderung der Freien Reaktionsenthalpie ΔG bei hohen Temperaturen vor allem
durch die Entropieänderung ΔS bestimmt. Daher verlaufen im thermischen

Plasma endotherme Reaktionen mit Entropiezunahme, die bei niederen Temperaturen nicht stattfinden würden. Im Gegensatz zur endothermen Bildung von C_2H_2, C_2H_4, HCN, C_2N_2 und NO, für die sich der Plasmastrahlprozeß anbietet, wäre er andererseits für die exotherme Bildung von Ammoniak aus den Elementen völlig ungeeignet.

Zur Berechnung der Simultangleichgewichte ist ein nichtlineares algebraisches Gleichungssystem für die Partialdrücke p_j der n-Komponenten zu lösen. Ist s die Zahl der geeignet angenommenen Primärkomponenten (z. B. H, C, N_2; $s = 3$), setzt sich dieses System aus [6, 7].

$$(n - s) \text{ MWG-Beziehungen } p_j = K_{pj} \prod_{i=1}^{s} p_i{}^{\nu_{ij}}$$

$$\text{der Druckbilanz } \sum_{i=1}^{s} p_i + \sum_{j=1}^{n-s} p_j = P \tag{1}$$

$$\text{und } (s - 1) \text{ Massenbilanzen } \frac{p_i + \sum\limits_{j=1}^{n-s} \nu_{ij} p_j}{p_1 + \sum\limits_{j=1}^{n-s} \nu_{ij} p_j} = \frac{q_i{}^{(0)}}{q_i{}^{(0)}} = \text{const}$$

zusammen.

Die Größen $q_i{}^{(0)}$ und ν_{ij} stellen Ausgangsmolzahlen der Primärkomponenten bzw. stöchiometrische Koeffizienten dar. Die Konstanten $K_{pj,i}$ sind außer von den reduzierten Freien Energien der Reaktanten und Produkte abhängig von den Bildungsenergien $E_0{}^0$ aller Spezies gemäß:

$$R \ln K_{pj,i} = -\left(\frac{\Delta E_0{}^0}{T}\right)_{j,i} - \left[\left(\frac{G - H_0{}^0}{T}\right)_j - \Sigma \left(\frac{G - H_0{}^0}{T}\right)_i\right] \tag{2}$$

mit $-\left(\dfrac{G - H_0{}^0}{T}\right)_{i,j}$ als den reduzierten Freien Enthalpien der Komponenten.

Die bei der Berechnung von Gleichgewichten hoher Temperaturen auftretenden Fehler sind in der Mehrzahl der Fälle vor allem auf ungenaue Kenntnis der Bildungswärmen und weniger auf fehlende Korrekturen an den Werten der Freien Enthalpien zurückzuführen. Zur Berechnung thermodynamischer Funktionen molekularer Systeme bei hohen Temperaturen soll auf [5] verwiesen werden. Bildungswärmen von Spezies des C/H/N-Systems sind in Tab. 2 aufgeführt (s. auch [8]). Das Gleichungssystem (1) wird mit geeigneten Iterationsverfahren [9] gelöst. Im Ergebnis erhält man die in Abb. 3 dargestellten Verläufe der Konzentrationen in Abhängigkeit von der Temperatur für einen vorgegebenen Gesamtdruck P.

Die $p_j(T)$-Verläufe lassen erkennen, bei welcher Temperatur die maximale Menge der jeweiligen Komponente vorliegt.

Im Experiment können beim Abschrecken von Hochtemperatursystemen stabile Komponenten, wie etwa C_2H_2, aus einem C/H- oder HCN aus einem N/C/H-Plasma auch in höheren Konzentrationen auftreten als nach den thermo-

Tabelle 2: Bildungswärmen $E_0{}^0$ von Verbindungen und Radikalen von C/H/N-Hochtempetursystemen (in kcal/mol) bezogen auf 0 K

H	N	C	C_2	C_3	CH	CH_2	CH_3	CH_4
51,6	112,5	169,6	196	188	141,2	66	33,9	−16

C_2H_2	C_2H_4	C_2H	NH	NH_2	NH_3	CN	C_2N_2	HCN
54,3	14,5	116	81,2	43	−9,4	88	73,4	30,6

CCN	CNC	NCN	C_3H	C_4H	C_4H_2	CH_2N_2	C_2H_3N	C_3HN
120	139	100	127,1	154	111,3	47	22,9	85,5

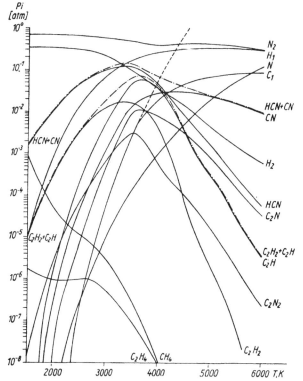

Abb. 3. Thermodynamisches Simultangleichgewicht für ein CH_4/N_2-System (1:4) im Intervall 1 500···6 000 K und Normaldruck

– – – – – Dampfdruck von C_1 – · – $C_3H_2 + C_2H$ und HCN + CN

dynamischen Berechnungen zu erwarten ist. Der Grund muß auch gesehen werden in der Rekombination von Radikalen wie C_2H, C_3H, CN mit H-Atomen, wodurch ebenfalls Acetylen und Blausäure gebildet werden [10]. Im CH_4/N_2-System ist für $T < 2500$ K der wesentliche Teil des Kohlenstoffs kondensiert, bei 3000 K und Normaldruck sind es 42% des Kohlenstoffs, während für $T > 3000$ K der C-Anteil rapide abnimmt. Modellrechnungen zur Kohlenstoffkondensation im thermodynamischen Gleichgewicht von Methan mit Wasserstoffüberschuß zeigen, daß vom thermodynamischen Standpunkt die C-Kondensation zwischen 1000 und 3000 K im Rahmen praktisch sinnvoller Parametervariation weder durch Druckänderung noch durch überschüssigen Wasserstoff zu verhindern ist [11]. Eine grundsätzliche Vermeidung der Kohlenstoffkondensation kann im Experiment, z. B. bei der Pyrolyse von Kohlenwasserstoffen im Wasserstoffplasmastrahl, dann erreicht werden, wenn es gelingt, den kritischen Temperaturbereich so schnell zu durchlaufen, daß keine Gleichgewichtseinstellung erfolgt. Dieser Fall des quasihomogenen Verhaltens eines C/H- oder N/C/H-Plasmas für Temperaturen unterhalb des Kondensationspunktes führt im weiteren dazu, daß bei Kondensationshemmung die Maxima für Acetylen und Blausäure bei niederen Temperaturen auftreten; das Maximum der C_2H_2-Bildung variiert dann von 3100 K für den heterogenen Fall zu $T \approx 2000$ K, bei HCN von 3400 K nach 2400 K, was ein erhebliches technisches Interesse für Pyrolysen besitzt (s. Tab. 3).

Tabelle 3: Thermodynamisch erhaltene Konzentrationen für C_2H_2 und C_2H in Vol.-% des C/H-Systems (1:4) für quasihomogenes Verhalten sowie Umsetzungsgrad $\alpha_{C_2H_2}$

	1400 K	1600 K	2000 K	3000 K
C_2H	$2,4 \cdot 10^{-7}$	$4,5 \cdot 10^{-6}$	$2,4 \cdot 10^{-4}$	$1,8 \cdot 10^{-2}$
C_2H_2	$1,43 \cdot 10^{-1}$	$2,0 \cdot 10^{-1}$	$2,27 \cdot 10^{-1}$	$1,15 \cdot 10^{-1}$
$\alpha_{C_2H_2}$	42	72	90,5	51

3.2. Verlauf von Enthalpien und Adiabatenexponenten

Von besonderem Interesse für technische Zwecke ist im weiteren die Kenntnis der Gesamtenthalpie der Mischsysteme hoher Temperatur. Sind P und q Gesamtdruck und Gesamtmolzahl des dissoziierenden Systems, so gelten folgende Zusammenhänge [12]:

$$q = P \frac{q_i}{p_i + \sum\limits_{j=1}^{n-s} \nu_{ij} p_j}, \qquad q_{ij} = p_{ij} \frac{q}{P} \tag{3}$$

(q_{ij} = partielle Molzahlen)

Die Gesamtenthalpie kann geschrieben werden als

$$H_g = \sum\limits_{i=1}^{s} q_i^{(0)} (H_T^0 - E_0^0)_i + \sum\limits_{j=1}^{n-s} q_j \Delta H_{T,j} \tag{4}$$

$$\Delta H_{T,j} = (\Delta H_0^0)_{j,i} + [\Delta (H_T^0 - E_0^0)]_{j,i}$$

Sie setzt sich zusammen aus den latenten Reaktionsenthalpien $\Delta(H_0{}^0)_{j|}^|$ und den thermischen Enthalpien der Komponenten. Die spezifische Wärme des reaktiven Gasgemisches ist:

$$C_{p,g} = \sum_{i=1}^{s} q_i(c_p)_i + \sum_{j=1}^{n-s} q_j(c_p)_j + \sum_{j=1}^{n-s} \left(\frac{dq_j}{dT}\right)_p \cdot \Delta H_{T,i} \tag{5}$$

Für ein System $C + 4H + N_2$ z. B. verhalten sich die spezifischen Wärmen für unterschiedliche Drücke gemäß der Darstellung in Abb. 4.

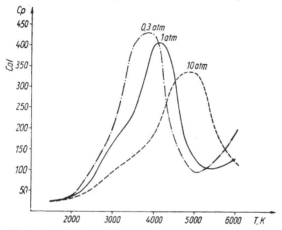

Abb. 4. Spezifische Wärmen für ein reagierendes $(C + 4H + N_2)$-System für unterschiedliche Drücke als Funktion der Temperatur, bezogen auf 44,06 g

Hochtemperaturprozesse sind oft verbunden mit isentropadiabatischen Teilschritten. Solche treten auf bei Umsetzungen in Kompressionsrohren, Stoßwellen und bei der Expansion schnellströmender Gase in Lavaldüsen. Ihre mathematische Behandlung über die POISSON-Gleichung verlangt die Kenntnis des Adiabaten-Exponenten $\varkappa = \dfrac{(c_p)_g}{(c_v)_q}$. Bei Vielkomponentensystemen hoher Temperatur, in denen chemische Reaktionen, Dissoziationen oder Ionisationen stattfinden, wird $\varkappa$ sowohl temperatur- als druckabhängig. Zu den eigentlichen effektiven molekularen Freiheitsgraden treten chemische oder „quasi-Freiheitsgrade" hinzu. Diese können nicht einer bestimmten Art von Teilchen im Gasgemisch zugeordnet werden, sondern dem Prozeß, der die Änderungen der chemischen Zusammensetzung bedingt (latente Anteile von $C_{p,g}$ oder $C_{v,g}$).

Im einfachen Falle der Dissoziation vom Typ $A_2 \leftrightarrows 2A$ ist für den Dissoziationsgrad α der Wert des Zusatzgliedes der quasi-Freiheitsgrade

$$f_{\text{chem}} = \frac{2\alpha(1-\alpha)}{(2-\alpha)(1+\alpha)} \cdot \left(\frac{\Delta E_T{}^0}{RT}\right)^2$$

$\Delta E_T{}^0 = $ Dissoziationsenergie

Bedeutend komplizierter wird der Sachverhalt bei reagierenden Vielkomponentensystemen mit mehreren nebeneinander verlaufenden Dissoziations- und Aufbauprozessen. Für homogene Gassysteme folgt an Hand der $\left(\dfrac{dq_i}{dT}\right)$-Abhängigkeiten, dem Massenwirkungsgesetz und der VAN'T HOFFSchen Reaktionsisobare für die Differenz der Wärmekapazitäten eines chemisch reagierenden Gasgemisches aus n Sekundär- mit s Primärkomponenten:

$$c_{p,g} - c_{v,g} = R\left(\sum_{i=1}^{s} q_i + \sum_{j=1}^{n-s} q_j\right) + \sum_{j=1}^{n-s}\left(\frac{1}{q_j} + \sum_{i=1}^{s}\frac{\nu_{ij}^2}{q_i}\right)^{-1}$$

$$\times\left[\frac{\Delta H_{T,j}^2 - \Delta E_{T,j}^2}{RT^2} + \frac{1}{q}\left(\frac{dq}{dT}\right)_p \cdot \left(1 - \sum_{i=1}^{s}\nu_{ij}\right)\Delta H_{T,j}\right] \quad (6)$$

Würde die Komponente Kohlenstoff für Temperaturen unterhalb der Kondensationstemperatur T_s ausfallen und für ihren Dampfdruck im Bereich $T < T_s\bigl(T_s = T_s(P)\bigr)$ gelten $\log p_c = -\dfrac{A}{T} + B$, so ergibt sich für die Wärmekapazität des Gemisches bei konstantem Volumen

$$c_{v,g} = c_{p,g} - R\left(\sum_{i=1}^{s} q_i + \sum_{j=1}^{n-s} q_j - q_{c_s}\right) - \sum_{j=1}^{n-s}\left(\frac{1}{q_j} + \sum_{i+1}^{s}\frac{\nu_{ij}^2}{q_i}\right)^{-1}$$

$$\times\left[\frac{\Delta H_{T,j}^2 - \Delta E_{T,j}}{RT^2} + \frac{1}{q}\left(\frac{dq}{dT}\right)_p \cdot \left(1 - \sum_{i+1}^{s}\nu_{ij}\right)\Delta H_{T,j}\right.$$

$$\left. + \frac{\nu_{1j}}{T}\left(2,3026\,AR\Delta n_j + \Delta E_{T,j}\right)\right] \quad (7)$$

mit

$$R\Delta n_j = \frac{\Delta H_{T,j} - \Delta E_{T,j}}{T}$$

Im Kohlenstoff-Wasserstoff-Stickstoff-Syztem entsprechen die $\varkappa$-Minima (Abb. 5) bei 2500 und 3400 K (1 atm) bzw. bei 2300, 4000 und 5500 K (0,3 atm) Temperaturgebieten mit größeren chemischen Umlagerungen. Die niedrigsten $\varkappa$-Werte werden bei Normaldruck unter Kohlenstoff-Kondensation zwischen 2000 und 2500 K erreicht ($\varkappa = 1,16$). Allgemein liegen niedrige $\varkappa$-Werte vor bei vielatomigen Molekülen sowie bei hohen $\left(\dfrac{dq}{dT}\right)$-Werten, also großen Molzahländerungen pro Grad. Für C/H-Systeme ist in Abb. 6 der Unterschied von $\varkappa$ für das heterogene und quasihomogene Mischsystem bei Berücksichtigung von 12 C/H-Spezies dargestellt. Man erkennt, daß z. B. für den Vorgang der adiabatischen Expansion in einer Lavaldüse zur Verhinderung des Zerfalls von gebildetem Acetylen im Temperaturbereich < 2500 K sowohl für heterogene als quasihomogene Systeme mit einem mittleren Wert von $\varkappa = 1,18$ für das schnellströmende Gas gerechnet werden kann. Oberhalb von 2800 K steigt $\varkappa$ rapide an. Berücksichtigt man bei Simultanprozessen noch zusätzlich Ionisationen, so ist Gleichungssystem (1) entsprechend zu erweitern.

Auf thermischem Wege sind solche Ionisierungen für die mehratomigen Teilchen ohne vorherige Dissoziation nicht zu erreichen. Nach Berechnungen für $(C + H_2)$- und $(C + 2H_2)$-Plasmen erreicht der Partialdruck der freien Elektronen erst bei 9000 K 1% des Gesamtdruckes, bei 12000 K sind es 10% [13]. Existiert im System also thermodynamisches Gleichgewicht, so sind bis 6000 K Ionenkonzentrationen nicht relevant.

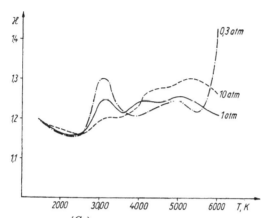

Abb. 5. $\varkappa = \dfrac{(C_p)_G}{(C_v)_G}$ -Verlauf eines $(C + 4H + N_2)$-Systems als Funktion der Temperatur

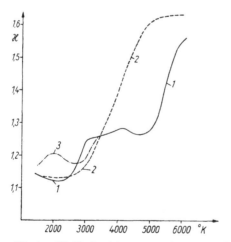

Abb. 6. $\varkappa(T)$-Verlauf für unterschiedliches Verhalten des Systems $(C + 4H)$ bei Normaldruck

1 — heterogenes System (mit C-Kondensation); 2 — Nichtberücksichtigung der „Quasifreiheitsgrade"; 3 — quasihomogenes Verhalten (ohne C-Kondensation)

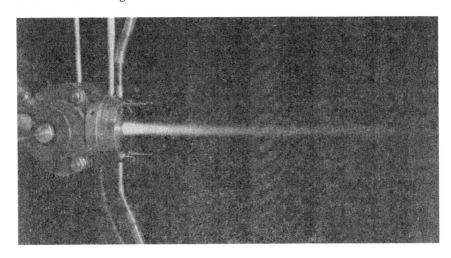

a)

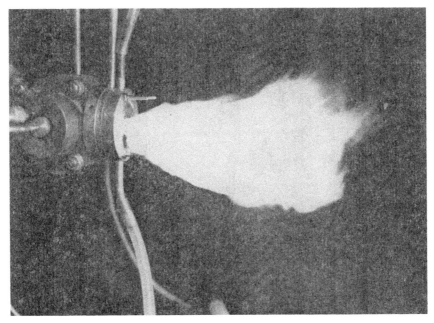

b)

Abb. 7. Stickstoffplasmastrahl (3,5 kW-Laborplasmatron)
a) frei austretend, laminar
b) nach Methanzumischung, turbulent

4.   Physikalisch-chemische Verhältnisse im Plasmastrahl

Während im vorhergehenden Abschnitt die Zusammensetzung eines gradienten-
losen Hochtemperatursystems betrachtet wurde, das sich im völligen thermodynamischen Gleichgewicht befindet, sollen im Folgenden die Verhältnisse im
Plasmastrahl besprochen werden [14, 15] (Abb. 7).

Das Einbringen und Vermischen des Reaktionsgases in das Grundplasma
und der Quenchvorgang beim Auftreffen des hochtemperierten Gases auf eine
kalte Wand sind dabei Nichtgleichgewichtsvorgänge, da chemische Reaktionen
bereits vor Erreichen der thermischen Energieverteilung ablaufen.

1.1.   Diagnostik am reaktiven Plasmastrahl

Aussagen, wie sich die Verteilungen von Temperatur, Enthalpie, Geschwindigkeiten und chemischen Konzentrationen axial und radial gestalten, können
durch optisch-spektroskopische Methoden als auch durch gekühlte Hohlsonden
erlangt werden. Im Folgenden sollen nur einige Ergebnisse solcher Untersuchungen dargestellt werden.

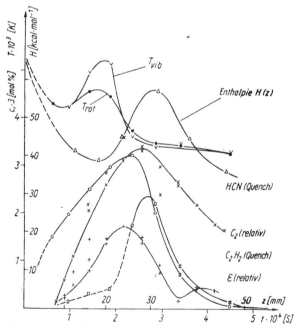

Abb. 8. Axiale Verteilung der C_2-Subtemperaturen T_{vib} und T_{rot} (spektroskopisch bestimmt), Verlauf der Enthalpie und der Quenchkonzentrationen
für HCN und C_2H_2 nach Einmischung von CH_4 in einen Stickstoffstrahl

Zur Bestimmung der Temperaturverteilung im kohlenwasserstoff-vermischten Wasserstoff- oder Stickstoffplasmastrahl eignen sich insbesondere im T-Intervall von $2000-6000$ K die (0-0)- und (1-1)-Banden des zweiatomigen Kohlenstoffs $C_2(A^3\Pi_g - X^3\Pi_u)$ im Gebiet von $5165-4800$ Å. Im C/H/N-System ist dieser Bereich kaum durch andere Spektren überlagert.

Die für die Achse des methanvermischten Stickstoff-Plasmastrahls (3,5 kW-Plasmatron) erhaltenen Rotations- und Schwingungstemperaturen [16] sind in Abb. 8 dargestellt.

Die Nichtübereinstimmung dieser Subtemperaturen deutet auf das Fehlen eines thermodynamischen Gleichgewichtes hin. Letzteres ist der Fall für Zeiten $\leqq 0,2$ ms nach dem Einmischen des Methans in den Stickstoffstrahl.

Abb. 9. Gekühlte Enthalpiesonde auf der Achse eines Stickstoffplasmastrahls (5500 K)

Aus massenspektrometrischen Untersuchungen folgt, daß bereits 10^{-4} s nach dem Einmischen kein Methan mehr nachweisbar ist. Für $t > 0,15$ ms erfolgt über bimolekulare Reaktionen die Bildung von C_2, CN, C_2H und C_2H_2. Für Zeiten $t > 0,25$ ms ist die Übereinstimmung der Subtemperaturen vorhanden. In Abb. 8 sind außerdem die mit Sondenmethoden gemessenen Enthalpie- und Konzentrationsverläufe für C_2H_2 und HCN (Quenchkonzentrationen) dargestellt [17—19]. Man erkennt, daß eine Korrelation zwischen den Verläufen von Temperatur, Enthalpie und den Konzentrationsprofilen besteht. Der gesamte Prozeß der Methanpyrolyse und der Neubildung molekularer Spezies läuft also ab in Zeiten von weniger als 1 Millisekunde [20]. Auch bezüglich der radialen Verteilung können aus spektroskopischen und Sondenuntersuchungen einige wichtige Feststellungen (Abb. 9) getroffen werden. Kurz nach Zumischung des Kohlenwasserstoffs bildet sich im Strahl eine ringförmige Zone erhöhter Rotations- und Schwingungstemperatur. Bei einer Schwingungstemperatur von $T_{vib} \approx 5500$ K beträgt die Rotationstemperatur T_{rot} z. B. nur 4500 K. Für die radiale Verteilung der Spezies ist festzustellen, daß ebenfalls in einem ringförmigen Gebiet um die Strahlachse eine höhere Konzentration von C_2H_2 und C_2 vorhanden ist, während die HCN-Konzentration maximal auf der Strahlachse vorliegt [21].

Für größere z-Werte finden sich die Maxima der Temperatur und Konzentration aller Spezies wieder auf der Strahlachse.

5.   Reaktionskinetische Gesichtspunkte

Zur Beschreibung des Reaktionsgeschehens im Plasmastrahl sind im weiteren Informationen über chemische Reaktionsgeschwindigkeiten unerläßlich. Insbesondere die mathematische Modellierung der Konzentrationsverteilung setzt die Kenntnis von Reaktionsgeschwindigkeitskonstanten des pyrolysierten Kohlenwasserstoffs in Abhängigkeit von der Temperatur voraus.

Für die Methanpyrolyse zur Bildung von Acetylen wurde z. B. der Kasselmechanismus als Folge monomolekularer Prozesse diskutiert

$$CH_4 \rightarrow CH_3 \, ; \, 2CH_3 \rightarrow C_2H_6 \rightarrow C_2H_4 \rightarrow C_2H_2 \rightarrow 2C + H_2$$

und dafür eine Reihe von Reaktionsgeschwindigkeitskonstanten angegeben [22]. Bei Temperaturen um 3000 K findet mit höherer Wahrscheinlichkeit jedoch die Dissoziation des CH_4 bis zu CH oder C statt und danach führen bimolekulare Prozesse zur Bildung von Acetylen.

Der bei längerem Verweilen in einem Argon-Plasmastrahl eintretende Zerfall des Acetylens wurde gemäß [23] als eine Folge bimolekularer Prozesse unter Beteiligung der Radikale C_2H, CH und C_2 sowie von Ar und H-Atomen angenommen:

$$C_2H_2 + Ar \rightarrow C_2H + H + Ar \qquad C_2H_2 + H \rightarrow C_2H + H_2$$
$$C_2H + Ar \rightarrow C_2 + H + Ar \qquad C_2H + H \rightarrow C_2 + H_2$$

$$C_2 + Ar \rightarrow C + C + Ar \qquad C_2 + H \rightarrow CH + C$$
$$CH + H \rightarrow C + H_2 .$$

Die Bildung von Blausäure im methanvermischten Stickstoff-Plasmastrahl kann sowohl aus N-Atomen und CH-Radikalen erfolgen als auch über schwingungsangeregten molekularen Stickstoff gemäß

$$N_2{}^* + CH \rightarrow (N_2 \ldots CH)^*; \qquad (N_2 \ldots CH)^* + CH \rightarrow 2\,HCN;$$

letzterer Vorgang ist sogar wahrscheinlicher, da bei 5000 K und Normaldruck N_2 nur zu 0,5% dissoziiert ist [24].

Bei der Pyrolyse von Alkanen mit größerer C-Zahl nehmen die Anzahl der ablaufenden Reaktionen und die gebildeten Radikalarten beträchtlich zu. Es laufen dann sowohl Radikalrekombinationen als auch Disproportionierungsprozesse ab. In Tab. 4 sind Reaktionen, die bei der Pyrolyse von Propan um 1000 K nebeneinander stattfinden, zusammen mit ihren Geschwindigkeitskonstanten (Präexponentialfaktoren A und Aktivierungsenergien E_A) zusammengestellt worden [25].

Tabelle 4: Geschwindigkeitskonstanten $k = A \exp\left(-\dfrac{E_A}{RT}\right)$ von ausgewählten Crackreaktionen des Propans bei 1000 K, nach [25]

Reaktion	Präexponential-faktor A[1])	Aktivierungsenergie E_A (kcal mol^{-1})
$C_3H_8 \rightarrow CH_3 + C_2H_5$	$4,7 \cdot 10^{15}$	79,5
$H + C_3H_8 \rightarrow H_2 + n\text{-}C_3H_7$	$6,6 \cdot 10^{12}$	9,0
$H + C_3H_8 \rightarrow H_2 + i\text{-}C_3H_7$	10^{13}	7,5
$CH_3 + C_3H_8 \rightarrow CH_4 + n\text{-}C_3H_7$	$1,8 \cdot 10^{10}$	11,0
$CH_3 + C_3H_8 \rightarrow CH_4 + i\text{-}C_3H_7$	$5,7 \cdot 10^{10}$	9,1
$C_2H_5 + C_3H_8 \rightarrow C_2H_6 + n\text{-}C_3H_7$	$1,2 \cdot 10^{11}$	11,9
$C_2H_5 + C_3H_8 \rightarrow C_2H_6 + i\text{-}C_3H_7$	10^{11}	10,0
$n\text{-}C_3H_7 \rightarrow CH_3 + C_2H_4$	$6,9 \cdot 10^{12}$	23,5
$C_2H_5 \rightarrow H + C_2H_4$	$2,0 \cdot 10^{12}$	40,0
$CH_3 + CH_3 \rightarrow C_2H_6$	$2,2 \cdot 10^{13}$	0
$C_2H_5 + C_2H_5 \rightarrow C_4H_{10}$	10^{14}	0

[1]) für monomolekulare Prozesse hat A die Dimension s^{-1}, für bimolekulare [cm$^3 \cdot$ mol$^{-1} \cdot$ s^{-1}]

Während es sich bei den Angaben in der Tabelle um Elementarreaktionen handelt, könnte der gesamte Prozeß der Propanpyrolyse als Vorgang 1. Ordnung mit einer Bruttoreaktionskonstanten $k = 10^{13,7} \exp(-65000/RT)$ s^{-1} für einen größeren T/P-Bereich dargestellt werden.

Für noch höhere Temperaturen nimmt die Zahl der Zerfallsreaktionen über die in Tab. 4 angeführten noch zu, gleichzeitig tritt dann zusätzlich Azetylen auf.

Abb. 10. Teilansicht des 9 m-Stoßwellenrohres des Zentralinstituts für Physikalische Chemie der AdW der DDR zur Bestimmung von Geschwindigkeitskonstanten bei der Umsetzung von Kohlenwasserstoffen bis 3 000 K

Für die experimentelle Bestimmung der Geschwindigkeitskonstanten von Gasphasenprozessen hoher Temperatur kommt in erster Linie das Stoßwellenrohr in Frage (Abb. 10).

Für eine Reihe von Gasreaktionen der Kohlenwasserstoffspezies, wie sie bei Hochtemperaturprozessen stattfinden, ändert sich der Präexponentialfaktor A in $k(T) = A \exp(-E_A/kT)$ nur innerhalb weniger Größenordnungen und beträgt für die Mehrzahl der elementaren Prozesse $10^{11} - 10^{14}$ cm^3 mol^{-1} s^{-1}. Die Aktivierungsenergie E_A variiert von 0 bis über 100 kcal mol^{-1}. Radikal-Rekombinationsprozesse haben eine sehr niedrige Aktivierungsenergie, die in Näherung Null gesetzt werden kann [26].

Neben der Gewinnung von $k(T)$-Konstanten aus Stoßrohrexperimenten ist es naheliegend, diese Parameter am Plasmastrahl selbst zu bestimmen. Sind C_0 und C die Konzentrationen des Stoffes i am Anfang und Ende des Zeitintervalls $\Delta\tau$, so gilt für die Geschwindigkeitskonstante 2. Ordnung

$$k = \frac{1}{\Delta\tau}\left(\frac{1}{C} - \frac{1}{C_0}\right);$$

$\Delta \tau$ folgt aus der Geschwindigkeit $v(z)$, mit der das betreffende Volumenelement den Weg $\Delta z = z - z_0$,

$$\Delta \tau = \int_{z_0}^{z} \frac{dz}{v(z)}$$

im laminar angenommenen Plasmastrahl zurücklegt. Die Strahlgeschwindigkeit $v(z)$ kann bestimmt werden z. B. durch Einbringen von Al_2O_3-Partikeln in den Plasmastrahl und Beobachtung ihrer Leuchtspuren mit einer Drehspiegelanordnung [27].

Für die nach einer 2. Ordnung angenommenen Zersetzungen von Blausäure und Acetylen erhält man nach dieser Methode für die Reaktionsgeschwindigkeitskonstanten im Bereich $3500 \text{ K} < T < 4500 \text{ K}$ die folgenden $k(T)$-Werte [15]:

HCN-Zerfall: $\log k_4 = 12{,}301 - \dfrac{7430}{T}$ $(E_{4akt} = 34 \text{ kcal} \cdot \text{mol}^{-1})$

C_2H_2-Zerfall: $\log k_2 = 13{,}602 - \dfrac{11582}{T}$ $(E_{2akt} = 54 \text{ kcal} \cdot \text{mol}^{-1})$.

6.   Plasmapyrolyse von Kohlenwasserstoffen

6.1.   Wasserstoffplasmastrahl

Nach dem Einbringen von niederen Alkanen in einen Wasserstoffplasmastrahl bilden sich bei Temperaturen um $2500-3000 \text{ K}$ vorwiegend Wasserstoff und Acetylen, wobei in Abhängigkeit von der Enthalpie des Wasserstoffplasmas, dem primären Mischungsverhältnis H_2/Alkan und dem Abstand des Quenchgliedes $15-20$ Vol.-% C_2H_2 im abgeschreckten Pyrolysegas auftreten. Als Nebenprodukte entstehen auch höhere Acetylene und Acetylenderivate, wie Diacetylen, Methyl- und Vinylacetylen, aber auch Propadien. Gerade diese Verbindungen erfordern im Hinblick auf eine technische Nutzung des Pyrolysegemisches und seiner Weiterverarbeitung besondere Aufmerksamkeit.

Als Beispiel einer Alkanpyrolyse wird die Umsetzung von Propan in einem Plasmastrahl angeführt [28]. Dem Wasserstoff wurde über das Plasmatron eine mittlere Massenenthalpie von $40-45$ kcal/Mol vermittelt.

Diesem Wert entspricht unter Berücksichtigung des Dissoziationsgrades $H_2 \rightarrow 2H$ eine mittlere Temperatur von $3200-3400 \text{ K}$. Die mittlere Massengeschwindigkeit v_0 nach Austritt aus der Anode beträgt gemäß $v_0 = \dfrac{MRT}{p \sum\limits_{i} c_i m_i}$

$\approx 600 \text{ ms}^{-1}$ mit M als Durchsatzmenge je Flächeneinheit, $p = 1$ atm und m_i als Molmassen des atomaren bzw. molekularen Wasserstoffs.

Die Grundparameter sind in Tab. 5 aufgeführt.

Tabelle 5: Anfangsparameter der Propanpyrolyse in einem
Laborplasmatron

Plasmatronleistung, kW	20
Enthalpie des Wasserstoffplasmas, kcal $\cdot$ mol^{-1}	45
Eingesetzter Wasserstoff, l h^{-1}	3000
Eingesetztes Propan, l h^{-1}	750
Mittlere Massengeschwindigkeit, v_0 des Wasserstoffstrahls, ms^{-1}	600

Bei einem Quenchgliedabstand von z. B. $z = 85$ mm von der Zumischung
des Propans, einem Grundverhältnis $H_2/C_3H_8 = 4/1$ ergeben die gaschromato-
graphischen Analysen für das Pyrolysegas (abgesehen vom Wasserstoff) die
in Tab. 6 angegebene Zusammensetzung.

Tabelle 6: Zusammensetzung des abgeschreckten Pyrolysegases für
Wasserstoff-/Propanplasma (4:1)

	Vol.-%	% bezogen auf eingesetzten Kohlenstoff
Acetylen	15,7	72,23
Diacetylen	0,42	4,47
Monovinylacetylen	0,29	2,49
Propadien	0,05	0,32
Methan	4,7	10,66
Äthan	0,03	0,09
Propan	—	—
Äthylen	2,0	7,06
Propylen	—	
Butadien — 1,3	0,05 ⎫	Ruß 2,7
Methylacetylen	0,05 ⎬ [1]	
Propenylacetylen	0,05 ⎭	

[1] geschätzt in Anlehnung an Propadien und Monovinylacetylen

In Abb. 11 sind für Acetylen, Acetylenderivate, Propadien und einige Alkane
die Konzentrationsverläufe in Abhängigkeit von z dargestellt. Die Quenchkonzentrationen des Acetylens und Diacetylens zeigen ausgeprägte Maxima,
während die Häufigkeit von Monovinylacetylen und Propadien bezüglich z
nahezu konstant ist. Gemäß Tab. 6 treten die unerwünschten Nebenprodukte
Diacetylen, Monovinylacetylen und Propadien mit Gesamtkonzentrationen
um 1 Vol.-% auf.
Die Bildung von Acetylenderivaten während des Quenchprozesses kann z. B.
als Rekombination des C_2H-Radikals, das bei Temperaturen oberhalb von
2500 K in Konzentrationen vorliegt, die denen des C_2H_2 vergleichbar sind, mit

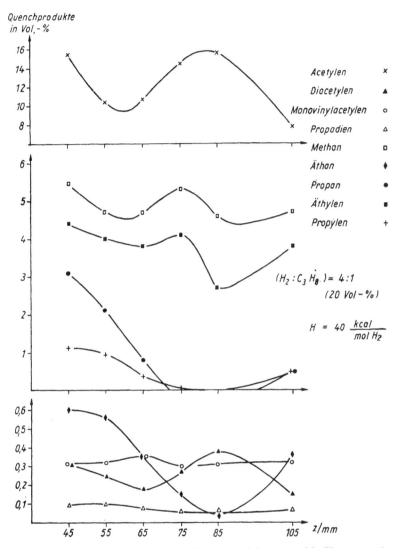

Abb. 11. Pyrolyse von Propan im Wasserstoffplasmastrahl. Konzentration der Quenchprodukte in Abhängigkeit vom Abstand Propan-Zumischung — Quenchglied

anderen Radikalen verstanden werden. Solche Bildungen laufen erfahrungs-
gemäß mit sehr niedriger oder ohne Aktivierungsenergie und exotherm ab
(s. Tab. 7). Die Rekombination des C_2H mit Wasserstoffatomen beim Abschreckprozeß erhöht zusätzlich den Acetylenanteil.

Tabelle 7: Berechnete Geschwindigkeitskonstanten von Radikalrekombinationen unter der Annahme der Aktivierungsenergie identisch Null

Reaktion	T-Intervall [K]	k (ber.) $= A$ [$cm^3 \cdot mol^{-1} \cdot s^{-1}$]
$C_2H + H \rightarrow C_2H_2$	$1000-2500$	$(3,3 \pm 0,8) \cdot 10^{12}$
$C_2H + C_2H \rightarrow C_4H_2$	$1000-2500$	$(2,0 \pm 1,4) \cdot 10^{11}$
$C_2H + CH_3 \rightarrow C_3H_4$	$1000-2500$	$(9,6 \pm 6,5) \cdot 10^{10}$
$C_2H + C_2H_3 \rightarrow C_4H_4$	$1000-2500$	$(1,7 \pm 1,2) \cdot 10^{11}$
$CH + CH \rightarrow C_2H_2$	$2000-3500$	$(2,4 \pm 1,3) \cdot 10^{10}$

6.2. Stickstoffplasmastrahl

Für die Acrylnitrilbildung besitzt ein Prozeß Interesse, der es gestattet, Blausäure und Acetylen in etwa gleichen Teilen in einem Schritt zu bilden. Eine
Möglichkeit hierzu kann in der Wandlung niederer Alkane in einem Stickstoffplasmastrahl mit anschließender Quenchung gesehen werden. Die thermodynamischen und reaktionskinetischen Eigenheiten dieser Wandlung werden in
[29] behandelt.

Tabelle 8: Umsatz des in Form von CH_4 und C_3H_8 eingesetzten Kohlenstoffs
zu den wichtigsten Verbindungen im Stickstoffplasmastrahl [29]

	Methan	Propan
N_2/C	$4:1$	$2,7:1$
HCN, %	47,7	27,1
C_2H_2, %	34,8	32,8
C_2H_4, %	0,6	0,3
C_{fest}, %	16,6	39,7
CH_4, %	0,3	0,1

Mischt man den Kohlenwasserstoff senkrecht zur Plasmaströmungsrichtung
über einen Ringschlitz zu, so erreicht man eine ausreichende Durchmischung.
Wird das turbulente Gas einer raschen Abschreckung unterworfen, so ergeben
sich die in Abb. 12 dargestellten Konzentrationsverteilungen bei Anwendung
von Methan bzw. Propan.
In Tab. 8 ist für diese Prozesse der Umsatz des in Form von CH_4 bzw.
C_3H_8 eingesetzten Kohlenstoffs zu den wichtigsten Verbindungen aufgeführt
(Tab. 8).

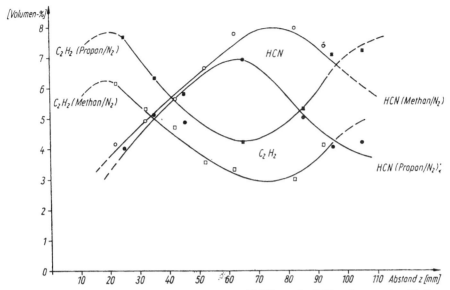

Abb. 12. Quench-Konzentrationsverlauf für HCN und C₂H₂ eines mit Methan bzw. Propan vermischten Stickstoffplasmastrahls (turbulent)

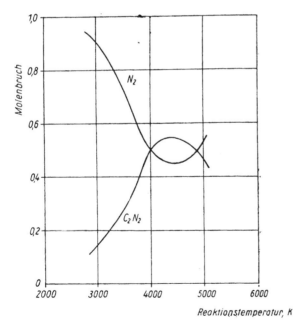

Abb. 13. Bildung von Dicyan. Gaszusammensetzung nach Abschreckung als Funktion der Reaktionstemperatur im System $2C_f + N_2 \rightleftharpoons C_2N_2$ nach [30]

Wie zu erwarten, ist der Rußanteil bei Prozessen im Stickstoffplasma wesentlich höher als bei der Wasserstoffpyrolyse (vgl. auch Tab. 6).

Eine andere wichtige Anwendung des Stickstoffplasmastrahls ist die hochendotherme Bildung von Dicyan bei Gegenwart von Kohlenstoff. Von Leutner [30] sind 15% des eingesetzten Kohlenstoffs (Graphitelektroden) in die Dicyan-Reaktion eingeführt worden. Gemäß Abb. 13 werden hohe C_2N_2-Ausbeuten ($\sim$ 50 Mol-%) im Temperaturgebiet von 4000—5000 K erhalten. Sowohl Vorwärts- als Rückwärts-Reaktion des Prozesses $2CN + W \rightleftharpoons C_2N_2 + W$ (W ist ein dritter Körper) wurde untersucht und die Geschwindigkeitskonstanten bestimmt.

7. Die mathematische Modellierung der Konzentrationsverteilung

Nachdem die Geschwindigkeitskonstanten für die wichtigsten chemischen Reaktionen hoher Temperaturen des Systems C/H/N bereitstehen, kann eine mathematische Modellierung des Reaktionsgeschehens versucht werden.

Für die Beschreibung chemischer Reaktionen im Plasmastrahl müssen Gleichungen über den Zusammenhang der zeitlichen und räumlichen Konzentrationen c_i der einzelnen Komponenten mit der Änderung der Geschwindigkeit und der Temperatur des Plasmastrahls aufgebaut werden.

Hierbei beschränken wir uns auf die Annahme, daß die chemischen Reaktionen in einem eindimensionalen stationären Strahl (Koordinate z) eines idealen Gassystems stattfinden, wobei Transporteffekte, wie Wärmeleitung, Stoffdiffusion und Viskosität vernachlässigt werden.

Für den Aufbau eines Differentialgleichungssystems, das bezüglich $v(z)$, $T(z)$ und $c_i(z)$ gelöst werden soll, müssen neben den Erhaltungssätzen von Masse und Energie die dynamische Grundgleichung des Strahls

$$v\,\frac{dv}{dz} + \frac{dP}{dz} = 0 \tag{8}$$

(ϱ und P entsprechen Dichte und Totaldruck)

und die Gleichungen der chemischen Kinetik

$$\frac{d}{dz}\,(c_i v) = W_i;\;\; W = \frac{dc_i}{dt} \tag{9}$$

c_i = Molkonzentration

Eingang finden.

Bei Einführung der dimensionalen Variablen $\bar{c}_i$ (Massenanteile) für die Konzentrationen ergeben sich aus den Erhaltungssätzen die Beziehungen:

$$M \frac{d\bar{c}}{dz} = m_i W_i; \qquad \bar{c}_i = \frac{c_i m_i}{\sum_i c_i m_i}$$

$$v^2 + RT \sum_i \frac{\bar{c}_i}{m_i} = \frac{K_1}{M} v, \; v_0 = \frac{MRT}{p \sum_i c_i m_i} \tag{10}$$

$$\sum_i \bar{c}_i H_i + \frac{v^2}{2} = \frac{K_2}{M}$$

$M \equiv$ Durchsatzmenge in gcm^{-2}s^{-1}

Hier bedeuten m_i die Molmasse der i-ten Komponente und v_0 die Geschwindigkeit des Plasmastrahls bei $z = 0$ nach Einführung des Reaktionsgases in das Grundplasma. H_i ist die Summe von Bildungsenthalpie $h_i{}^0$ und thermischer Enthalpie der i-ten Komponente pro Masseneinheit (die thermische Enthalpie h_i wird zweckmäßigerweise in Potenzreihenform dargestellt). Die Konstanten K_1 und $\frac{K_2}{M}$ können aus den Anfangsbedingungen für $z = 0$ und $t = 0$ festgelegt werden. Für $z = 0$, $t = 0$ ist $v = v_0$, $T = T_0$, $c_i = c_{i_0}$.

Im weiteren muß die Summe der Konzentrationen die Bedingung $\sum_i \bar{c}_i = 1$ erfüllen.

Für die Gradienten der Konzentrationen der wichtigsten Stoffe des N/C/H-Systems wie CH$_4$, C$_2$H$_2$, C, H$_2$, N$_2$ und HCN sowie für den Temperaturgradienten $\frac{dT}{dz}$ und die Plasmastrahlgeschwindigkeit $v(z)$ ergibt sich folgendes System von Differentialgleichungen [15, 26].

$$\text{CH}_4 : \frac{d\bar{c}_1}{dz} = \frac{M}{v^2(z)} \left[-\frac{2}{m_1} k_1(T) \, \bar{c}_1{}^2(z) - \frac{1}{m_5} k_3(T) \, \bar{c}_1(z) \, \bar{c}_5(z) \right]$$

$$\text{C}_2\text{H}_2 : \frac{d\bar{c}_2}{dz} = \frac{M}{v^2(z)} \left[\frac{m_2}{m_1{}^2} k_1(T) \, \bar{c}_1{}^2(z) - \frac{1}{m_2} k_2(T) \, \bar{c}_2{}^2(z) \right]$$

$$\text{C} : \frac{d\bar{c}_3}{dz} = \frac{M}{v^2(z)} \left[\frac{2m_3}{m_2{}^2} k_2(T) \, \bar{c}_2{}^2(z) + \frac{m_3}{m_6{}^2} k_4(T) \, \bar{c}_6{}^2(z) \right]$$

$$\text{H}_2 : \frac{d\bar{c}_4}{dz} = \frac{M}{v^2(z)} \left[\frac{3m_4}{m_1{}^2} k_1(T) \, \bar{c}_1{}^2(z) + \frac{3m_4}{2m_1 m_5} k_3(T) \, \bar{c}_1(z) \, \bar{c}_5(z) \right.$$

$$\left. + \frac{m_4}{m_2{}^2} k_2(T) \, \bar{c}_2{}^2(z) + \frac{1}{2} \frac{m_4}{m_6{}^2} k_4(T) \, \bar{c}_6{}^2(z) \right] \tag{11}$$

$$\text{N}_2 : \frac{d\bar{c}_5}{dz} = \frac{M}{v^2(z)} \left[-\frac{1}{2m_1} k_3(T) \, \bar{c}_1(z) \, \bar{c}_5(z) + \frac{1}{2} \frac{m_5}{m_6{}^2} k_4(T) \, \bar{c}_6{}^2(z) \right]$$

$$\text{HCN} : \frac{d\bar{c}_6}{dz} = \frac{M}{v^2(z)} \left[\frac{m_6}{m_1 m_5} k_3(T) \, \bar{c}_1(z) \, \bar{c}_5(z) - \frac{1}{m_6} k_4(T) \, \bar{c}_6{}^2(z) \right]$$

$$\frac{dT(z)}{dz} = -\frac{\left(\frac{K_1}{M} - 2v\right)\sum\limits_{i=1}^{6} \bar{c}_i' \left[\sum\limits_{l=-1}^{8} h_{il}T^l + h_i^0\right] + vRT\sum\limits_{i=1}^{6} \bar{c}_i'/m_i}{\left(\frac{K_1}{M} - 2v\right)\sum\limits_{i=1}^{6}\sum\limits_{l=-1}^{8} \bar{c}_i h_{il}T^{l-1} + R_v\sum\limits_{i=1}^{6} \bar{c}_i/m_i} \tag{11}$$

$$v(z) = \frac{K_1}{2M} - \sqrt{\left(\frac{K_1}{2M}\right)^2 - RT\sum\limits_{i=1}^{6} \bar{c}_i/m_i}$$

Die Geschwindigkeitskonstanten $k_1(T) \ldots k_4(T)$ gelten für Reaktionen 2. Ordnung und beziehen sich auf die Bruttoreaktionen:

$$2CH_4 \xrightarrow{k_1} C_2H_2 + 3H_2; \qquad k_1 = 6 \cdot 10^{12} \exp(-50/RT)$$

$$CH_4 + \tfrac{1}{2}N_2 \xrightarrow{k_3} HCN + \tfrac{3}{2}H_2; \quad k_3 = 4 \cdot 10^{10} \exp(-23/RT)$$

$$C_2H_2 + W \xrightarrow{k_2} 2C + H_2; \qquad k_2 = 4 \cdot 10^{13} \exp(-54/RT)$$

$$HCN + W \xrightarrow{k_4} C + \tfrac{1}{2}H + \tfrac{1}{2}N_2; \quad k_4 = 2 \cdot 10^{12} \exp(-34/RT)$$

(Aktivierungsenergien in $kcal \cdot mol^{-1}$; k $[cm^3 \cdot mol^{-1} \cdot s^{-1}]$)

Die numerischen Werte stammen aus der Literatur, k_3 siehe [24] bzw. aus den vorstehend genannten Untersuchungen am Plasmastrahl selbst [15].

Das aufgeführte Gleichungssystem (11) kann mittels der Runge-Kutta-Methode gelöst werden. Die dabei erhaltenen Verläufe von Strahlgeschwindigkeit, Temperatur und Gewichtskonzentrationen sind in Abb. 14 dargestellt.

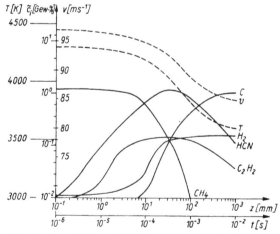

Abb. 14. Gemäß dem Gleichungssystem (11) berechnete Verläufe von $v(z)$, $T(z)$ und $c_i(z)$ eines CH_4/Ar-vermischten Stickstoffstrahls längs der Strahlachse

(400 l/h N_2, 200 l/h Ar, 20 l/h CH_4)

Die Konzentrationen des Acetylens und der Blausäure durchlaufen also Maxima, Geschwindigkeit und Temperatur des Plasmastrahls fallen dagegen monoton ab.

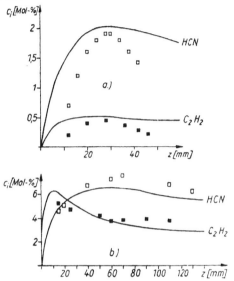

Abb. 15. Berechnete und gemessene C_2H_2- und HCN-Konzentrationen (axial)
a) 3,5 kW-Plasmatron
b) 20 kW-Plasmatron

— berechnet; □,■ gemessene Konzentrationen

In Abb. 15 sind die berechneten Konzentrationsverläufe zusammen mit solchen aus experimentellen Untersuchungen an Plasmatronen der Leistungen 3,5 und 20 kW dargestellt. Wie ersichtlich, werden die Orte der Maxima und ihre Werte durch das Modell gut wiedergegeben, während die berechneten Konzentrationen für hohe z-Werte gegenüber dem Experiment langsamer abfallen. Bei einer Verfeinerung des Modells müßte vor allem der H_2-Dissoziation Rechnung getragen werden, darüber hinaus den Konzentrationsgradienten senkrecht zur Strahlrichtung.

8.   Vermischungsvorgänge

8.1.   Chemische Reaktionen unter Turbulenzbedingungen

In einem plasmachemischen Reaktor erfolgt die Vermischung von Reaktanten mit dem Plasmastrahl bei gleichzeitig ablaufender chemischer Reaktion.

Der Vermischungsgrad erhöht sich unter den Bedingungen einer intensiven Turbulenz der Strömung. Aus dem Grunde sind Probleme der Vermischung heißer reaktiver Gase von wesentlicher Bedeutung. Es ist bekannt, daß turbulente Wirbelbewegung auftritt, wenn die Reynoldsche Zahl Re, die das Verhältnis von Trägheitskraft zur Zähigkeit bestimmt, $Re = v \dfrac{l}{\nu}$ größer ist als eine kritische Reynoldsche Zahl Re_{krt}. (v, ν, l sind Geschwindigkeit, kinematische Zähigkeit und charakteristische Länge).

Für einen zylindrischen Kanal schlägt z. B. die laminare Strömung in Turbulenz bei $Re > Re_{Kr_1} = 2300$ um und entwickelt sich in eine turbulente Strömung weiter, wenn $Re > Re_{Kr_2} = 10^4$ ist. Bei turbulenter Strömung erfolgt eine maximal schnelle makroskopische Vermischung von Plasma- und reaktivem Strahl mit Herausbildung eines über den Querschnitt eines Reaktors homogenen Gemisches.

Danach beginnt ein Mechanismus der molekularen Diffusion zu wirken, die einen Mikroprozeß der Vermischung darstellt. Die theoretische Behandlung der Vermischung der turbulenten Strahlen stellt bei dem gleichzeitigen Verlauf der chemischen Reaktionen und unter nichtisothermen Bedingungen eine komplizierte Aufgabe dar.

Bis jetzt existiert keine umfassende Turbulenztheorie mit Reaktion, sondern für die Strömungsfelder müssen Vereinfachungen angenommen werden [31]. Darüber hinaus erfährt ein Reaktant während des Vermischungsprozesses eine Veränderung, wenn die Vermischungszeit t_m mit der Reaktionszeit t_R vergleichbar ist.

Es existieren zur Lösung von Mischproblemen bei Plasmareaktoren also folgende Grenzfälle:

1. Langsame chemische Reaktionen, wenn $t_m \ll t_R$ ist.
   Hier läßt sich die Kinetik der chemischen Reaktionen unabhängig vom Vermischungsprozeß lösen.
2. Sehr schnelle chemische Reaktionen für $t_m \gg t_R$.
   Dieser Fall kommt sehr oft im Plasma vor, weil die Reaktionsgeschwindigkeit bei hohen Temperaturen zunimmt und der turbulente Vermischungsprozeß noch nicht schnell genug läuft. In diesem Fall hängt die Reaktionsgeschwindigkeit von der Vermischungsgeschwindigkeit ab [32–34].

Wenn die Turbulenz homogen und isentrop angenommen wird und eine irreversible Reaktion 2. Ordnung $A + B \rightarrow$ *Produkte* unter isothermen Bedingungen verläuft, so erhält man folgendes Stofftransportgleichungssystem:

$$\frac{\partial c_i[z, t]}{\partial t} + \vec{v}(z, t)\,\nabla c_i(z, t) = a\nabla^2 c_i(z, t) - kc_i{}^2(z, t) \qquad (12)$$

Hier sind:

$c_i(z, t)$ = die Konzentration des i-ten Reaktanten
$\vec{v}(z, t)$ = die Geschwindigkeit
a = der konstante molekulare Diffusionskoeffizient, wobei $a_A = a_B = a$
k = die Reaktionsgeschwindigkeitskonstante.

Bei der Lösung von Gl. (12) werden die Anfangskonzentrationen und Anfangsgeschwindigkeit als stochastische Funktionen dargestellt. Die Konzentration c_i setzt sich additiv aus einem zeitlichen Mittelwert und einer momentanen Konzentrationsschwankung zusammen: $c_i = \bar{c}_i + \gamma_i$. Zur Vervollständigung des Gleichungssystems verkoppelt man die turbulenten Transportkoeffizienten mit den Gradienten der entsprechenden gemittelten Parameter. In [32] wurde folgendes theoretische Ergebnis für den Fall $t \to \infty$ gegeben:

$$\bar{c}_A(t) = \bar{c}_B(t) \sim t^{0,75}$$
$$\bar{\gamma}_A{}^2(t) = \bar{\gamma}_B{}^2(t) \sim (aT)^{-1,5}$$

(13)

Für die Praxis hat diese theoretische Betrachtungsweise folgende Bedeutung: Man bestimmt zuerst für den Fall einer schnellen Reaktion ($t_R \geq t_m$) die Charakteristik eines gegebenen Reaktors, z. B. die Verteilung der Vermischung. Danach verwendet man die erhaltene Charakteristik für die Berechnung des Umwandlungsgrades im selben Reaktor, wenn das Verhältnis t_R und t_m willkürlich angegeben ist.

8.2.   Turbulente Vermischung im Kanal eines plasmachemischen Reaktors

Unter einer turbulenten Vermischung versteht man hier einen makroskopischen Vorgang, der auf einer bestimmten Kanallänge Lm zum Ausgleich der radialen Parameterprofile eines Plasmastrahls führt.

Es wurden drei Arten der Vermischung einer Plasmaströmung mit einem reaktiven Gasstrahl vorgeschlagen [35]. In Abb. 16a ist die koaxiale Vermischung dargestellt. Das Plasma tritt in einen zylindrischen Reaktor des Durchmessers D, wohin ein turbulenter Gasstrahl durch eine (oder mehrere) Düsen vom Durchmesser $d < D$ eingeblasen wird. Man kann annehmen, daß das Konzentrationsprofil des eingeblasenen Gases weiter unverändert bleibt, wenn die äußere Grenze des Gasstrahls die Kanalwände erreicht. Dabei muß die Bedingung, daß Lm größer als die Anlaufstrecke dieses Strahls l_{Anl} ist, erfüllt werden.

Aus der Theorie der freien turbulenten Strahlen ist bekannt, daß $\operatorname{tg} \dfrac{\alpha}{2}$ = 0,22 bis 0,3 für einen großen Bereich von Re-Zahlen ist (α siehe Abb. 16). Demnach beträgt: $Lm = D/\operatorname{tg} \dfrac{\alpha}{2} = (1,7 \ldots 2,3)\, D$

Beim tangentialen Einblasen des Gasstrahls in den Reaktorkanal (Abb. 16b) erfolgt der Vermischungsvorgang auf einer verdoppelten Länge (3,4 bis 4,6) D. In [36] wurde beispielsweise die turbulente Vermischung von Wasserstoff als Plasmagas mit kaltem Stickstoff, der koaxial von der Außenseite zugemischt wird, berechnet. Das berechnete Temperaturfeld stimmt mit den spektroskopisch gemessenen Isothermen in der Größenordnung der Meßfehler überein.

In den Abb. 17 und 18 sind für koaxiale Vermischung von Methan in einen Wasserstoffstrahl berechnete Isothermen und Profile konstanter C_2H_2-Konzentration (20 kW-Plasmatron) für die Reaktionsmodelle nach KASSEL und ANDERSON/CASE angegeben [37, 38].

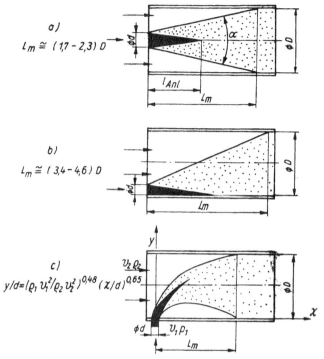

Abb. 16. Modelle für die Vermischung einer Plasmaströmung mit einem reaktiven Gasstrahl (nach [35])

a) koaxiale
b) tangentiale
c) radiale Vermischung

Am schnellsten geht der Vermischungsvorgang in einem Reaktor mit der radialen Zuführung eines reaktiven Gases (Abb. 16c) vonstatten. Es wurde schon ein gleichmäßiges Temperaturprofil bei $Lm = 2 \cdot D$ mit einer Genauigkeit von 5 bis 7% beobachtet.

Diese Gleichmäßigkeit des Temperaturprofils wird um so besser, je kleiner der Durchmesser der Zufuhröffnung und je größer der Durchsatz des eingeblasenen Gases ist. Das wird bestätigt durch experimentelle Untersuchungen der Strahlbahn der radial eingeblasenen Gase in der Plasmaströmung in [39]. Danach ist

$$\frac{y}{d} = \left(\frac{\varrho_G v_G{}^2}{\varrho_p v_p{}^2}\right)^{0,48} \cdot \left(\frac{x}{d}\right)^{0,65} \tag{14}$$

wobei y und x die zur Plasmaströmung senkrecht und parallel verlaufenden Bahnkoordinaten sind; $q = \varrho_G v_G{}^2/\varrho_p v_p{}^2$ ist das Verhältnis der Staudrücke der

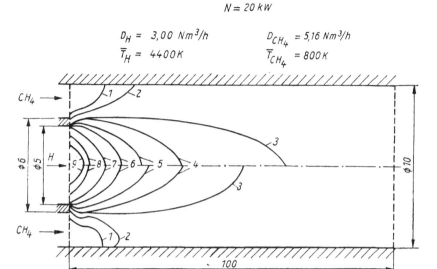

Abb. 17. Verläufe der Isothermen nach koaxialer Vermischung von Methan in ein Wasserstoffplasma (nach J. KOHLMANN) (20 kW-Plasmatron)

oberhalb der Symmetrieachse Modell nach ANDERSON/CASE
unterhalb der Symmetrieachse Modell nach KASSEL
1 − 1170 K; *2* − 1630 K; *3* − 2090 K; *4* − 2550 K; *5* − 3010 K; *6* − 3470 K; *7* − 3940 K;
8 − 4400 K; *9* − 4860 K

Gas- und Plasmastrahlen, d der Durchmesser der Zufuhröffnung. Diese Gleichung wurde für einen Parameterbereich von $q = 0,25 \cdots 4,35$ bei konstanten $\varrho_p v_p^2$ und $T_p = 3000\text{ K} \pm 350\text{ K}$, $D = 4$ mm und $d = 0,4$ bis $1,3$ mm erhalten. Als kalte radial eingeblasene Gase wurden Ar, N_2, O_2 und CH_4 verwendet.

Die wesentlichen Ergebnisse des Studiums der radialen Vermischung der Gas- und Plasmastrahlen in einem zylindrischen Kanal können wie folgt zusammengefaßt werden [35]:

1. Die Länge des Kanals Lm vom Zufuhrort eines turbulenten Gasstrahls bis zum Querschnitt, in dem man das Konzentrationsprofil eines eingeblasenen Gases als stationär annehmen kann, beträgt $Lm = 2D$. Genauigkeit: $\sim \pm 15\%$.

2. Zur Verkürzung von Lm muß der Durchmesser D verkleinert werden. Dabei ist zu berücksichtigen, daß Lm nicht kleiner als die Anlaufstrecke l_{Anl} des turbulenten Strahles sein darf: $l_{\text{Anl}} \approx (5 \cdots 7) \cdot d$. Demzufolge ist der minimale Durchmesser $D_{\min} = (2,5 \cdots 3,5) \cdot d$.

3. Die Relaxationszeit des Konzentrationsprofils eines in den Reaktor eingeblasenen Gases (die Vermischungszeit) wurde in einem Kanal eines Durchmessers von $D = 3,5$ mm zu 20 bis 30 µs abgeschätzt.

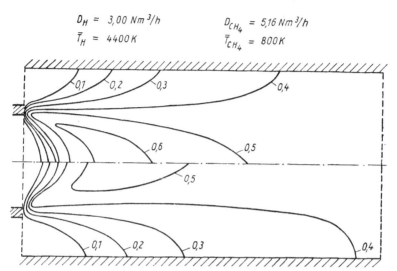

Abb. 18. Profile konstanter Acetylenkonzentrationen für ein 20 kW-Plasmatron (nach J. KOHLMANN)

oberhalb der Symmetrieachse Modell nach ANDERSON/CASE
unterhalb der Symmetrieachse Modell nach KASSEL
(Konzentration in Masseanteilen)

9.   Der Quenchvorgang

Ein weiterer wichtiger Teil im Prozeßsystem reagierender heißer Gase ist die Abschreckung, der Quenchprozeß, bei dessen plötzlicher Temperatursenkung chemische Reaktionen „eingefroren" werden. Die Geschwindigkeit der Temperaturänderung muß in der Größe von $\dfrac{dT}{dt} = 10^7$ bis 10^8 grd s^{-1} sein, um dem Zerfall der neugebildeten Spezies genügend schnell entgegenzuwirken.

Von den für technische Prozesse wichtigsten Quenchmethoden, wie Abkühlung an der kalten Wand, Einspritzen von Flüssigkeiten oder adiabatische Expansion in der Lavaldüse sollen hier nur einige Gesichtspunkte erläutert werden, wobei der zuletzt genannte Vorgang wegen seiner Bedeutung für die Zukunft etwas näher besprochen wird.

9.1.   Quenchung in Rohren durch Wärmetausch

Bei den in der Sondendiagnostik verwendeten gekühlten Rohrsonden interessieren die Temperaturänderung des Gases $T = f(z)$ und der Abkühlungsgrad längs der Achse unter dem Einfluß der Energieübertragung durch die Rohrwand.

Unter der Voraussetzung, daß die ganze konvektive Wärmemenge eines strömenden Gases durch die Rohrwand abgeführt wird, erhält man nach Integration der Energiegleichung für den stationären Fall und für die über den Querschnitt gemittelten Gasparameter

$$c_p \varrho \bar{v} \cdot \frac{dT}{dz} = \frac{U}{F} q_w, \tag{15}$$

wobei U den Umfang, F den Querschnitt, q_w die durch die Wand abgeführte Wärmestromdichte, $\bar{v}$ die mittlere Gasgeschwindigkeit, c_p die spezifische Wärme und ϱ die Dichte des Gases bedeuten.

Die Kenntnis der Temperaturänderung längs der Sondenrohrachse erlaubt auch die Bestimmung des Abkühlungsgrades dT/dt.

Für eine Wandtemperatur von $T_w = 400$ K kann man ermitteln, daß die Gastemperatur von 3000 K im Stickstoffstrahl bei einer REYNOLDschen Zahl Re = 200 in der Anlaufstrecke sehr rasch (nach 15% der Rohrlänge) mit einem Abschreckungsgrad von $6 \cdot 10^7 - 3 \cdot 10^7$ K s^{-1} abnimmt und danach sich allmählich der Wandtemperatur angleicht [40].

9.2. Quenchung durch adiabatische Expansion

Eine andere Möglichkeit der plötzlichen Temperatursenkung zum „Einfrieren" einer Hochtemperaturreaktion mit noch höherer Quenchgeschwindigkeit ist die Expansion des Gasstrahls in einer Lavaldüse [9]. Ein Vorteil der Lavaldüsen-Quenchung gegenüber dem Wärmeaustauscher oder dem Flüssigkeitsspray ist die Wandlung eines Teiles der hohen Gasenthalpie in kinetische Energie bei der adiabatischen Expansion und deren anschließende Überführung in elektrische Energie (System Gasgemisch—Düse—Turbine—Generator).

Voraussetzung hierfür ist bekanntlich die Aufrechterhaltung einer Druckdifferenz zwischen Ein- und Ausgang des Düsenkanals. Hierbei ergibt sich die Möglichkeit, die Temperatur eines Wasserstoff-Acetylen-Plasmastrahls mit Hilfe der Lavaldüse schnell abzusenken und die Reaktion $C_2H_2 \rightarrow 2C + H_2$, die bei ungenügend schneller Abkühlung zum Zerfall erheblicher Mengen von Acetylen führt, zu vermeiden. Dabei kommt es darauf an, das hydrodynamische Regime der Düse mit der chemischen Kinetik des Acetylenzerfalls zu verknüpfen [41].

Wird z. B. Methan in einen Wasserstoff-Plasmastrahl eingebracht, so bildet sich, wie bereits ausgeführt, nach $5 \cdot 10^{-4}$ bis $1 \cdot 10^{-3}$ s neben Wasserstoff vorwiegend Acetylen, das in einem von der Strahlgeschwindigkeit bestimmten Abstand z_{max} von der Zumischstelle ein Konzentrationsmaximum erreicht. Bei längerem Verweilen im heißen Gasstrahl zerfällt das Acetylen in einer exothermen Reaktion in die Elemente. Um diesem Zerfall zu begegnen, wird der Ort z_{max} als Eingang einer Lavaldüse gewählt (Abb. 19).

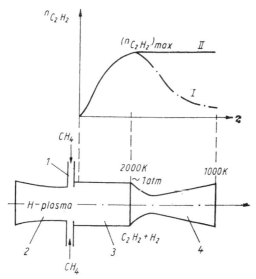

Abb. 19. Vermeidung des Acetylenzerfalls durch Lavaldüsenquenchung (Prinzip)

I — C_2H_2-Zerfall nach 1. Ordnung
II — C_2H_2-Zerfall nach 2. Ordnung

Sind das Düsenprofil und die Ruheparameter des Stromes mit $v = 0$ bekannt, so lassen sich die Strömungseigenschaften längs der Düsenachse berechnen:

$$T(z) = \frac{T_0}{1 + \dfrac{\varkappa - 1}{2} M^2(z)}; \quad p(z) = \frac{p_0}{\left[1 + \dfrac{\varkappa - 1}{2} M^2(z)\right]^{\frac{\varkappa}{\varkappa - 1}}} \quad (16)$$

$$\varrho(z) = \frac{p(z)}{RT(z)}; \quad v(z) = M(z) \cdot u(z)$$

$u(z)$ — Schallgeschwindigkeit

Zur Berechnung von $\varkappa = \dfrac{c_p}{c_v}$, dem Verhältnis der Wärmekapazitäten bei konstantem Druck und konstantem Volumen, das für reagierende Systeme temperatur- und druckabhängig ist, siehe Abschn. 3.2..

Für die Machzahl $M(z)$ längs des Kanals erhält man den Zusammenhang

$$F(z) = \frac{F^*}{M(z)} \left[\frac{2}{\varkappa + 1} \left(1 + \frac{\varkappa - 1}{2} M^2(z)\right)\right]^{\frac{\varkappa + 1}{2(\varkappa - 1)}} \quad (17)$$

wenn die kritische Schnittfläche F^* die engste Stelle der Düse ist. Man kann nun durch Unterteilung der Düse in Abschnitte Δz den jeweiligen T-Abfall während der Zeit Δt_i und damit die Quenchgeschwindigkeit $\dfrac{\Delta T}{\Delta t}$ längs des Kanals bestimmen.

Weiter wird angenommen, daß die Expansion in der Düse mit einer Temperaturänderung von $T_1 = 2000$ K bis $T_2 = 1000$ K so schnell vonstatten geht, daß kein fester Kohlenstoff kondensiert. Wird davon ausgegangen, daß die Änderung der chemischen Zusammensetzung das Strömungsfeld nicht beeinflußt, so lassen sich die hydrodynamischen und kinetischen Gleichungen unabhängig voneinander lösen.

Wegen der Kontinuität ist

$$\frac{d(n_{C_2H_2}vF)}{dz} = FW_{C_2H_2}; \quad W = \frac{dn}{dt} \tag{18}$$

In der Mehrzahl der bisherigen Untersuchungen wurde der Acetylenzerfall als Bruttoreaktion 2. Ordnung, z. B. gemäß

$$\frac{d(n_{C_2H_2})}{dt} = -k_2(T)\, n^2 \tag{19}$$

mit $k_2 = 4 \cdot 10^{13} \exp\left(-54\,000/RT\right)$ cm³ mol⁻¹ s⁻¹

bestimmt. Im Falle einer Reaktion 2. Ordnung erhält man beim Übergang von der Volumenkonzentration zur Gewichtskonzentration

$$\bar{c}_1 = \frac{n_i m_i}{\sum n_i m_i} \quad \text{die Kontinuitätsgleichung}$$

$$\frac{d}{dz}(\bar{c}_{C_2H_2} \cdot F) = -\frac{G \cdot F}{v^2 n_{C_2H_2}}\, k_2(T) \cdot \bar{c}_{C_2H_2}^2$$

wobei $G = v\varrho = \dfrac{v_1 p_1}{T_1 \dfrac{R}{\sum n_i m_i}}$ \hfill (20)

der Durchsatz ist. Ihre Lösung lautet:

$$\bar{c}_{C_2H_2}(z) = \left[\frac{1}{(\bar{c}_{C_2H_2})_1} - \frac{G \cdot F}{m_{C_2H_2}} \cdot \int_{z_1}^{z_2} \frac{k_2(T)}{v^2 \cdot F}\, dz \right]^{-1} \tag{21}$$

Würde dagegen der Acetylenzerfall als Reaktion 1. Ordnung verlaufen, also gemäß

$$\frac{dn_{C_2H_2}}{dt} = -k_1(T)\, n_{C_2H_2} \tag{22}$$

$$\left(k_1(T) = 1{,}7 \cdot 10^6 \exp\left(-30\,000/RT\right) s^{-1}\right)$$

so lautet die Gleichung für die Konzentration

$$n_{C_2H_2}(z) = \frac{(n_{C_2H_2})_1 \, v_1 F_1}{vF \exp\left[\int\limits_{z_1}^{z_2} [k_1(T)/v \, dz]\right]} \tag{23}$$

Die Abhängigkeit der Quenchgeschwindigkeit $\Delta T/\Delta t = f(T)$ sagt aus, daß $\dfrac{dT}{dt}$ im Unterschallteil der Düse mit Abnahme der Temperatur wächst. Die umgekehrte Abhängigkeit, die z. B. im Überschallteil der Düse vorliegt, wäre für den Abschreckprozeß des chemischen Systems vorteilhafter. Trotz dieses eigentlich ungünstigen Verlaufes der Quenchgeschwindigkeit zeigt sich, daß sie ausreichend ist, um den Acetylenzerfall zu verhindern, wenn dieser als Reaktion 2. Ordnung verläuft.

Dagegen wäre bei einer Reaktion 1. Ordnung nach Passieren der Düse ein erheblicher Teil des am Düseneingang noch vorhandenen Acetylens zerfallen (s. Abb. 19).

Die Quenchung mittels adiabatischer Expansion wird gegenwärtig im technischen Maßstab noch nicht angewendet. Abkühlung durch Wärmetausch und Einspritzen geeigneter Flüssigkeiten sind die am häufigsten praktizierten Prozesse zum Abbruch der Pyrolysen.

10.   Energieaufwand und Optimierung des Reaktionsablaufes

Wie in den vorangehenden Abschnitten dargelegt, treten im Pyrolysegas nach Umsetzung im Plasmastrahl bestimmte chemische Verbindungen dann maximal auf, wenn Parameter, wie Reaktionstemperatur und Reaktionszeit, optimal gewählt sind. Gemäß der schematischen Darstellung in Abb. 20 bedeutet eine zu kurz bemessene Aufenthaltszeit ($< 10^{-4}$ s), daß zu wenig Methan gewandelt wird, ist der Aufenthalt im Plasma zu lange ($> 5 \cdot 10^{-4}$ s), so reagiert ein Teil des entstandenen Acetylens weiter zu Kohlenstoff und Wasserstoff (Rußanfall). Beide Erscheinungen sind Ausdruck einer nicht optimalen Reaktionsführung und stets mit niedriger Acetylenausbeute und einem überhöhten spezifischen Energieaufwand verbunden.

Kenntnisse des Reaktionsablaufes, wie sie durch Untersuchungen vermittelt werden, sind für eine effektive Gestaltung solcher Prozesse also wichtig. Das gilt ebenso für das Einsetzen des Quenchprozesses. Eine Verzögerung im Beginn der Quenchung um $2 \cdot 10^{-4}$ s setzt die Acetylenausbeute bei der Methanpyrolyse bereits von 15,5% auf 10% herab. Eine ähnliche Produkteinbuße ergibt sich für den Fall einer zu niedrigen Quenchgeschwindigkeit.

Bei der Kohlenwasserstoffwandlung zu Acetylen besteht eine weitere Möglichkeit zur Erniedrigung des spezifischen Energieaufwandes im Einsatz längerer Alkane. Während die Enthalpie der Reaktion $2CH_4 \rightarrow C_2H_2 + 3H_2$, $H^0_{298} \approx 90$ kcal/Mol beträgt, die sich zusammensetzt aus dem Bruch von $6\,C-H$-Bindungen (im Mittel 104 kcal/Mol C--H-Bindung), dem Energiegewinn bei der Rekombination der 6H-Atome zu 3H$_2$ (je 104 kcal · Mol^{-1}) und dem Zusammenschluß der beiden CH-Radikale zu C$_2$H$_2$ (230 kcal · Mol^{-1}), vermindert sich der Energieaufwand beim Übergang zu den anderen Alkanen. Gemäß der

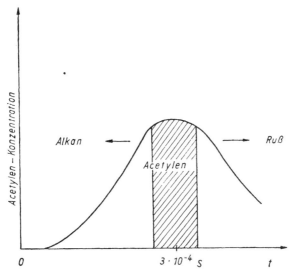

Abb. 20. Acetylenmaxima im Plasma als Funktion der Zeit (schematisch)

Reaktionsgleichung $\dfrac{2}{n}$ C$_n$H$_{2n+2}$ → C$_2$H$_2$ + $\left(1 + \dfrac{2}{n}\right)$ H$_2$ brauchen anstelle zweier C—H-Bindungen für die mittleren C-Atome nur die energieärmeren C—C-Bindungen (78 kcal · Mol^{-1}) gespalten werden. Im Vergleich zur Methan-Wandlung sinkt der theoretische Energieaufwand für die folgenden Alkane um etwa 25—30% ab.

Zur Plasmapyrolyse von höheren Alkanen liegen einige Ergebnisse vor [42]. Diese Umwandlungen zeichnen sich generell durch einen sehr hohen Umsetzungsgrad aus (nahe 100%) und, verglichen zur Methan-Pyrolyse, niedrigeren spezifischen Energieaufwand für die ungesättigten Produkte. Beim Benzineinsatz entstehen neben Acetylen verstärkt auch Äthylen und Propylen.

In Tab. 9 sind für einige bekannte plasmachemische Prozesse Umwandlungsgrade und Energiedaten zur Acetylen-Synthese aufgeführt.

Zum Vergleich sind auch Umsetzungen in Glimm-Entladungen und im Funken angegeben, im weiteren der Energieaufwand für den konventionellen Carbidprozeß (Abb. 21).

Verglichen mit den spezifischen Energien für die Bildung des Acetylens sind derzeit die Energieaufwendungen für den Blausäureprozeß noch ziemlich hoch.

14 Technologie

Tabelle 9: Umwandlungsgrade und Energiedaten einiger plasmachemischer Acetylen-Synthesen

Ausgangs-substanz	Prozeß	Synthese-produkt	Umwandlungs-grad [%]	Energieaufwand [kWh/kg] (experimentell)
Methan	Pyrolyse im Wasserstoffstrahl	C_2H_2	70—85	9,8
Methan	Elektro-Cracken im Hochvoltbogen (Hüls)	C_2H_2	50—55	12
Methan	Elektro-Cracken im Lichtbogen (Dupont)	C_2H_2	80—90	15
Erdgas (91,5% CH_4)	Wasserstoffstrahl	C_2H_2	69	9,7
Alkane	Wasserstoffstrahl	C_2H_2 + Olefine	50—60	6—8
Leichtbenzin	Wasserstofflicht-bogenpyrolyse	C_2H_2 + C_2H_4	75	5,8
Graphit + Wasserstoff	Oberflächen-pyrolyse	C_2H_2	80	> 10
Methan	Glimm-entladung	C_2H_2	60	40
Alkane	Glimmentladung	C_2H_2	50	20
Rohöl	Funken	C_2H_2	55	5—6
Carbidprozeß		C_2H_2		13—14,5

In Abb. 21 ist der Energieaufwand für die Bildung von HCN/C_2H_2-Gemischen in Abhängigkeit vom N_2/C-Verhältnis aufgeführt. Die Werte liegen zwischen 10 und 30 kWh/kg Gemisch, ansteigend mit wachsendem HCN-Anteil [29]. Allerdings ist zu berücksichtigen, daß diese Werte mit relativ kleinen Laborplasmatronen (< 50 kW) erhalten wurden.

Der Energiewirkungsgrad eines Plasmatrons steigt aber mit wachsender Leistung. Daher ist die spezifische Energie bei einer größeren Anlage kleiner als bei einem Laborplasmatron. Für den Energieverbrauch ist weiterhin die möglichst innige Vermischung der Reaktanten mit dem Grundgas maßgeblich, was gemäß Abschn. 8. vor allem bei turbulenter Plasmaströmung möglich ist (Abb. 22).

Der Gesamtwirkungsgrad eines thermischen Plasmaprozesses hängt neben der Optimierung des Quenchvorganges von der Möglichkeit ab, die hierbei freiwerdende Energie des abgeschreckten Gases teilweise zurückzugewinnen (z. B. System Lavaldüse—Gasturbine).

Vorteile thermischer Plasmaprozesse sind ihre großen Energiedichten, kurzen Reaktionszeiten und hohen Raum-Zeit-Ausbeuten. Daher sind die Reaktoren relativ klein. Ein zylindrischer 1 MW-Plasmatron-Reaktor für die C_2H_2-Synthese hat z. B. einen Durchmesser von 200 mm und eine Länge von 1000 mm.

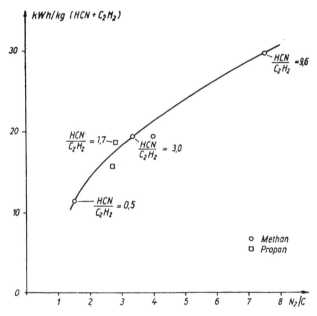

Abb. 21. Veränderung des spezifischen Energieaufwandes für ein $(HCN + C_2H_2)$-Gemisch als Funktion des $N_2:C$-Verhältnisses für ein 20 kW Plasmatron

Ökonomisch vorteilhaft ist, daß gegenüber konventionellen Prozessen u. U. Prozeßstufen eingespart werden können und daß Plasmastrahlverfahren relativ unempfindlich gegenüber Verunreinigungen der Ausgangsstoffe sind.

Diesen Vorteilen steht der teilweise unspezifische Reaktionsablauf gegenüber. So entstehen bei der Chlorierung von Kohlenwasserstoffen alle möglichen Chloralkane, von denen aber nur einige von Interesse sind.

Bei der Acetylensynthese mittels Plasmastrahl-Wandlung bestehen weitere Probleme in der Trennung des Pyrolysegases, der Abtrennung des Wasserstoffs als erneutes Plasmagrundgas und der Entfernung der höheren Acetylene sowie der Speicherung des Finalgases vor seiner Weiterverarbeitung.

14*

Abb. 22. Laborplasmatron-Anlage (20 kW), thyristorgesteuert

11.   Literatur

[1] Spangenberg, H.-J., Lachmann, J., Wiss. u. Fortschr. **22** (1972), 6

[2] Polak, L. S., *„Poikladnye aspekty plazmachimii“*, RGW-Information, Moskau 1968, S. 9

[3] Burhorn, F., Wienecke, R., Z. physik. Chem. (Leipzig) **213** (1960), 37

[4] Spangenberg, H.-J., XIIIth International Conference on Phenomena in Ionized Gases, Part III, Berlin 1977

[5] Spangenberg, H.-J., Schirmer, W., Z. f. Chemie **14** (1974), 125

[6] Börger, I., Ortlieb, H. J., Spangenberg, H.-J. Schirmer, W., Chem. Techn. **25** (1973), 152

[7] Horn, F., Schüller, W., Dechema-Monographien **29** (1957), 143

[8] Duff, R. E., Bauer, S. H., J. chem. Physics **36** (1962), 1754

[9] Marynowski, C. W., Phillips, R. C., Phillips, J. R., Hiester, N. R., Ind. Engng. Chem. Fund. **1** (1962), 53

[10] Spangenberg, H.-J., Börger, I., Schirmer, W., Z. physik. Chem. **255** (1974), 1

[11] Hartel, G., Kloss, H.-G., Z. physik. Chem. (Leipzig) **255** (1974), 1

[12] Börger, I., Spangenberg, H.-J., Z. physik. Chem. (Leipzig) **257** (1976), 599

[13] Neumann, K. K., Dissertation, Braunschweig 1959

[14] POLAK, L. S., „Kinetika i. termodinamika chimiceskich reakcij v nizkotemperaturnoj plazme", Moskva 1965
[15] LACHMANN, J., BÖRGER, I., SPANGENBERG, H.-J., Z. physik. Chem. (Leipzig) 255 (1974), 1048
[16] WINKELMANN, G., LACHMANN, H. J., SPANGENBERG, H.-J., Bunsenberichte f. Physikalische Chemie, Heft 4 (1977), 432
[17] KRANZ, E., Dissertation, Jena 1967
[18] ROTHER, W., Wiss. Z. TH Ilmenau 16 (1970), 141
[19] HOFFMANN, H., SPANGENBERG, H.-J., Z. physik. Chem. (Leipzig) 258 (1977) 3, 577
[20] POLAK, L. S., „Electrochemistry in Discharge Plasmas", 10th Intern. Conf. on Phenomena in Ionized Gases, London 1971
[21] WINKELMANN, G., Dissertation, Berlin 1977
[22] MELAMED, V. G., MUCHTAROVA, T. A., POLAK, L. S., CHAIT, JU. L., „Plazmachimii", Verlag Nauka, Moskau 1965
[23] BUK, W. H., MACKIE, J. C., J. Chem. Soc. Faraday Transactions I 6 (1975), 1363
[24] RAO, V. V., MACKEY, D., TRASS, O., Canad. J. Chem. Engn. 45 (1967), 61
[25] POLAK, L. S., persönliche Mitteilung, 1976
[26] BÖRGER, I., Dissertation, Berlin 1977
[27] WINKELMANN, G., LACHMANN, J., Experim. Techn. d. Physik XXIII. 203 (1975)
[28] SPANGENBERG, H.-J., BÖRGER, I., HOFFMANN, H., MÖGEL, G., Z. physik. Chem. (Leipzig), 259 (1978), 531
[29] BIRKHAHN, G., HOFFMANN, H., KÖHLER, D., SPANGENBERG, H.-J., Chem. Techn. (Leipzig) 27 (1975), 736
[30] LEUTNER, H. W., Ind. Engng. Chem. Proc. Design and Develop 1, 3 (1962), 166
[31] HINZE, J. O., „Turbulence: An Introduction to its Mechanisma and Theory", London, 1959
[32] TOOR, H. L., D. I. Ch. E. Journ. 8 (1962), 70
[33] HILL, J. C., Phys. Fluids 13 (1970), 1394
[34] O'BRIEN, K. F., Phys. Fluids 14 (1971), 1804; 14 (1971), 1326
[35] OVSJANNIKOV, A. A., „Eksperimentalnye i teoreticeskie issledovanija neravnovesnych fisiko-chemiceskich processov", Inst. neftechim. sintesa, ANSSSR, II, S. 231, Moskva 1974
[36] KOHLMANN, J., ZAMM 56, T 433 (1976)
[37] KOHLMANN, J., persönliche Mitteilung
[38] ANDERSON, J. E., CASE, L. K., Ind. Engng. Chem. Proc. Design and Develop 1 (1962), 161
[39] OVSJANNIKOV, A. A., POLAK, L. S., FEDOROVA, M. S., „Fisika, technika i primenie nizkotemperaturnoj plazmy", S. 543, AN Kaz SSR, Alma-Ata 1970
[40] DESSAU, L., persönliche Mitteilung
[41] SPANGENEBRG, H.-J., DESSAU, L., SCHIRMER, W., Chem. Techn. 28 (1976), 487
[42] DROST, H., „Plasmachemie", Akademie-Verlag, Berlin, 1978

HEURISTISCHE REGELN ZUM ENTWURF VERFAHRENSTECHNISCHER SYSTEME

(I. HACKER, K. HARTMANN)

Summary

Design problems are characterized by a very great number of possible solutions and by their complex character. In practice, they are mostly solved by intuition up to the present day. In order to support such tasks and to solve them on a scientific base, a number of relatively exact methods were developed in the last 10 years, their use, however, was restricted to relatively small systems, and even in these cases they were very expensive with respect to preparation and calculation. However, practical research, development, and design continue to be in want of methods of synthesis leading to a solution at a reasonable expenditure also in greater and more complex systems, even when such solutions do not represent the optimum but only a sub-optimum.

The synthesis of optimal structure by the use of heuristics rules to meet with this demand by means of so-called heuristic rules basing upon experience or theoretical investigations performed under simplifying assumptions in order to limit the number of possible solutions. The purpose of this paper is to present a first collection of such rules for practical use in research and design and furthermore to stimulate the completion of this collection.

1. Einleitung: Bedeutung, Definitionen, Klassifikation

Die optimale Gestaltung stoffwirtschaftlicher Systeme ist ein wesentliches Anliegen der modernen chemischen Technologie. Diese Aufgabenstellung gilt sowohl für den Entwurf als auch den Betrieb von Anlagen und setzt umfassende Kenntnisse über die naturwissenschaftlichen, technischen und ökonomischen Zusammenhänge und Gesetzmäßigkeiten der ablaufenden Prozesse und ihrer Kopplung mit den verschiedensten Sphären der Volkswirtschaft voraus.

Je globaler die Untersuchungsebene, d. h. je größer und komplexer das zu gestaltende System ist, desto stärker wird die Wechselwirkung von Naturwissenschaften, Technik und Ökonomie und um so komplizierter, hochdimensionaler die Optimierungsaufgabe. Das hat dazu geführt, daß Optimierungsprobleme großer stoffwirtschaftlicher Verfahren bzw. Teilanlagen einen großen modell- und simulationstechnischen Vorbereitungsaufwand erfordern und die Optimierung außerordentlich erschwert ist. Außerdem wurden bisher relativ wenige „Optimalgesetze" verfahrenstechnischer u. a. stoffwirtschaftlicher Anlagen explizit aufgedeckt, erinnert sei an dieser Stelle nur an die Optimalgesetze für Parallelschaltungen von GOSSEN.

Im Verlaufe der umfangreichen technologischen Erfahrungen beim Betrieb von Anlagen, der Erkenntnisse von Projektanten und der Ergebnisse der Grundlagenforschung wurde jedoch ein umfangreicher Schatz von Faustregeln und Hinweisen für die zweckmäßige Gestaltung bestimmter Prozeßstufen gesammelt, überprüft und genutzt. Die systematische Sammlung, Testung und Anwendung dieser Heuristiken für technologische Aufgabenstellungen erfolgte erst in den letzten Jahren. Der vorliegende Beitrag ist einer solchen Sammlung und Kommentierung heuristischer Regeln für den Entwurf verfahrenstechnischer Systeme gewidmet.

Der Entwurf eines verfahrenstechnischen Systems beinhaltet vereinfachend betrachtet die Auswahl und Verknüpfung von Elementen, in der Regel von Grundprozessen und Grundoperationen sowie die Fixierung der zugehörigen System- und Elementparameter. Das entworfene System soll hierbei nicht nur seine Funktion — die Umwandlung eines oder mehrerer Ausgangsprodukte in bestimmte Endprodukte — erfüllen, sondern es soll auch eine Zielfunktion, z. B. die Gesamtkosten oder den Gewinn, optimieren. Einige Probleme, die bei diesem Entwurfsprozeß auftreten, insbesondere die Modellierung der Elemente sowie die Parameteroptimierung, sind schon Jahrzehnte Gegenstand der verfahrenstechnischen Forschung, andere Probleme hingegen, insbesondere die Fragen der Verknüpfung der Elemente, der sog. Struktursynthese, werden erst seit ca. 10 Jahren wissenschaftlich betrachtet. Trotzdem verfügt die Systemverfahrenstechnik inzwischen über eine Reihe sehr effektiver Synthesemethoden, die auch bereits an praktischen Aufgabenstellungen erprobt worden sind. Erinnert sei an solche Methoden wie die dynamische Programmierung [1], die Strukturparametermethode [2], die „Branch and bound"-Methode [3], die Zuordnungsmethode [4] u. a. m. Auf Grund der Lösungsvielfalt, die bei der Synthese von verfahrenstechnischen Systemen zu beachten ist, blieb die Anwendung dieser Methoden meist auf kleinere und mittlere Systeme beschränkt und erfordert auch dort bereits einen großen Vorbereitungs- und Rechenaufwand.

In der Praxis besteht aber neben dem Interesse an derartigen relativ exakten Synthesemethoden ein großer Bedarf an einfach handhabbaren Näherungsmethoden, die auch auf beliebig große und komplexe Systeme angewendet werden können. Dieser Bedarf liegt in Projektierungseinrichtungen vor, im gleichen Maße aber auch bei der technologischen Forschung, insbesondere bei der technologischen Vorlaufforschung. Diesem Anliegen versucht die heuristische Strukturierung gerecht zu werden. Der Begriff „heuristische Strukturierung" wurde in der Fachliteratur 1969 von MASSO und RUDD [15] eingeführt. Durch die Verwendung sog. heuristischer Regeln wird hierbei versucht, die Lösungsvielfalt einzuengen, im Extremfall auf eine einzige Lösung. MASSO und RUDD [15] bezeichnen die heuristischen Regeln als „plausible aber fehlbare Mutmaßung" zur schrittweisen Ermittlung der Struktur eines verfahrenstechnischen Systems.

Es ist aber prinzipiell möglich und auch zweckmäßig, unter Beibehaltung der Zielstellung und des Grundgedankens den Inhalt der heuristischen Regeln zu modifizieren und zu erweitern. Hiernach sollte eine heuristische Regel ein Algorithmus oder ein mehr oder weniger globaler Hinweis sein, der auf der Erfahrung und/oder auf unter vereinfachenden Annahmen durchgeführten theoretischen Untersuchungen basiert und aus der Vielzahl der prinzipiell möglichen Lösungsvarianten eine oder einige bezüglich einer Zielfunktion favorisierte Varianten auszuwählen gestattet. Heuristische Regeln können sich hiernach auf alle Bearbeitungsschritte, die beim Entwurf auftreten, beziehen, so auf die Fixierung der Struktur, die Wahl der Elemente, die Wahl der System- und Elementparameter sowie die Bewertung des Systems.

Bei näherer Betrachtung der zusammengestellten heuristischen Regeln fällt auf, daß es für die gleiche Fragestellung meist mehrere Regeln gibt und daß Lösungsvorschläge sich teilweise widersprechen. Es erhebt sich hiermit die Frage, ob die Regeln alle berechtigt sind oder ob man sie nicht auf eine Regel je Fragestellung reduzieren kann. Hierzu muß bemerkt werden, daß die Regeln nach jetzigem Wissensstand alle berechtigt sind und daß ihre Vielzahl daraus resultiert, daß sie unterschiedlichen Zielfunktionen und unterschiedlichen technisch-ökonomischen u. a. Bedingungen entsprechen. Leider können den meist empirisch entstandenen Regeln diese Bedingungen noch nicht eindeutig zugeordnet werden. Im Zweifelsfall sollten deshalb verschiedene Regeln angewendet und damit alternative Systeme erzeugt werden. Prinzipiell ist auch die Anwendung von Lernalgorithmen, die die Auswahl der unter den gegebenen Bedingungen zutreffenden Regeln gestatten, möglich. Bei der Synthese von Wärmeübertragungssystemen sind damit gute Erfahrungen gesammelt worden [4].

Wie bereits ausgeführt, gestattet die Nutzung der heuristischen Regeln auf der einen Seite eine wesentliche Senkung des erforderlichen Arbeitsaufwandes, auf der anderen Seite werden meist nur suboptimale Lösungen erzeugt. Es ist deshalb von Fall zu Fall zu prüfen und zu entscheiden, welcher der beiden möglichen Wege, die Benutzung aufwendiger Methoden, die mit hoher Wahrscheinlichkeit zum Optimum führen, oder die Verwendung weniger aufwendiger Näherungsmethoden, beschritten werden soll. So wird man beim ersten Entwurf einer Technologie im Rahmen der chemischen Grundlagenforschung auf heuristische Regeln orientieren, während man bei der endgültigen Festlegung des Wärmeübertragungssystems für eine Rohöldestillation z. B. die Zuordnungsmethode [4] verwenden würde. Oder man wird sich bei der Bewertung der Struktur eines Stofftrennsystems mit der heuristischen Regel „Wähle R/R min = 1,2 bis 1,25" (R = Rücklaufverhältnis) begnügen, während für die endgültige Auslegung und Optimierung jeder einzelnen Kolonne (nach der Fixierung der Struktur) eine direkte Optimierung dieses Parameters zu empfehlen ist.

Die nachfolgend zusammengestellten heuristischen Regeln stellen einen ersten Versuch einer Systematisierung dar. Alle Regeln haben sich — entsprechend den jeweiligen Randbedingungen — bei unterschiedlichen Entwurfsaufgaben bewährt. Zur weiteren Objektivierung und zur genaueren Festlegung des Anwendungsgebietes bedarf es umfassenderer Detailuntersuchungen und umfangreicher Anwendungen, die hiermit auch angeregt werden sollen.

Die konkrete Anwendung der heuristischen Regeln auf praktische Aufgabenstellungen ist in [4] und [5] ausführlich beschrieben.

Um eine gewisse Übersichtlichkeit zu erreichen, wurden die heuristischen Regeln nach 2 Gesichtspunkten geordnet:

1. Nach der Art des Systems, auf dessen Entwurf sich die Regeln beziehen (= erste Kenn-Nummer in der Zusammenstellung):

(1) — beliebige homogene und heterogene verfahrenstechnische Systeme
(2) — Wärmeübertragungssysteme
(3) — homogene Stofftrennsysteme (bevorzugt Destillation)
(4) — Stofftrennsysteme mit Energieintegration

Anmerkung: Die Reihe kann prinzipiell erweitert werden, z. B. auf Reaktorsysteme, Systeme zur Kälteerzeugung usw.

2. Nach den Funktionen der Regeln (= zweite Kenn-Nummer):

(1) — Regeln zur Vorbereitung bzw. Modifizierung der Aufgabenstellung zum Entwurf verfahrenstechnischer Systeme (vorbereitende Regeln), allgemeine Entwurfsregeln
(2) — Regeln zur Fixierung der Struktur (strukturierende Regeln)
(3) — Regeln zum Verbot bestimmter Kopplungen (Verbotsregeln)
(4) — Regeln zur Wahl der Grundoperation bzw. des Apparatetyps zur Erfüllung der vorgegebenen Funktion eines Elementes (Elementenregeln)
(5) — Regeln zur Wahl von System- und Elementparametern (Parameterregeln)
(6) — Regeln zur Modifizierung der erzeugten Systeme
(7) — Regeln zur Bewertung der erzeugten Systeme

Heuristische Regeln sind im Rahmen der theoretischen Grundlagen der chemischen Technologie sowohl als „Vorstufe", d. h. noch nicht bewußt erkannte Gesetze stoffwirtschaftlicher Verfahren und Anlagen, zu betrachten, die später durch genaue Zusammenhänge abgelöst werden, als auch als Art „unscharfe" Gesetze, die eine eigenständige Rolle auch in der weiteren Zukunft spielen werden.

2. Synthese beliebiger homogener und heterogener verfahrenstechnischer Systeme

2.1.   Regeln zur Vorbereitung bzw. Modifizierung der Aufgabenstellung, allgemeine Entwurfsregeln

Regel 1/1/01:

Wähle beim Entwurf einen oder mehrere der folgenden Wege:

1. Analysiere die Gesamtfunktion logisch und zerlege sie!
2. Analysiere Systeme mit ähnlichen Funktionen!
   (*Anmerkung:* erleichtert Lösung, engt aber meist ein)
3. Gehe schrittweise von den Systemein- und -ausgängen zum Systeminneren
4. Gehe schrittweise von dem zentrierenden Element des Systems zu den Systemein- und -ausgängen!

Quelle: [6] 1., 2., 3.

Regel 1/1/02:

1. Zerlege die Gesamtfunktion in Teilfunktionen!
2. Suche die diese Teilfunktionen erfüllenden Strukturen!
3. Kombiniere die Strukturen zur Gesamtstruktur!

Anmerkung/Motiv: Axiom: Jede komplexe Struktur setzt sich aus bekannten, weniger komplexen Strukturen zusammen.
Quelle: [6]

Regel 1/1/03:

Zur Reduktion der Anzahl der Varianten im Entwurfsprozeß sollte die hierarchische Struktur ausgenutzt werden, d. h. nur begrenzte Untergliederung.

Anmerkung/Motiv: Da bei Anwendung dieser Regel die Entscheidung auf Grund unvollständiger Einsichten in Detailprobleme zu treffen ist, geht man das Risiko ein, nicht die denkbar beste Lösung zu finden. Bei wesentlichen Neuentwicklungen sollte die Variantenauswahl deshalb mehr als eine Hierarchieebene betreffen.
Quelle: [7]

Regel 1/1/04:

Das Gesamtrisiko kann vermindert werden, indem parallel zu den „riskanten" Varianten eine sogenannte „sichere" Variante bearbeitet oder zumindest im Auge behalten wird.

Regel 1/1/05:

Nutze zum Aufsuchen von Lösungselementen die Methode der ordnenden Gesichtspunkte (*OGP*) und der unterscheidenden Merkmale (*UM*). (Sogenannte morphologische Methode.)

Anmerkung/Motiv: Die UM sind Realisierungsmöglichkeiten für die OGP. Die OGP brauchen inhaltlich nicht *nur* technische Funktionen darzustellen, sie können auch irgendwelche strukturellen oder physikalischen Parameter enthalten.
Quelle: [6]

Regel 1/1/06:

Optimales System und optimale Umgebungsbedingungen beeinflussen sich gegenseitig. Bei dem Systementwurf sind daher die vorgegebenen Umgebungsbedingungen (z. B. Produktqualität) kritisch einzuschätzen.

2.2.   *Regeln zur Wahl von Parametern*

Regel 1/5/01:

Produktionsanlagen arbeiten in der Regel bei zu hohen Energieverbräuchen (Drosselung, zu großes Δt usw.) zugunsten niedriger Investkosten. Prüfe deshalb, wo das Gesamtoptimum liegt!

2.3. Regeln zur Modifizierung des erzeugten Systems

Regel 1/6/01:

Versuche die Anzahl der Prozeßstufen zu reduzieren! Untersuche die Stoffströme auf „gegenläufige Prozesse", z. B. Verdampfen-Kondensieren usw.!

Regel 1/6/02:

Versuche die Prozesse kontinuierlich zu gestalten!

Regel 1/6/03:

Reduziere die Anzahl der Einheiten zur Druckerhöhung, indem die Einheiten,
die bei höheren Drücken arbeiten, die Funktion von Einheiten im gleichen
Strom aber bei niedrigem Druck mitübernehmen!
    Versuche Dampfverdichtungen (Kompression) durch Pumpen zu ersetzen!
Quelle: [8]

Regel 1/6/04:

Prüfe, ob durch eine Mehrstufigkeit der energetische u/o. stoffliche Wirkungsgrad verbessert werden kann!

Regel 1/6/05:

Prüfe die Möglichkeit der Integration und Kombination!
Quelle: [9]

Regel 1/6/06:

Prüfe, ob eine Wärmeregeneration möglich ist!

Regel 1/6/07:

Prüfe, ob Abfall- und Nebenprodukte rückgeführt werden können!

Regel 1/6/08:

Prüfe, ob Konzentrationsenergie/-exergie durch Kopplung von Vermischungs-
und Entmischungsprozessen genutzt werden kann!
Quelle: [10]

Regel 1/6/09:

Prüfe, ob die Kopplung exothermer und endothermer Prozesse (z. B. chem.
Reaktionen) möglich ist!

2.4. Regeln zur Bewertung des erzeugten Systems

Regel 1/7/01:

Gliedere die Stufe „Bewertung" in
            — Analyse der Funktionsfähigkeit und
            — Bewertung im Sinne Vergleich!
Quelle: [7]

Regel 1/7/02:

Verlege den Prozeß der Bewertung bereits in den Prozeß der Synthese (teilweise)!

Quelle: [6]

Regel 1/7/03:

Nutze zur Bewertung eine fünfwertige Wertempfindlichkeitsskala mit $0 \leqq p \leqq 4$

$$X = \frac{\sum\limits_{j=1}^{n} g_j \cdot p_j}{\sum\limits_{j=1}^{n} g_j \cdot p_{j\mathrm{max}}} \qquad j = 1, 2, \ldots, n$$

$p_{j\mathrm{max}}$ = maximal mögliche Punktzahl für die Teilfunktion j
p_j = vorhandene Punktzahl für Teilfunktion j
g_j = Gewicht für Teilfunktion j

Anmerkung/Motiv: Voraussetzung für Anwendbarkeit: Gesamtwert = Summe der Erfüllungswerte für Einzelforderung.

Quelle: [6]

Regel 1/7/04:

Nutze zur quantitativen Bewertung qualitativer Eigenschaften die folgende Beziehung:

$$y = \frac{\prod\limits^{n} p_i{}^{g_i}}{\prod\limits^{n} p_{i\mathrm{max}}^{g_i}} \qquad i = 1, 2, \ldots, n$$

p_i = Punktzahl für Kriterium i
$p_{i\mathrm{max}}$ = maximale Punktzahl für Kriterium i
g_i = Gewicht für Kriterium i

Wird die Skala $0 \leqq p_i \leqq 1$ gewählt z. B. 0; 0,25; 0,50; 0,75; 1,00, so vereinfacht sich die obige Gleichung zu

$$y = \prod\limits^{n} p_i{}^{g_i}$$

Diese Regel ist als Alternative zu der Summenregel 1/7/03 anzusehen.

Quelle: [6]

3. Synthese von Wärmeübertragungssystemen (WUES)

3.1. Regeln zur Vorbereitung bzw. Modifizierung von Aufgabenstellungen

Regel 2/1/01:

Falls der Abstand zwischen den Kurvenzügen

$$\sum_{HS} Q(t)_{HS} \quad \text{und} \quad \sum_{KS} Q(t)_{KS}$$

stark schwankt und insbesondere aus diesem Grund keine maximale Wärmerückgewinnung möglich ist, versuche durch Nutzung zusätzlicher Heizströme (*HS*) bzw. Kühlströme (*KS*), deren Temperaturniveau im Bereich der kleinsten Abstände (*Δt*) liegt, den Grad der Wärmeregeneration und die Effektivität des WUES zu erhöhen!

Quelle: [11]

Regel 2/1/02:

Liegen Verbote zur Kopplung von Strömen vor (z. B. auf Grund zu erwartender Störungen bei der teilweisen Vermischung der beiden Produkte infolge von Undichten), versuche eine indirekte Kopplung über Wärmeträger (z. B. Wasser—Wasserdampf)!

Regel 2/1/03:

Teile Ströme mit einer relativ großen Wärmekapazität so auf, daß eine Kopplung mit Strömen etwa gleichgroßer Wärmekapazität möglich ist!

Anmerkungen/Motiv: Bei gleichen Wärmekapazitäten der beiden Ströme bleibt Δt längs der Fläche konstant. Damit wird bei Δ ex = const $F \approx F$ min.

Regel 2/1/04:

Prüfe die Möglichkeit der Abwärmenutzung durch Dampferzeugung falls

    — das Temperaturniveau der Heizströme hinreichend groß und
    — das Wärmeangebot größer als der Wärmebedarf ist!

Anmerkungen/Motiv: Die Abwärmenutzung durch Dampferzeugung kann in einem Syntheseprogramm durch Hinzufügen eines zusätzlichen Kühlstromes (Speisewasserstrom) realisiert werden.

Regel 2/1/05:

Prüfe die Sinnfälligkeit der Dampferzeugung als Zwischenwärmeträger!

Anmerkungen/Motiv: Die Verwendung von Dampf als Zwischenwärmeträger kann sinnvoll sein, wenn

— die jeweiligen Heiz- u. Kühlströme räumlich entfernt sind und ihr Transport Schwierigkeiten bereitet,
— sicherheitstechnische oder andere Gesichtspunkte gegen eine direkte Kopplung sprechen,
— die Kosten mit einem Wärmeträger niedriger sind.

Realisierung eines Zwischenwärmeträgers kann in einem Syntheseprogramm durch Hinzufügung von zwei gleich großen Hilfsströmen erfolgen.

Regel 2/1/06:

Mische Ströme, die von der Technologie her mischbar sind und etwa gleiche Temperaturen haben, derart, daß die zu koppelnden Ströme etwa gleichgroße Wärmekapazitäten besitzen!

3.2.   Strukturierende Regeln

Regel 2/2/01:

Kopple jeweils den heißesten Heizstrom mit dem auf die höchste Temperatur aufzuheizenden Kühlstrom, beginnend am warmen Ende!

Anmerkungen/Motiv: Maximale Wärmerückgewinnung durch optimale Ausnutzung des Temperaturniveaus der Heiz- und Kühlströme. Nach Überschreitung der Ein- bzw. Austrittstemperatur der nachfolgenden Heiz- bzw. Kühlströme wird diese Forderung nicht mehr erfüllt.
Sinnvoll nur für $t > t_{Umgebung}$.

Regel 2/2/02:

Kopple den heißesten Heizstrom mit einem Kühlstrom, der eine möglichst hohe Austrittstemperatur besitzt, beginnend am warmen Ende!

Anmerkungen/Motiv: Die Regel orientiert analog zur Regel 2/2/01 auf eine maximale Wärmeregeneration, besitzt aber einen Spielraum zur Berücksichtigung anderer Einflüsse, z. B. Wärmekapazitäten, α-Zahlen.
Quelle: [12]

Regel 2/2/03:

Kopple den Kühlstrom mit der höchsten Austrittstemperatur mit einem möglichst heißen Heizstrom, beginnend am warmen Ende!

Anmerkungen/Motiv: Siehe Kommentar zu Regel 2/2/02.

Regel 2/2/04:

Kopple den Heizstrom und den Kühlstrom mit der jeweils höchsten Eintrittstemperatur
a) beginnend am kalten Ende
b) beginnend am warmen Ende!

Anmerkungen/Motiv: Fall a) nach [13, 14], Fall b) analoge Erweiterung.
Quelle: [13, 14]

Regel 2/2/05:

Kopple die beiden Ströme, die eine maximale Wärmerückgewinnung mit dieser Kopplung ermöglichen
a) beginnend am warmen Ende

b) beginnend am kalten Ende!
  Vgl. Regel 2/2/06.

Anmerkungen/Motiv: Diese Regel strebt ein System an, das nur aus wenigen Elementen besteht und einen großen Teil der zurückgewinnbaren Wärme zurückgewinnt.
Quelle: [15]

Regel 2/2/06:

Kopple diejenigen zwei Ströme, deren separate Aufheizung und Abkühlung (Fremdheizung, Fremdkühlung) zu maximalen Kosten führen würde! Vgl. Regel 2/2/05.

Anmerkung/Motiv: Zielstellung ist ein einfaches System mit möglichst hohem Grad an Wärmeregeneration. Von dem Ausgangssystem — ausschließlich Fremdheizung und Fremdkühlung — wird der größte Summand gestrichen bzw. reduziert.
Quelle: [15, 16]

Regel 2/2/07:

Kopple diejenigen Heiz- und Kühlströme miteinander, bei denen die Fremdkühlung und Fremdheizung der nach der Kopplung verbleibenden Restströme minimale Kosten verursacht!

Anmerkung/Motiv: Die Regel orientiert auf ein einfaches System (d. h. möglichst wenig Elemente, möglichst keine Springschaltungen) mit relativ hohem Wärmerückgewinnungsgrad.
  Die Regel kann empfohlen werden, wenn jeweils mehrere Heiz- und Kühlströme mit etwa gleichem Temperaturniveau vorliegen.
  Statt der Kosten für die Fremdheizung und Fremdkühlung können näherungsweise auch die Restwärmen verwendet werden.
Quelle: [15, 16]

Regel 2/2/08:

Kopple diejenigen Heiz- und Kühlströme miteinander, bei denen

a) die Kosten für die Fremdkühlung des Restheizstromes minimal sind falls

$$\sum_i Q_{HSi} < \sum_j Q_{KSj} \quad \text{bzw.}$$

b) die Kosten für die Fremdheizung des Restkühlstromes minimal sind falls

$$\sum_i Q_{HSi} > \sum_j Q_{KSj}$$

Anmerkung/Motiv: Siehe Kommentar zu Regel 2/2/07.

Regel 2/2/09:

Kopple den Heizstrom mit der niedrigsten Eintrittstemperatur mit dem Kühlstrom mit der niedrigsten Austrittstemperatur, falls $t < t_{\text{Umgebung}}$.

Anmerkung/Motiv: Regel entspricht Regel 2/2/01 für $t < t_{\text{Umgebung}}$. Modizifierung der Regel gemäß Regel 2/2/02 ist möglich.

Regel 2/2/10:

Falls die erforderliche Wärmeübertragungsfläche größer ist als die in einer Typenreihe maximal mögliche, verwende Parallelschaltung!
Teile hierbei die Ströme in 2, 4 oder 8 Teilströme!

Anmerkung/Motiv: Regel wurde für Rohölanlagen aufgestellt.
1. Mengenströme sind bei Rohöldestillationsanlagen im allgemeinen sehr hoch. Reihenschaltung führt dann zu großen Druckverlusten, deshalb Parallelschaltung.
2. Die Aufteilung in je 2 Teilströme gewährleistet eine maximale Gleichmäßigkeit der Stromteilung.

Quelle: [11]

Regel 2/2/11:

1. Kopple Ströme, die einen relativ teuren Werkstoff erfordern, mit einem Strom, der eine hohe α-Zahl besitzt!
2. Kopple Ströme, die einen relativ teuren Werkstoff erfordern, mit einem Strom, der ein relativ großes Δt_m ergibt!
3. Kopple Ströme, die einen relativ teuren Werkstoff erfordern, mit einem Strom, der einen großen Wert für $k \cdot \Delta t_m$ ergibt!

Anmerkung/Motiv: Minimierung der Wärmeübertragungsflächen mit einem hohen Flächenpreis mit der Zielstellung der Minimierung der Gesamtfestkosten.

Regel 2/2/12:

Erreicht der Korrekturfaktor für Δt_m auf Grund von Abweichungen vom Gegenstrom (z. B. Kreuz-Gegenstrom usw.) Werte $< 0{,}8$, schalte die Wärmeübertrager in Reihe!

Anmerkung/Motiv: Bei Korrekturfaktoren für Δt_m, die $< 0{,}8$ sind, wird der Mehraufwand an Fläche größer als die Kostendegression bei Verwendung großer mehrgängiger Wärmeübertrager. Deshalb Übergang zu kleineren Wärmeübertragern, die in Reihe geschaltet sind.

Quelle: [11]

Regel 2/2/13:

Trenne bei Teilkondensation bzw. Teilverdampfung nach jedem Apparat die flüssige und dampfförmige Phase und führe sie getrennt weiter!

Anmerkung/Motiv: Durch die vorgeschlagene Phasentrennung wird vermieden, daß 2-Phasengemische (Gefahr der Entmischung und der ungleichmäßigen Belastung) von einem Apparat in einen anderen geführt werden müssen. Durch diese Maßnahmen wird allerdings das Δt_m, insbesondere bei Gemischen mit großen Siedeunterschieden, verringert.

Regel 2/2/14:

Führe die erforderliche Fremdheizung in einem WUES möglichst bei niedrigen Temperaturen und Fremdkühlung bei möglichst hohen Temperaturen durch!

Anmerkung/Motiv: Der Preis für Fremdheizmittel sinkt in der Regel mit sinkender

Temperatur, der Preis für Fremdkühlmittel dagegen sinkt mit steigender Temperatur. Andererseits steigen in diesem Fall die Festkosten für das innere System des WUES. *Quelle:* [17]

Regel 2/2/15:

Verwende bei dem Wärmeaustausch zwischen zwei Strömen, die beide fühlbare Wärme übertragen, möglichst Gegenstrom!

Anmerkung/Motiv: Bei der Übertragung von fühlbarer Wärme zwischen zwei Strömen ergibt sich bei Gegenstrom ein maximales Δt_m.

Regel 2/2/16:

Setze bei Fremdkühlung Luftkühler ein, wenn die abzuführende Wärme hinreichend groß und die Produkttemperatur größer als 50 °C ist!
Setze als Kühlmittel Kühlwasser ein, falls die Produkttemperatur unter 40 °C liegt!
Im Temperaturbereich von 40 °C—50 °C wird ein ökonomischer Variantenvergleich empfohlen.

Anmerkung/Motiv: Die Regel strebt eine Minimierung der Gesamtkosten an und gilt unter folgenden Voraussetzungen:
— Normalstahl als Rohrmaterial
— Kühlwasserpreise in der Größenordnung von 100 M/1 000 m³.
Quelle: [18]

3.3.   *Verbotsregeln*

Regel 2/3/01:

Verbiete die Kopplung eines Stromes mit $Q < Q_{min}$! Erfülle die Forderungen der Aufgabenstellung an diesem Strom durch Fremdheizung bzw. Fremdkühlung!
Q_{min} = Untere Grenze für eine Wärme, die für eine Wärmeregeneration vorgesehen werden soll. Der absolute Betrag von Q_{min} ist vom vorliegenden System bzw. der Aufgabenstellung abhängig.

Anmerkung/Motiv: Diese Regel soll verhindern, daß komplizierte Systeme mit vielen kleinen Wärmeübertragern entstehen.

Regel 2/3/02:

Verbiete die Kopplung zweier Ströme, wenn am Anfang der Kopplung

$$\Delta t > \Delta t_{max}$$

ist und noch Kopplungen mit kleinerem Δt möglich sind!

Anmerkung/Motiv: Vermeidung hoher Energieverluste.
Richtwert: $\Delta t_{max} = 50\,°C - 200\,°C$ oder

$$\Delta t_{max} = a \cdot \Delta t_{mittel}$$

Regel 2/3/03:

Verbiete die Kopplung von Strom A und Strom B, falls im Fall von Leckagen oder Betriebsstörungen

— sicherheitstechnische oder
— technologische

Bedenken bestehen!

3.4. Regeln zur Wahl von Ausrüstungen

Regel 2/4/01:

Führe mechanisch verunreinigte Ströme durch die Rohre (wegen der leichten Reinigungsmöglichkeit), z. B. Kühlwasser!

Anmerkung/Motiv: Diese Regel kann zusätzlich als Verbotsregel formuliert werden: Verbiete die Kopplung von Strömen, die beide durch die Rohre geführt werden sollen!

Regel 2/4/02:

Wähle das Verhältnis von Mantelinnendurchmesser zu Höhe des Umlaufverdampfers wie folgt:

Vakuum $D:H = 1:2$
Normaldruck $D:H = 1:3$

3.5. Regeln zur Parameterwahl

Regel 2/5/01:

Wähle die zwischen zwei Strömen zu übertragende Wärme möglichst maximal! Reduziere die maximal übertragbare Wärme nur dann, wenn die Temperaturdifferenzen

$$\Delta t_m < \Delta t_{m\min} \quad \text{bzw.}$$

$$\Delta t \ < \Delta t_{\min}$$

Δt_m = mittlere logarithmische Temperaturdifferenz zwischen den Strömen
Δt = kleinste Temperaturdifferenz zwischen den Strömen im Wärmeübertrager

werden und noch andere Kopplungen möglich sind!

Die Größe für $\Delta t_{m\min}$ bzw. $\Delta t_{\min}$ hängt ab vom Aggregatzustand der Medien, dem Temperaturniveau, dem Verhältnis Investkosten-Betriebskosten u. a. m.

Anmerkung/Motiv: Die Kopplung zweier Ströme bis zur maximal übertragbaren Wärme, d. h. in der Regel bis zur völligen Abdeckung des Stromes mit der kleineren zu übertragenden Wärme, strebt Wärmeübertragungssysteme mit relativ wenigen großen Elementen an. Auf Grund der Kostendegression bei den Wärmeübertragern selbst sowie geringeren Kosten für Rohrleitungen, Isolierung, BMSR usw. wird hierdurch eine Kostenminimierung erreicht, selbst wenn das Temperaturniveau der einzelnen Ströme nicht optimal genutzt wird.

Die Regel kann unter folgenden Bedingungen empfohlen werden:
— Anzahl der Ströme ist mittelgroß bis groß
— Temperaturdifferenzen zwischen den Heiz- und Kühlströmen sind nicht extrem klein
— Summe aller Wärme der internen Heizströme ist ungleich der Summe aller Wärme der internen Kühlströme.

Regel 2/5/02:

Beende die Kopplung zweier Ströme, wenn die Temperaturdifferenz einen Wert von

$$\Delta t_{max}$$

erreicht bzw. überschreitet und noch andere Kopplungen mit kleinerem Δt möglich sind!

Anmerkung/Motiv: Vermeidung hoher Exergieverluste. Richtwert:

$$\Delta t_{max} = 50-200\,°C$$

Regel 2/5/03:

Unterbrich die Kopplung von zwei Strömen bei Beginn bzw. Ende einer Phasen-änderung eines der beiden Ströme!

Anmerkung/Motiv: Die unterschiedlichen Strömungszustände vor, während und nach einem Phasenwechsel erfordern in der Regel eine unterschiedliche Gestaltung der Wärme-übertrager.

Regel 2/5/04:

1. Kühlzonenbreite bei Kühlwasser: 10 K
2. Δt_m bei Kühlwasser: $\geqq$ 10 K
3. Δt bei NH_3-Kühlung und
   Solekühlung: 5—10 K
4. Δt bei Umlaufverdampfern: 10—30 K

4.   Synthese von homogenen Stofftrennsystemen

4.1.   Strukturierende Regeln*)

Regel 3/2/01:

Trenne nacheinander jeweils eine Komponente über Kopf ab! (Sog. direkte Reihenfolge.)

Anmerkung/Motiv:

— Die direkte Reihenfolge liefert mit Ausnahme der schwersten Komponente alle Fraktionen als Destillate, dadurch sind hohe Qualitätsforderungen erfüllbar.

---

*) Für die Strukturierung von Hauptkolonnensystemen zur destillativen Trennung von idealen und schwach nichtidealen Gemischen liegen inzwischen präzisierte heuristische Regeln vor. Siehe hierzu [28].

— Liegen flüssige Ausgangsprodukte und mittlere bis große Trennfaktoren ($\alpha \geqq 3$) zwischen den einzelnen Komponenten vor, erfordert die direkte Reihenfolge in der Regel den minimalen Trennaufwand.
— Durch Abtrennung der jeweils flüchtigsten Komponente steigt, konstanter Druck in allen Kolonnen vorausgesetzt, die Kopftemperatur in den nachfolgenden Kolonnen.
  Dieser Sachverhalt führt insbesondere bei $t_{\mathrm{Kopf}} < t_{\mathrm{Umgebung}}$ zu minimalen Energiekosten.
— Wird in allen Kolonnen die gleiche Kopftemperatur gewählt, ergibt sich in der Trennkette ein fallendes Druckniveau, so daß die Anzahl der Pumpen minimiert werden kann.

Regel 3/2/02:

Lege den Schnitt jeweils derart, daß die Kopf- und Sumpffraktion molmengenmäßig möglichst gleich groß sind! (Sog. ,,50-50-Trennung“ oder äquimolare Trennung.)*)

Anmerkungen/Motiv: Vgl. hierzu den Kommentar zur Regel 3/2/03.
Quelle: [20, 24]

Regel 3/2/03:

Falls alle anderen Eigenschaften gleich sind, trenne möglichst jeweils in gleich große Teile!*)

Anmerkung/Motiv: Diese Regel führt zu einem Stofftrennsystem, bei dem die Summe der zu trennenden Stoffströme minimal ist. Die Regel gilt daher streng, falls der Trennaufwand in allen Stufen nur von der zu trennenden Menge abhängt und zwar linear, d. h. wenn gilt

$$K_i = a \cdot M_i$$

K_i = Gesamtkosten für die Trennstufe i
M_i = Mengendurchsatz in der Trennstufe i
a = Konstante für das vorliegende Trennproblem (gültig für alle Trennstufen).

Regel 3/2/04:

Führe schwierige Trennoperationen mit möglichst kleinen Mengen aus, d. h. trenne vorher leicht abtrennbare Fraktionen ab!

Anmerkung/Motiv: Schwierige Trennungen erfolgen in diesem Fall mit minimalen Mengen. Temperaturdifferenzen zwischen Kopf und Sumpf sind minimal.
Quelle: [20, 24, 25]

Regel 3/2/05:

Trenne in der Reihenfolge fallender α-Werte (α — relative Flüchtigkeiten) zwischen den jeweils benachbarten Komponenten!

Anmerkung/Motiv: Modifizierung/Erweiterung der Regel 3/2/04

---

*) Der Gültigkeitsbereich dieser Regel sollte auf die destillative Zerlegung flüssiger engsiedender Gemische beschränkt werden [28].

Regel 3/2/06:

Trenne die Komponente, die im Überschuß vorliegt, zuerst ab!

Anmerkung/Motiv: Modifizierung der Regel 3/2/02.
Quelle: [11, 23, 25]

Regel 3/2/07:

Sind sowohl die Mengen als auch die anderen Eigenschaften nicht gleich, so verwende die Regel:

Trenne zunächst die im Überschuß vorliegende Komponente ab!

Anmerkung/Motiv: Unter der Bezeichnung „andere Eigenschaften" sind die Differenzen der Eigenschaften der beiden jeweiligen Schlüsselkomponenten zu verstehen.
Quelle: [17, 20, 25]

Regel 3/2/08:

Wähle die Struktur mit der größten Summe der Entropien der Auswahl jeder einzelnen Kolonne:

$$H = \sum_{j=1}^{n} H_j = \text{Max}!$$

$$H(p) = -p \log p - (1 - p) \cdot \log (1 - p)$$

$p = $ Sumpfmenge/Einlaufmenge

Quelle: [22]

Regel 3/2/09:

Trenne zunächst thermisch instabile Komponenten ab (d. h. solche, die bei höheren Temperaturen zur Zersetzung, Oligomerisierung, Polymerisation oder anderen chemischen Umsetzungen neigen)!

Anmerkung/Motiv: Die genannten Reaktionen verschlechtern die Anlagenstabilität, die Produktqualitäten und die Materialökonomie. Hierdurch können die bei anderen Schaltungen u. U. möglichen energetischen Vorteile mehr als kompensiert werden.

Regel 3/2/10:

Trenne zunächst korrosiv wirkende Komponenten ab (d. h. solche, die erhöhte Festkosten auf Grund aufwendiger Werkstoffe für die Ausrüstungen erfordern).

Anmerkung/Motiv: Regel orientiert auf eine Minimierung der Festkosten.
Quelle: [25]

Regel 3/2/11:

Trenne Komponenten/Fraktionen, die

— nicht zu dicht zwischen zwei Komponenten/Fraktionen sieden,

— relativ kleine Mengen darstellen und
— keine hohen Reinheitsforderungen besitzen

im Seitenstrom, möglichst in der Obersäule, ab!
Verwende ggf. eine zusätzliche Stripp- bzw. Verstärkungssäule!

4.2. Regeln zur Wahl der Grundoperation bzw. des Apparatetyps

Regel 3/4/01:

Das Verhältnis Kolonnendurchmesser zu Füllkörpergröße (Pallringe, RR) soll
im Bereich

20:1 bis 40:1

liegen!

Anmerkung/Motiv:

— Verhinderung größerer Wandeffekte
— Ökonomie

Regel 3/4/02:

Bevorzuge für Normaldruck- und Druckkolonnen Ventil- und Performkontakt-
böden bzw. Pallringe!

Anmerkung/Motiv: Die genannten Kolonneneinbauten zeichnen sich durch einen guten
Stoffaustausch bei relativ großem Arbeitsbereich aus.

4.3. Regeln zur Wahl von Parametern

Regel 3/5/01:

Vermeide bei der Wahl der Betriebsparameter Temperatur- und Druckabweichungen von den Umgebungsbedingungen; wähle eher Abweichungen
nach oben als nach unten!
Voraussetzung: alle anderen Dinge bleiben gleich.

Anmerkung/Motiv:

1. Heizung und Kühlung erfordern bei Bedingungen, die nahe den Umgebungsbedingungen liegen, den geringsten Exergieaufwand, damit auch den geringsten Kostenaufwand.
2. Exergieaufwand und damit Kostenaufwand für die Kühlung steigt unterhalb T_u
   mit fallender Temperatur stärker als der Exergieaufwand/Kostenaufwand für die
   Heizung mit fallender Temperatur sinkt.

Regel 3/5/02:

Das Verhältnis Kopfproduktmenge/Einlaufmenge sollte gleich der Summe der

Konzentration der leichten Komponenten im Einlauf sein:

$$\varepsilon = \sum_{i=1}^{K} z_i$$

z_i = Konzentration im Einlauf
$1 \cdots K =$ leichte Komponenten

Anmerkung/Motiv: Gilt für sog. scharfe Trennung, bei der nur die Schlüsselkomponenten verteilt auftreten.
Quelle: [26]

Regel 3/5/03:

Das kostengünstigste Rücklaufverhältnis liegt meist nahe R_{min}. Aus Gründen einer hinreichenden Stabilität der Kolonnen sollte gewählt werden:

$$\left(\frac{R}{R_{min}}\right) = 1{,}2 \cdots 1{,}25 \quad [26]$$

$$\left(\frac{R}{R_{min}}\right) = 1{,}25 \quad [21]$$

Regel 3/5/04:

Wähle dasjenige Rücklaufverhältnis, bei der das Produkt $(R + 1) \cdot n$ minimal wird!

Anmerkung/Motiv:

— Das Produkt $(R + 1) \cdot n$ ist dem Apparatevolumen proportional. $[(R + 1) \cdot n]_{min}$ entspricht damit etwa dem Minimum der Festkosten für die Kolonne bzw. dem Minimum der Gesamtinvestkosten.
— Das Rücklaufverhältnis mit den minimalen Gesamtkosten liegt niedriger als das so ermittelte.

Regel 3/5/05:

Wähle R so, daß die maximal in einem Kolonnenapparat realisierbare Bodenzahl benötigt wird!

Anmerkung/Motiv: Da R_{opt} im allgemeinen eine sehr hohe Bodenzahl erfordert, wird die maximal in *einem* Kolonnenapparat realisierbare Bodenzahl angestrebt.

Regel 3/5/06:

Wähle bei temperaturempfindlichen Produkten den Kolonnendruck so, daß

$$t_{Sumpf} \leq t_{max}.$$

Druckverlust in der Kolonne beachten!

Regel 3/5/07:

Wähle den Kolonnendruck so hoch, daß die Kühlung mit dem verfügbaren Kühlwasser bzw. mit Luft möglich ist! Prüfe, ob die Sumpftemperatur folgende

Bedingungen erfüllt:

1. $t_s + \Delta t_{\text{Verdampfer}} \lessgtr t_{\text{Heizdampf}}$
2. $t_s \leq$ maximal zulässige Temperatur (z. B. wegen Produktzersetzung, Polymerisation)

Regel 3/5/08:

Steigere den Organisiertheitsgrad ($\triangle$ Trennschärfe) einer Kolonne bzw. eines Kolonnensystems zunächst durch Variation intensiver Parameter (optimaler Einlaufboden, Verhältnis Kopfproduktmenge — Sumpfproduktmenge, Druck usw.), erst dann durch Variation extensiver Parameter (Rücklaufverhältnis, Bodenzahl usw.)!

Quelle: [26]

4.4.   Regeln zur Bewertung der erzeugten Systeme

Regel 3/7/01:

Diejenige Schaltung ist optimal, die den geringsten Heizwärmebedarf hat.

Quelle: [20]

5.   Synthese von Stofftrennsystemen mit Energieintegration

5.1.   Strukturierende Regeln

Regel 4/2/01:

Trenne schwierige Trennungen, d. h. solche mit einem kleinen α zwischen den Schlüsselkomponenten, am Ende der Trennkette und kopple Verdampfer und Kondensator je einer solchen schwierigen Trennung!

Anmerkung/Motiv:

1. Schwierige Trennungen erfordern hohen Energieaufwand. Effekt bei Energieverbrauchsreduzierung ist daher groß.
2. Kolonnen zur Trennung engsiedender binärer Gemische haben ein geringes Δt zwischen Kopf und Sumpf, damit geringe Schwierigkeiten mit dem Heiz- und Kühlmedium für die gekoppelte Kolonne.

Regel 4/2/02:

Überprüfe die Zweckmäßigkeit des Einsatzes einer Wärmepumpe, falls mindestens einige der nachfolgend genannten Bedingungen erfüllt sind:

— geringe Temperaturdifferenz zwischen Kopf und Sumpf
— hoher Energiebedarf
— teure oder knappe Heizmedien
— fehlende Kühlmedien zur Kondensation des Kopfproduktes bei einem für die Trennung optimalen Kolonnendruck

6.   Literatur

[1] HENDRY, J. E., HUGHES, R. R., Chem. Engng. Progr. **68** (1972) 6, 71

[2] FAN, L. T., MISHRA, P. N., SHASTRY, J. S., AIChE, Symposium Ser., **69** (132), 123

[3] RODRIGO, R. R., SEADER, J. D., AIChE J. **21** (1975) 5, 885

[4] ROCKSTROH, L., HACKER, I., HARTMANN, K., ,,*Verfahren zur optimalen Strukturierung von Wärmeübertragungssystemen*" in ,,*Modellierung und Optimierung komplexer verfahrenstechnischer Systeme*", Akademie-Verlag, Berlin 1977

[5] HARTMANN, K., HACKER, I., in: ,,*Probleme der chemischen Technologie*" Akademie-Verlag, Berlin 1980

[6] HANSEN, F., ,,*Konstruktionswissenschaft*", Verlag Technik, Berlin 1974

[7] HALL, A., "*A Methodology for Systems Engng.*", Princeton D. van Nostrand, New York 1962

[8] UMEDA, T., Chem. Engng. Sci. **29** (1974) 10, 2033

[9] FRATZSCHER, W., Wiss. Z. TH ,,Carl Schorlemmer" Leuna—Merseburg **15** (1973) 2, 106

[10] ROLAND, M., Vortrag ,,*Merseburger Gespräch*", Merseburg 1974

[11] HUANG, F., ELSHOUT, R., Chem. Engng. Progr. **72** (1976), Juli, 68

[12] PONTON, I. W., DONALDSON, R. A. B., Chem. Engng. Sci. **29** (1974) 12, 2375

[13] UMEDA, T., Chem. Engng. Sci. **29** (1974) 10, 2033

[14] KAFAROW, W. W., Doklady Akad. Nauk SSSR, **218** (1974), 1163

[15] MASSO, A. H., RUDD, D. F., AIChE J. **15** (1969), 10

[16] KAFAROW, W. W., Vortrag CHISA-Kongreß, 1975

[17] RUDD, D. F. u. a., "*Process Synthesis*", Prentice Hall, Inc., Englewood Cliffs, New Jersey 1973

[18] KUNZE, R. u. a., Chem. Techn. **28** (1976) 11, 659

[19] HENDRY, J. E. u. a., AIChE J. **19** (1973) 1, 1

[20] HARBERT, W. D., Petroleum Refiner **36** (1957), 167

[21] FRESHWATER, D. C., HENRY, B. D., Chem. Engng. **1975**, 533

[22] MAIKOW, W. P., Theoret. Osnovy Chim. Technol. 8 (1974) 8, 435

[23] NISHIMURA, H., HIRAZUMI, Y., Int. chem. Engng. **11** (1971), 188

[24] HEAVEN, D. L., "*Optimum Sequencing of Distillation Columns in Multicomponent Fractionation*", M. S. Thesis, Univ. California, 1969

[25] POWERS, G. J., "*Recognizing Pattern in the Synthesis of Chemical Processing Systems*", Ph. D. Thesis, Univ. Wisconsin, Madison 1971

[26] MAIKOW, W. P., Vortrag ,,*Funktionaltheorie optimaler Mehrkolonnenrektifikationssysteme*", CHISA-Kongreß, 1975

[27] WOLF, C. W., Chem. Engng. Progr. **72** (1976) 7, 53

[28] HACKER, I., ,,*Beitrag zur heuristischen Strukturierung verfahrenstechnischer Systeme*", Dissertation A, Technische Hochschule ,,Carl Schorlemmer" Leuna—Merseburg 1980

PROBLEME DER OPTIMALEN GESTALTUNG VON STOFFTRENNSYSTEMEN

(K. Hartmann, I. Hacker)

Summary

Due to the great number of possible structures of separation process systems, the present paper discusses design methods for multicomponent mixtures, presenting selected methods for solving these problems. The methods recommended for the separation tasks include the dynamic programming, the method of structural parameters, the "branch and bound" method, and heuristics.

The method of approach is demonstrated using practical tasks from the fields of process design and rationalization, and simultaneously it is proved that the optimization of a system must not be restricted to the optimization of the single element but that the optimal structure and the optimal parameters can be found only by consideration of the system as a whole. It can be estimated that system chemical engineering already disposes of a great number of methods and programs as well as e great deal of experience to effectively solve problems concerning the synthesis of systems for multicomponent separation. Now the question is to intensify the practical application of this knowledge. This is an interesting and satisfactory task for the system engineer as well as for the specialist working in the field of separation processes.

1. Thermische Stofftrennsysteme als Elemente verfahrenstechnischer Systeme

Systeme der thermischen Stofftrennung haben im Verband eines verfahrenstechnischen Systems eine außerordentlich wichtige Funktion zu erfüllen. Sie gehören jedoch zu den Prozeßeinheiten einer Anlage, die bezüglich des Investkostenaufwandes und der thermodynamischen Güte relativ ungünstige Eigenschaften aufweisen. Diesbezügliche Untersuchungen [1] lassen folgende Verhältnisse erkennen:

1. Die relativen Kosten der Ausrüstung für die thermische Stofftrennung liegen bei den meisten Verfahren höher als die anderer Ausrüstungsgruppen (Abb. 1).
2. Die Exergieverluste (d. h. die Verluste des arbeitsfähigen Anteils der Wärmeenergie) bei der thermischen Stofftrennung sind sehr hoch (Abb. 2).

Auch der Vergleich der exergetischen Wirkungsgrade mit anderen Prozeßstufen untermauert diese relativ ungünstige Position der thermischen Stofftrennung (Abb. 3).

Die umfangreichen und auch erfolgreichen Arbeiten zur Intensivierung von Prozessen der thermischen Stofftrennung haben zwar Verbesserungen gebracht, eine grundlegende Wende ist jedoch aus naturgesetzlich wirkenden

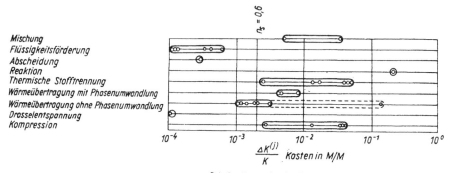

Abb. 1. Relative Kosten verschiedener Elementetypen verfahrenstechnischer Systeme

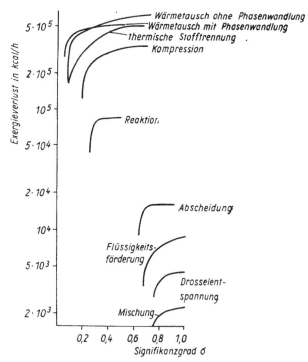

Abb. 2. Exergieverluste verschiedener Prozeßeinheiten in Abhängigkeit vom Signifikanzgrad

Verfahrenstechnisches System bzw. Element	exeraet. Wirkungsgrad η_{ex}		
Wärmekraftwerk	0,30		
Heizungsanlagen (Raumheizung)	0,07		
Kälteanlagen	0,10	· · ·	0,25
Ammoniaksynthese – Verfahren	0,14	· · ·	0,18
Olefingewinnungs – Verfahren	0,10		
Luftzerlegungs – Verfahren	0,10	· · ·	0,15
Verfahren d. rektifik. Stofftrennung	·0,10	· · ·	0,15
Acethylengewinnungs – Verfahren	0,40	. . .	0,50
Dampferzeuger, Industrieöfen	0,30	· · ·	0,50
Wärmeübertrager	0,30	· · ··	0,60
Kompressoren	0,20	· · ·	0,40
Reaktoren	0,40	· · ·	0,90
Extraktoren	0,70	· · ·	0,80
Rektifikationen	0,10	· · ·.	0,40

Abb. 3. Exergetischer Wirkungsgrad ausgewählter verfahrenstechnischer Systeme und Elemente

Ursachen nicht zu erwarten. Um so mehr ist es deshalb erforderlich, durch Ausnutzung der Kenntnisse über die optimale Systemgestaltung zur weiteren Intensivierung beizutragen. Dabei geht es in erster Linie um folgende drei Aufgabenstellungen:

1. Optimale Strukturierung und Gestaltung von Stofftrennsystemen
2. Optimale Gestaltung gekoppelter Stofftrenn- und Wärmeübertragungssysteme
3. Optimierung der gekoppelten Systeme—Reaktor—Stofftrennung

Diese Schwerpunktaufgaben ergeben sich aus der Typenstruktur eines verfahrenstechnischen Systems (Abb. 4).

Folgende wesentlichen Aspekte müssen bei der Lösung der o. g. drei Aufgaben berücksichtigt werden:

1. Optimale Strukturierung des Stofftrennsystems, indem aus der Vielzahl möglicher Strukturen diejenige ausgewählt wird, deren Gesamtkosten minimal sind.
2. Optimale Ausnutzung der Wärmeenergie abzukühlender Produktströme auf Grund innerer Kopplungen mit aufzuheizenden Produktströmen und optimaler Festlegung zusätzlicher Heiz- und Kühlmedien.
3. Kombination der Enthalpien der Produkt- bzw. Einsatzproduktströme von Verfahrensstufen benachbarter Verfahren.
4. Einsatz zusätzlicher Systemelemente z. B. von Linksprozessen (im Sinne der Thermodynamik) z. B. in Form von Wärmepumpen.

5. Optimale Abstimmung der Anforderungen an die Qualitätseigenschaften der Einsatz- und Endproduktströme zwischen System und Umgebung (Abgeber und Abnehmer).
6. Festlegung optimaler Rückführfaktoren bei Prozessen mit (thermischer) Stofftrennung und Rezirkulation nichtumgesetzter Einsatzstoffe.

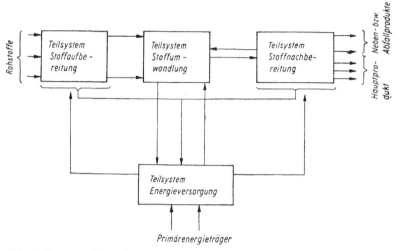

Abb. 4. Typenstruktur eines verfahrenstechnischen Systems

Alle diese Effekte treten auf und können ausgenutzt werden nur durch die gleichzeitige Betrachtung und Wirkung der zusammengehörigen Elemente, sie sind also systemimmanent und lassen sich nicht auf einzelne Elemente reduzieren.

Im folgenden sollen einige effektive Methoden und praktisch realisierte Ergebnisse zur Lösung o. g. Aufgaben näher beschrieben werden. Zuvor wird jedoch auf eine Problematik von Struktursyntheseaufgaben am Beispiel von Stofftrennsystemen eingegangen, die die Lösung der optimalen Gestaltung außerordentlich erschwert, und zwar die hohe Anzahl der Strukturvarianten.

2.   Strukturvielfalt bei Kolonnensystemen [2,3]

Die Vielfalt der Strukturvarianten, die übrigens nicht nur bei der Trennung von Mehrstoffgemischen auftritt, stellt neue Forderungen an die Entwurfsmethodik, insbesondere an die Bewertungs- und Auswahlverfahren, d. h. die Synthesealgorithmen. Folgende Systemtypen können zur kontinuierlichen Trennung eines Mehrstoffsystems in n reine Komponenten verwendet werden:

— Hauptkolonnensysteme (Abb. 5),

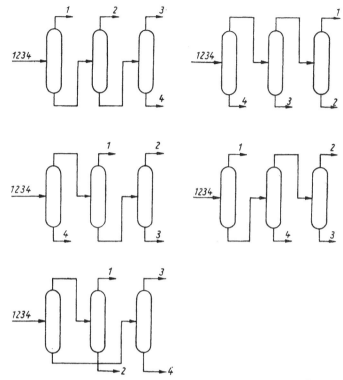

Abb. 5. Strukturvarianten von Hauptkolonnensystemen für die Trennung eines Vierkomponentengemisches

— Seitenkolonnensysteme (Abb. 6),
— Kombination Hauptkolonnensystem mit Wärmestromverbindungen (Abb. 7),
— Kombination Hauptkolonnensystem/Seitenkolonnensystem (Abb. 8a, b).

Die Berechnungsformeln und die Strukturvielfalt für ausgewählte Systeme sind in Tab. 1 zusammengestellt. Aus dieser Tabelle ist ersichtlich, daß schon bei mehr als 5 Komponenten der Variantenvergleich als realer Weg zur Auswahl der optimalen Struktur entfällt und neue Auswahlalgorithmen gesucht werden müssen. Im weiteren wird ein Überblick über diese Methoden gegeben.

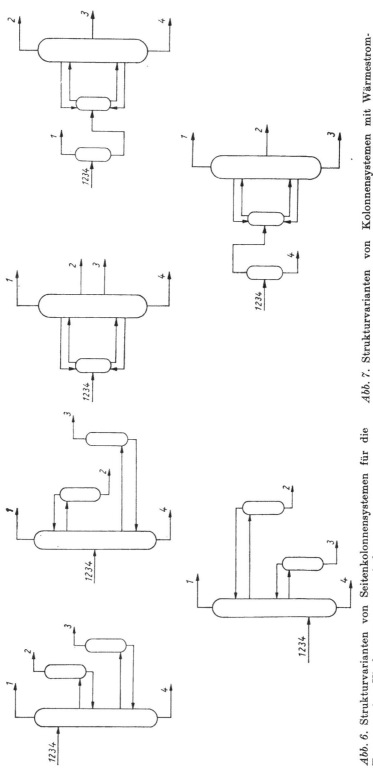

Abb. 6. Strukturvarianten von Seitenkolonnensystemen für die Trennung eines Vierkomponentengemisches

Abb. 7. Strukturvarianten von Kolonnensystemen mit Wärmestromverbindungen für die Trennung eines Vierkomponentengemisches

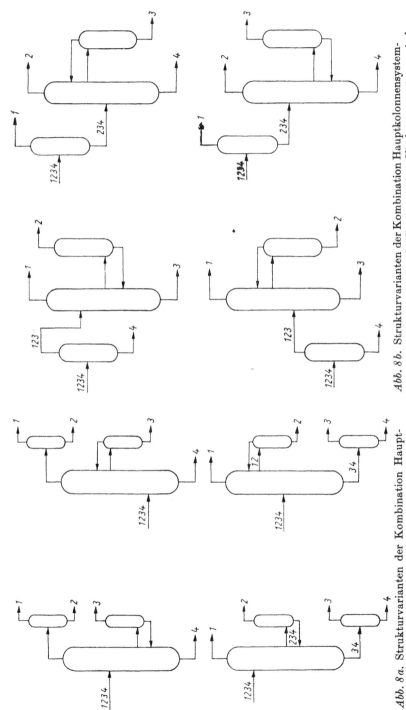

Abb. 8a. Strukturvarianten der Kombination Haupt-kolonnensystem-Seitenkolonnensystem für die Trennung eines Vierkomponentengemisches (Hauptkolonnen nachgeschaltet)

Abb. 8b. Strukturvarianten der Kombination Hauptkolonnensystem-Seitenkolonnensystem für die Trennung eines Vierkomponentengemisches (Hauptkolonnen vorgeschaltet)

Tabelle 1: Strukturvielfalt bei der Trennung von Mehrstoffgemischen in reine Komponenten

Systemtyp	Variantengleichung	Anzahl der Varianten für Mehrstoffgemische bestehend aus 2—10 Komponenten								
		2	3	4	5	6	7	8	9	10
Hauptkolonnensystem	$V_H = \dfrac{[2(n-1)]!}{(n-1)!\,n!}$	1	2	5	14	42	132	429	1430	4862
Seitenkolonnensystem	$V_S = n-1;\ n \geqq 3$	—	2	3	4	5	6	7	8	9
Hauptkolonnensystem mit Wärmestromverbindungen	$V_{HW} = \sum\limits_{i=2}^{n-1} \dfrac{[2(i-1)]!}{(i-1)!\,i!}$	—	1	3	8	22	64	196	625	2055
Hauptkolonnensystem mit Seitenkolonnensystem	$V_{HS} = \sum\limits_{k} V_{jkl},\ n \geq 4$ $V_{jkl} = (j+1) \cdot$ $[n - (j+k+l+1)] \cdot$ $V_j V_k V_l$ $V_i = \dfrac{(2i)!}{(i+1)!\,i!};$ $i = j, k, l$ $K = {}^1\!/_2 \sum\limits_{a=1}^{n-3} (a+1)(a+2)$	—	—	8	42	173	668	2537	9620	36580

3.   Überblick über Entwurfsmethoden für Stofftrennsysteme

3.1.   Allgemeines

Aus der Zusammenstellung zur Strukturvielfalt von Stofftrennsystemen geht deutlich hervor, daß beim Entwurf eines optimalen Systems neben der Aufgabe der Optimierung der einzelnen Prozeßstufen die Aufgabe der Wahl der optimalen Struktur steht [4].

Hierbei kann sogar eingeschätzt werden, daß der Effekt der Strukturoptimierung denjenigen einer Parameteroptimierung in der Regel übersteigt [5]. Trotz dieses Sachverhaltes hat sich die Ingenieurwissenschaft lange Zeit ausschließlich mit der Gestaltung und Optimierung einzelner Prozeßstufen beschäftigt, die Struktur von Systemen hingegen wurde rein empirisch entwickelt. Die Gründe hierfür liegen in

— der Unkenntnis der Strukturgesetze,
— der hohen Dimension des Strukturvariablenvektors sowie
— den mathematischen Schwierigkeiten bei der Berücksichtigung diskreter Variabler.

Wenn auch erste Untersuchungen zum Einfluß der Struktur, speziell der Struktur von Stofftrennsystemen, bis in das Jahr 1947 zurückgehen [6], so sind erste systematische Betrachtungen doch erst seit 1968 veröffentlicht worden. In den letzten Jahren erschien eine Vielzahl von Arbeiten, so daß es notwendig wurde, die Vielfalt der beschriebenen Methoden zu ordnen und zu systematisieren [7—15]. Unabhängig von ihren bevorzugten Anwendungsgebieten kann man die Methoden zur Struktursynthese nach ihren Bearbeitungsstrategien einteilen:

— globale Synthesemethoden
— systematische Aufbauverfahren [4].

Die globalen Methoden gehen von einer redundanten Ausgangsstruktur aus, die die gesuchte optimale Struktur enthalten muß, ermitteln letztere mit Hilfe der linearen oder nichtlinearen Optimierung. Für die Stofftrennung interessant sind hier insbesondere

— die dynamische Programmierung sowie
— die Strukturparametermethode.

Die systematischen Aufbauverfahren hingegen sind dadurch gekennzeichnet, daß die optimale Struktur durch spezielle Algorithmen schrittweise, beginnend mit einzelnen Elementen oder Verfahrensstufen, aufgebaut wird. Vertreter dieser Methoden sind die Dekompositions- und Evolutionsprozeduren. Für Stofftrennsysteme sind insbesondere

— die „Branch and bound"-Methode sowie
— die heuristische Strukturierung

mit Vorteil anwendbar.

Interessant ist auch die Methode von W. P. MAIKOW [16], die auf der Grundlage der Maximierung der sog. Informationsentropie beruht.

Nachfolgend sollen einige der genannten Methoden kurz vorgestellt werden

3.2.   Dynamische Programmierung

Das Prinzip der dynamischen Programmierung wurde erstmalig 1972 von HENDRY und HUGHES [7] auf die Strukturierung von Stofftrennsystemen angewendet. Sie formulierten hierfür folgende These:

„*Die minimalen Trennkosten für eine Komponentengruppe ergeben sich durch Minimierung der Kosten für die erste Trennung innerhalb dieser Gruppe einschließlich der minimalen Trennkosten für jede der anfallenden Subgruppen unter den Einlaufbedingungen der ersten Trennung*".

Wendet man diese These, vom Ende aller möglichen Trennketten aus beginnend, an, so ergibt sich zwangsläufig die optimale Struktur. In Abb. 9 ist die Vorgehensweise für die Zerlegung eines n-Komponentengemisches durch *ein* Trennprinzip dargestellt. Die Methode läßt sich durch Nutzung des sog. „list processing" auf verschiedene Trennprinzipien anwenden. So demonstrieren

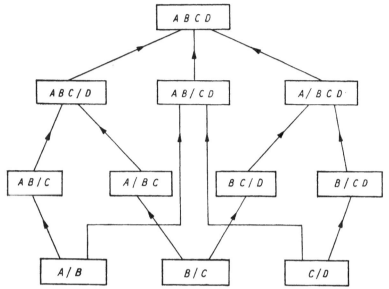

Abb. 9. Zerlegung eines Vierkomponentengemisches durch ein Trennprinzip

HENDRY und HUGHES [7] diese Methoden an Hand der Zerlegung einer Buten-
fraktion, bestehend aus 4 Komponenten, durch Rektifikation und Extraktivdestillation. KAFAROW und Mitarb. [8] veröffentlichten Ergebnisse der Strukturoptimierung für ein Alkoholgemisch bestehend aus 10 Komponenten.

Die Vorteile der Methode sind:

— Sie ist anwendbar auf Stofftrennsysteme mit unterschiedlichen Trennelementen
und liefert unter den gegebenen Bedingungen das globale Optimum.

— Der Rechenaufwand der Methode kann durch Nutzung von Erfahrungswerten reduziert werden, allerdings wird dann das globale Optimum nur noch mit einer hohen
Wahrscheinlichkeit gefunden.

Zu den Nachteilen der Methode zählen:

— Der Rechenaufwand ist hoch, da *alle* möglichen Trennungen kostenmäßig bewertet
werden müssen.

— Soll das globale Optimum mit Sicherheit gefunden werden, muß *jede* betrachtete
Struktur und jedes Element für einen Satz von Eingangsbedingungen optimiert
werden (vgl. die o. g. These).

— Die Betrachtung von Rückführungen stofflicher oder energetischer Art, z. B.
Wärmeintegration, ist im allgemeinen Fall nicht möglich.

Diese Methode kann empfohlen werden, wenn an das Ergebnis hohe Ge-
nauigkeitsanforderungen gestellt werden, die Anzahl der Komponenten nicht
zu hoch und das mathematische Modell der einzelnen Trennelemente relativ
einfach ist.

3.3. Strukturparametermethode [9—11]

Der Grundgedanke der Strukturparametermethode besteht darin, die Struktur-
auswahl mit denselben mathematischen Methoden zu lösen wie die allgemein
bekannten Probleme der Parameteroptimierung. Hierzu werden alle in Betracht kommenden alternativen Strukturen in einem vorbereitenden Arbeits-
schritt in ein sog. integriertes Flußbild eingebettet und mit sog. Stromteilern
bzw. Strukturparametern angezeigt, ob zwischen 2 Elementen eine Verbindung
besteht oder nicht (Abb. 10).

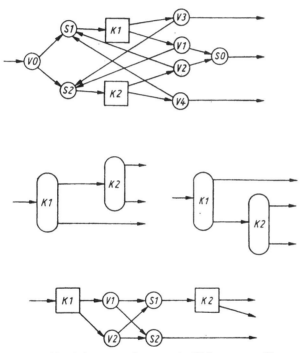

Abb. 10. Vereinigungsstruktur zweier Kolonnen zur Trennung eines
Dreistoffgemisches

Si — Sammler, Vi — Verteiler, Ki — Kolonnen

Zu den Vorteilen der Methode zählen:

— Struktur und Parameter werden gleichzeitig optimiert.

— Mathematisches und rechentechnisches Rüstzeug der Parameteroptimierung kann
genutzt werden.

— Erfahrungen und spezielle Wünsche des Bearbeiters können bei der Erstellung des
integrierten Flußbildes berücksichtigt werden.

— Es existieren keine Beschränkungen bezüglich der Art der Elemente und deren Verknüpfung.

Die Nachteile der Methode sind:

— Bei einer großen Strukturvielfalt, wie sie gerade für Stofftrennprobleme typisch sind, ergeben sich sehr komplizierte integrierte Flußbilder.

— Das Optimum wird nur gefunden, wenn es in dem integrierten Flußbild enthalten ist.

— Die klassischen Suchstrategien zum Auffinden des Optimums sind bei größeren Problemen trotz Kombination mit Mehrebenenoptimierungsstrategien überfordert.

— Das gemischt-ganzzahlige Optimierungsproblem kann zu lokalen Optima führen.

3.4.   „Branch and bound"-Methode (Zielbaummethode) [12]

Bei der „Branch and bound"-Methode erfolgt eine Dekomposition des Lösungsraumes. Im Fall der Synthese von Stofftrennsystemen werden hierbei zunächst alle möglichen Strukturen z. B. mittels „list processing" erzeugt und

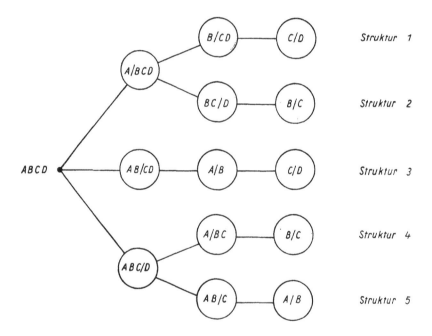

Abb. 11. Zielbaum für die Zerlegung eines Vierkomponentengemisches

anschließend nacheinander für jede Struktur elementweise die Zielfunktion berechnet.

Die Berechnung der Zielfunktion einer Struktur bzw. einer Gruppe von Strukturen wird abgebrochen, wenn die zu minimierende Zielfunktion noch vor der Betrachtung aller Elemente den bis dahin vorliegenden niedrigsten Zielfunktionswert eines kompletten Trennteiles bzw. eine für das vorliegende Teilsystem geschätzte obere Schranke überschreitet (Abb. 11).

Die Vorteile der Methode sind:

— Das Optimum wird mit Sicherheit gefunden.

— Gegenüber der Durchrechnung aller möglichen Strukturen kann der Rechenaufwand verringert werden, insbesondere dann, wenn zwischen den einzelnen Strukturen größere Unterschiede in den Zielfunktionen vorliegen.

— Das Stofftrennsystem kann aus verschiedenen Stofftrennelementen aufgebaut sein.

— Die Methode kann verfeinert werden, z. B. durch Nutzung heuristischer Regeln. Damit kann der Rechenaufwand reduziert werden, teilweise auf Kosten des an erster Stelle genannten Vorteiles.

Nachteile der Methode sind:

— Der Rechenaufwand ist sehr hoch, insbesondere bei großen Systemen.

4. Heuristische Strukturierung [13—15]

Die heuristische Strukturierung gehört, wie bereits ausgeführt wurde, zu den Dekompositionsmethoden, und zwar strebt sie die Lösung des Originalproblems durch eine Zerlegung der Aufgabenstellung gemäß folgender Gleichung an:

$$Z^*(X) = \underset{\text{Schnittort}}{\text{Opt}} \left[\underset{\text{Schnittvariable}}{\text{Opt}} \left(Z^*(S_{\text{I}}) + Z^*(S_{\text{II}}) \right) \right] \tag{1}$$

Z^* = optimale Zielfunktion
X = Satz von Größen zur Kennzeichnung der Aufgabenstellung
$S_{\text{I}}, S_{\text{II}}$ = Teilaufgaben der Gesamtaufgabenstellung X

Die Lösung dieser Gleichung erfordert die Kenntnis von Z^* für jede Teilaufgabe, die jedoch in der Regel noch nicht strukturiert ist und daher nur schwer angegeben werden kann. Deshalb wird die zusätzliche Bedingung eingeführt, daß die Dekomposition des Originalproblems oder eines unlösbaren Teiles von ihm zu Teilen führen muß, von denen mindestens eines sofort lösbar ist.

Für den Fall der Synthese eines Stofftrennsystems heißt das z. B., aus der Vielzahl der zur Trennung des Ausgangsgemisches möglichen Einzeltrennaufgaben *eine* abzuspalten. In der Regel wird man als solche Einzeltrennaufgabe die Zerlegung des vorliegenden Gemisches an einer bestimmten Stelle wählen. Die Lösung einer derartigen Trennaufgabe bereitet, vom Standpunkt der Systemverfahrenstechnik aus gesehen, keine besonderen Probleme, d. h. die abgetrennte Teilaufgabe ist sofort lösbar.

Nun sind aber gemäß Gl. (1) bei einer derartigen Dekomposition gewisse

Forderungen zu erfüllen, nämlich die Optimierung bezüglich des Schnittortes und der Schnittvariablen, wenn das derart synthetisierte System optimal sein soll.

Für die Erfüllung dieser Forderungen werden bei der heuristischen Strukturierung sog. heuristische Regeln verwendet, die sich aus dem Erfahrungswissen des Ingenieurs bzw. aus theoretischen Überlegungen, die unter gewissen vereinfachenden Annahmen durchgeführt wurden, ergeben.

Die Optimierung bezüglich des Schnittortes erfolgt hierbei mit sog. strukturierenden Regeln, die Optimierung der Schnittvariablen mit Parameterregeln. Zur Demonstration sei folgende strukturierende Regel genannt:

„Trenne jeweils die leichtestsiedende Komponente ab!"

Die wiederholte Anwendung dieser Regel auf ein zu trennendes Mehrstoffgemisch führt dabei zu einer Struktur, wie sie in Abb. 12 dargestellt ist.

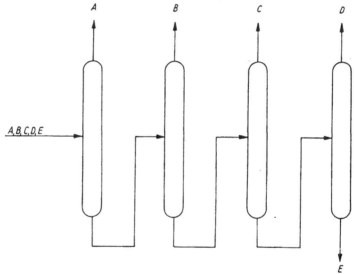

Abb. 12. Struktur eines Stofftrennsystems gemäß der heuristischen Regel „Trenne jeweils die leichtestsiedende Komponente ab"

Neben den eben genannten Aufgaben können heuristische Regeln auch eine Reihe anderer Fragestellungen beantworten, etwa die Frage nach dem optimalen Ausrüstungstyp. Auf Grund ihrer einfachen Handhabung sowie ihrer Effektivität haben sich die heuristischen Regeln beim Entwurf und der Optimierung verfahrenstechnischer Systeme als außerordentlich nützlich erwiesen. In [17] sind derartige Regeln zusammengestellt und kommentiert worden. An dieser Stelle sollen deshalb aus dem vorliegenden Regelvorrat nur einige speziell für die Belange der Synthese von Stofftrennsystemen zutreffenden Regeln genannt werden:

— Strukturierende Regeln [17]

1. Trenne nacheinander jeweils die leichtestsiedende Komponente über Kopf ab (sog. direkte Reihenfolge)!
2. Lege den Schnitt jeweils derart, daß die Kopf- und Sumpffraktion molmengenmäßig möglichst gleich groß sind! (Sog. 50-50-Trennung.)
3. Führe schwierige Trennungen am Ende der Trennkette aus!
4. Trenne die Komponente, die im Überschuß vorliegt, zuerst ab!
5. Trenne zunächst thermisch instabile Komponenten ab!
6. Trenne zunächst diejenigen Komponenten bzw. Stoffgruppen ab, die unter den Trennbedingungen zu unerwünschten Umsetzungen führen!
7. Trenne zunächst korrosiv wirkende Komponenten ab!

— Parameterregeln [17]

1. Vermeide bei der Wahl der Betriebsparameter Temperatur- und Druckabweichungen von den Umgebungsbedingungen, falls erforderlich, wähle eher Abweichungen nach oben als nach unten!
2. Das kostengünstige Rücklaufverhältnis liegt in der Regel nahe am minimalen. Aus Gründen einer hinreichenden Stabilität der Kolonnenfahrweise sollte jedoch für R/R_{min} ein Wert von 1,1 bis 1,25, bevorzugt 1,2 gewählt werden.
3. Wähle das Rücklaufverhältnis so, daß die maximal in einem Kolonnenapparat realisierbare Bodenzahl benötigt wird.

Bei der Untersuchung der genannten heuristischen Regeln erhebt sich die Frage, ob sie alle berechtigt sind oder ob man sie auf einige wenige, im Grenzfall auf eine je Regelklasse, beschränken kann. Hierzu ist zu sagen, daß jede heuristische Regel ganz bestimmten thermodynamischen, technischen und ökonomischen Bedingungen entspricht und daher für die Synthese beliebiger Stofftrennsysteme alle bzw. mehrere ihre Existenzberechtigung besitzen. Trotz dieser Erkenntnis ist es z. T. aber noch nicht möglich, diese Zuordnung eindeutig anzugeben. Erste Ergebnisse liegen aber bereits vor.*)

So wurde von FRESHWATER [15] gezeigt, daß die sog. direkte Reihenfolge (sie entspricht der o. g. 1. strukturierenden Regel) die optimale ist, wenn es keine großen Unterschiede bezüglich der Mengen der einzelnen Komponenten, der relativen Flüchtigkeiten, bezogen auf die jeweils benachbarte Komponente, u. a. Eigenschaften der im Gemisch vorliegenden Stoffe gibt. Dominiert hingegen bei sonst annähernd gleichen Verhältnissen, d. h. annähernd gleichen relativen Flüchtigkeiten, gleichen Reinheitsforderungen, Werkstofforderungen usw. eine Komponente mengenmäßig, so ist diese zuerst abzutrennen. Von RUDD [18] konnte gezeigt werden, daß die sog. 50-50-Trennung genau dann

---

*) Siehe hierzu auch die in [27] für den Entwurf von Hauptkolonnensystemen zur destillativen Zerlegung idealer und schwach nichtidealer Gemische präzisierten heuristischen Regeln.

zur optimalen Struktur führt, wenn der Trennaufwand der zu trennenden Menge direkt proportional ist. Diese Regel gilt unter der genannten Voraussetzung damit nicht nur für die thermische Stofftrennung, sondern generell für Trennprozesse, damit auch für mechanische Trennverfahren.

Neben der genannten Schwierigkeit bei der eindeutigen Zuordnung von Regel und Gültigkeitsbereich ist zu beachten, daß die verschiedenen Regeln im Sinne der Polyoptimierung häufig nur ein oder einige Elemente der komplexen Zielfunktion berücksichtigen (d. h. nur zu eigennützigen Lösungen führen), z. B.

— Minimierung der Energiekosten (strukturierende Regeln 1—4)
— stabile Fahrweise der Anlage (stukturierende Regeln 5 und 6)
— Minimierung der Invest- bzw. Reparaturkosten (strukturierende Regel 7).

Auf Grund der geschilderten Situation wird es deshalb bei der Synthese von Stofftrennsystemen vorkommen, daß die für die jeweils vorliegenden thermodynamischen, technischen und ökonomischen Bedingungen zutreffenden

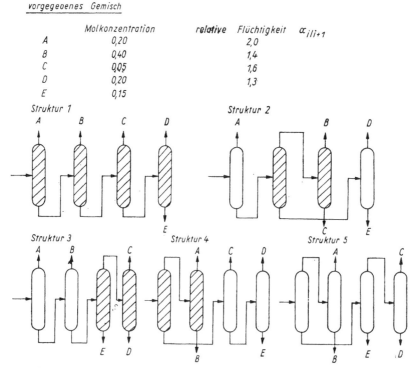

Abb. 13. Strukturen zur Zerlegung eines Fünfkomponentengemisches bei Verwendung von je drei heuristischen Regeln auf jeder Dekompositionsebene

Regeln unterschiedliche Lösungen für den betrachteten Syntheseschritt vorschlagen. In diesem Fall sind die alternativen Lösungsvorschläge für die jeweilige Teilaufgabe nach einem Bewertungssystem zu vergleichen und die beste Lösung der weiteren Synthese zugrunde zu legen. Ist eine solche Bewertung nicht möglich bzw. zu ungenau, müssen die alternativen Lösungsvorschläge bei der weiteren Synthese getrennt weiterverfolgt werden.

Hierdurch wächst zwar der notwendige Arbeitsaufwand, dafür steigt aber auch die Wahrscheinlichkeit, daß das optimale System erzeugt wird. Im Vergleich zur Durchrechnung aller möglichen Strukturen wird der Aufwand immer noch wesentlich reduziert.

In Abb. 13 ist die Vorgehensweise für ein 5-Komponentengemisch unter der Annahme, daß auf jeder Dekompositionsebene 3 strukturierende Regeln verwendet werden und durch eine Bewertung keine Einschränkung der Lösungsvielfalt möglich ist, demonstriert.

In diesem Fall steigt der Bearbeitungsaufwand gegenüber der Betrachtung nur einer Variante auf das $2^1/_2$-fache, gegenüber der Durchrechnung aller möglichen Strukturen sinkt er aber auf die Hälfte. In Tab. 2 sind die einzelnen Daten vergleichend zusammengestellt.

Mit steigender Komponentenzahl verschiebt sich dieses Verhältnis noch mehr zugunsten der heuristischen Strukturierung.

Tabelle 2: Arbeitsaufwand bei der Auswahl der optimalen Struktur zur Trennung eines 5-Komponentengemisches

	Methode 1	Methode 2	Methode 3
Anzahl der zu betrachtenden Strukturen	1	5	14
Anzahl der zu berechnenden unterschiedlichen Trennungen	4	10	20

Methode 1: Heuristische Strukturierung mit jeweils nur einem Lösungsvorschlag je Dekompositionsebene

Methode 2: Heuristische Strukturierung mit jeweils 3 unterschiedlichen Regeln je Dekompositionsebene

Methode 3: Berechnung aller möglichen Strukturen

Heuristische Strukturierung heterogener und energieintegrierter Stofftrennsysteme

In den bisherigen Ausführungen wurde bevorzugt auf die Synthese homogener Systeme eingegangen. Unter homogenen Systemen werden hierbei solche Systeme verstanden, die aus gleichartigen Elementen, z. B. aus Rektifikationskolonnen, aufgebaut sind. Die Methode der heuristischen Strukturierung ist aber prinzipiell auch auf heterogene Systeme anwendbar. Die heterogenen Systeme sind hierbei insbesondere durch unterschiedliche Stofftrennelemente,

z. B. Rektifikation, Extraktivdestillation, Extraktion usw., charakterisiert oder aber durch eine Energieintegration. Es muß aber eingeschätzt werden, daß die Treffsicherheit der hierfür vorliegenden heuristischen Regeln noch nicht voll befriedigen kann. Allerdings ist die heuristische Strukturierung beim Entwurf größerer heterogener Systeme z. Z. das einzige praktikable Hilfsmittel. So liegt z. B. nur eine Veröffentlichung vor zur Synthese eines energieintegrierten Stofftrennsystems. Es handelt sich um eine Arbeit von Rathore und Mitarb. [19, 20], in der versucht wurde, das Problem durch Kombination der dynamischen Programmierung und einer Bound-Strategie zu lösen. Der erforderliche Rechenaufwand für ein ideales 5-Komponenten-gemisch war jedoch so hoch, daß diese Methode praktisch kaum von Bedeutung sein dürfte. In Verbindung mit der heuristischen Strukturierung bietet sich eine 2-Schritt-Strategie an [21]:

— Zunächst werden unter Verwendung speziell auf eine Energieintegration ausgerichteter heuristischer Regeln ein oder mehrere Stofftrennsysteme erzeugt.
— In einem zweiten Schritt erfolgt die Synthese des bzw. der zugehörigen Wärmeübertragungssysteme.

Für die Synthesen des Wärmeübertragungssystemes stehen hierbei erprobte Methoden und Programme zur Verfügung, z. B.

— die Zuordnungsmethode [22, 23] oder
— die heuristische Strukturierung [23].

Nach Ermittlung der Zielfunktion für die entworfenen Gesamtsysteme kann dann die Auswahl der besten Lösung erfolgen. Untersuchungen haben gezeigt, daß mit dieser 2-Schritt-Strategie das oben genannte optimale energieintegrierte Stofftrennsystem von Rathore mit einem weit geringeren Rechenaufwand ermittelt werden kann.

5. Anwendung heuristischer Regeln für den Entwurf einer ersten Trennkonzeption [24]

Im Rahmen der technologischen Forschung, insbesondere in ihren Anfangsphasen, besteht häufig die Aufgabe, für ein anfallendes Reaktionsprodukt oder ein anderes Stoffgemisch mit möglichst geringem Aufwand eine Trenntechnologie zu konzipieren, auf deren Grundlage ökonomische Einschätzungen möglich sind bzw. Rückschlüsse auf wünschenswerte Modifizierungen der vorgeschalteten Reaktionsstufe gezogen werden können. Auf dieser Bearbeitungsebene bietet sich die Verwendung heuristischer Regeln zur Objektivierung der zu treffenden Entscheidungen an. Die Vorgehensweise soll an einem industriellen Beispiel demonstriert werden.

Bei der Flüssigphasenoxydation von Kohlenwasserstoffen fallen häufig komplexe Gemische an, die neben dem im Überschuß vorliegenden Lösungsmittel eine Reihe von Wertprodukten enthalten, die mit relativ hohen Reinheiten gewonnen werden sollen. In Tab. 3 ist dieses Trennproblem zahlenmäßig

Tabelle 3: Charakterisierung des Trennproblems

Nr. der Komponente	Komponenten im Azeotrop	Siedepunkt °C	Konzentration Mol.-%	Verwendung	mögliche Reaktionen
1		−27,8	1,54		
2		40,2	0,21	ZP	
3		51,8	0,22	ZP	
4		54,5	2,89	ZP	
A 1	3, 4	54,5			
A 2	5, 8, 12	71,2			
A 3	5, 8	71,4			
A 4	5, 12	72,4			
5		72,8	0,19	ZP	
A 5	6, 7, 8	73,7			
A 6	7, 8	74,0			
A 7	6, 7	75,6			
A 8	6, 8	75,7			
6		76,2	0,19		
A 9	7, 12	76,5			
7		77,1	0,19		
8		84,7	0,19	ZP	
A 10	9, 12	85,0			
9		88,8	1,54		
A 11	10, 12	100,4			
10		102,3	0,31		
A 12	11, 12	108,7			
11		117,1	0,85	ZP	
12		120,0	1,08		
13		120,8	0,96	ZP	
A 13	12, 13, 14	127,1			
A 14	12, 13	127,3			
14		138,1	4,16	ZP	
15		195,0	1,54	(ZP)	
16		202,1	1,54	(ZP)	
17		205,0	1,54	(ZP)	
18		208,5	0,77	ZP	
19		210,5	80,09	LM	

ZP — Zielprodukt
LM — Lösungsmittel

charakterisiert. Für insgesamt 19 analytisch nachweisbare Komponenten sind deren Siedepunkte sowie ihre Konzentrationen im Ausgangsgemisch angegeben. Die mit ZP gekennzeichneten Komponenten stellen die Zielprodukte dar und sind zu isolieren.

Das Dampf-Flüssigkeits-Gleichgewicht dieses Gemisches ist stark nichtideal, einige Komponenten bilden sogar binäre und ternäre Azeotrope. Sie sind entsprechend ihrer Siedepunkte mit in Tab. 3 eingeordnet worden. Das Gemisch ist außerdem chemisch labil, d. h. unter Destillationsbedingungen ist insbesondere nach der Anreicherung von Komponenten, z. B. nach Abtrennung des Lösungsmittels, mit chemischen Reaktionen zwischen einigen Stoffgruppen zu rechnen. Das trifft speziell zu für die Komponenten 2, 4, 8, 10, 11, 12, 13, 14. Diese Reaktionen sind unerwünscht, da sie einmal zu Verlusten an Wertprodukten führen und zum anderen bereits getrennte Produkte bzw. Fraktionen erneut verunreinigen.

Es kann eingeschätzt werden, daß die qualitative und quantitative Untersuchung fast aller aus diesem Trennproblem resultierenden Einzeltrennaufgaben, d. h., die Untersuchung der Zerlegung einer Fraktion dieses Gemisches in jeweils zwei Teilfraktionen, nur durch Kopplung von experimentellen und rechnerischen Methoden durchgeführt werden kann.

Auf Grund der extrem hohen Komponentenzahl gibt es für das genannte Problem eine sehr große Anzahl möglicher Strukturen. Allein unter den Annahmen, daß nur sog. „einfache Kolonnen" verwendet werden und keine Energieintegration vorgesehen werden soll, ergeben sich gemäß der in Tab. 1 gezeigten Gleichung

$$N = \frac{[2(n-1)]!}{n!\,(n-1)!}$$

$N =$ Anzahl der unterschiedlichen Schaltungsvarianten
$n \;=$ Anzahl der Komponenten

477 638 700 unterschiedliche Strukturen. Neben dieser Strukturvielfalt ist zu bedenken, daß es unmöglich sein dürfte, für das geschilderte Gemisch die Phasengleichgewichte komplett zu vermessen und auch zu modellieren.

Auf Grund der geschilderten Situation schieden die meisten bekannten Methoden zur Synthese von Stofftrennsystemen, namentlich die dynamische Programmierung, die Strukturparametermethode, die „Branch and bound"-Methode u. a. aus. Es wurde deshalb als Alternative zur rein intuitiven Vorgehensweise versucht, durch Nutzung von heuristischen Regeln die Strukturvielfalt auf ein Minimum einzuengen.

Zu diesem Zweck wurden zunächst einige für das vorliegende Trennproblem zutreffende strukturierende heuristische Regeln ausgewählt:

1. Wähle jeweils eine möglichst äquimolare Trennung!
2. Führe schwierige Trennoperationen mit möglichst kleinen Mengen aus!
3. Trenne eine Komponente, die im Überschuß vorliegt, zuerst ab!
4. Wähle die Struktur mit der größten Summe der Entropien der Auswahl jeder einzelnen Trennung!
5. Wähle die direkte Reihenfolge, falls die Anteile der einzelnen Komponenten näherungsweise äquimolar und die relativen Flüchtigkeiten benachbarter Komponenten näherungsweise gleich sind!
6. Trenne korrosive Komponenten möglichst frühzeitig ab!
7. Trenne zunächst thermisch oder chemisch instabile Komponente ab!

Dieser Satz von heuristischen Regeln wurde nun auf jedes Trennproblem, beginnend beim ersten Schnitt des vorgegebenen 19-Komponentengemisches,

angewendet. Hierbei lieferten die einzelnen heuristischen Regeln natürlich eine
Reihe von „günstigen" Schnittstellen. Auf Grund der Notwendigkeit, den Bearbeitungsaufwand, insbesondere den unvermeidlichen experimentellen Aufwand, auf ein erträgliches Maß zu beschränken, wurde aus diesen „günstigen"
Schnittstellen durch eine Bewertung die jeweils „beste" ausgewählt.

Der Regel (7) „Trenne zunächst instabile Komponenten ab" wurde im vorliegenden Fall auf Grund der spezifischen Eigenschaften des Gemisches eine
Vorrangstellung eingeräumt, da chemische Umsetzungen in den Destillationsstufen sowohl zu erheblichen Ausbeuteverlusten an Zielprodukten als auch zu
Qualitätsmängeln führen und damit die bei anderen Schaltungen evtl. möglichen energetischen Vorteile mehr als kompensieren würden.

Nach einer derartig getroffenen Entscheidung über die Lage der Schnittstellen bei der jeweiligen Trennstufe erfolgte, zumindestens bei komplizierten
Trennschnitten, eine experimentelle Überprüfung dieser Trennstufe.

Nach Bestätigung der prinzipiellen Trennbarkeit des Gemisches an der vor-

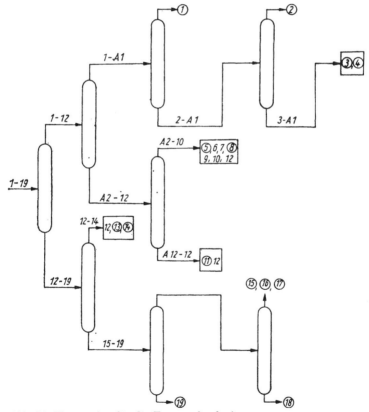

Abb. 14. Konzeption für die Trenntechnologie

gesehenen Stelle wurde die Trennung der beiden so gewonnenen Fraktionen weiter betrachtet.

Falls für ein Subtrennproblem wegen Vorliegen von Azeotropen keine rein destillative Trennung möglich war, wurden diese Probleme separat bearbeitet. Bei extrem schwierigen Trennproblemen wurde geprüft, ob durch eine Modifizierung der Aufgabenstellung diese aufwendigen Trennungen u. U. vermieden werden können. So wurde z. B. auf eine Zerlegung der Fraktion, bestehend aus den Komponenten 15, 16 und 17, verzichtet.

Im Ergebnis dieser Struktursynthese wurde die in Abb. 14 dargestellte Struktur erzeugt. Rein destillativ nicht trennbare Komponentengruppen (Azeotrope) sind hier noch nicht spezifiziert. Nach Lösung dieser Subprobleme, die zwar prozeßtechnisch kompliziert, systemtechnisch aber relativ problemlos sind, sowie Überprüfung und ggf. Korrektur der Aufgabenstellung an Schwachstellen der Technologie, konnte eine erste Verfahrenskonzeption für dieses schwierige Trennproblem vorgelegt werden, von der mit hoher Wahrscheinlichkeit gesagt werden kann, daß sie nahe am Optimum liegt. Nach Vorliegen dieser Grundstruktur für das gesuchte Stofftrennsystem können erste Betrachtungen zur Ökonomie des Verfahrens durchgeführt und bei positivem Ergebnis tiefergehende Untersuchungen zur Thermodynamik sowie zur Prozeßtechnik der einzelnen Trennstufen, zur Wärmeintegration, zur Parameteroptimierung usw. durchgeführt werden.

6. Optimaler Entwurf von Stofftrennsystemen unter Berücksichtigung des Reaktorsystems

Stofftrennsysteme sind in der Regel den Reaktorsystemen nachgeschaltet und haben die Aufgabe, die Zielprodukte mit der notwendigen Reinheit aus den Reaktionsgemischen abzutrennen und wenn möglich, die nichtumgesetzten Einsatzstoffe zu isolieren und dem Prozeß wieder zuzuführen. Die Festlegung der Struktur, d. h. die Entscheidung, ob eine totale, partielle oder gar keine Rückführung zweckmäßig ist, und die Dimensionierung der Elemente kann optimal nur durch günstige Gestaltung des gekoppelten Systems Reaktor-Stofftrennanlage (Abb. 15) gelöst werden.

Dazu sollen einige Situationen betrachtet werden.

Im ersten Fall werden eine einfache reversible Reaktion mit Abtrennung und Rückführung unverbrauchter Einsatzstoffe untersucht und die einzelnen Kostenanteile einer Kostenzielfunktion qualitativ grafisch dargestellt (Abb. 16). Mit Annäherung des Umsatzes an das Gleichgewicht steigen die Reaktorkosten stark an; die Trennkosten werden wegen der geringen abzutrennenden Einsatzproduktmenge kleiner, die Rohstoffkosten bleiben auf Grund der totalen Rückführung konstant. Es ist ein ausgeprägtes Kostenminimum festzustellen, durch das die Parameter des Reaktor- und Trennsystems festgelegt sind. Wie später gezeigt wird, hängt die optimale Entscheidung über die Struktur vom Durchsatz und von Kostenparametern ab.

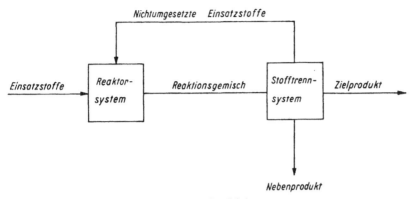

Abb. 15. Reaktor-Stofftrennsystem mit Rückführung

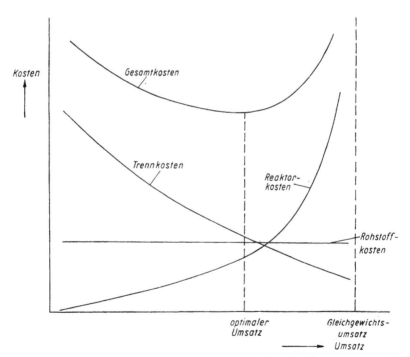

Abb. 16. Qualitativer Kostenverlauf für ein Reaktor-Stofftrennsystem mit einfacher reversibler Reaktion und Rückführung

Im zweiten Fall wird eine konkurrierende Folgereaktion mit Abtrennung und Rückführung der nichtumgesetzten Reaktionspartner in einem Reaktor-Stofftrennsystem ebenfalls vom Standpunkt der Kosten untersucht (Abb. 17). Die Reaktorkosten steigen auf Grund abnehmender Reaktionsgeschwindigkeiten mit Annäherung an den Grenzumsatz an, die Rohstoffkosten wachsen mit dem Umsatz durch das Anfallen von Nebenprodukten, die Trennkosten durchlaufen ein Minimum, da bei geringen und größeren Umsätzen die Stoff-

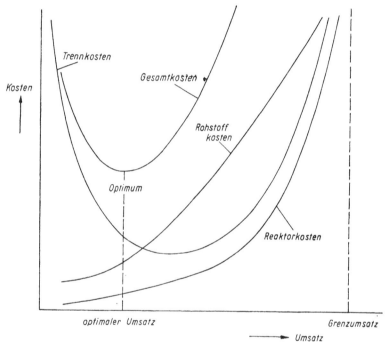

Abb. 17. Qualitativer Kostenverlauf für ein Reaktor-Stofftrennsystem mit konkurrierender Folgereaktion $A + B \rightarrow C + D$ und $C + B \rightarrow E + F$ mit Rückführung

mengen am größten sind. Das Minimum der Gesamtkosten liegt meist im Gebiet kleiner bzw. mittlerer Umsätze.

Genauere quantitative Untersuchungen zur optimalen Strukturierung von Reaktor-Stofftrennsystemen ergeben für einfache Reaktionen folgende optimale Zusammenhänge [25] (Abb. 18).

Ausgehend von einer Kosten- bzw. Gewinnzielfunktion, in die die Festkosten, Betriebskosten und Erlöse (Menge an Fertigprodukte × Betriebsabgabepreis) eingehen, konnten folgende funktionelle Beziehungen in Abhängigkeit von durchsatzproportionalen Größen (α),

$$\alpha = \dot{m}/\varrho M V_R k$$

$\dot{m}$ = Mengenstrom Einsatzprodukt
ϱ = Dichte
M = Molmasse
V_R = Reaktorvolumen
k = Reaktionsgeschwindigkeitskonstante

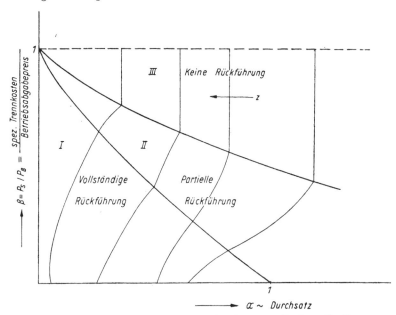

Abb. 18. Gebiete optimaler Strukturen des Systems Reaktor-Stofftrennung in Abhängigkeit vom Durchsatz und dem Kostenverhältnis p_S/p_B

und dem Verhältnis spezifischer Trennkosten P_S/Betriebsabgabepreis P_B (β) gefunden werden:

Es existieren 3 unterschiedliche Systemstrukturen. Im Gebiet I: $\alpha \leqq 1$, $\beta \leqq 1$ ist vollständige Rückführung optimal (relativ geringer Durchsatz, Trennkosten fast beliebig). Im Gebiet II ist nur eine partielle Rückführung der nichtumgesetzten Einsatzstoffe zweckmäßig. Die dabei auftretenden Verhältnisse können unterschiedlich sein: kleiner Durchsatz — hohe Trennkosten, mittlerer Durchsatz — mittlere Trennkosten, hoher Durchsatz — geringe Trennkosten.

Im Gebiet III ist die Rückführung nicht zweckmäßig. Dabei können entweder bei kleinen Durchsätzen die Trennkosten sehr hoch bzw. bei höheren Durchsätzen mittlere Trennkosten anfallen. Für die Grenzen der Bereiche lassen sich genaue Formeln angeben.

Aus Abb. 18 wird ersichtlich, daß bei gleichem Durchsatz durch entsprechende Wahl des Trennverfahrens und damit der Trennkosten alle drei Strukturen auftreten können und bei gleichen Trennkosten in Abhängigkeit vom Durchsatz ebenfalls unterschiedliche optimale Strukturen zu realisieren sind.

Diese einfachen Beispiele zeigen, daß durch Systembetrachtungen wichtige Entscheidungen speziell für das Teilsystem Stofftrennung getroffen werden können, die sich nicht auf Eigenschaften des Stofftrennsystems selbst zurückführen lassen.

7.   Nutzung heuristischer Regeln bei der Verbesserung bestehender Stofftrennsysteme

Bisher wurden primär Probleme des Entwurfs neuer Stofftrennsysteme behandelt. Syntheseprobleme treten aber auch bei der Intensivierung bestehender Produktionsprozesse auf. Auch hier können moderne Methoden der Systemverfahrenstechnik angewendet werden. In dem folgenden Beispiel — der Intensivierung einer im VEB Leuna-Werke „W. Ulbricht" betriebenen Anlage zur Erzeugung von Methylaminen — soll eine mögliche Vorgehensweise demonstriert werden [26].

Methylamine — das sind wichtige Zwischenprodukte für die Herstellung von Lösungs- und Pflanzenschutzmitteln, Arzneimitteln, Detergenzien und agrochemischen Produkten — werden aus Methanol und Ammoniak durch Umsetzung an einem festen Katalysator erzeugt. Die stöchiometrischen Bruttogleichungen für die Erzeugung der 3 Methylamine, Monomethylamin (MMA), Dimethylamin (DMA) und Trimethylamin (TMA), lauten:

$$CH_3OH + NH_3 \rightleftharpoons CH_3NH_2 + H_2O \qquad MMA$$

$$CH_3OH + CH_3NH_2 \rightleftharpoons (CH_3)_2NH + H_2O \quad DMA$$

$$CH_3OH + (CH_3)_2NH \rightleftharpoons (CH_3)_3N + H_2O \quad TMA$$

Die Aufarbeitung des Reaktionsproduktes erfolgt destillativ. Auf Grund der relativ starken Polarität der einzelnen Komponenten des Reaktionsgemisches ist das Phasenverhalten stark nichtideal, einige Komponenten bilden sogar Azeotrope, z. B.

— Ammoniak-Trimethylamin

— Monomethylamin-Trimethylamin und

— Dimethylamin-Trimethylamin.

Dieses Phasenverhalten erfordert zur Reindarstellung aller 3 Methylamine die Nutzung der Extraktivdestillation und bedingt einen hohen energetischen und apparativen Trennaufwand. In Abb. 19 ist die allgemein übliche Technologie, die bis 1974/75 auch in Leuna angewendet wurde, dargestellt.

Die beiden Rohstoffe Methanol und Ammoniak werden hier noch mit Rückführungen aus dem Prozeß, die im wesentlichen Ammoniak sowie nicht absetzbares Monomethylamin und Trimethylamin enthalten, gemischt, auf Synthesedruck sowie Reaktoreintrittstemperatur gebracht und im Reaktor zu den 3 Methylaminen umgesetzt. Das Reaktionsgemisch, bestehend aus

> Monomethylamin
> Dimethylamin
> Trimethylamin
> überschüssigem Ammoniak und
> Wasser,

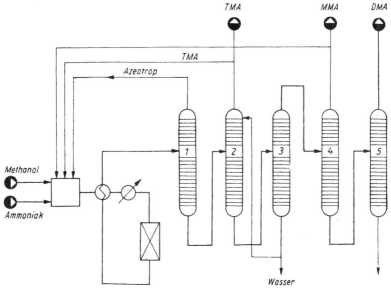

Abb. 19. Technologie zur Erzeugung von Methylaminen aus Methanol und Ammoniak

wird anschließend in 5 Stufen durch Destillation und Extraktivdestillation in die drei reinen Methylamine zerlegt:

1. Stufe: Abtrennung des Ammoniaks als Ammoniak-Trimethylamin-Azeotrop

2. Stufe: Extraktivdestillation des Methylamingemisches mit Wasser zur Reingewinnung des TMA

3. Stufe: Entwässerung des verbleibenden MMA-DMA-Wasser-Gemisches, Kreislauffahrweise des Wassers

4. Stufe: Trennung des MMA-DMA-Gemisches

5. Stufe: Feinreinigung des DMA

Da sich auf Grund des thermodynamischen Gleichgewichtes der Reaktion am Syntheseausgang ein bestimmtes Verhältnis der 3 Methylamine einstellt, das nicht mit der Bedarfsstruktur übereinstimmt (Tab. 4), müssen die überschüssigen Mengen an MMA und TMA in die Synthese zurückgeführt werden. Dieser Sachverhalt muß als Schwachstelle des Verfahrens angesehen werden.

Zur Behebung dieser Schwachstelle wurde zunächst nach einem neuen Katalysator gesucht, der bezüglich DMA hinreichend selektiv ist. Diese Zielstellung erwies sich aber als unrealistisch, so daß nach anderen Lösungswegen gesucht werden mußte.

Auf Grund der Tatsache, daß der energetische Aufwand des Gesamtverfahrens im wesentlichen in den Destillationsstufen auftritt und letztere auch apparativ als Engpaß anzusehen sind, wurde als Lösungsweg die optimale An-

Tabelle 4: Bedarf und Anfall der 3 Methylamine, bezogen auf die entsprechenden DMA-Mengen (C/N = 0,35)

	Anfall im Reaktionsgemisch	Anfall als Reinprodukt	Bedarf
MMA	1,3	1,3	0,3
DMA	1	1	1
TMA	1,2	0,5	0,3

passung der Aufarbeitungstechnologie an das vorliegende Katalysatorsystem, ggf. in Verbindung mit einer Variation der Betriebsparameter der Synthesestufe gewählt.

Für die sich anschließenden Untersuchungen zur Intensivierung der Produktion wurde folgende Strategie eingeschlagen:

1. An Hand ausgewählter heuristischer Regeln zur Gestaltung von Rektifikationssystemen bzw. von Systemen, bestehend aus Reaktor und Trennstufen, wurde die vorliegende Technologie auf Schwachstellen, d. h. auf Verstöße gegen diese Regeln, analysiert und daraus Vorschläge für technologische Modifizierungen abgeleitet.

2. Die so abgeleiteten technologischen Lösungsvorschläge wurden anschließend durch umfangreiche thermodynamische und thermoökonomische Untersuchungen an Hand sog. Modellexperimente auf einem Rechner präzisiert und durch Experimente im Labor bzw. Technikum überprüft.

Bei der Analyse des Verfahrens haben sich hierbei insbesondere die beiden folgenden heuristischen Regeln bewährt:

1. Minimiere die Mengen der notwendigen Rückführungen in einem Prozeß!

2. Trenne relativ große rückzuführende Stoffströme zu einem möglichst frühen Zeitpunkt ab und vermeide ihre Reindarstellung!

Diese Regeln lassen sich wie folgt motivieren:

— Eine frühzeitige Abtrennung von relativ großen rückzuführenden Stoffströmen entlastet die nachfolgenden Verfahrensstufen.

— Die Reindarstellung der rückzuführenden Stoffströme erfordert energetischen und apparativen Aufwand, bei der Rückführung erfolgt erneute Vermischung, damit Exergieverlust.

Betrachtet man unter diesem Gesichtspunkt die vorgestellte Technologie (Abb. 19), so ergeben sich folgende Schwachstellen bzw. Schlußfolgerungen:

1. Den Hauptanteil der Rückführungen bilden nicht die überschüssigen Mengen an MMA und TMA, sondern Ammoniak.
   Gemäß der o. g. ersten heuristischen Regel sind deshalb in erster Linie Möglichkeiten zur Verringerung dieser Menge zu suchen.

   Zu erwartende Effekte sind:

   — Erhöhung der Kapazität der Synthese

   — Erhöhung der Kapazität der 1. Trennstufe

   — Senkung des spezifischen Energieverbrauches beider energieintensivsten Verfahrensstufen.

2. Die mengenmäßig zweitgrößte Rückführung ist die TMA-Rückführung. Die Reindarstellung dieses Rückstromes erfordert einen u. U. vermeidbaren apparativen und energetischen Aufwand.

3. Das MMA ist mengenmäßig die geringste Rückführung, als unbefriedigend muß aber die sehr späte Abtrennung (4. Trennstufe) sowie die Reindarstellung angesehen werden.

Nach dieser Schwachstellenanalyse wurde zunächst versucht, unter Beibehaltung der vorliegenden Technologie durch Modifizierung der Betriebsparameter in der Synthese die Mengen der einzelnen Rückführungen zu verringern; Einfluß auf diese Mengen haben prinzipiell

— das sog. C/N-Verhältnis in der Synthese
  (C/N-Verhältnis = molares Verhältnis der Kohlenstoff- und Stickstoffmengen)

— die Temperatur am Reaktoraustritt und

— der Synthesedruck.

Eine Signifikanzanalyse zeigte, daß der Einfluß von Druck und Temperatur im zulässigen Schwankungsbereich vernachlässigbar klein ist und die Untersuchungen auf das C/N-Verhältnis beschränkt werden können. Abbildung 20 zeigt die Ergebnisse der durchgeführten Berechnungen. Hieraus ist ersichtlich, daß durch eine Erhöhung des C/N-Verhältnisses die bei den Rückführungen dominierende Komponente Ammoniak wesentlich verringert werden kann, daß die MMA-Menge ebenfalls zurückgeht und nur die TMA-Menge ansteigt. Die Gesamtmenge der Rückführungen kann danach gegenüber dem ursprünglichen Zustand verringert werden. Damit sind eine mengenmäßige Entlastung der Synthese und Azeotropdestillation sowie Energieeinsparungen zu erwarten. Durchgeführte Wärmebilanzen und Kapazitätsanalysen bestätigen diese These. An dieser Stelle setzten experimentelle Untersuchungen ein, um den Einfluß der veränderten Reaktionsbedingungen auf die Kinetik der Hauptreaktion, insbesondere den Methanolumsatz, und die Bildung unerwünschter Nebenpropukte zu ermitteln.

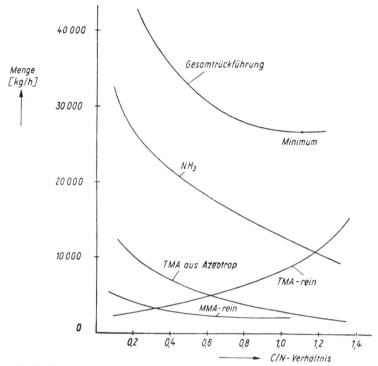

Abb. 20. Einfluß des C/N-Verhältnisses auf die rückzuführenden Mengen

Analyse der MMA-Rückführung

Die MMA-Rückführung wurde entsprechend dem Ergebnis der Schwachstellenanalyse unter dem Gesichtspunkt einer zeitigeren Abtrennung, möglichst
gemeinsam mit anderen Rückführungen, betrachtet. Als Randbedingung galt
es hierbei zu beachten, daß bei der modifizierten Technologie nicht gleichzeitig
ein Teil des Hauptzielproduktes Dimethylamin zurückgeführt wird.

Da MMA als reine Komponente im Vergleich zum DMA etwas flüchtiger ist,
bei Anwesenheit von Wasser dieser Unterschied aber geringer wird und sich bei
höheren Wasserkonzentrationen die Verhältnisse sogar umkehren, kamen für
eine vorgezogene MMA-Abtrennung in erster Linie die Obersäule der 1. Kolonne oder die Untersäule der Entwässerungskolonne (3. Kolonne) in Betracht.
Eine befriedigende Lösung war auf Grund der Lage der beiden Kolonnen in der
Trennkette nur von dem erstgenannten Vorschlag zu erwarten. In dieser Richtung durchgeführte Untersuchungen — Modellexperimente mit dem Computer
im Wechselspiel mit einer experimentellen Überprüfung der Ergebnisse —
erbrachten dann technische Bedingungen, unter denen eine beliebige vorgegebene Menge an MMA gemeinsam mit dem Azeotrop Ammoniak-Trimethyl-

amin über Kopf der 1. Kolonne abgetrieben werden kann, ohne daß merkliche Mengen an DMA mitgerissen werden.

Analyse der TMA-Rückführung

Die Untersuchungen zur Modifizierung der TMA-Rückführung erfolgten ganz analog zur MMA-Rückführung. Als Ergebnis konnte eine Lösung gefunden werden, bei der durch eine zusätzliche Wassereinspritzung in die Obersäule der 1. Kolonne, d. h. eine Überlagerung einer Extraktivdestillation, die Menge des in der 1. Kolonne als Kopfprodukt abziehbaren Trimethylamins erhöht und damit die Menge des aus der 2. Kolonne als Reinprodukt rückzuführenden TMA verringert werden konnte.

Durch Realisierung der 3 im wesentlichen unter Benutzung heuristischer Regeln abgeleiteten Maßnahmen

— Erhöhung des C/N-Verhältnisses
— veränderte Abnahme der MMA-Rückführung sowie
— veränderte Abnahme der TMA-Rückführung

konnte an der bestehenden Produktionsanlage bei minimalen apparativen Veränderungen eine Kapazitätssteigerung um 40% und eine Senkung des spezifischen Dampfverbrauches auf ca. 50% erreicht werden. Die genannten Forschungsergebnisse sind bereits überführt und damit produktionswirksam.

8.   Zusammenfassung, Schlußfolgerungen

In dem vorliegenden Beitrag wurde die Problematik des Entwurfs von Stofftrennsystemen, ausgehend von der Strukturvielfalt bei der Zerlegung von Mehrstoffgemischen, erläutert und ausgewählte Methoden zur Lösung dieses Problems dargestellt. Für die Stofftrennung werden insbesondere die dynamische Programmierung, die Strukturparametermethode, die „Branch and bound"-Methode sowie die heuristische Strukturierung empfohlen. An Hand praktischer Aufgabenstellungen aus den Bereichen Verfahrensentwicklung und Rationalisierung wird die Vorgehensweise demonstriert und gleichzeitig nachgewiesen, daß die Optimierung eines Systems nicht auf die Optimierung der einzelnen Elemente beschränkt werden darf, sondern daß die optimale Struktur und die optimalen Parameter nur durch die Betrachtung des Gesamtsystems gefunden werden können.

Es kann eingeschätzt werden, daß die Systemverfahrenstechnik bereits über eine Vielzahl von Methoden und Programmen sowie über praktische Erfahrungen verfügt, um Probleme der Synthese von Stofftrennsystemen effektiv lösen zu können. Es gilt jetzt, dieses Wissen in der Praxis verstärkt anzuwenden. Das ist eine interessante und dankbare Aufgabe sowohl für den Systemverfahrenstechniker als auch den Spezialisten der Stofftrennung.

9.   Literatur

[1] Gruhn, G., Günther, J., „*Untersuchungen zur Signifikanz von Elementen in ver-fahrenstechnischen Systemen*" in: „*Modellierung und Optimierung verfahrens-technischer Systeme*", Akademie-Verlag, Berlin 1977
[2] Müller, W., Wiss. Z. TH „Carl Schorlemmer" Leuna—Merseburg 14 (1972) 1, 60
[3] Müller, W., Redlich, K.-H., Chem. Techn. 23 (1971) 2, 73
[4] Hartmann, K., Dissertation B, Technische Hochschule „Carl Schorlemmer" Leuna—Merseburg 1974
[5] Autorenkollektiv, „*Analyse und Steuerung von Prozessen der Stoffwirtschaft*", Akademie-Verlag, Berlin 1971
[6] Lockhart, F. J., Petrol. Refiner 26 (1947), 104
[7] Hendry, J. E., Hughes, R. R., Chem. Engng. Progr. 68 (1972) 6, 71
[8] Kafarow, W. W. u. a., Teoret. Osnovy chim. Technol. 9 (1975) 2, 262
[9] Fan, L. T., Mishra, P. N., Shastry, J. S., AIChE, Symposium Ser., 69 (132), 123
[10] Nishida, N., Ichikawa, A., Ind. Engng. Chem. Proc. Design and Develop. 14 (1975), 236
[11] Umeda, T., Dissertation, Universität Tokio 1972
[12] Rodrigo, F. R., Seader, J. D., AIChE-J., Vol. 21 (1975) 5, 885
[13] Heaven, D. L., "*Optimum sequensing of distillation columns in multicomponent fraction*", M. S. Thesis, Univ. California, Berkeley 1969
[14] King, C. J., "*Separation Processes*", McGraw-Hill Book Company, New York 1971
[15] Freshwater, D. C., Henry, B. D., Chem. Engng. 301 (1975), 533
[16] Maikow, W. P., Teoret. Osnovy chim. Technol. 8 (1974), 435
[17] Hacker, I., Hartmann, K., „*Heuristische Regeln zum Entwurf verfahrenstech-nischer Systeme*" in: „*Probleme der chemischen Technologie*", Akademie-Verlag, Berlin 1980
[18] Rudd, D. F., Powers, G. J., Siirola, J. J., "*Process Synthesis*", Prentice-Hall, Inc., Englewood Cliffs, New Jersey 1973
[19] Rathore, R. N. S., van Wormer, K. A., Powers, G. J., AIChE-J. 20 (1974), 491
[20] Rathore, R. N. S., van Wormer, K. A., Powers, G. J., AIChE-J. 20 (1974), 940
[21] „*Strukturentwurf heterogener verfahrenstechnischer Systeme mit den Grundelementen Wärmeübertrager-Stoffeinheit*", Unveröffentl. Forschungsbericht, Technische Hoch-schule „Carl Schorlemmer" Leuna—Merseburg 1975
[22] Rockstroh, L., Hartmann, K., Chem. Techn. 27 (1975), 328; 27 (1975), 389; 27 (1975), 439
[23] Rockstroh, L., Hacker, I., Hartmann, K., „*Verfahren zur optimalen Strukturie-rung von Wärmeübertragungssystemen*" in: „*Modellierung und Optimierung kom-plexer verfahrenstechnischer Systeme*" Akademie-Verlag, Berlin 1977
[24] Uhlworm, M., Reichert, O., „*Strukturuntersuchungen zum Entwurf eines ther-mischen Stofftrennsystems*", Belegarbeit Technische Hochschule „Carl Schorlemmer" Leuna—Merseburg 1977
[25] Kauschus, W., Unveröffentl. Arbeitsbericht, Technische Hochschule „Carl Schorlemmer" Leuna—Merseburg
[26] Derdulla, H., Hacker, I. u. a., Chem. Techn. 29 (1977) 3. 145
[27] Hacker, I., „*Beitrag zur heuristischen Strukturierung verfahrenstechnischer Sy-steme*", Dissertation A, Technische Hochschule „Carl Schorlemmer" Leuna-Merse-burg 1980

BEITRÄGE ZUR HYDRODYNAMIK UND ZUM STOFFAUSTAUSCH AN FLUIDEN PHASENGRENZEN

(H. Linde, P. Schwartz, J. Reichenbach, K. Winkler)

Summary

Interfacial dynamic processes are of great influence on hydrodynamic and masstransfer at fluid interfaces. The model of the masstransfer in hight velocity cocurrent distillation and absorption columns is based on the normal behaviour of surface renewal of droplets. The influence of Henry-Koefficients, of the liquid-gasrate and of the gas velocity are calculated in good agreement with experiments.

In the case of mass transfer of surface active agents (tensid), the rate of mass transfer is intensified by the Marangoni-Instability and its dissipative structures. This is of practical interest in liquid-liquid-extraction systems. The more analytical "interfacial dynamic surface renewal model" GOEM and the numerical solution of the problem "Marangoni-Instability with plan surface" MIMEG give information to the dissipative structure of the free surface convection, to the increase of mass transfer and to the critical conditions of the onset of this instability. The Marangoni-Instability and his similar instabilities are further important to the forming of fluid layers on photographic materials and similar processes and in paintings application too.

The adsorption layers of added tensids are able to stop fully the free surface convection and the normal surface renewal too. That means, that the increase of the mass transfer — induced by the increase of the surface area with decreasing surface tension — will be not reach the exspected level. At greater levels of surface stress only, the adsorption layer will be ruptured and can move again in normal and secondary surface renewal. The resulting increase of the mass transfer rate is an important effect in intensifying liquid-gas-reactors.

The report is finished with short remarks about the real "interfacial turbulence" at tensidcovered interfaces.

1. Einleitung

Austauschprozesse über fluide Phasengrenzen stehen im Mittelpunkt der Kinetik der Stofftrennverfahren Destillation, Absorption und Flüssig-flüssig-Extraktion sowie der Verfahren der Reaktionstechnik, bei denen eine Komponente über eine fluide Phasengrenze transportiert werden muß. Die Probleme sind besonders vielgestaltig, weil die Phasengrenze, die der Ort des langsamsten und damit des prozeßbestimmenden Schrittes des Austauschprozesses durch Diffusion oder Wärmeleitung ist, sich in hydrodynamischer Hinsicht entsprechend den vorliegenden physikalisch-chemischen Bedingungen sehr verschieden verhalten kann. Diese besondere physikalisch-chemische Hydrodynamik an der Phasengrenze, die unter Einbeziehung der nichtlinearen Transportkinetik durch Instabilitäten an praktischer und theoretischer Bedeutung gewonnen hat, läßt sich unter der Bezeichnung Grenzflächendynamik abgrenzen und ist durch die Wirkung des Gibbs-Marangoni-Effektes gekennzeichnet (Abb. 1).

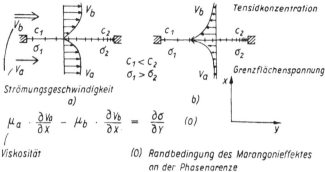

$$\mu_a \cdot \frac{\partial V_a}{\partial x} - \mu_b \cdot \frac{\partial V_b}{\partial x} = \frac{\partial \sigma}{\partial y} \quad (0)$$

Viskosität   (0) Randbedingung des Marangonieffektes an der Phasengrenze

Abb. 1a. Der Gibbs-Marangoni-Effekt bedingt bei erzwungener Konvektion die Blockierung der Oberflächenerneuerung durch einen in Strömungsrichtung komprimierten Tensidfilm, wobei ein Grenzflächenspannungsgefälle aufgebaut wird

Abb. 1b. Ein Konzentrationsunterschied an einer ursprünglich ruhenden Phasengrenze führt zu einem Grenzflächenspannungsunterschied, der eine freie Grenzflächenkonvektion zur Einstellung des Gleichgewichtes (0) auslöst (Marangoni-Effekt)

V = Strömungsgeschwindigkeit; μ = dynamische Viskosität; c = Tensidkonzentration; σ = Grenzflächenspannung; Index a für untere Phase; Index b für obere Phase

Im einfachsten Fall von reinen, d. h. tensidfreien Oberflächen kann kein Grenzflächenspannungsunterschied an der Phasengrenze entstehen. Dabei wird die Grenzfläche durch eine Schubspannung an der Phasengrenze passiv mitbewegt, was bei Tropfen- oder Blasenbewegung relativ zur kontinuierlichen Phase zur inneren Zirkulation (primäre Oberflächenerneuerung) führt (Abb. 2).

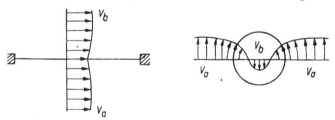

Strömungsgeschwindigkeit

Abb. 2. Die Schubspannung führt an der tensidfreien Phasengrenze zur passiven Mitbewegung der Phasengrenze, die an ebenen Phasengrenzen die primäre Oberflächenerneuerung und an Tropfen und Blasen die innere Zirkulation bedingt

In den Graphiken der Abb. 1 und 2 sind gleiche Viskositäten in beiden Phasen angenommen

In Abschn. 2. wird der instationäre Stoffaustausch am Tropfen bei innerer Zirkulation (Annahme tensidfreier Grenzflächen) behandelt mit dem Ziel, den Austauschgrad von Gleichstromstufen bei der Hochgeschwindigkeitskontaktierung der Phasen für Destillation und Absorption zu modellieren. Das Vorliegen eines Sprayregimes mit sehr kleinen Tropfen im reinen, d. h. nicht rezirkulierenden Gleichstrom ab etwa 15—20 m/s Gasgeschwindigkeit, erlaubt eine solche Idealisierung, die bei den undurchsichtigen Strömungsregimen üblicher Querstromkolonnen viel weniger möglich ist. Dieses sogenannte „Hold-up"-Modell von REICHENBACH ist multivalent anpaßbar auch auf andere Bewegungsverhalten der fluiden Grenze und natürlich auch auf die einfachsten Bedingungen der starren Oberfläche eines Tropfens oder einer Blase. Dieser Zustand kann an einem Tropfen oder einer Blase durch die Blockierung der primären Oberflächenerneuerung durch grenzflächenaktive Stoffe, die im Phasengleichgewicht im System vorhanden sind, erreicht werden (Abb. 1a) und muß insbesondere bei Verfahren der mikrobiellen Verfahrenstechnik durch die Anwesenheit biogener Tenside in Kauf genommen werden. Auch der bewußte Zusatz von Tensiden zur Erniedrigung der Oberflächenenergie in Zwei- oder Mehrphasensystemen führt zu dieser Blockierung der primären Oberflächenerneuerung, deren negative Wirkung auf die Stoffübergangsgeschwindigkeit jedoch durch die erleichterte Bildung einer großen Austauschfläche überkompensiert wird. Zu dieser Problematik wird im Abschn. 4. über Arbeiten von FRIESE berichtet, wobei auch die Problematik des Aufreißens dieses Tensidfilmes bzw. einer Erneuerung des Tensidfilmes durch dynamische Adsorption und Desorption verbunden mit einer sekundären Oberflächenerneuerung berührt wird.

Abschnitt 3. leitet bereits über zur nichtlinearen Ausgleichskinetik, bei der thermodynamisch offene Systeme mit Rückkopplungscharakter im Vordergrund stehen. Eine sich anfachende freie Grenzflächenkonvektion (MARANGONI-Instabilität) führt zu räumlich oder zu räumlich-zeitlich periodischen dissipativen Strukturen, die eine spontane Oberflächenerneuerung mit Vergrößerung der Stofftransportrate bedingen [1].

Von diesen definierten Strömungsstrukturen der MARANGONI-Instabilität I ist eine eigentliche Grenzflächenturbulenz abzutrennen, die bei Überschreitung einer kritischen Schubspannung an einer tensidbedeckten Phasengrenze bei Blockierung der Oberflächenerneuerung auftritt. Die oszillierenden Scherströmungen in der Ebene der Phasengrenze sind das physikalische Analogon der Turbulenz an der zweidimensionalen Phasengrenze (MARANGONI-Instabilität III), wozu in Abschn. 5. nähere Informationen gegeben werden.

2. Zum Stoffaustausch an Tropfen und Blasen mit primärer Oberflächenerneuerung der Phasengrenze

Das Problem des Stoffaustausches an kugelförmigen fluiden Grenzflächen ist für die Modellierung vieler technisch bedeutsamer Verfahren des Stoff- und Wärmeaustausches von grundlegendem Interesse.

Der Austausch an Tropfen und Blasen ist u. a. dadurch charakterisiert, daß er instationär verläuft. Denn bedingt durch das endliche Aufnahme- oder Abgabevermögen, kommt der Stofftransport zum Erliegen, wenn sich innerhalb des Tropfens bzw. der Blase die Gleichgewichtskonzentration eingestellt hat. Nur für den Spezialfall, daß die disperse Phase allein aus der übergehenden Komponente besteht und eine Verringerung des Radius vernachlässigt wird, kann ein stationärer Transport aufrechterhalten werden. In der vorliegenden Untersuchung wird der Stoffaustausch an einer fluiden Einzelkugel betrachtet. Die Resultate werden in Form von Abbildungen und Gleichungen für die Sherwood-Zahlen und die mittleren Konzentrationen der fluiden Kugel angegeben. Am Beispiel der Modellierung des Stoffaustausches in einem Zweiphasen-Gleichstrom wird gezeigt, wie die erhaltenen Ergebnisse zur Modellierung komplizierterer Vorgänge benutzt werden können.

Allgemeine Stofftransportbedingungen

Betrachtet wird der Stoffübergang an einzelnen fluiden Kugeln (Tropfen, Blasen), deren Radius unveränderlich ist. Die kugelförmig vorliegende Phase wird mit Phase 1 und die umgebende Phase mit Phase 2 bezeichnet. Die Diffusionsbedingungen werden durch das Verhältnis der Diffusionskoeffizienten D_1/D_2 und durch die Gleichgewichtskonstante $H = \dfrac{c_{1P}}{c_{2P}}$ charakterisiert. Mit c_{1P} und c_{2P} werden die Konzentrationen in der Phasengrenze für die Phasen 1 und 2 bezeichnet. Der Stofftransport erfolgt von der Blase bzw. dem Tropfen an die umgebende Phase oder in umgekehrter Richtung. Im allgemeinen diffundiert dabei eine Komponente A aus einem Gemisch mit der Komponente B in die Komponente C. Im Sonderfall stimmt eine der Phasen mit der diffundierenden Komponente A überein.

Für die Behandlung des Problems werden folgende Voraussetzungen gemacht:

1. Der Radius der Kugel ist konstant.

2. Das Volumen der Kugel ist klein im Vergleich zum Volumen der Umgebung, so daß die Konzentration in großer Entfernung von der Kugeloberfläche konstant bleibt.

Die Voraussetzung 1 beinhaltet auch, daß die kugelförmige Blase bzw. der in Kugelgestalt vorliegende Tropfen durch die Konvektion im Innern und Äußeren nicht verformt wird. Das ist bei kleinen Reynolds-Zahlen (Re $\sim$ 1) der Fall. Das Gebiet großer Reynolds-Zahlen, bei denen die Gestalt der Blase oder des Tropfens nicht mehr kugelförmig ist und Ablösung der Strömung sowie Schwingungen der Blase bzw. des Tropfens den Vorgang des Stofftransportes beeinflussen, ist theoretisch heute noch nicht zugänglich.

Mathematische Beschreibung

Grundgleichungen

In den Kugelkoordinaten (r, φ, θ) ist das konvektive Diffusionsproblem symmetrisch bezgl. φ (wenn die Strömung φ-symmetrisch ist) und lautet (Abb. 3):

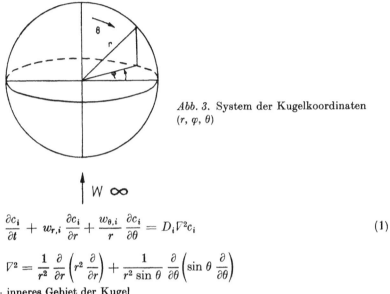

Abb. 3. System der Kugelkoordinaten (r, φ, θ)

$$\frac{\partial c_i}{\partial t} + w_{r,i} \frac{\partial c_i}{\partial r} + \frac{w_{\theta,i}}{r} \frac{\partial c_i}{\partial \theta} = D_i \nabla^2 c_i \tag{1}$$

$$\nabla^2 = \frac{1}{r^2} \frac{\partial}{\partial r}\left(r^2 \frac{\partial}{\partial r}\right) + \frac{1}{r^2 \sin\theta} \frac{\partial}{\partial \theta}\left(\sin\theta \frac{\partial}{\partial \theta}\right)$$

$$i = \begin{cases} 1 \cdots \text{inneres Gebiet der Kugel} \\ 2 \cdots \text{äußeres Gebiet} \end{cases}$$

An der Phasengrenze $r = R$ müssen die Bedingungen der Kontinuität des Stoffstromes und das HENRYsche Gesetz erfüllt sein:

$$\left. \begin{aligned} D_1 \frac{\partial c_1}{\partial r} &= D_2 \frac{\partial c_2}{\partial r} \\ c_1 &= H \cdot c_2 \end{aligned} \right\} \ r = R, t > 0 \tag{1a}$$

In großer Entfernung von der Kugeloberfläche bleibt die Konzentration konstant:

$$c_2 = c_{2\infty}, \quad r \to \infty, \quad t > 0 \tag{1b}$$

Zum Anfangszeitpunkt $t = 0$ soll im Innern und Äußeren eine konstante Konzentrationsverteilung vorliegen:

$$\left. \begin{aligned} c_1 &= c_{10}, \ r < R \\ c_2 &= c_{2\infty}, \ r > R \end{aligned} \right\} \ t = 0 \tag{1c}$$

Zur weiteren Behandlung des Problems werden dimensionslose Größen eingeführt:

$$y = \frac{r}{R}, \quad u_i = \frac{w_{r,i}}{\overline{w}_i}, \quad v_i = \frac{w_{\theta,i}}{\overline{w}_i}$$

$$\xi_1 = \frac{c_{10} - c_1}{c_{10} - H \cdot c_{2\infty}}, \qquad \xi_2 = \frac{c_{10} - H \cdot c_2}{c_{10} - H \cdot c_{2\infty}}$$

Dann lautet Gl. (1):

$$\frac{\partial \xi_i}{\partial \mathrm{Fo}_i} + \mathrm{Pe}_i \left\{ u_i \frac{\partial \xi_i}{\partial y} + v_i \frac{1}{y} \frac{\partial \xi_i}{\partial \theta} \right\} = \nabla^2 \xi_i \tag{2}$$

Die Kopplungsbedingungen (1a) gehen über in

$$\left. \begin{aligned} \frac{\partial \xi_1}{\partial y} &= \frac{D_2}{D_1 \cdot H} \frac{\partial \xi_2}{\partial y} \\ \xi_1 &= \xi_2 \end{aligned} \right\} y = 1,\, t > 0 \tag{2a}$$

und die Rand- und Anfangsbedingungen werden

$$\xi_2 = 1,\ y \to \infty,\ t \geqq 0 \tag{2b}$$

$$\left. \begin{aligned} \xi_1 &= 0,\ y < 1 \\ \xi_2 &= 1,\ y > 1 \end{aligned} \right\} \ t = 0 \tag{2c}$$

Dabei treten in Gl. (2) die folgenden dimensionslosen Kennzahlen auf:

$$\mathrm{Fo}_i = \frac{t \cdot D_i}{R^2} \qquad - \ \text{Fourier-Zahl}$$

$$\mathrm{Pe}_i = \mathrm{Re}_i \mathrm{Sc}_i \qquad - \ \text{Péclet-Zahl}$$

$$\mathrm{Sc}_i = \frac{\nu_i}{D_i} \qquad - \ \text{Schmidt-Zahl}$$

$$\mathrm{Re}_i = \frac{\overline{w}_i \cdot R}{\nu_i} \qquad - \ \text{Reynolds-Zahl}$$

Die Fourier-Zahl ist nichts anderes als eine dimensionslose Zeit, während die Péclet-Zahl das Verhältnis von durch die Geschwindigkeit w_i bedingten konvektiven Transport zu durch die Diffusion verursachten konduktiven Transport charakterisiert.

Die Integration des Anfangs-Randwertproblems (2), (2a—c), die die örtliche Konzentrationsverteilung ξ_1 und ξ_2 im Innern und Äußeren der Kugel liefert, ist nur durch Methoden der numerischen Mathematik möglich und wurde in den letzten Jahren für mehrere Spezialfälle durchgeführt (z. B. [2—5]). Die wichtigsten Ergebnisse werden im folgenden vorgestellt.

Definition des Austauschgrades und der SHERWOOD-Zahlen

Zunächst interessiert i. a. der Austauschgrad der Kugel, der gerade die bzgl. des Kugelvolumens mittlere dimensionslose Konzentration $\bar{\xi}_1$ ist:

$$\bar{\xi}_1(\text{Fo}_1) = \frac{1}{V} \int\limits_V \xi_1(\text{Fo}_1, y, \theta)\, dV \tag{3}$$

Weiterhin hat es sich bei der Modellierung von komplizierteren Stoffaustauschprozessen als günstig erwiesen, den ausgetauschten dimensionslosen Massenstrom zu kennen.

Der durch die Kugeloberfläche $O = 4\pi R^2$ hindurchfließende Massenstrom ist

$$\dot{m}(t) = \int\limits_0^O D_1 \frac{\partial c_1}{\partial r}\bigg|_{r=R} dO = V \cdot \frac{d\bar{c}_1}{dt} \tag{4}$$

$V = \dfrac{4}{3}\,\pi R^3 = \text{Kugelvolumen}$

Dieser Massenstrom kann nun mit Hilfe eines Stoffdurchgangskoeffizienten ausgedrückt werden. Das kann auf unterschiedliche Weise geschehen. Im folgenden werden zwei Möglichkeiten erörtert.

$$\dot{m}(t) = K_1(t) \cdot O \cdot [H \cdot c_{2\infty} - \bar{c}_1(t)] \tag{5}$$

bzw. für die Phase 2:

$$\dot{m}(t) = K_2(t) \cdot O \cdot \left[c_{2\infty} - \frac{1}{H}\,\bar{c}_1(t)\right]$$

Dabei geht man von der Vorstellung aus, daß der Massenstrom proportional der Oberfläche und einer gewissen Konzentrationstriebkraft ist. Mit Gl. (4) und den eingeführten dimensionslosen Größen erhält man für den dimensionslosen Stoffdurchgangskoeffizienten, die SHERWOOD-Zahl:

$$\text{Sh}_1\,(\text{Fo}_1) \equiv \frac{K_1(\text{Fo}_1) \cdot 2R}{D_1} = \frac{2}{3}\,\frac{1}{1 - \bar{\xi}_1}\,\frac{d\bar{\xi}_1}{d\,\text{Fo}_1} \tag{6}$$

bzw. für Phase 2:

$$\text{Sh}_2\,(\text{Fo}_2) \equiv \frac{K_2(\text{Fo}_2) \cdot 2R}{D_2} = \frac{2}{3}\,\frac{H}{1 - \bar{\xi}_1}\,\frac{d\bar{\xi}_1}{d\,\text{Fo}_2}$$

Anstelle der in Gl. (5) benutzten zeitabhängigen Konzentrationsdifferenz kann als Triebkraft auch die zeitunabhängige Anfangskonzentrationsdifferenz zur Definition von SHERWOOD-Zahlen benutzt werden:

$$\dot{m}(t) = K_1{}^*(t) \cdot O \cdot [H \cdot c_{2\infty} - c_{10}] \tag{7}$$

bzw. für Phase 2:

$$\dot{m}(t) = K_2{}^*(t) \cdot O \cdot \left[c_{2\infty} - \frac{1}{H} \cdot c_{10}\right].$$

Die entsprechenden SHERWOOD-Zahlen sind dann durch

$$\mathrm{Sh_1}^*(\mathrm{Fo_1}) = \frac{2}{3}\,\frac{d\bar{\xi}_1}{d\,\mathrm{Fo_1}} \tag{8}$$

bzw.

$$\mathrm{Sh_2}^*(\mathrm{Fo_2}) = \frac{2}{3}\,H \cdot \frac{d\bar{\xi}_1}{d\,\mathrm{Fo_2}}$$

mit der mittleren dimensionslosen Konzentration (Austauschgrad) $\bar{\xi}_1$ verbunden. Diese Beziehungen haben eine einfachere Gestalt als die entsprechende
Gl. (6) für $\mathrm{Sh_1}$. Jedoch muß hierbei im Falle des instationären Transportes die
Zeitabhängigkeit des Massenstromes $\dot{m}$ voll durch die K_i^* bzw. $\mathrm{Sh_i}^*$ erfaßt
werden, so daß sich für die $\mathrm{Sh_i}^*$ kompliziertere Kurvenverläufe ergeben als
für die $\mathrm{Sh_i}$. Daher ist Definition (5) vorzuziehen, die auch physikalisch sinnvoller ist. Die in der Regel bei der Benutzung von (6) entstehenden gewöhn-
lichen Differentialgleichungen zur Bestimmung des Austauschgrades $\bar{\xi}_1$ können
heute leicht mit numerischen Methoden integriert werden, wenn sie sich nicht
analytisch lösen lassen (Beispiel im Abschn. „Modellierung des Stofftransportes in einem Zweiphasengleichstrom").

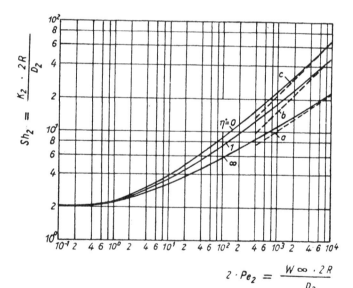

$$2 \cdot Pe_2 = \frac{W\infty \cdot 2R}{D_2}$$

Abb. 4. Abhängigkeit der SHERWOOD-Zahl von der PÉCLET-Zahl und dem
Parameter η^* (nach SCHMIDT-TRAUB [3])

a — Näherung von LEVICH [8] für feste Kugel ($\eta^* \to \infty$) und große Pe-Zahl: $\mathrm{Sh_2} = 1{,}007\ \mathrm{Pe_2}^{1/3}$
b, c — Näherung von RUCKENSTEIN [19] für große $\mathrm{Pe_2}$:

$$0{,}4245\ \frac{1}{1+\eta^*}\ \mathrm{Sh_2}^{-3} + 0{,}662\left(1{,}5 - \frac{1}{1+\eta^*}\right)\ \mathrm{Sh_2}^{-3} = \mathrm{Pe_2}^{-1}$$

Stationärer Stofftransport

Wenn der Tropfen oder die Blase allein aus der übergehenden Komponente besteht und die Verringerung des Radius im Beobachtungszeitraum vernachlässigt werden kann, stellt sich ein stationärer Transport ein. Ein Konzentrationsgradient tritt dann nur in der umgebenden Phase 2 auf. Das allgemeine Problem [Gl. (2), (2a—c)] reduziert sich dann auf

$$\mathrm{Pe}_2 \left\{ u_2 \frac{\partial \xi_2}{\partial y} + \frac{v_2}{y} \frac{\partial \xi_2}{\partial \theta} \right\} = \nabla^2 \xi_2 \tag{9}$$

$$\xi_2 = 1 \quad \text{für} \quad y = 1 \tag{9a}$$

Für den Bereich kleiner REYNOLDS-Zahlen (Re < 1) wurden die Geschwindigkeitsverteilungen im Innern und Äußeren einer fluiden Kugel bereits von HADAMARD [6] und RYBCZINSKY [7] angegeben:

$$u_1 \equiv \frac{w_{r,1}}{\frac{1}{2} \frac{w_\infty}{1 + \eta^*}} = -(y^2 - 1) \cos \theta$$

$$v_1 \equiv \frac{w_{\theta,1}}{\frac{1}{2} \frac{w_\infty}{1 + \eta^*}} = 2 \left(y^2 - \frac{1}{2} \right) \sin \theta$$

$$u_2 \equiv \frac{w_{r,2}}{w_\infty} = - \left[1 - \frac{3/2\eta^* + 1}{\eta^* + 1} \frac{1}{y} + \frac{1}{2} \frac{\eta^*}{\eta^* + 1} \frac{1}{y^3} \right] \cos \theta$$

$$v_2 \equiv \frac{w_{\theta,2}}{w_\infty} = \left[1 - \frac{1}{2} \frac{3/2\eta^* + 1}{\eta^* + 1} \frac{1}{y} - \frac{1}{4} \frac{\eta^*}{\eta^* + 1} \frac{1}{y^3} \right] \sin \theta$$

Dabei ist w_∞ die Anströmgeschwindigkeit in sehr großer Entfernung von der Kugel und $\eta^* = \eta_1/\eta_2$ das Verhältnis der dynamischen Zähigkeiten der dispersen und der kontinuierlichen Phase. Für $\eta^* \to \infty$ wird eine starre Kugel umströmt, während sich für $\eta^* \to 0$ eine Gasblase in einer viskosen Flüssigkeit bewegt.

Die Lösung der Gln. (9), (9a) mit den Geschwindigkeiten (10) wurde von SCHMIDT-TRAUB [3] ausgeführt.

Die Abhängigkeit der SHERWOOD-Zahlen Sh_2 von der PÉCLET-Zahl Pe und dem Parameter η^* ist in Abb. 4 wiedergegeben. (Sh_2 und $\mathrm{Sh}_2{}^*$ stimmen überein, da $\frac{1}{H} \bar{c}_1(t)$ bzw. $\frac{1}{H} c_{10}$ durch die konstante Konzentration an der Kugeloberfläche ersetzt wird; der durch Gl. (6) bzw. Gl. (8) gegebene Zusammenhang mit $\bar{\xi}_1$ gilt natürlich nicht mehr.)

Instationärer Stofftransport

Ruhende Medien

Für den Fall ruhender Medien ($Pe_i = 0$) wurde Gl. (2), (2a—c) mit der Laplace-Transformation behandelt [5]. Die im Laplace-Raum erhaltenen Lösungen gestatten jedoch keine geschlossenen Rücktransformationen, so daß man auf Reihenentwicklungen angewiesen ist. Für kleine Zeiten erhält man als Näherung

$$\bar{\xi}_1 = \frac{6/\sqrt{\pi}}{1 + H\sqrt{D_1/D_2}} \sqrt{Fo_1} + 3 \cdot \frac{H - 1}{(1 + H\sqrt{D_1 D_2})^2} \cdot Fo_1 \tag{11}$$

Das erste Glied von Gl. (11) wurde bereits von Brauer [2] durch Betrachtung an ebenen Grenzen als Näherung für sehr kurze Zeiten angegeben.

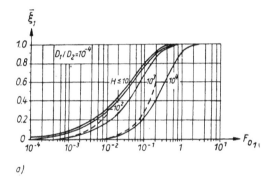

a)

Abb. 5a. Mittlere Konzentration $\bar{\xi}_1$ über der Zeit Fo_1 für einen ruhenden Tropfen ($Pe_1 = Pe_2 = 0$, $D_1/D_2 = 10^{-4}$) bei verschiedenen H-Zahlen

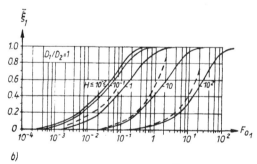

b)

Abb. 5b. Mittlere Konzentration $\bar{\xi}_1$ über Fo_1 für ruhende Medien mit gleichen Diffusionskoeffizienten ($Pe_1 = Pe_2 = 0$, $D_1/D_2 = 1$)

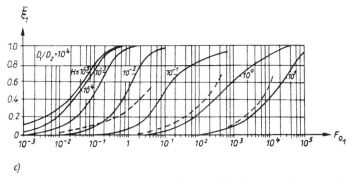

c)

Abb. 5c. Mittlere Konzentration $\bar{\xi}_1$ über Fo_1 für eine Gasblase in einer ruhenden Flüssigkeit ($Pe_1 = Pe_2 = 0$, $D_1/D_2 = 10^4$)

Neben der Behandlung durch LAPLACE-Transformation wurde das Problem auch numerisch mit Hilfe von Differenzenverfahren gelöst [5]. In Abb. 5a—c sind für charakteristische Werte des Verhältnisses der Diffusionskoeffizienten D_1/D_2 die mittleren Konzentrationen in Abhängigkeit von Fo_1 und der Gleichgewichtskonstanten H aufgezeichnet. Die gestrichelten Kurven wurden nach Gl. (11) berechnet. Es zeigt sich, daß Gl. (11) nur für kleine $\bar{\xi}_1$ brauchbare Werte liefert.

An Hand von Abb. 5a—c werden nun einige allgemeine Eigenschaften des betrachteten Stoffaustauschproblems diskutiert. Zunächst wird der Fall $D_1/D_2 = 10^{-4}$ betrachtet, der dem Stoffaustausch eines flüssigen Tropfens in einem Gasstrom entspricht. Mit zunehmendem Wert der Gleichgewichtskonstanten H verlangsamt sich der Austausch, wobei für $H \leq 10$ eine Grenzkurve existiert, die nicht unterschritten werden kann. (Man beachte, daß hier H das Reziproke der gewöhnlich als Verhältnis der Sättigungskonzentrationen der gasförmigen und der flüssigen Phase definierten HENRY-Konstanten darstellt.) Den genaueren Mechanismus für dieses Verhalten erkennt man bei Betrachtung des Konzentrationsverlaufes über dem Radius, der in Abb. 6 dargestellt ist.

Für $H \leq 10$ erfolgt an der Phasengrenze nahezu keine Konzentrationsabsenkung, so daß als Triebkraft für die Diffusion die maximal mögliche Konzentrationsdifferenz zwischen dem Tropfenmittelpunkt und der Tropfenoberfläche, deren Konzentration nahezu eins bleibt, wirksam wird. Man sagt in diesem Fall, daß sich nur im Innern des Tropfens ein Transportwiderstand befindet.

Mit zunehmender Erhöhung von H verlagert sich der Widerstand auf die äußere Seite, d. h. an der Phasengrenze findet eine erhebliche Absenkung der Konzentrationen statt, so daß sich die für die Diffusion wirksamen Triebkräfte vermindern bzw. sich die Ausgleichsstrecken vergrößern.

Der Transport erfolgt dadurch immer langsamer. Für praktische Fälle des Stoffüberganges Tropfen-Gasstrom (Absorption, Desorption) schwanken die

Werte von H etwa im Bereich $10^{-3} \le H \le 10^2$ [10], so daß sich der Widerstand weitgehend im Innern des Tropfens befindet. Dieses Verhalten gilt auch für andere Werte des Parameters D_1/D_2, lediglich die absoluten Werte von H verschieben sich. Für den Austausch einer Gasblase in einer Flüssigkeit, der

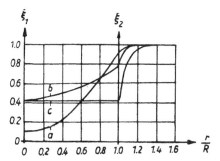

Abb. 6. Konzentrationsverlauf über dem Radius bei einem ruhenden Tropfen. Mit steigendem Wert von H verlagert sich der Transportwiderstand auf die äußere Seite des Tropfens und der Stoffaustausch verlangsamt sich

$D_1/D_2 = 10^4$
$a - H = 10^{-4}$, $\bar{\xi}_1 = 0,63$, $Fo_1 = 6,9 \cdot 10^{-2}$
$b - H = 10^{-3}$, $\bar{\xi}_1 = 0,67$, $Fo_1 = 2,0 \cdot 10^{-2}$
$c - H = 10^{-1}$, $\bar{\xi}_1 = 0,48$, $Fo_1 = 9,0$

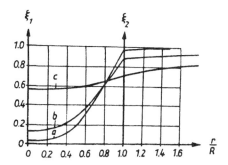

Abb. 7. Konzentrationsverlauf über dem Radius bei einer ruhenden Gasblase
$D_1/D_2 = 10^{-4}$
$a - H \le 10$, $\bar{\xi}_1 = 0,58$, $Fo_1 = 4,6 \cdot 10^{-2}$
$b - H = 10^3$, $\bar{\xi}_1 = 0,58$, $Fo_1 = 7,6 \cdot 10^{-2}$
$c - H = 10^4$, $\bar{\xi}_1 = 0,64$, $Fo_1 = 4 \cdot 10^{-1}$

durch $D_1/D_2 = 10^4$ charakterisiert wird, wird der schnellste Austausch für $H \le 10^{-5}$ erreicht (Abb. 5c). H stimmt jetzt mit der üblichen Henry-Konstanten überein. Da die Henry-Zahl bei realen Systemen im Bereich $10^{-2} \le H \le 10^3$ liegt, ist der Transportwiderstand beim Stoffaustausch von Blasen weitgehend im Äußeren lokalisiert, d. h. das gesamte Volumen der Blase erfährt eine über dem Radius sehr gleichmäßige Konzentrationsänderung (Abb. 7).

Eine etwas andere Zusammenstellung und Diskussion des Stoffüberganges bei ruhendem System findet man bei BRAUER [2].

Widerstand im Innern

Wie im Abschn. „Ruhende Medien" erläutert wurde, werden in diesem Fall nur die Vorgänge in Phase 1 (Inneres der Kugel) betrachtet. Die durch Differenzenverfahren erhaltenen Lösungen [5] der Gln. (2), (2a—c) mit den Geschwindigkeiten (10) für kleine Re-Zahlen sind in Abb. 8 dargestellt.

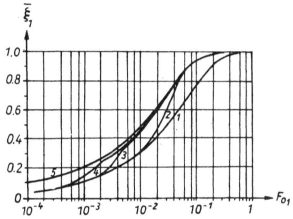

Abb. 8. Mittlere Konzentration $\bar{\xi}_1$ über F_{o_1} für den Fall, daß kein Widerstand in der Kugelumgebung auftritt. Parameter ist die Pe-Zahl:

$$Pe_1 = 1/2 \frac{W_\infty}{1 + \eta^*} \frac{R}{D_1}$$

Geschwindigkeitsverteilung (10) für $Re < 1$ nach HADAMARD, RYBCZINSKY [6, 7]

1 — $Pe_1 = 0$, ruhende Medien, Lösung von NEWMAN; *2* — $Pe_1 = 10^2$; *3* — $Pe_1 = 10^3$; *4* — $Pe_1 = 4 \cdot 10^3$; *5* — $Pe_1 \to \infty$, Grenzlösung von KRONIG, BRINK

Im Fall reiner Diffusion ($Pe_1 = 0$, Lösung von NEWMAN [12]) sind die Linien gleicher Konzentration konzentrische Kreise, während sie mit zunehmender Pe-Zahl immer mehr mit den Stromlinien übereinstimmen [4]. Die numerischen Resultate bestätigen recht gut den Grenzcharakter der Näherung von KRONIG und BRINK [11]. Diese nahmen an, daß für $Pe_1 \to \infty$ die Stromlinien mit den Linien gleicher Konzentration zusammenfallen und der Austausch zwischen diesen Linien durch Diffusion erfolgt.

Wie CALDERBANK und KORSCHINSKI [13] bemerkten, kann man die Kurven *1* und *5* der Abb. 8 gut durch

$$\bar{\xi}_1 = (1 - e^{-a\pi^2 F_{o_1}})^{1/2} \tag{12}$$

approximieren. Dabei ist $a = 1$ für $Pe_1 = 0$, d. h. Kurve 1, und $a = 2,25$ für $Pe_1 \to \infty$, d. h. Kurve 5. Es zeigte sich, daß Gl. (12) auch zur näherungsweisen Darstellung der dazwischenliegenden Fälle anwendbar ist, wenn man nur a geeignet wählt. Es wurde gefunden, daß (11) mit

$$a = \begin{cases} 1 & 0 \leqq Fo_1 \, Pe_1 \leqq 1 \\ 0,75 + 0,25 \cdot Fo_1 \, Pe_1 & 1 \leqq Fo_1 \, Pe_1 \leqq 6 \\ 2,25 & 6 \leqq Fo_1 \, Pe_1 \end{cases}$$

die numerisch berechneten Werte mit einem Fehler, der 10% nicht übersteigt, annähert [5].

In Abb. 9 sind die Sherwood-Zahlen eingezeichnet. Neben den numerischen Resultaten [5] finden sich die Ergebnisse anderer Autoren.

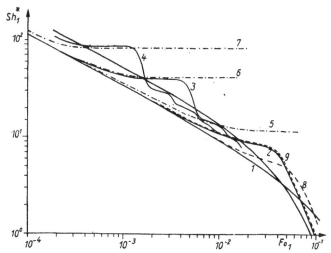

Abb. 9. Sh_1^* über Fo_1 bei alleinigem innerem Widerstand. Parameter ist Pe_1. Vergleich mit Ruckenstein ($-\cdot-\cdot-$) und Johns, Beckmann ($---$)

$1 - Pe_1 = 0; 2 - Pe_1 = 80; 3 - Pe_1 = 10^3; 4 - Pe_1 = 4 \cdot 10^3; 5 - Pe_1 = 80; 6 - Pe_1 = 10;$
$7 - Pe_1 = 4 \cdot 10^3 (5, 6, 7$ nach Ruckenstein); $8 - Pe_1 = 40; 9 - Pe_1 = 80 (8, 9$ nach Johns und Beckmann)

Aus der Näherung (11) für $Pe = 0$ erhält man für $H \sqrt{\dfrac{D_1}{D_2}} \ll 1, H \ll 1$

$$Sh_1^* = \frac{2}{\sqrt{\pi}} \frac{1}{\sqrt{Fo_1}} - 2 \tag{13}$$

Diese Näherung, deren erster Term bereits von Brauer [2] angegeben wurde, stimmt bis $Fo_1 \approx 0,2$, d. h. bis zu einem Austauschgrad $\bar{\xi}_1 \leqq 0,9$ sehr gut mit der Lösung von Newman überein.

Ruckenstein [9] erhielt bei Beschränkung auf ebene Grenzen und große Pe die Grenzschichtnäherung

$$Sh_1{}^* = \frac{1}{\sqrt{\pi}} \, \sqrt{Pe_1} \cdot \Psi(Fo_1 \cdot Pe_1) \tag{14}$$

Die Funktion Ψ ist z. B. in [19] tabelliert. Für $Fo_1 Pe_1 \geqq 2$ ist $\Psi = \dfrac{4}{\sqrt{3}} \approx 2{,}31$,

während man für $Fo_1 \to 0$ die schon aus der Penetrationshypothese von Higbie [14] folgende Gleichung erhält:

$$Sh_1{}^* = \frac{2}{\sqrt{\pi}} \, \frac{1}{\sqrt{Fo_1}} \tag{15}$$

Wie aus der Abb. 9 zu ersehen ist, gibt dieser Higbie'sche Ansatz den Beginn des Abbaus des Konzentrationssprunges richtig wieder. Die Ruckenstein-sche Erweiterung [Gl. (14)] leitet dann über zu einem stationären Wert, der für $Pe_1 \geqq 100$ in der Tat gut mit einem ersten Plateau des numerisch berechneten Verlaufes übereinstimmt. Der wellenartige Verlauf der $Sh_1{}^*$-Werte erklärt sich folgendermaßen. Durch die ständige Nachlieferung von frischem Fluid an die Phasengrenze wird in der Anfangsphase ein nahezu zeitlich konstanter Konzentrationsgradient an der Phasengrenze erreicht. Wenn das Fluid eine Zirkulation vollendet hat, sinkt zunächst sprunghaft der Gradient, um sich dann wieder einem Plateau zu nähern, da ja wieder Fluid mit annähernd gleicher Konzentration an die Phasengrenze strömt. Dieser Vorgang wiederholt sich, wobei der Sprung- und Plateaucharakter mehr und mehr verschwindet, da das Fluid eine immer gleichmäßigere Konzentrationsänderung erfährt.

Weitere Diskussionen dieses Vorganges finden sich bei Johns, Beckmann [15] und Brauer [16].

Widerstand im Äußeren

In diesem Fall spielen die Transportvorgänge in der Umgebung der Kugel (Phase 2) die entscheidende Rolle, während sich die Konzentration der Phase 1 örtlich gleichmäßig erhöht. Die numerischen Rechnungen wurden unter Benutzung der Geschwindigkeiten (10) für $Re < 1$ ausgeführt. Die maßgebenden Größen sind hier $Pe_2 = \dfrac{W_\infty \cdot R}{D_2}$ und die Gleichgewichtskonstante H.

Für ein charakteristisches Beispiel sind in Abb. 10 die mittleren Konzentrationen $\bar{\xi}_1$ und in Abb. 11 Linien gleicher Konzentration gezeichnet.

Auf der Anströmseite der Kugel bildet sich mit zunehmender Pe_2 eine Konzentrationsgrenzschicht aus, die zur Beschleunigung des Stoffüberganges führt. Auf der Abströmseite der Kugel kommt es zu einer langen Konzentrationsschleppe, die den örtlichen Stoffübergang gegenüber dem ruhenden System vermindert. Der Gesamtstoffübergang beschleunigt sich jedoch mit wachsender Pe_2-Zahl.

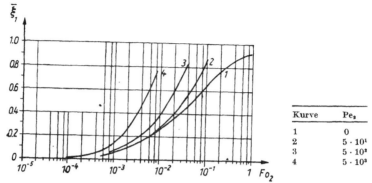

Kurve	Pe₂
1	0
2	$5 \cdot 10^1$
3	$5 \cdot 10^2$
4	$5 \cdot 10^3$

Abb. 10. Verlauf der mittleren Konzentrationen $\bar{\xi}_1$ in Abhängigkeit von der Pe₂-Zahl bei vorherrschendem äußeren Widerstand ($D_1/D_2 = 10^4$, $H = 1$)

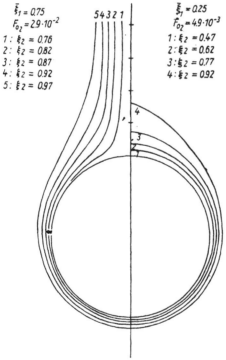

$\bar{\xi}_1 = 0.75$
$F_{0_2} = 2.9 \cdot 10^{-2}$

1 : $\xi_2 = 0.76$
2 : $\xi_2 = 0.82$
3 : $\xi_2 = 0.87$
4 : $\xi_2 = 0.92$
5 : $\xi_2 = 0.97$

$\bar{\xi}_1 = 0.25$
$F_{0_2} = 4.9 \cdot 10^{-3}$

1 : $\xi_2 = 0.47$
2 : $\xi_2 = 0.62$
3 : $\xi_2 = 0.77$
4 : $\xi_2 = 0.92$

Abb. 11. Linien gleicher Konzentration bei vorherrschendem äußeren Widerstand ($D_1/D_2 = 10^4$, $H = 1$, Pe₂ $= 500$)

Die quantitative Beschreibung erfolgt zweckmäßigerweise mittels Stoff-übergangskoeffizienten. Diese sind in Abb. 12 aufgezeichnet. Die numerischen Resultate sind mit der von RUCKENSTEIN [4] angegebenen Näherung

$$\mathrm{Sh_2}^* = \sqrt{\frac{\mathrm{Pe_2}}{\pi}} \cdot \varPsi(\mathrm{Fo_2}\,\mathrm{Pe_2}) \tag{16}$$

($\varPsi$ tabelliert in [4])

verglichen. Für $\mathrm{Fo_2} \cdot \mathrm{Pe_2} \geqq 2$ ist $\varPsi$ nahezu konstant und aus Gl. (16) folgt

$$\mathrm{Sh_2}^* = \frac{4}{\sqrt{3\pi}} \sqrt{\mathrm{Pe_2}} \tag{17}$$

Diese Beziehung stimmt mit der von LEVICH [8] angegebenen stationären Grenzschichtnäherung überein.

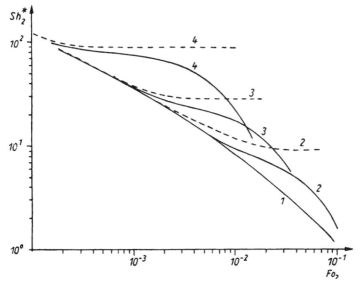

Abb. 12. $\mathrm{Sh_2}^*$ über $\mathrm{Fo_2}$ bei äußerem Transportwiderstand $(D_1/D_2 = 10^4$, $H = 1)$. Parameter ist $\mathrm{Pe_2}$. Vergleich mit RUCKENSTEIN ($---$)

Kurve	Pe₂
1	0
2	$5 \cdot 10^1$
3	$5 \cdot 10^2$
4	$5 \cdot 01^3$

Wie aus Abb. 12 zu erkennen ist, streben die numerisch berechneten $\mathrm{Sh_2}^*$-Zahlen jedoch keineswegs einem konstanten Wert zu. Das kann auch gar nicht möglich sein. Denn da der Massenstrom in zeitlicher Richtung sich verringert, muß dies auch für Sh_2^* gelten, da in der Definition (8) eine zeitlich konstante Konzentrationsdifferenz als Triebkraft eingeführt wurde. Anders ist dies bei Benutzung von Sh_2. Entsprechend der Definition (6) wird hier $\dot{im}$ als proportional zu einer zeitlich veränderlichen Triebkraft angesetzt, so daß die Sh_2-Zahlen tatsächlich konstante Werte annehmen könnten.

In der Tat zeigt Abb. 13, daß die Sh_2 gegen einen konstanten Wert streben, der gut mit der RUCKENSTEINschen Beziehung (16), jedoch jetzt für Sh_2, übereinstimmt. Diese Übereinstimmung gilt für $\eta^* \ll 1$. Denn mit zunehmendem Zähigkeitsverhältnis η^* wird bei gleichbleibender Geschwindigkeit an der Pha-

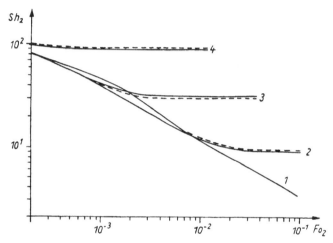

Abb. 13. Sh_2 über Fo_2 bei äußerem Transportwiderstand ($D_1/D_2 = 10^4$, $H = 1$). Vergleich mit RUCKENSTEIN (– – –)

Kurve	Pe_2
1	0
2	$5 \cdot 10^1$
3	$5 \cdot 10^2$
4	$5 \cdot 10^3$

sengrenze, und die wird zur Definition von Pe_2 benutzt, die Strömungsgrenzschicht im Äußeren immer dünner, d. h. die Geschwindigkeitsgradienten steigen. So ist $Sh_2 = Sh_2 (Fo_2, Pe_2, \eta^*)$ und wird mit steigendem η^* größer werden.

Auf empirischem Weg wurde gefunden, daß die Abhängigkeit von η^* näherungsweise durch

$$Sh_2 = Sh_2 \big(Fo_2, Pe_2 (1 + 0{,}08\eta^*) \big) \tag{18}$$

dargestellt werden kann. (Siehe dazu auch Abb. 14.)

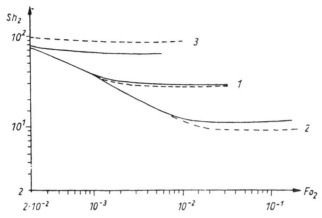

Abb. 14. Vergleich der empirischen Formel (18) (———) mit numerischen Resultaten (———)

1 — $Pe_2 \cdot (1 + 0{,}08\eta^*) = 500$; numerische Kurven für $\eta^* = 10, 1, 10, 50$ fallen zusammen
2 — $Pe_2 \cdot (1 + 0{,}08\eta^*) = 50$; $\eta^* = 50$
3 — $Pe_2 \cdot (1 + 0{,}08\eta^*) = 5 \cdot 10^3$; $\eta^* = 50$

Widerstände auf beiden Seiten

Im allgemeinen Fall muß sowohl das Konzentrationsfeld im Äußeren als auch im Inneren berücksichtigt werden, da auf beiden Seiten der Phasengrenze Konzentrationsgradienten auftreten. Man sagt, daß sich auf beiden Seiten Widerstände für den Stofftransport befinden. Für ruhende Medien sind die für charakteristische Parameter berechneten mittleren Konzentrationen in Abb. 5 aufgezeichnet. Zur Berechnung der Stoffdurchgangskoeffizienten bzw. der SHERWOOD-Zahlen benutzt man oft die sog. Additionsregel der Transportwiderstände. Unter Benutzung der partiellen Stoffübergangskoeffizienten k_i, die im Falle des alleinigen Transportwiderstandes in der Phase i mit den betrachteten Stoffdurchgangskoeffizienten K_i übereinstimmen, lassen sich bekanntlich die folgenden Beziehungen ableiten (z. B. [2]):

$$\frac{1}{K_1} = \frac{1}{k_1} + \frac{H}{k_2}$$
$$\frac{1}{K_2} = \frac{1}{Hk_1} + \frac{1}{k_2} \tag{19}$$

Da durch die angegebenen Beziehungen (14) und (16) (für Sh_2^*) sowie durch die Definition der SHERWOOD-Zahl Formeln für die partiellen Stoffübergangskoeffizienten k_i zur Verfügung stehen, kann versucht werden, den allgemeinen

Fall des beidseitigen Widerstandes mit der Beziehung (19) zu beschreiben. Dabei geht man von der Vorstellung aus, daß die partiellen Koeffizienten k_i in Gl. (19) bzw. die entsprechenden dimensionslosen Sherwood-Zahlen nicht weiter von H und D_1/D_2 abhängen. Es zeigt sich, daß dies nur näherungsweise richtig ist und nur in bestimmten Bereichen brauchbare Ergebnisse liefert.

Weiterhin wurde in Anlehnung an Gl. (11) und (14) versucht, den Fall der beidseitigen Transportwiderstände durch die empirische Gleichung

$$\mathrm{Sh}_1 = \frac{1}{\sqrt{\pi}} \frac{1}{1 + H\sqrt{D_1/D_2}} \sqrt{\mathrm{Pe}_2} \cdot \Psi(\mathrm{Pe}_1 \cdot \mathrm{Fo}_1) \tag{20}$$

zu beschreiben. Für die Spezialfälle der einseitigen Transportwiderstände geht diese Beziehung in die oben genannten Formeln über.

Wie ein Vergleich mit Abb. 15 zeigt, liefern sowohl die Additionsregel als auch die empirische Sh-Zahl [Gl. (20)] für den Fall gleicher Diffusionskoeffizienten etwas zu kleine Austauschgrade. Jedoch dürften für die meisten verfahrenstechnischen Belange beide Verfahren brauchbar sein, da sie die Abhängigkeit von H gut widergeben.

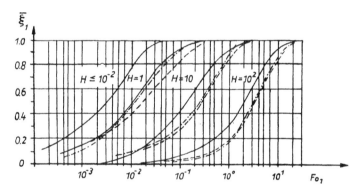

Abb. 15. Verlauf der mittleren Konzentration $\bar{\xi}_1$ bei verschiedenen Werten von H für den Fall $D_1/D_2 = 1$, $\mathrm{Pe}_1 = 0$

——— numerische Resultate (Differenzenverfahren)
—·—·—· Additionsregel (19)
——— empirische Sh-Zahl (20)

Im Falle $D_1/D_2 = 10^4$ (Austausch an Blasen) liegt für beide Verfahren für $H = 1$ eine sehr gute Übereinstimmung mit den numerisch berechneten Werten vor (Abb. 16). Auch die Übereinstimmung für $H = 10^{-1}$ und $H = 10$, die nicht unmittelbar aus Abb. 16 abgelesen werden kann, dürfte für verfahrenstechnische Rechnungen ausreichend sein.

Leider ist die Genauigkeit sowohl der empirischen Sh-Zahl [Gl. (20)] als auch der mit der Additionsregel erhaltenen Resultate im Fall $D_1/D_2 = 10^{-4}$ (Austausch an Tropfen) wenig befriedigend. Wie Abb. 17 zeigt, liefern beide Methoden zu kleine Austauschgrade. Die von ihnen angegebenen Werte des

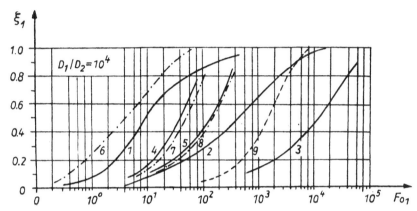

Abb. 16. Vergleich verschiedener Formeln zur Berechnung der mittleren Konzentration $\bar{\xi}_1$ beim Austausch an Blasen ($D_1/D_2 = 10^4$)

Kurve	H	Pe_2	Verfahren
1	10^{-1}	0	
2	1	0	
3	10	0	Differenzenverfahren
4	1	$5 \cdot 10^2$	
5	1	$5 \cdot 10^3$	
6	10^{-1}	$5 \cdot 10^2$	
7	1	$5 \cdot 10^3$	Additionsregel (19)
8	1	$5 \cdot 10^3$	
9	10	$5 \cdot 10^2$	empirische Sh-Zahl (20)

Austauschgrades für $H = 10^2$ werden tatsächlich erst bei $H = 10^3$ und die für $H = 10^3$ angegebenen etwa bei $H = 10^4$ erreicht. Glücklicherweise sind derart gut lösliche Systeme mit $H \geqq 10^3$ recht selten.

Insgesamt muß festgestellt werden, daß sowohl die bisher bekannten als auch die hier neu vorgelegten Beziehungen im Falle beidseitiger Transportwiderstände nur Näherungen für den Austauschgrad liefern, die in einigen Parameterbereichen ziemlich grob sind.

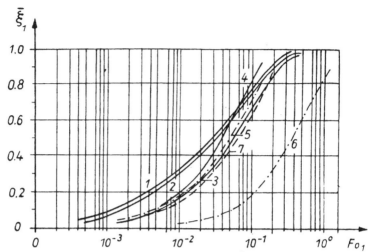

Abb. 17. Vergleich verschiedener Formeln für $\bar{\xi}_1$ beim Austausch an Tropfen $(D_1/D_2 = 10^{-4})$

Kurve	H	Pe_1	Verfahren
1	10	0	
2	10^2	0	Diffusionsverfahren
3	10^3	0	
4	10^3	$2 \cdot 10^2$	
5	10^2	10^2	Additionsregel (19)
6	10^3	10^2	
7	10^2	10^2	empirische Sh-Zahl (20)

Modellierung des Stofftransportes in einem Zweiphasengleichstrom

Wie gezeigt wurde, ist es zur näherungsweisen Berechnung des instationären Stoffüberganges an kugelförmigen Grenzflächen möglich, diesen in die zwei Grenzfälle, Widerstand innen — Widerstand außen, zu zerlegen und diese Fälle gesondert zu betrachten. Dadurch verringern sich die Schwierigkeiten wesentlich.

Wie außerordentlich nützlich diese Vorgehensweise ist und wie sie eigentlich erste eine Behandlung komplizierterer Probleme ermöglicht, soll nun an einem praktisch interessanten Beispiel demonstriert werden.

Probleme des Wärmeüberganges (z. B. Trocknungsprozesse) oder des Stoffüberganges (Adsorptions-, Destillations-, Extraktionsprozesse) finden häufig in der Technik auf solche Weise statt, daß sich der Austauschprozeß in einer Zweiphasenströmung vollzieht, da man durch eine feine Zerteilung der einen Phase eine große Oberfläche realisieren kann. Beispiele hierfür sind Trocknungsprozesse in Spraytürmen, Austauschprozesse in Bodenkolonnen, die im Spray- oder Blasenregime arbeiten, Waschprozesse in Venturiwäschern u. a.

Modellbildung

Zur Demonstration wird die Modellierung des Stoffaustausches in einem Zwei-phasengleichstrom betrachtet, der aus einem Gasstrom besteht, in dem kugel-förmige Flüssigkeitströpfchen mitbewegt werden (Abb. 18).

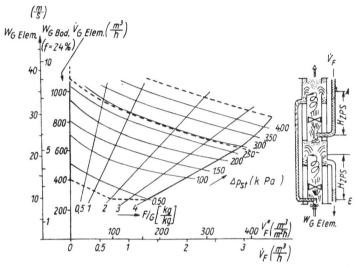

Abb. 18. Funktionsschema und charakteristische Parameter einer Kontakt-stufe (Durchmesser 100 mm) sowie hydraulisches Arbeitsbereichsdiagramm.

Abhängigkeit der auf den Elementequerschnitt (theoretisches Freiflächenverhältnis $f = 100\%$) bezogenen Gasgeschwindigkeit im Einzelelement $W_{GElem.}$ und der auf einen realistischen Einsatzfall einer Mehrelementeanordnung bezogenen Gasgeschwindigkeit eines Bodens $W_{GBod.}$ (praktisches Freiflächenverhältnis $f = 24\%$) vom Flüssigkeitsdurchsatz $\dot{V}_F$ und von der spezifischen Flüssig-keitsbelastung V_F^*, Parameter sind das Verhältnis der Flüssigkeitsmenge zur Gasmenge F/G und der Druckverlust pro Stufe Δp_{st}. Kontaktrohre mit Flüssigkeitseintritt bei E aus der Rück-förderleitung und Flüssigkeitsaustritt bei A in die Rückförderleitung, oberhalb des Flüssigkeits-eintrittes stehende Schraube zur Ausbildung der Drallströmung, wirksame Zweiphasenströmung H_{zps} zwischen E und A.

Es wird eine eindimensionale Bewegung (in z-Richtung) des Gasstromes $\dot{G}$ [cm³ s⁻¹] und des Flüssigkeitsstromes $\dot{F}$ [cm³ s⁻¹] angenommen. Wenn c_g, c_f [g cm⁻³] die Konzentrationen des übergehenden Stoffes in der Gas- und der flüssigen Phase sind, so verlangt die Erhaltung der Masse

$$\frac{d}{dz}\big(\dot{G}c_g(z) + \dot{F}c_f(z)\big) = 0 \tag{21}$$

Weiter ist

$$\dot{G}\big(c_g(z) - c_g(z + \Delta z)\big) = \dot{M}, \tag{22}$$

19 Technologie

wobei M der gesamte von der im Abschnitt Δz sich befindenden Flüssigkeit aufgenommene Massenstrom ist.

Nimmt man an, daß die Flüssigkeit in Tropfen des Durchmessers d zerteilt ist, die sich mit der Geschwindigkeit w_f nach oben bewegen, dann kann man mittels des gasseitigen Stoffdurchgangskoeffizienten K_2 den übergehenden Massenstrom $\dot{M}$ schreiben:

$$\dot{M} = \dot{F} \frac{\Delta z}{w_f} \frac{6}{d} K_2 \left[c_g - \frac{1}{H} c_f \right] \tag{23}$$

Mit $c_f^{(g)}$, $c_g^{(g)}$ gibt H das Verhältnis der Gleichgewichtskonzentrationen an.

Aus Gl. (21) bis (23) kann die folgende den Prozeß beschreibende Differential-gleichung abgeleitet werden [5]:

$$\frac{dc_g}{dz} + \frac{6}{d} \frac{K_2}{w_f} \left(\dot{F}/\dot{G} + \frac{1}{H} \right) c_g = \frac{6}{d} \frac{K_2}{w_f} \frac{1}{H} \left(c_g(0) + \dot{F}/\dot{G} \cdot c_f(0) \right) \tag{24}$$

Zur Integration müssen verschiedene Größen bekannt sein.

1. Bei einigen vereinfachenden Annahmen kann die Beschleunigung von flüssigen Tropfen in einem Gasstrom berechnet werden. Die Geschwindigkeit w_g ist i. a. keine Konstante.
2. Bei Benutzung der für Einzeltropfen abgeleiteten Formeln für K_2 ist zu bemerken, daß hier sowohl eine veränderliche Randkonzentration c_g als auch bei nicht konstan-tem w_f veränderliche Pe_i vorliegen. Die Korrektheit der durch Übertragung der K_i-Werte auf diese Fälle erhaltenen Resultate sollten durch experimentelle Werte überprüft werden.
3. Bei Änderungen über größere Konzentrationsbereiche ist die Gleichgewichtskurve i. a. gekrümmt, d. h. H ist von der Konzentration abhängig. Dies führt jedoch bei der numerischen Behandlung von Gl. (24), etwa mit einem Runge-Kutta-Verfahren, zu keiner Komplikation.
4. Die Größe des Tropfendurchmessers d ist ein häufig schwierig zu ermittelnder Para-meter, der jedoch die Genauigkeit der Ergebnisse wesentlich mitbestimmt.

Abhängigkeit des Austauschgrades von der Gleichgewichtskonstanten und der Flüssigkeitsbelastung

An einer ähnlich der in Abb. 18 dargestellten Apparatur wurden Absorptions-bzw. Desorptionsversuche der Systeme Wasser-Luft-NH_3 und Wasser-Luft-CO_2 unter Normalbedingungen durchgeführt [17]. Dabei interessierte das Verhalten des Austauschgrades η (nach Hausen)

$$\eta \equiv \frac{c_g(0) - c_g(L)}{c_g(0) - c_g{}^*} \tag{25}$$

L = Länge der Kontaktstrecke

wobei

$$c_g{}^* = \frac{\dot{F}/\dot{G} c_f(0) + c_g(0)}{1 + \dot{F}/\dot{G} \cdot H}$$

die maximal mögliche Änderung der Gaskonzentration ist, in Abhängigkeit von der Gasgeschwindigkeit w_g, der Flüssigkeitsbelastung $\dot{F}/\dot{G}$ und der Gleichgewichtskonstanten H.

Gleichzeitig erfolgten Berechnungen auf der Grundlage des oben beschriebenen Modells.

Um einen ersten Überblick zu gewinnen, wird $w_f = \overline{w}_f = \mathrm{const}$, $K_2 = \bar{K}_2 = \mathrm{const}$ und $H = \mathrm{const}$ gesetzt. Dann ist Gl. (24) eine gewöhnliche Differentialgleichung mit konstanten Koeffizienten, die leicht integriert werden kann. Insbesondere erhält man für den Austauschgrad nach HAUSEN

$$\eta = 1 - e^{-\frac{d}{6}\frac{L}{\overline{w}_f}\bar{K}_2(\dot{F}/\dot{G}+1/H)} \tag{26}$$

An Hand von Gl. (26) kann die Abhängigkeit des Austauschgrades von einzelnen Parametern diskutiert werden.

1. Wird K_2 mit Hilfe der Additionsregel (19) berechnet, so folgt für die Größe $A \equiv \bar{K}_2(\dot{F}/\dot{G} + 1/H)$, die in Gl. (26) den Einfluß der Gleichgewichtskonstanten H auf den Austauschgrad charakterisiert, die Beziehung

$$A = k_1 \cdot k_2 \cdot \frac{H \cdot \dot{F}/\dot{G} + 1}{H \cdot k_1 + k_2}$$

Damit ist

$$\frac{dA}{dH} \begin{cases} > 0, \text{ für } k_1/k_2 < \dot{F}/\dot{G}; \text{ d. h. } \eta \text{ wächst mit } H \\ = 0, \text{ für } k_1/k_2 = \dot{F}/\dot{G}; \eta \text{ ist unabhängig von } H \\ < 0, \text{ für } k_1/k_2 > \dot{F}/\dot{G}; \eta \text{ fällt mit wachsendem } H \end{cases}$$

Das heißt, daß bei sonst gleichbleibenden Bedingungen bei einem kleinen $\dot{F}/\dot{G}$-Verhältnis der Austauschgrad mit steigendem H sinkt, d. h. mit steigender Löslichkeit in der dispersen flüssigen Phase. In Übereinstimmung mit dem Verhalten an Einzeltropfen liefern die schlechtlöslichen Systeme den größten Austauschgrad.

Anders jedoch bei großem $\dot{F}/\dot{G}$, denn dann steigt der Austauschgrad mit wachsendem H, d. h. gut lösliche Systeme liefern den größeren Austauschgrad.

Für die betrachteten Experimente mit dem System Luft-Wasser konnte $k_1/k_2 \approx 3 \cdot 10^{-3}$ ermittelt werden. Da $\dot{F}/\dot{G}$ [kg/kg] $= 10^{-3} \cdot \dot{F}/\dot{G}$ [cm³/cm³] tritt hier etwa bei $\dot{F}/\dot{G}$ [kg/kg] ≈ 3 der Umschlag im Verhalten bzgl. H auf. Die genauere numerische Integration von Gl. (24) und die Meßergebnisse (Abb. 19 und 20) bestätigen dieses Ergebnis.

2. Wenn das $\dot{F}/\dot{G}$-Verhältnis in [kg/kg] angegeben wird, muß die Konzentration c in [g/g] gemessen werden und man erhält für die angegebenen Systeme folgende Gleichgewichtswerte:

System	H
Wasser-Luft-0,2Vol.-% NH_3, 15 °C	3
Wasser-Luft-0,2Vol.-% CO_2, 15 °C	$1{,}2 \cdot 10^{-3}$

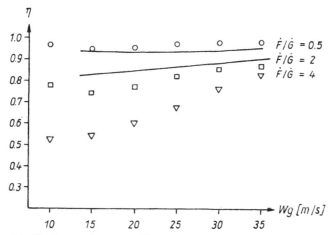

Abb. 19. Desorption von CO_2 im System Wasser—Luft bei verschiedenen $\dot{F}/\dot{G}$ [kg/kg]

——— theoretische Werte
o o o ; □ □ □ ; ▽ ▽ ▽ Meßwerte nach [17]

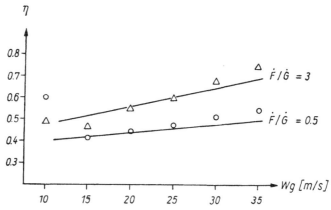

Abb. 20. Absorption von NH_3 im System Luft—Wasser mit dem $\dot{F}/\dot{G}$-Verhältnis als Parameter

——— theoretische Werte
o o o ; ▽ ▽ ▽ Meßwerte nach [17]

Wenn man $\dot{F}/\dot{G}$ [kg/kg] im Bereich $0\cdots5$ ändert, verändert sich die Größe $\dot{F}/\dot{G} + \dfrac{1}{H}$ bei schlechtlöslichen Systemen nahezu nicht, während sie bei gut löslichen Systemen erheblich ansteigt. Nimmt man an, daß der Faktor $6/d \dfrac{L}{\overline{w}_f} \bar{K}_2$ mit steigendem $\dot{F}/\dot{G}$ sich wegen des größer werdenden Tropfendurchmessers schwach verringert, so ist zu erwarten, daß der Austauschgrad bei schlechtlöslichen Systemen mit zunehmendem $\dot{F}/\dot{G}$ sinkt, während er bei gut löslichen zunimmt. Die Experimente und die genauere numerische Integration von Gl. (24) zeigen in der Tat dieses Verhalten (Abb. 19, 20).

3. Die Gasgeschwindigkeit w_g beeinflußt sowohl den Durchmesser d als auch die Geschwindigkeit w_f des Tropfens sowie den Stoffdurchgangskoeffizienten K_2. Daher wird die Abhängigkeit der Größe η von w_g maßgeblich vom Zerteilungsverhalten der flüssigen Phase bestimmt, das ebenso von konstruktiven Parametern der Apparatur wie von physikalisch-chemischen Parametern abhängt und schwierig zu erfassen ist. Zur numerischen Integration von Gl. (24) [4] wurden für das Zerteilungsverhalten Meßwerte benutzt, die ein Ansteigen des Austauschgrades mit wachsender Geschwindigkeit liefern. Dies stimmt mit den experimentellen Aussagen bei Gasgeschwindigkeiten über 15 m s^{-1} überein (Abb. 19, 20). Für kleinere Geschwindigkeiten ergibt sich ein abweichendes Verhalten, das auf die Tatsache zurückgeführt wird, daß unter diesen Bedingungen noch keine ausgeprägte Sprayströmung vorliegt. Die optische Beobachtung bestätigt diese Aussage.

In Abb. 19 und 20 sind die Resultate der numerischen Integration von Gl. (24) den experimentellen Werten gegenübergestellt. Die Abbildungen zeigen das in den Punkten 1 bis 3 aus der vereinfachten Beziehung (26) abgeleitete Verhalten.

Es sei darauf hingewiesen, daß dabei außer den betrachteten Parametern alle anderen als konstant angesehen wurden. Da sich in der Regel bei einem praktischen Übergang von einem physikalisch-chemischen System zu einem anderen mehrere Parameter gleichzeitig ändern, ist es dann möglich, daß sich Abweichungen zu dem oben abgeleiteten Verhalten ergeben.

Zur Entwicklung von Kolonnen mit Phasengleichstrom

Bei der Hochgeschwindigkeitskontaktierung von Flüssigkeit und Gas, die ein Weg zur Intensivierung der volkswirtschaftlich so bedeutenden Prozesse wie der thermischen Stofftrennung und der Gasreinigung darstellt, liegen ab Gasgeschwindigkeiten von etwa 15 m/s die im obigen Modell angewandten Bedingungen vor:

Zerteilung der Flüssigkeit in sehr kleine Tropfen von 100···200 μm, die mit der sehr kurzen Verweilzeit von 0,01 bis 0,1 s nahezu wechselwirkungsfrei den Kontraum im Gleichstrom mit dem Gas durchfliegen. Dieser HGK-Prozeß zwingt zur Entwicklung neuer leistungsfähiger Kolonnenapparate. Der stufenweise Phasenkontakt zwischen Flüssigkeit und Gas kann z. B. in Gleichstromkontaktelementen vom Dralltyp (Abb. 18) erfolgen, wobei die Phasenführung, auf die gesamte Kolonne bezogen, im Gegenstrom erfolgt. In der Abbildung ist der hydraulische Arbeitsbereich für Einzelelemente für das Simulationssystem Wasser/Luft dargestellt.

Es resultieren auf den Gesamtquerschnitt der Kolonne bezogene Gasgeschwindigkeiten von $3 \cdots 8$ ms^{-1}, die eine wesentliche Intensivierung des Verfahrens um den Faktor 2 bis 4 oder — bei Auslegung der Kolonne auf einen vorgegebenen Durchsatz — eine Querschnittsverringerung der Kolonne mit etwa 30% Materialeinsparung ermöglicht. Eine weitere Intensivierung bzw. Materialeinsparung ist mit der Vergrößerung des Freiflächenverhältnisses, das bei dieser Konstruktion bei etwas über 30% eine verfahrenstechnische und fertigungstechnische obere Grenze hat, zu erreichen.

Der durch den höheren Druckverlust bedingte leicht erhöhte Energieeintrag setzt sich in Gleichstromkontaktelementen bei im Vergleich mit herkömmlichen Bodenkonstruktionen wesentlich geringeren Verweilzeiten gut in hohe Bodenaustauschgrade bei Systemen mit flüssigkeitsseitigem Austauschwiderstand um. Diese sind mit Destillationssystemen vergleichbar (Abb. 20a). Bei Systemen mit gasseitigem Widerstand werden hohe Austauschgrade im Schwallströmungsbereich bei etwa $W_{G\,\mathrm{Elem.}} = 5 \cdots 8$ m s^{-1} erreicht, wobei ein unvollständiger Gleichstrom mit interner Rezirkulation in der Kolonne und entsprechender Verweilzeitvergrößerung vorliegt. In diesem Gebiet ergeben sich für Gleichstromkolonnen durch den guten Stoffaustausch bei geringerem Druckverlust Vorteile, wenn die Flüssigkeitsabtrennung bei sehr großem Freiflächenverhältnis realisiert werden kann. Hierzu wurden erfolgversprechende Untersuchungen von Weiss [31] durchgeführt.

Bei der Rohr-HGK werden im obersten Bereich der Gasgeschwindigkeit $W_G > 25$ m/s wieder höhere Austauschgrade erreicht, die durch eine bessere Flüssigkeitsverteilung bei der Flüssigkeitseinführung noch weiter verbessert

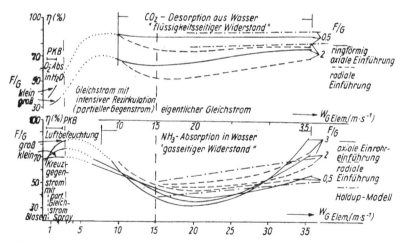

Abb. 20a. Tendenzieller Verlauf von Austauschgraden in einer Kontaktstufe in Abhängigkeit von $W_{G\,\mathrm{Elem.}}$, vorwiegend für die Desorption von CO_2 und die Absorption von NH_3 im Zweiphasensystem Wasser/Luft. (Für niedrige Gasgeschwindigkeiten sind die Werte für den Performkontaktboden (PKB) zum Vergleich angegeben.)

werden kann. Letzteres zeigt ebenfalls Abb. 20a an der Abhängigkeit von den
Einleitbedingungen für die Flüssigkeit in die Kontaktstufe (radiale Einleitung
über Wandbohrungen oder axiale Rohrstutzen). Auf diese Weise kann die spektrale Verteilung der Tropfengrößenanteile beeinflußt werden.

In das einen Geschwindigkeitsbereich für die Gasphase bis $W_{G\,\text{Elem.}} = 35\,\text{m}\,\text{s}^{-1}$
überstreichende Gesamtbild für η sind ebenfalls die theoretisch nach dem sog.
„Hold-up"-Modell berechneten Austauschgrade mit eingezeichnet. Das vorher
näher beschriebene Modell erlaubt somit eine befriedigende Beschreibung des
Stoffüberganges in ausgeprägten Sprayströmungen.

Die Entwicklung von Elementen und Böden für Hochgeschwindigkeits-
Kontaktstufen ist z. Z. noch im vollen Gange [17]. Vorerst wird ein vorteilhafter Einsatz von Gleichstromkolonnen bei Absorptionsprozessen mit niedrigen Flüssigkeitsbelastungen (Abgasreinigung bei verfügbarem Systemdruck)
sowie bei Destillationsprozessen bei Normaldruck und im mittleren Druckbereich gesehen. Von großem Vorteil erscheint weiterhin die Intensivierung
dieser Stofftrennverfahren anläßlich einer Rekonstruktion bereits eingesetzter
herkömmlicher Kolonnen durch den Einsatz dieser neuen, leistungsfähigen
Einbauten.

3. Zur spontanen Oberflächenerneuerung durch Marangoni-Instabilität I

Die MARANGONI-Instabilität ist in mehrerer Hinsicht von verfahrenstechnischer
Bedeutung. Sie führt zur Intensivierung der Ausgleichsprozesse von Stoff und
Wärme, wenn die vorhandene Konzentrations- oder Temperaturtriebkraft
in Verbindung mit den entsprechenden Stoffeigenschaften des Systems überkritische Bedingungen für die MARANGONI-Instabilität schafft. Der daraus
resultierende zusätzliche Stoff- oder Wärmeübergang ist für das intensivere
Rollzellensystem — wie im folgenden angegeben wird — nur für kleine Re-
und Pe-Zahlen mit dem GOEM berechenbar.

Der zusätzliche Stoff- oder Wärmeübergang ist nach der nichtlinearen
Thermodynamik irreversibler Prozesse beim Übergang vom linearen zum
nichtlinearen Zusammenhang zwischen Flüssen und Kräften zu erwarten. Beim
Überschreiten kritischer Bedingungen steigt — hier im einfachsten Falle bei
Fehlen erzwungener Konvektion — die Wärmestromdichte $W = \dfrac{dQ}{dt}\dfrac{1}{F}$ oder
die Stoffstromdichte $M = \dfrac{dn}{dt}\dfrac{1}{F}$ plötzlich mit einer größeren Steigung an
(Abb. 21).

Im gleichen Diagramm kann man prinzipiell die Wärme- oder Stoffstromdichten und die Temperatur- oder Konzentrationstriebkraft durch generalisierte Flüsse (J) und Kräfte (X) ersetzen. Im stationären Zustand solcher offener
Systeme wird bei konstanter Entropie der Entropieausfluß $-\dfrac{d_e S}{dt}$ durch die

innere Entropieproduktion $\frac{d_iS}{dt}$ kompensiert:

$$-\frac{d_eS}{dt} = \frac{d_iS}{dt} \qquad (27)$$

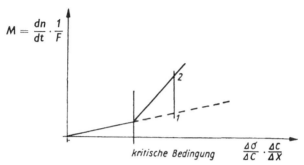

Abb. 21. Stofffluß in Abhängigkeit von der Triebkraft der Marangoni-Instabilität für den Fall reiner Diffusion (unterkritische Bedingungen) und nach Einsetzen der Marangoni-Instabilität (überkritische Bedingungen)

Beim gedachten Übergang von *1* nach *2* (Abb. 21) steigt die innere Entropieproduktion bei konstanter Triebkraft an, wobei der vergrößerte Stoff- oder Wärmeübergang über die Grenzen des offenen Systems den vergrößerten Entropiefluß bedingt. Der Entropiefluß (bzw. die Größe der gesamten Entropieproduktion) ist aus der Summation über die Produkte von generalisierten Kräften und Flüssen bei dem einfachen Fall der Abb. 21 direkt zu ersehen.

$$\frac{d_eS}{dt} = \sum_i J_i X_i \qquad (28)$$

Bei erzwungener Konvektion gilt prinzipiell das gleiche wie bei Abb. 21, jedoch mit dem Unterschied, daß bei der Darstellung des Stoffflusses (bzw. der Nu- oder der Sc-Zahl) gegenüber der Triebkraft ein kontinuierlicher Übergang vom Gebiet ohne Instabilität zum Gebiet mit Instabilität erfolgt (Abb. 22).

Das ist aus Messungen der Stoffübergangskinetik grenzflächenaktiver Stoffe bei erzwungener Konvektion abzuleiten, wobei allerdings aus methodischen Gründen ein quasistationärer Stoffübergang mit großen Anfangstriebkräften untersucht wurde. Durch den Stoffaustausch selbst sinkt die Triebkraft schneller als exponentiell ab, um im linearen Grenzfall nach einem exponentiellen Ausgleichsgesetz (Zusammenhang: Flüsse-Kräfte linear, reine Diffusion) abzuklingen (Abb. 23) [18].

Das Übergangsgebiet zwischen Stabilität und Instabilität ist durch ein Gebiet zunehmender Entdämpfung von Oberflächenerneuerungsströmungen gekennzeichnet, wobei die vollständige Rückkopplungsbedingung mit der be-

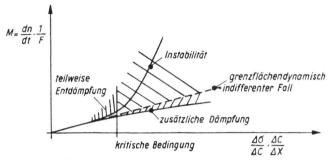

Abb. 22. Stofffluß bei MARANGONI-Instabilität und -Stabilität sowie im indifferenten Fall bei gleichzeitiger erzwungener Konvektion. (Die Entdämpfung bzw. Dämpfung der Oberflächenerneuerung macht sich bereits vor Erreichen der kritischen Bedingungen bemerkbar.)

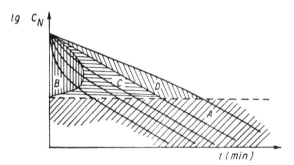

Abb. 23. Beeinflussung des Stoffüberganges (des Konzentrationsausgleichsgesetzes) durch hydrodynamische Instabilität und Stabilität

c_N = normierte Konzentration an diffundierender grenzflächenaktiver Substanz bezogen auf eine der beiden Phasen (dimensionslos);

t = Zeit nach Startbeginn ($t = 0$) des Stoffübergangsprozesses (Zeiteinheiten);

A = Gebiet reiner Diffusionskinetik, normale Dämpfung der Grenzflächenerneuerung durch Reibungskräfte;

B = Gebiet hydrodynamischer Instabilität: Die hohe Stoffübergangsgeschwindigkeit wird durch die freie Grenzflächenkonvektion bestimmt und ist von der Intensität der erzwungenen Konvektion nur wenig abhängig;

$C + D$ = Gebiet hydrodynamischer Stabilität: Es tritt keine freie Grenzflächenkonvektion auf;

C = Gebiet mit verminderter Wirksamkeit der normalen Reibungsdämpfung (Entdämpfung durch Grenzflächendynamik);

D = Gebiet zusätzlicher Dämpfung zur normalen Reibungsdämpfung

vorzugten Anfachung einer bestimmten Rollzellengröße erst am kritischen Punkt selbst erreicht wird. Interessant ist, daß hier außerdem ein zusätzlich gedämpftes System nachgewiesen werden kann, wenn die Systembedingungen zu MARANGONI-Stabilität führen. Auch hier liegt eine ,,Wellenlängenabhängigkeit", d. h. eine Abhängigkeit der Größe der Dämpfung von der Größe der erzwungenen Wirbel in Grenznähe vor [18, 19].

In der Nähe des kritischen Punktes haben wir also eine zusätzliche Entdämpfung von makroskopischen Fluktuationen an der Grenze zu verzeichnen, die mit dem entsprechenden Verhalten der Dichtefluktuation beim Phasenübergang von Gleichgewichtssystemen (Übergang vom gasförmigen in den flüssigen Zustand) korrespondiert. Aus dieser und weiterer Analogien stammt die Bezeichnung „Kinetischer Phasenübergang" beim Übergang zu einer derartigen Instabilität bzw. zu einer dissipativen Struktur sowie ebenfalls zu ihren unterschiedlichen Regimen. Die in Abb. 22 eingezeichnete Abweichung vom grenzflächendynamisch indifferenten Fall nach unten stellt keine Verlangsamung" über den linearen Verlauf" hinaus dar, sondern beruht auf einer Dämpfung der Wirbel der erzwungenen Konvektion in Grenznähe. Die Messungen enthalten bisher keine Hinweise darauf, daß auch mikroskopische Fluktuationen, die auf die Diffusion selbst einwirken, bei Marangoni-Stabilität gedämpft werden können.

Nach [18] wurde für Stoffübergänge mit Grenzflächeneffekten die halbempirische Transportgleichung (gemäß Oberflächenerneuerungstheorie)

$$\frac{1}{F} \frac{dn}{dt} = -K \frac{dc}{dx} \tag{29}$$

mit

$$K = K_1 + K_N \left(\frac{dc}{dx}\right)^N \tag{30}$$

$\frac{dn}{dt}$ = Menge der diffundierenden Substanz mit der Stoffübergangszeit

F = geometrische Fläche der Phasengrenze

K_1 = Parameter, der den exponentiellen Teil der Stoffübergangskurve beschreibt

K_N = Parameter für die nichtexponentiellen Äste der Kurve

und

$$K_N > 0, N \approx 2 \quad \text{für Marangoni-Instabilität}$$

$$K_N < 0, N \approx 1 \quad \text{für Marangoni-Stabilität}$$

vorgeschlagen.

Von dieser Gleichung wird prinzipiell die nichtlineare Abhängigkeit der Stoffübergangsgeschwindigkeit vom Konzentrationsgefälle an der Grenze bei hydrodynamischer Instabilität und damit bei Entdämpfung der Oberflächenerneuerung wiedergegeben, während die Berücksichtigung des Einflusses der hydrodynamischen Stabilität [20—22] als zusätzliche Dämpfung der Oberflächenerneuerung durch das umgekehrte Vorzeichen von K_N (turbulenter Austauschfaktor) beschrieben wird. Der Exponent $N = 1$ deutet an, daß bei Dämpfung (Gegenkopplung) nicht mit einem Anfachungsmechanismus wie bei Entdämpfung (Rückkopplung), der offensichtlich $N = 2$ bedingt, gerechnet werden darf.

Bei nicht zu großer Intensität der erzwungenen Konvektion, wie sie bei den Stoffaustauschverfahren der Flüssig-flüssig-Extraktion und zum Teil auch bei der konventionellen Destillation vorliegt, hat der Einfluß der Marangoni-

Instabilität auf die Oberflächenerneuerung praktische Bedeutung [23]. Die Stoffaustauschraten können bei Modelluntersuchungen mit konstanter Austauschfläche bis auf mehrere 100% [24] erhöht werden, was als komplexer grenzflächendynamischer Einfluß der Stoffeigenschaften:

Grenzflächenaktivität, Viskosität und Dichte

sowie der Systemeigenschaften:

Stoffübergangsrichtung, Art und Intensität der erzwungenen Konvektion

gewertet werden kann. Daß diese Stoff- und Systemeigenschaften von grenzflächendynamischer Bedeutung sind, geht aus der Stabilitätsanalyse von STERNLING und SCRIVEN [25] und den genaueren Modellen von SCHWARTZ und LINDE [26] (GOEM) und WILKE (MIMEG) [27] hervor. Größere Bedeutung haben diese Instabilitäten ferner bei den verschiedenen Beschichtungsvorgängen mit flüssigen Medien bei gleichzeitiger oder anschließender Trocknung der Schichten für die Erzeugung von Bild- und Datenträgern. Die auftretenden dissipativen Strukturen — wobei auch solche bei der Impulsübertragung an reinen und tensidbedeckten fluiden Phasengrenzen auftreten können — führen zu Inhomogenitäten der Konzentration und zu Dickeschwankungen dieser Schichten, die als grobe Störungen die Qualität der Produkte oder die Intensivierung ihrer Herstellungsverfahren begrenzen können.

Bei größerer Intensität erzwungener Konvektion tritt der Einfluß der MARANGONI-Instabilität auf die Oberflächenerneuerung in den Hintergrund, wie beim GOEM gezeigt wird. Das ist z. B. bei der Destillation im Übergang zum Sprayregime (Hochleistungsböden wie z. B. der Performkontaktboden) und bei Hochgeschwindigkeitskontaktierung der beiden Phasen im Gleichstrom der Fall.

Ein grenzflächendynamisches Oberflächenerneuerungsmodell (GOEM) —
Ergebnisse für die Rollzellenströmungen der Marangoni-Instabilität und
die erzwungene Konvektion unter dem Einfluß des Marangoni-Effektes

Das grenzflächendynamische Oberflächenerneuerungsmodell (GOEM) [26] hat die Aufgabe, die bisher bekannten Oberflächenerneuerungsmodelle zu vervollständigen. Diese haben den Vorteil, einfache mathematische Zusammenhänge zwischen dem flächenbezogenen Stoff- (bzw. Wärme-)Übergang und hydrodynamischen Größen zu liefern. Ihr Nachteil besteht darin, daß diese Modelle zu allgemein gehalten sind, als daß über die hydrodynamischen Größen eindeutige Aussagen gemacht werden könnten. Aus diesem Grunde ist mit ihrer Hilfe auch keine Aussage über die Beeinflussung des Stofftransportes durch den MARANGONI-Effekt (ME) möglich.

Die Beschreibung der Vorgänge der durch den ME allein bewirkten MARANGONI-Instabilität I (MI I) ist durch ein numerisches Verfahren (MIMEG) von WILKE [27] möglich und erlaubt im Gegensatz zur linearen Stabilitätstheorie von STERNLING und SCRIVEN [25] die näherungsweise Berechnung der Geschwindigkeiten, der Temperatur und des zusätzlichen Wärmetransportes.

Beide Verfahren, GOEM und MIMEG, benutzen folgende Vereinfachungen gemeinsam:

— Nur die Grenzflächenspannung σ ist eine (lineare) Funktion der Temperatur T bzw. der Konzentration T (abweichend von der üblichen Bezeichnungsweise) des übergehenden Stoffes, alle anderen Stoffeigenschaften sind konstant.

— Eine Deformation der Phasengrenze (PHG) in Normalrichtung wird nicht zugelassen, d. h., das Druckgleichgewicht an der PHG wird außer acht gelassen.

— Die Existenz einer räumlich periodischen Lösung wird vorausgesetzt. Die Wellenlänge wird beim MIMEG der Stabilitätstheorie von Scriven entnommen, beim GOEM variabel dem Abstand von Ein- und Ausströmspalten an der unteren und oberen Berandung entsprechend gewählt. Für die Testsysteme I und III (TS I, TS III) (Abb. 26c, 27) des Wärmeüberganges Benzophenon, Stickstoff sind sie ebenfalls Scriven [25] entnommen.

Es werden im MIMEG und im GOEM folgende Randbedingungen erfüllt:

— Am unteren und oberen Rand werden feste Randtemperaturen bzw. -konzentrationen T_{0a} bzw. T_{0b} vorgegeben.

— An der PHG ($X = 0$) wird das Schubspannungsgleichgewicht gefordert

$$\mu_a \frac{\partial V_a}{\partial X} - \mu_b \frac{\partial V_b}{\partial X} = \frac{d\sigma}{dT} \cdot \frac{\partial T_a}{\partial T X} \quad \text{für} \quad X = 0 \tag{31}$$

— Stetigkeit der Temperatur an der PHG bzw. Konzentrationssprung entsprechend dem Gleichgewichtsverteilungskoeffizienten m_{ab}

$$T_{-0} = m_{ab} T_{+0} \quad \text{für} \quad X = 0 \quad \text{mit} \quad m_{ab} = 1 \quad \text{für MIMEG} \tag{32}$$

— Kontinuität des Stoff- bzw. des Wärmestromes an der PHG

$$\lambda_a \frac{\partial T_a(0, Y)}{\partial X} - \lambda_b \frac{\partial T_b(0, Y)}{\partial X} = \Sigma \tag{33}$$

(Σ = Quellterm, in den numerischen Rechnungen Null gesetzt
λ = Wärmeleitzahl bzw. Diffusionskoeffizient)

An den Symmetrieachsen

— Verschwinden der Geschwindigkeitskomponente parallel zur PHG
— und Verschwinden der Ableitungen

$$\frac{\partial U_a}{\partial Y} = \frac{\partial U_b}{\partial Y} = 0 \tag{34}$$

$$\frac{\partial T_a}{\partial Y} = \frac{\partial T_b}{\partial Y} = 0 \tag{35}$$

Am unteren Rand ($X = H_a$)

$$U(H_a, Y) = U_{0a} \sin \alpha Y \tag{36}$$

$$V(H_a, Y) = 0 \quad \text{oder} \quad \frac{\partial V}{\partial X}(H_a, Y) = 0 \tag{37}$$

$$\left(\alpha = \frac{2\pi}{S} - \text{Wellenzahl}\right)$$

$$U_{0a} \neq 0 \text{ für GOEM} \tag{38}$$

$$U_{0a} = 0 \text{ für MIMEG} \tag{39}$$

Am oberen Rand $(X = H_b)$

$$U(H_b, Y) = U_{0b} \sin \alpha Y \tag{40}$$

$$V(H_b, Y) = 0 \text{ oder } \frac{\partial V}{\partial X}(H_b, Y) = 0 \tag{41}$$

$$U_{0b} \neq 0 \text{ für GOEM} \tag{42}$$

$$U_{0b} = 0 \text{ für MIMEG (für GOEM auch zugelassen)} \tag{43}$$

Im GOEM wird nur nach den stationären Lösungen vereinfachter Wärme-leitungs- bzw. Diffusionsgleichungen und der Bewegungsgleichung für inkom-pressible Flüssigkeiten gesucht. Einschwingvorgänge und Oszillationen sind somit nicht beschreibbar, wohl aber mit dem MIMEG, das nach Lösungen der Anfangsrandwertaufgabe sucht. Als Anfangsbedingung $(t = 0)$ wird im MIMEG vorgegeben:

$$U_a = U_b = V_a = V_b = 0 \tag{44}$$

$$T_a(X_a, Y) = T_{0a} - \frac{T_{0a} - T_{0b}}{\dfrac{\lambda_a}{\lambda_b} H_b + |H_a|} X_a + T_a{}^S(X_a, Y) \tag{45}$$

$$T_b(X_b, Y) = T_{0b} - \frac{T_{0b} - T_{0a}}{\dfrac{\lambda_b}{\lambda_a} |H_a| + H_b} (X_b - H_b) + T_b{}^S(X_b, Y) \tag{46}$$

$T_a{}^S(X_a, Y), T_b{}^S(X_b, Y) = \text{Temperaturstörungen}$

Für diese Aufgabe werden im MIMEG und im GOEM grundsätzlich unter-schiedliche Lösungswege eingeschlagen. Im MIMEG wird ein explizites Diffe-renzenverfahren verwendet, das auf der Grundlage der SMAC-Methode von HARLOW und AMSDEN [28] entwickelt und diesen speziellen Fall angepaßt wurde. Die numerische Stabilität und Genauigkeit wurde mit Hilfe numerischer Experimente überprüft. Folgende wichtige Ergebnisse wurden erhalten:

Die Geschwindigkeits- und Temperaturverteilung für die Rollzellenströ-mung und Oszillation kann mit dem MIMEG-Programm in ausreichender Näherung berechnet werden. Es lassen sich folgende Aussagen machen:

— Die Anfachung der Strömung als Folge der hydrodynamischen Instabilität auf Grund des MARANGONI-Effektes wird durch den konvektiven Wärme- und Impulstransport (Nichtlinearitäten) begrenzt.

— Die stationäre Lösung ist von der Anfangsstörung unabhängig.

— Während beim Wärmeübergang von der Flüssigkeit zum Gas die Geschwindigkeitsrichtungen einer Konvektionszelle zeitlich konstant bleiben (Rollzellen), existiert bei umgekehrter Wärmeübergangsrichtung ein zeitlich periodischer Verlauf (Oszillation; in Übereinstimmung mit dem Experiment.

— Die maximalen Geschwindigkeiten bei der Rollzellenströmung und der Oszillation sind von gleicher Größenordnung und liegen (in Übereinstimmung mit dem Experiment) bei etwa 1 cm s^{-1}.

— Die Rollzellenströmung führt zu einer Steigerung des Wärmeüberganges um 20 bis 50% gegenüber dem Ruhezustand.

— Es ergeben sich kritische Bedingungen für die Anfachung des betreffenden Regimes der Instabilität.

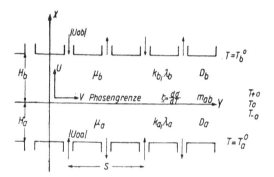

Abb. 24. Schematische Darstellung des betrachteten Zweiphasensystems mit Koordinatensystem, wichtigsten Stoffkonstanten, geometrischen Parametern und Randwerten

Die Erfassung der Wechselwirkung von MI I und erzwungener Konvektion ist mit dem MIMEG noch nicht gelungen.

Das GOEM soll darum mit wesentlich stärker vereinfachten Gleichungen Angaben über die Wechselwirkung von MI I und erzwungener Konvektion ermöglichen. Es wird das physikalische Modell zu Grunde gelegt, das aus einem Zweiphasensystem mit ebener Phasengrenze besteht (Abb. 24). An seinem unteren Rand wird periodische Ein- und Ausströmung vorausgesetzt, an seinem oberen zugelassen. Die Randkonzentration bzw. -temperatur wird vorgegeben.

Zur Vereinfachung werden stationäre Gleichungen behandelt, so daß nur die Rollzellen (RZ) der MI I und ihre Wechselwirkung mit der erzwungenen Konvektion beschrieben werden kann.

Es werden weitgehend lineare Gleichungen benutzt; nur um die Amplitude der Geschwindigkeit und Temperatur (bzw. Konzentration) berechnen zu können, werden nichtlineare Gleichungen, die aus dem vollständigen Energiesatz folgen, benutzt.

Als für den ME wesentlich wird auch eine nichtlineare Form des Schubspannungsgleichgewichtes [Gl. (31)] an der PHG verwendet. Das liefert eine algebraische Gleichung 5ten Grades für die Bestimmung der Geschwindigkeitsamplitude (maximale Tangentialgeschwindigkeit an der PHG).

Die erhaltenen Ergebnisse lassen sich in zwei Gruppen teilen. Einmal solche, die mit bereits vorliegendem experimentellen und theoretischen Material direkt verglichen werden können und solche, die darüber hinausgehen.

Mit dem GOEM wird für ein Testsystem (Wärmeübergang aus Benzophenon in Stickstoff) eine ähnliche Geschwindigkeitsverteilung berechnet, wie sie das MIMEG-Verfahren und auch experimentelle Untersuchungen (allerdings für den Stofftransport) ergeben haben (Abb. 25).

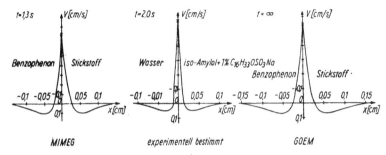

Abb. 25. Gegenüberstellung der Tangentialgeschwindigkeit V als Funktion des Abstandes X von der Phasengrenze für die Rollzellenströmung der MARANGONI-Instabilität nach Ergebnissen von 3 verschiedenen Autoren.

(Obwohl die experimentellen Beobachtungen beim Stoffübergang gemacht wurden, während sich die beiden theoretischen Arbeiten MIMEG und GOEM auf den Wärmeübergang im Testsystem Benzophenon-Stickstoff beziehen, wird die prinzipielle Übereinstimmung als gut angesehen. Analogie von Stoff- und Wärmeübergang.)

Für die Bestimmung der Intensität der RZ-Instabilität lassen sich (hier im wärmeanalogen Fall im System flüssig/gasförmig) die Ergebnisse des GOEM zu einer charakteristischen Zahl N_0 zusammenfassen:

$$N_0 = \sqrt{\frac{\tau \cdot \alpha}{\mu_a \cdot 10^2 \cdot 2\pi}} \cdot (K_a \cdot 10^4)^{0,66} \qquad (47)$$

α = Wellenzahl
μ_a = dynamische Viskosität der Phase a
K_a = Temperaturleitzahl der Phase a

$$\tau = \frac{d\sigma}{dT}\left(\frac{T_0 - T_a{}^0}{H_a}\right) = \text{Triebkraft}, \qquad (48)$$

von der die Tangentialgeschwindigkeit V_0 an der Phasengrenze in guter Näherung linear abhängig ist.

Die von anderen Autoren angegebene Marangoni-Zahl

$$N_m = \frac{\tau \cdot H_a^2}{K_a \cdot \mu_a} \tag{49}$$

gestattet keine Korrelation zwischen V_0 und N_m.

Es wird durch das GOEM erstmals ein theoretischer Zugang zur Überstruktur, die bei Rollzellenströmung beobachtet werden, gegeben (Abb. 26a,
b, c).

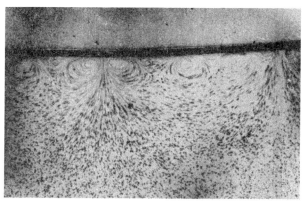

Abb. 26a. Rollzellenströmung mit Überstruktur.
Spuraufnahme im Kapillarspalt.

(Die eingezeichneten Pfeile charakterisieren die Strömungsrichtung. Es ist eine Halbperiode der
Überstruktur abgebildet.)

Abb. 26b. Aufsicht auf die ebene Phasengrenze mit Rollzellen erster und
zweiter Ordnung

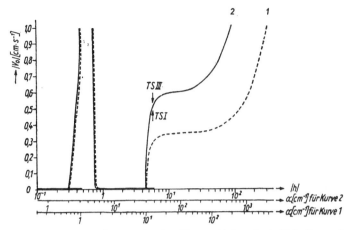

Abb. 26c. Betrag der maximalen Tangentialgeschwindigkeit an der Phasengrenze V_0 als Funktion der dimensionslosen Wellenzahl $h = \alpha \cdot H (\alpha = 2\pi/S,$ $H =$ Schichthöhe) (nach GOEM).

Bei $|h| \approx 6$ (gekennzeichnet durch TS I und TS III) liegt ein Maximum der Intensität der freien Grenzflächenkonvektion, das der Rollzellenströmung der MARANGONI-Instabilität I entspricht (Rollzellen 1. Ordnung). Zwischen $0,2 \leqq |h| \leqq 0,8$ liegt ein weiteres Intensitätsmaximum, das bei einer Wellenlänge liegt, die der experimentell beobachteten Überstruktur entspricht (Rollzellen 2. Ordnung). Die Geschwindigkeit kann hier nicht berechnet werden, da das in der GOEM-Näherung vernachlässigte Druckgleichgewicht hier wesentlich wird. Kurve *1* entspricht einer geringeren Triebkraft.
– – – – Kurve *1*, $|H| = 0,45$ cm
———— Kurve *2*, $|H| = 0,15$ cm

Im Bereich von etwa dem Zehnfachen der Wellenlänge der eigentlichen MI (markiert durch TS I und TS III) liegt noch einmal ein Maximum in der Geschwindigkeitsamplitude, das damit einen energetisch günstigen Strömungszustand darstellt.

Variiert man die „treibende Kraft" für die MARANGONI-Instabilität (sie ist proportional $\frac{d\sigma}{dT} (T_0 - T_a{}^0)$; $T_0 =$ Temperatur bzw. Konzentration der Phasengrenze im ungestörten System; $T_a{}^0 =$ Temperatur am unteren Rand), so zeigt sich im Experiment [29] und bei der numerischen Lösung der kompletten Gleichungen [27], daß die „treibende Kraft" einen kritischen Wert überschreiten muß, ehe sich die Rollzellenströmung der MARANGONI-Instabilität ausbildet. Bei Vorzeichenumkehr tritt bei gasförmig-flüssigen Zweiphasensystemen im Experiment ein zeitlich periodisches Regime der MARANGONI-Instabilität auf, das im Rahmen des GOEM nicht berechnet werden kann, da nur nach stationären Lösungen gesucht wird.

Abbildung 27 zeigt, daß erst bei $\frac{d\sigma}{dT} (T_0 - T_a{}^0) \geqq 4 \cdot 10^{-2}\,\mathrm{dyn} \cdot \mathrm{cm}^{-1}$ die kritischen Bedingungen für die MARANGONI-Instabilität überschritten werden. (V_0 in Abb. 27 ist die maximale Tangentialgeschwindigkeit an der Phasengrenze und somit ein Maß für die Intensität der Konvektion.) Dieser Wert stimmt befriedigend mit den Werten von WILKE [27] und LOESCHKE [29] überein und zeigt so, daß wesentliche Eigenschaften der Lösungen der nichtlinearen Gleichungen im GOEM erhalten bleiben. Dieser ist als eine wesentliche Eigenschaft dissipativer Strukturen [1] von Interesse.

Bisher liegt noch kein experimentelles oder numerisches Material vor, das die Aussage des GOEM zur Wechselwirkung von MI I und erzwungener Konvektion direkt stützen könnte.

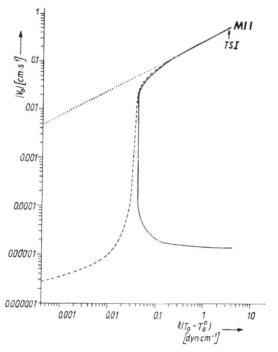

Abb. 27. Betrag der maximalen Tangentialgeschwindigkeit an der Phasengrenze $|V_0|$ für den Testfall des Wärmeüberganges Benzophenon-Stickstoff als Funktion der treibenden Kraft $\xi(T_0 - T_a)\left(\xi = \dfrac{d\sigma}{dT}\right)$ in doppellogarithmischer Darstellung.

Durch die erzwungene Konvektion allein (Ein- und Ausströmung am unteren Rand) wird eine Drehrichtung der Rollzellen an der Phasengrenze ausgezeichnet, zu der die vom MARANGONI-Effekt ausgelöste freie Grenzflächenkonvektion gleichsinnig (Mitwirbel) oder gegensinnig (Gegenwirbel) zuzuordnen ist. Der steile Anstieg von $|V_0|$ beim Überschreiten einer kritischen Triebkraft ist deutlich zu erkennen.

– – – Mitwirbel
——— Gegenwirbel
· · · · · · $|V_0| \sim (\xi(T_0 - T_a^0))^{0,50}$

Die maximale Tangentialgeschwindigkeit an der PHG V_0 stellt ein Maß für die Konvektion und für die Oberflächenerneuerung dar.

Für kleine Einströmgeschwindigkeiten ($U_{0a} \leqq 1$ cm s^{-1} bei TS I) kann $|V_0|$ bei MI (Kurve b und c in Abb. 28) um Größenordnungen größer sein, als durch die erzwungene Konvektion allein ohne ME ($\dfrac{d\sigma}{dT} = 0$, gepunktete Kurve in Abb. 28). Bei genügend großen Einströmgeschwindigkeiten ($U_{0a} \geqq 10$ cm s^{-1} für TS I) ist der Einfluß des ME auf die Oberflächenerneuerung dagegen vernachlässigbar, da sich dann die Kurven für $\dfrac{d\sigma}{dT} < 0$ und für $\dfrac{d\sigma}{dT} = 0$ in Abb. 28 vereinigen. Es wurde mit dem GOEM auch der Stoff- bzw. Wärmetransport in dem betrachteten Zweiphasensystem berechnet und

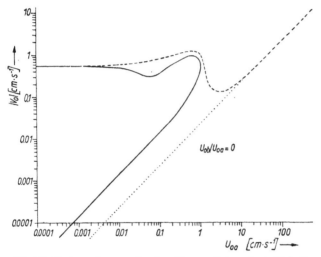

Abb. 28. Betrag der maximalen Tangentialgeschwindigkeit an der Phasengrenze $|V_0|$ für den Wärmeübergang in dem Testsystem I als Funktion der maximalen Einströmgeschwindigkeit an der unteren Berandung der Flüssigkeit (Benzophenon) U_{0a} mit verschwindender Einströmung auf der Gasseite (Stickstoff, $U_{0b}/U_{0a} = 0$) mit $\dfrac{d\sigma}{dT} \neq 0$ (TS I, MARANGONI-Effekt) und $\dfrac{d\sigma}{dT} = 0$ (kein MARANGONI-Effekt).

Die Intensität der Strömung (proportional $|V_0|$) ist mit MARANGONI-Effekt für kleine Einströmgeschwindigkeiten merklich größer als die der erzwungenen Konvektion. Kommt die Geschwindigkeit an der Phasengrenze auf Grund der erzwungenen Konvektion in die gleiche Größenordnung wie die der freien Grenzflächenkonvektion, verliert letztere ihren Einfluß.

--- Mitwirbel ⎫
——— Gegenwirbel ⎬ Testsystem I
...... Mitwirbel $\dfrac{d\sigma}{dT} = 0$

auf den Transport im ruhenden System bezogen. Auf die Wiedergabe entsprechender Abbildungen wird hier verzichtet.

Der experimentelle Befund, der bei allen dissipativen Strukturen wieder auftritt, daß die instabilisierende Kraft (Temperatur- oder Konzentrationsgradient) einen kritischen Wert übersteigen muß, ehe die Instabilität in Gang kommt, wurde also sowohl mit dem MIMEG als auch mit dem GOEM erfaßt. Die lineare Stabilitätstheorie von Sternling und Scriven [25] ist nicht in der Lage, einen solchen kritischen Gradienten vorauszusagen.* MIMEG, GOEM und Experiment liefern vergleichbare Werte für diesen Gradienten. Damit ist unserer Meinung nach bestätigt, daß die Modelle die im Experiment wesentlichen Nichtlinearitäten richtig wiederspiegeln.

Die mit dem GOEM und dem MIMEG erhaltenen Ergebnisse wurden untereinander und mit experimentellen Ergebnissen [26] verglichen. Daraus läßt sich der Gültigkeitsbereich des GOEM abschätzen. Für

— Reynolds-Zahlen:

$$\mathrm{Re}_a = \frac{|V_0| \cdot S}{\mu_a} \leqq 5 \qquad \text{flüssige Phase} \qquad (50)$$

$$\mathrm{Re}_b = \frac{|V_0| \cdot S}{\mu_b} \leqq 500 \qquad \text{Gasphase} \qquad (51)$$

— Péclét-Zahlen:

$$\mathrm{Pe}_a = \frac{|V_0| \cdot S}{k_a} \leqq 200 \qquad \text{flüssige Phase} \qquad (52)$$

$$\mathrm{Pe}_b = \frac{|V_0| \cdot S}{k_b} \leqq 0{,}3 \qquad \text{Gasphase} \qquad (53)$$

k_a, k_b = Temperaturleitzahlen bzw. Diffusionskoeffizienten der entsprechenden Phase

stellen die mit dem GOEM erzielten Ergebnisse eine für viele Fälle ausreichende Näherung dar. Für das MIMEG-Programm liegen die kritischen Größen (in bezug auf vertretbare Rechenzeiten) in der gleichen Größenordnung. Die erzielte Genauigkeit ist für die MIMEG-Näherung wesentlich größer, dafür aber auch der Rechenzeitaufwand.

Während bei Marangoni-Instabilität I die Tangentialbewegung der fluiden Phasengrenze und damit die Oberflächenerneuerung verstärkt und angefacht wird, steht bei der Marangoni-Instabilität II die Verstärkung und Anfachung von Dickenunterschieden einer Flüssigkeits- oder Gasschicht mit einer oder

---

*) Eine lineare Stabilitätstheorie analog zu [259], jedoch mit endlichen Schichtdicken beider Phasen, führt ebenfalls zu kritischen Werten von N_M, die sich als abhängig von den Stoffkonstanten und Schichtdicken beider Phasen erweisen (Reichenbach [40]).

zwei fluiden Phasengrenzen im Vordergrund. In der Verfahrenstechnik liegen derartige Bedingungen für den Stoff- und Wärmeaustausch beim Rieselfilm und beim Zwischenfilm zwischen Blasen und Tropfen bei der Koaleszenz vor. Hier wird die dynamische Stabilität dieser Filme durch Grenzflächeneffekte erheblich verringert oder vergrößert. Das führt beim Rieselfilm entweder zum Zerreißen des Filmes in einzeln ablaufende Strahlen oder Tropfen, die sich nicht vereinigen können und eine schlechte dynamische Benetzung der Unterlage bedingen oder zu einem stabileren, die Unterlagen sehr gut bedeckenden Film (Verbesserung der dynamischen Benetzung). Bei Tropfen oder Blasen wird die Koaleszenz erheblich beschleunigt oder verzögert [30].

Messungen der mittleren Koexistenzzeit von gleichartigen Tropfen, z. B. von Wasser oder iso-Amylalkohol, die miteinander in Berührung gebracht werden, während gleichzeitig zwischen den Tropfen und der umgebenden flüssigen Phase zum Teil sogar sehr schwache grenzflächenaktive Stoffe wie Aceton oder Methanol mit $\frac{d\sigma}{dc} < 0$ (oder anorganische Salze wie $CuCl_2$, $Cu(NO_3)_2$ oder $CO(NO_3)_2$ mit $\frac{d\sigma}{dc} > 0$) ausgetauscht werden, zeigen: Bei der Stoffaustauschrichtung mit Instabilität werden mittlere Koexistenzzeiten unter 1 s beobachtet, während bei Stabilität mittlere Koexistenzzeiten von 15 s bis über 1 min auftreten. Diese Ergebnisse sind in der Abb. 29 dargestellt und zeigen hinsichtlich des Einflusses der Stoffaustauschrichtung aus dem Tropfen oder in den Tropfen sowie hinsichtlich des Vorzeichens von $\frac{d\sigma}{dc}$ eine typische Symmetrie. Der Einfluß der Stoffaustauschrichtung auf die Stabilitätslage der MARANGONI-Instabilität I ist hier von untergeordneter Bedeutung. (Es wird bei dieser Betrachtung noch nicht unterschieden zwischen der Wirkung eines großräumigen Grenzflächenspannungsgefälles zwischen dem zentralen und dem peripheren Bereich des Zwischenfilmes und von örtlich periodisch ausgebildeten Grenzflächenspannungsunterschieden nach dem Mechanismus der dissipativen Strukturen der MARANGONI-Instabilität I und II.)

Bei Flüssig-flüssig-Extraktion wird in der Drehscheibenkolonne die Verweilzeit und das Tropfenspektrum sehr stark von diesem Effekt beeinflußt. Das gleiche gilt für Tropfengrößenverteilung und die Koaleszenz-Zeit im Mixer-Settler (Abb. 29).

Bei Füllkörperkolonnen ist der Einfluß, der sich auf die Größe der Austauschfläche auswirkt, erheblich und kann bis zu 300% ausmachen [31].

Beim Sprayregime der Destillation kann die Größe der Tropfen sowie der Phasenumkehrpunkt vom Blasen- zum Sprayregime von der dynamischen Koaleszenzstabilität der Tropfen ebenfalls stark beeinflußt werden. Bei den ersten Versuchen der Kontaktierung der Phasen im Hochgeschwindigkeitsgebiet gab es bei der Destillation Anzeichen, daß dieser Einfluß der Grenzflächendynamik erhalten bleibt und bei den stoffspezifischen Einflußgrößen zu berücksichtigen ist [32].

Die Theorie von Arcuri und de Bruijne [33] stellt eine lineare Stabilitäts-analyse für die MI II dar. Sie gibt Bedingungen für die Anfachung einer Strö-mung an, die Dickenunterschiede verstärkt oder diese ausheilen läßt. Die Ergeb-nisse sind in prinzipieller Übereinstimmung mit der experimentellen Erfahrung. Die Theorie geht aber unserer Meinung nach von einer mathematischen nicht korrekten Form des Schubspannungsgleichgewichtes aus. Auf eine ausführ-liche Darstellung wird deshalb verzichtet.

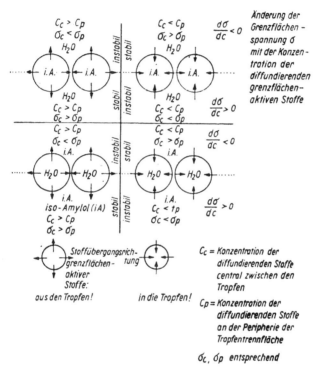

Abb. 29. Beeinflussung der Stabilität des Filmes zwischen zwei sich berühren-den Tropfen durch eine Strömung aus dem Zwischenraum der Tropfen heraus (Instabilität) oder durch eine Strömung in den Zwischenraum zwischen den Tropfen (Stabilität)

4. Zum Stoffaustausch bei blockierter Oberflächenerneuerung und Möglichkeiten zur Aufhebung dieser Blockierung

Weitere z. T. ebenfalls nichtlineare Probleme der physikalisch-chemischen Hydrodynamik sind bei den Randbedingungen zu beobachten, die sich durch die Anwesenheit grenzflächenaktiver Stoffe (Tenside) im Phasengleichgewicht an einer Phasengrenze ergeben. Neben einer Erleichterung der Zerteilung der fluiden Phasen durch die Erniedrigung der Grenzflächenspannung, die insbesondere bei der Luftdispergierung in Flüssig-Phasen-Reaktoren eine wesentliche Vergrößerung der Austauschfläche für den Gasübergang zuläßt, tritt eine drastische Blockierung der Oberflächenerneuerung ein. Sie entsteht durch den MARANGONI-GIBBS-Effekt, dessen mathematische Formulierung die bereits behandelte Kompensation der Schubspannungen — bei dieser Betrachtung die der erzwungenen Konvektion auf einer Seite der Phasengrenze — durch das Grenzflächenspannungsgefälle an der blockierten, nicht mitbewegten Phasengrenze zum Inhalt hat (s. Abb. 1a).

$$\mu_b \cdot \frac{\partial V_b}{\partial x} = \frac{\partial \sigma}{\partial y} \tag{54}$$

Dabei wird die primäre Oberflächenerneuerung — im Falle einer idealisierten eindimensionalen Strömung auf der Gasseite einer Flüssigkeitsoberfläche — auf der ganzen Oberfläche blockiert, wenn die aus Gl. (31) bzw. Gl. (54) folgende Bedingung

$$\sigma_0 - \sigma_{\min} > \int \tau_b \, dx$$

$$\tau_b = \mu_b \frac{\partial V_b}{\partial x} \tag{55}$$

erfüllt ist. Der Einfluß der Schubspannung in Phase a wird nicht berücksichtigt.

σ_0 = Oberflächenspannung des reinen Wassers
$\sigma_{\min}$ = die niedrigste Oberflächenspannung, die mit dem grenzflächenaktiven Stoff erreicht werden kann.

Ist

$$\sigma_0 - \sigma_{\min} < \int \tau_b \, dx \tag{56}$$

so ist nur ein Teil der Oberfläche blockiert, was z. B. bei niedrigen Konzentrationen grenzflächenaktiver Stoffe schon bei kleinen Werten von $\int \tau_b \, dx$ oder bei großen Werten von $\int \tau_b \, dx$ erst bei großen Konzentrationen der grenzflächenaktiven Stoffe realisiert werden kann (Abb. 30).

Abbildung 31 zeigt, wie der Stoffübergangskoeffizient bei Absorption von CO_2 in reinem Wasser in Abhängigkeit der Re-Zahl eines Wasser-Strahles durch eine solche Gleichgewichtsadsorption grenzflächenaktiver Stoffe stark verringert wird. Zwischen Kurve 1 und 2 liegen auf Grund kleiner Werte von $\sigma_0 - \sigma_{\min}$ Bereiche mit nur teilweise blockierter Oberflächenerneuerung. Kurve 2 entspricht der vollständigen Bedeckung mit einem niedrig viskosen Film, der die spezielle Grenzflächenturbulenz der MARANGONI-Instabilität III mit Scherströmungen in der Oberfläche zeigt, auf die später näher eingegangen werden soll. Diese Grenzflächenturbulenz ist offensichtlich mit einer geringen Oberflächenerneuerung verbunden.

Kurve 3 zeigt den Stoffübergang bei völliger Blockierung der primären Oberflächenerneuerung, während bei Kurve 4 sogar eine schwache Stoffübergangsbarriere durch den Film selbst auftritt. Bei diesen kleinen $\int \tau \, dx$-Werten muß

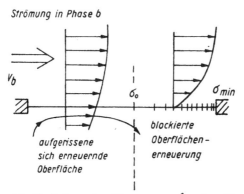

Abb. 30. Bei großen Werten von $\int \tau_b\, dx$ reißt der Tensidfilm auf, wodurch teilweise die primäre Oberflächenerneuerung wieder ermöglicht wird

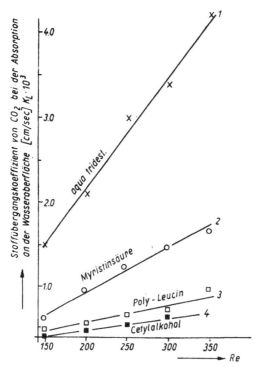

Abb. 31. Stoffübergangskoeffizient von CO_2 (Absorption an wäßrigen Tensid-lösungen) bei kleinen Schubspannungen bzw. kleinen Re-Zahlen

1 — reine Wasseroberfläche; *2* — Oberfläche mit einem gas- oder flüssiganalogem Adsorptions-film; *3* — Oberfläche mit einem starren Film; *4* — Oberfläche mit einem starren Film und einem Barriereneffekt

dieses Minimum des Stoffaustausches bei großen Konzentrationen grenzflächenaktiver Stoffe in Kauf genommen werden.

Im Folgenden interessiert die Wirkung großer Schubspannungen, die bei einer Modelluntersuchung von FRIESE [34] durch zentrierte senkrechte Gasstrahlen auf im Ruhezustand kreisförmige Flüssigkeitsoberflächen von 15 mm Durchmesser bewirkt wurden.

Es entsteht dabei eine Normalverformung der Phasengrenze in Form einer Mulde. Die dabei erhaltenen Ergebnisse werden als Abhängigkeit der Stoffübergangskoeffizienten z. B. von Sauerstoff vom Wert $\int \tau\, dx$ bei Anwesenheit verschiedener Arten und Konzentrationen grenzflächenaktiver Stoffe dargestellt. Die Schubspannungswerte wurden unter Annahme einer ruhenden Phasengrenze (blockierte Oberflächenerneuerung an der deformierten aber nicht zerteilten Oberfläche) unter Verwendung von Rechnungen von LOHE [35] abgeschätzt, wobei Werte für das Geschwindigkeitsgefälle aus der Strahlgeschwindigkeit und aus der Grenzschichtdicke im Staupunkt zugrunde gelegt wurden.

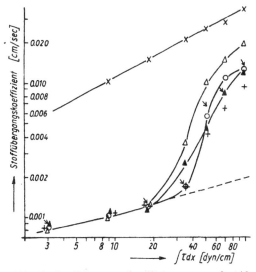

Abb. 32. Stoffübergangskoeffizienten von O_2 (Absorption in wäßrigen Tensidlösungen) bei großen Schubspannungen an der Phasengrenze. Der Wiederanstieg des Stoffübergangskoeffizienten bei großen $\int \tau\, dx$-Werten ist auf sekundäre Oberflächenerneuerung und das Aufreißen der Grenzfläche zurückzuführen

	× tridest Wasser	
Dodecylaminhydrochlorid	o $c = 7{,}2 \cdot 10^{-2}$ g/l	$\sigma = 68{,}5$ dyn/cm
	▲ $c = 0{,}667$ g/l	$\sigma = 53{,}0$ dyn/cm
	△ $c = 1{,}389$ g/l	$\sigma = 37{,}5$ dyn/cm
Triton X 100	↘ $c = 5 \cdot 10^{-6}$ g/l	$\sigma = 59{,}9$ dyn/cm
	+ $c = 5 \cdot 10^{-5}$ g/l	$\sigma = 45{,}7$ dyn/cm

Abbildung 32 zeigt für die Sauerstoffabsorption in Wasser die Stoffübergangskoeffizienten, die bei diesen großen Schubspannungen längs der Phasengrenze etwa um eine Größenordnung größer sind. Die obere Gerade ist durch die Absorption an reinem Wasser, die untere Gerade durch die Absorption in Tensidlösungen bedingt. Für alle höher konzentrierten Tensidlösungen gilt auf Grund ausreichender Akkumulation der Tenside an der Grenze die gleiche untere Grenzkurve. Die Wiederannäherung an die Grenzkurve für reines Wasser beginnt, wenn unter der Bedingung $\sigma_0 - \sigma_{min} < \int \tau \, dx$ ein Aufreißen des Tensidfilmes erfolgt. Im gewählten Beispiel von Dodecylaminhydrochlorid und Triton X 100 ist das bei $\int \tau \, dx \approx 35$ bis 40 dyn/cm der Fall. (Die Gleichgewichtsgrenzflächenspannungen der ruhenden Phasengrenze lassen dagegen keinen direkten Rückschluß auf das grenzflächendynamische Verhalten der Phasengrenze zu.) Die Überschneidungen der Kurven zeigen, daß bei den höheren Tensidkonzentrationen des Dodecylaminhydrochlorids bereits bei geringeren Schubspannungen eine Annäherung an die Absorptionskurve entsprechend der freien Oberflächenerneuerung beim reinen Wasser erfolgt. Das ist auf die sekundäre Oberflächenerneuerung durch die dynamische Adsorption am Ort der Dilatation und die dynamische Desorption am Ort der Kompression des Tensidfilmes zurückzuführen. Beide grenzflächendynamischen Effekte — Aufreißen des Tensidfilmes und sekundäre Oberflächenerneuerung — können für die Intensivierung von Stoffaustauschprozessen in wäßrigen Zweiphasensystemen, die grenzflächenaktive Stoffe im Phasengleichgewicht enthalten, von erheblicher Bedeutung sein. Der nichtlineare Anstieg der Stoffübergangsgeschwindigkeit mit steigender Schubspannung durch diese Effekte führt zu einer effektiven Durchsatzsteigerung bei Verringerung des spezifischen Energieeintrages für die erzwungene Konvektion bei Prozessen, die durch den betrachteten Übergang limitiert werden.

Die Theorie der sekundären Oberflächenerneuerung geht im wesentlichen von den gleichen Grundvorstellungen aus, wie sie im GOEM verwendet wurden. Der wesentliche Unterschied ist, daß ein grenzflächendynamisch stabiles System vorliegt, in dem ein Tensid (ohne erzwungene Konvektion) im Phasengleichgewicht vorliegt, während ein grenzflächendynamisch indifferenter Stoff über die Phasengrenze diffundiert. Die erzwungene Konvektion stört örtlich die Beladung der Phasengrenze mit Tensiden und damit das Adsorptionsgleichgewicht. Daher ist die Oberflächenkonzentration des Tensids und seine Beeinflussung durch erzwungene Konvektion und Grenzflächenkonvektion sowie durch Diffusionsausgleich mit den Volumina gesondert zu berücksichtigen.

Die Theorie steht bei verschiedenen Bearbeitern noch in den Anfängen.

5.   Zur eigentlichen Grenzflächenturbulenz (Marangoni-Instabilität III)

Auf Abb. 31 wurde auf die MARANGONI-Instabilität III als der eigentlichen Grenzflächenturbulenz (zur Unterscheidung von den Strömungsregimen der MARANGONI-Instabilität I) hingewiesen, da bei ersterer eher die physikalische

Analogie zur RAYLEIGH-TAYLOR-Instabilität — Turbulentwerden einer laminaren Strömung an einer festen Phasengrenze — zutrifft.

Bedingungen für MARANGONI-Instabilität III liegen vor, wenn die Phasengrenze mit einem elastischen Tensidfilm mit kleiner Scherviskosität bedeckt ist und die einheitliche Translation der Oberfläche in Richtung der von einer oder von beiden Phasen anliegenden Grundströmung entsprechend dem Gleichgewicht zwischen den Schubspannungen und Grenzflächenspannungsgradient (31) verhindert wird. Grundströmungen mit eindimensionaler Strömung an einer tensidbedeckten fluiden Phasengrenze lassen diese Instabilität sehr deutlich und ohne Überlagerung mit einer großräumigen Strömung erkennen und sind:

1. Senkrechter Flüssigkeits- oder Gasstrahl, der auf die Mitte der Phasengrenze bei kreisförmiger Begrenzung derselben gerichtet ist [36],
2. Strömungen, die durch eine rotierende Walze oder ein laufendes Band unter der Phasengrenze erzeugt werden [37],
3. ebene HAGEN-POISEUILLEsche Strömung,
4. ebene COUETTE-Strömung.

Auf der Phasengrenze bilden sich z. B. bei der Grundströmung, die durch ein laufendes Band erzeugt wird, in Abhängigkeit vom Abstand des Bandes zur Phasengrenze

1. Schwingungen in der Ebene der Oberfläche aus, wobei die Auslenkungen in Richtung der Grundströmung erfolgen,
2. in Richtung der Grundströmungen langgezogene Strömungskreisläufe in der Ebene der Oberfläche aus,
3. neben- und hintereinanderliegende Strömungskreisläufe aus, die zeitlich-periodisch ihren Drehsinn ändern.

Eine lineare Stabilitätsanalyse [38] für die voll ausgebildete ebene COUETTE-Strömung als Grundströmung bestätigt die Existenz von Anfachungskonstanten $\hat{\beta} > 0$ für ein oszillierendes Regime. Die Anfachungskonstante und die Frequenz der Oszillation $\bar{\beta}$ wurde zu

$$\hat{\beta} = k \cdot U_d$$

$$\bar{\beta} = \pm\, 2{,}29\, \frac{\nu}{d^2}\, (kd\, \mathrm{Re})^{1/6} \ \text{mit} \ \ \mathrm{Re} = \frac{d \cdot U_d}{\nu} \tag{57}$$

für $\sqrt{kd\,\mathrm{Re}} \gg 1$

$\hat{\beta}$ = Anfachungskonstante
$\bar{\beta}$ = $2\pi f$ = Kreisfrequenz der Oberflächenstörungen
ν = kinematische Zähigkeit
d = Abstand des laufenden Bandes von der Wasseroberfläche
k = $2\pi/\lambda$ = Wellenzahl der Oberflächenstörungen
U_d = Bandgeschwindigkeit

berechnet. Ist $\sqrt{kd\,\mathrm{Re}}$ nicht genügend groß, so kann kein analytischer Ausdruck für die Dispersionsbeziehung angegeben werden. Man ist auf numerische

Auswertung einer komplizierten transzendenten Gleichung angewiesen. Für die Experimente von Friese und Linde war $\sqrt{kd}\,\mathrm{Re} \approx 100$, so daß die angegebene Gleichung eine gute Näherung darstellte.

Die berechneten und experimentell gefundenen Wellenzahlen sind im Gebiet der beginnenden Instabilität (bei kleinen Re-Zahlen) in guter Übereinstimmung. Diese Oszillation konnte bereits bei sehr kleinen Grenzflächenspannungsunterschieden ($\varDelta\sigma < 0,2\,\mathrm{dyn/cm}$), die durch die Schubspannung aufgebaut werden, nachgewiesen werden und wurde von Linde auch auf natürlichen Wasseroberflächen beobachtet.

Diese Instabilität ist im geringeren Maße stoffübergangswirksam, da nicht Oberflächenerneuerungsströmungen, sondern Oberflächenscherströmungen angefacht werden. Dagegen ist ihr störender Einfluß bei Beschichtungsprozessen in der Diskussion.

Hinsichtlich der Meniskusinstabilität, die beim Vorrücken gekrümmter Menisken relativ zu einer oder zu zwei festen Wänden auftritt, wird auf den Beitrag der Autoren in ,,*Dissipative Strukturen*" von Kahrig und Besserdich verwiesen [39]. Eine zusammenfassende Darstellung der dissipativen Strukturen und der nichtlinearen Kinetik der Marangoni-Instabilität ist in [41] enthalten.

6.   Symbolverzeichnis

X, Y	Kartesische Ortskoordinate
U, V	Geschwindigkeitskomponenten
H	Schichthöhe
S	Wellenlänge, Abstand zweier Einströmspalte
$T(X, Y)$	Temperatur oder Konzentration des übergehenden Stoffes
T^0	Randtemperatur
T_0	Temperatur der Phasengrenze im ruhenden System
T_{+0}	Grenzwert der Konzentration
T_{-0}	bei Annäherung von oben bzw. von unten
$T_{-0} = m_{ab}T_{+0}$	
m_{ab}	Gleichgewichtsverteilungskoeffizient
	($m_{ab} = 1$ im Temperaturfall)
U_0	Einströmgeschwindigkeit
$\xi = \dfrac{d\sigma}{dT}$	Änderung der Grenzflächenspannung mit der Temperatur bzw. Konzentration
	($\xi < 0$ bei Marangoni-Effekt
	$\xi = 0$ kein Marangoni-Effekt)
μ	dynamische Viskosität
k	Temperaturleitzahl
λ	Wärmeleitzahl
D	Diffusionskoeffizient

Indices

a, b	Wert der Größe in der Phase a (Flüssigkeit), b (Flüssigkeit oder Gas)

7. Literatur

[1] EBELING, W., „Strukturbildung bei irreversiblen Prozessen", BSB Math.-Naturw. Bibl., Band 60, B. G. Teubner Verlagsges., 1976

[2] BRAUER, H., MEWES, D., „Stoffaustausch einschließlich chemischer Reaktionen", Sauerländer Aarau, Frankfurt/M. 1971

[3] SCHMIDT-TRAUB, H., Dissertation „Impuls- und Stoffaustausch an umströmten Kugeln unter Berücksichtigung der inneren Zirkulation und der freien Konfektion", TU Berlin, 1970

[4] RUCKENSTEIN, E., "Mass transfer between a single drop and a continous phase", Inst. J. Heat Mass Transfer 10 (1967), 1785

[5] REICHENBACH, J., Dissertation A, FoBC AdW der DDR, Berlin 1978

[6] HADAMARD, J., "Mouvement permanent lent d'une sphère liquide et visqueuse dans une liquide visqueuse", C. R. Acad. Sci. Paris 152 (1911), 1735

[7] RYBCZINSKY, W., Bull. Int. Acad. Sci. Cracovie A 1911, 40

[8] LEVICH, V. G., "Physicochemical Hydrodynamics", Prentice-Hall, Englewood Cliffs/New York 1962

[9] RUCKENSTEIN, E., "On mass transfer in the continous phase from spherical bubbles or drops", Chem. Engng. Sci. 19 (1964), 131

[10] RAMM, W. M., „Absorptionsprozesse in der chemischen Industrie", Verlag Technik, Berlin 1952

[11] KRONIG, R., BRINK, I., Appl. Sci. Res. A 2, 142 (1960)

[12] NEWMAN, A., Trans. Amer. Inst. chem. Engr. 27 (1931), 203

[13] CALDERBANK, P., KORCHINSKI, I., Chem. Engng. Sci. 6 (1956), 65

[14] HIGBIE, R., "The rate of absorption of a pure gas into a still liquid during short periods of exposure", Trans. Amer. Inst. chem. Eng. 31 (1935), 365

[15] JOHNS, L. E., BECKMANN, R. B., "Mechanism of dispersed-phase mass transfer in viscous, single-drop extraction systems", AIChE J. 12 (1966), 10

[16] BRAUER, H., "Unsteady state heat and mass transfer through the interface of spherical particles" in: Preprints "Particle Technology", Ed. H. Brauer, O. Molerus, Nürnberg 1977

[17] ZAHN, A., Dissertation A, FoBC AdW der DDR, Berlin 1978

[18] LINDE, H., WINKLER, K., „Über den Einfluß der erzwungenen Konvektion auf die hydrodynamische Stabilität der fluiden Phasengrenze beim Stoffübergang", Z. physik. Chem. 230 (1965), 207

[19] LINDE, H., THIESSEN, D., „Zum dynamischen Verhalten der fluiden Phasengrenze unter Stoffübergangsbedingungen", Z. physik. Chem. 221 (1962), 97

[20] LINDE, H., THIESSEN, D., Z. physik. Chem. 221 (1962), 97

[21] LINDE, H., THIESSEN, D., Mber. Dt. Akad. Wiss. 4 (1962), 710

[22] LINDE, H., WINKLER, K., Z. physik. Chem. 225 (1964), 223

[23] SAWISTOWSKI, H., „Grenzflächenphänomene" in: „Grundlagen der Chemischen Technik", „Neuere Fortschritte der Flüssig-flüssig-Extraktion" herausgegeben von Carl Hanson, Universität Bradford Verlag Sauerländer Aaran und Frankfurt am Main (engl. Original 1971, deutsche Übersetzung 1974)

[24] LINDE, H., Habilitationsschrift, Humboldt-Universität, Berlin 1961

[25] STERNLING, C. V., SCRIVEN, L. E., "Hydrodynamic Instability and the Marangoni Effect", AIChE J. 5 (1959), 514

[26] LINDE, H., SCHWARTZ, P., „Prinzipien der Grenzflächendynamik — ein neues Berechnungsmodell für den konvektiven Stoff- und Wärmeübergang über fluide Grenzen

unter Berücksichtigung des Schubspannungsgleichgewichts." „*Grenzflächendynamisches Oberflächenerneuerungsmodell"* GOEM, Chem. Techn. **26**, Heft 8 (1974), 455

LINDE, H., SCHWARTZ, P., „*Ein grenzflächendynamisches Oberflächenerneuerungsmodell — Ergebnisse für die Rollzellenströmungen der Marangoni-Instabilität und die erzwungene Konvektion unter dem Einfluß des Marangoni-Effektes"*, Depot-System Chem. Techn., **30**, Heft 6 (1978) 303

[27] WILKE, H., „*Zur Anwendung der SMAC-Methode bei der Behandlung hydrodynamischer, insbesondere grenzflächendynamischer Probleme"*. Chem. Techn. **26**, Heft 8 (1974), 456„*Marangoni-Instabilität mit ebener Grenze"* MIMEG (Dissertation AdW der DDR, Berlin 1973)

[28] AMSDEN, A. A., HARLOW, F. H., "*The SMAC-Method Los Alamos Scientific Laboratory"*, Report LA-4700 (1971)

[29] LOESCHCKE, K., Dissertation, Humboldt-Universität, Berlin 1967

[30] THIESSEN, D., „*Zur Koaleszenz von Flüssigkeitstropfen unter Stoffübergangsbedingungen"*, Z. physik. Chem. **223** (1963), 218

[31] WEISS, S., Dissertation B, Technische Hochschule „Carl Schorlemmer" Leuna—Merseburg 1976

[32] SEELING, H., Dissertation, FoBC AdW der DDR, 1978

[33] ARCURI, C., DE BRUIJNE, D. W., "*Hydrodynamic instability of thin liquid films during transfer of surfactant across interfaces between inmiscible liquids"*. Proc. Vth Int. Congr. on Surface Active Substances, Barcelona 1968 B/0 (1970)

[34] LINDE, H., FRIESE, P., „*Intensivierung der Stoffübertragung in Flüssig-Gas-Systemen bei Anwesenheit grenzflächenaktiver Stoffe"*, Teor. Osn. Chim. Techn., im Druck

[35] LOHE, H., Fortschritts-Berichte, VDI Zeitschrift Reihe 3 Nr. 15, VDI Verlag, Düsseldorf 1967

[36] SHULEWA, N., „*Eine neue hydrodynamische Instabilität an einer mit einem Tensidfilm bedeckten Wasseroberfläche bei Strömungen zur Oberflächenerneuerung"*, Mber. Dt. Akad. Wiss. (Berlin) **12** (1970), 883

[37] FRIESE, P., „*Experimenteller Nachweis einer neuen hydrodynamischen Oberflächenstabilität"*, Z. physik. Chem. **247** (1971), 225

[38] LINDE, H., SCHWARTZ, P., „*Modell einer neuen hydrodynamischen Instabilität"* Teor. Osn. Chim. Techn. **3** (1971), 401

[39] KAHRIG, E., BESSERDICH, H., „*Dissipative Strukturen. Eine Einführung in den Problemkreis und die Erscheinungsformen"*, Band 21, G. Thieme Verlag, Leipzig 1977

[40] REICHENBACH, J., Bericht ZIPC, 1979

[41] LINDE, H., SCHWARTZ, P. und WILKE, H. in "*Lecture Notes in Physics"*, 105. Edided by T. S. SØRENSEN, Springer-Verlag 1979

DIE TECHNOLOGIE TRIBOCHEMISCER REAKTIONEN

(G. Heinicke)

Summary

Mechanical treatment influence the reactivity of solids. The cause of this effect is discussed on the basis of the model of Thiessen. To obtain highly efficient tribochemical reactions, it is necessary to select a suitable triboreactor and to develop a specific design of the apparatus. Some examples of tribochemical processes in industry are given.

1. Einführung

Eine der ältesten Technologien, die die Menschheit zur Verarbeitung von Roh- und Werkstoffen eingesetzt hat, ist die mechanische Bearbeitung. Das Schmieden von Bronze zu Gerätschaften, die Zerkleinerung der zur Herstellung dieses Werkstoffes verwendeten Rohstoffe, aber auch das Mahlen von Getreide zu Mehl sind wichtige Beispiele der schon im Altertum entwickelten Technologien. In der modernen Technik kommen die meisten der zur Verarbeitung fester Körper entwickelten Technologien nicht ohne die Einschaltung eines mechanischen Verfahrensschrittes aus.

Für die chemische Verfahrenstechnik spielt unter den Technologien der mechanischen Bearbeitung das Zerkleinern fester Stoffe die wichtigste Rolle. So liegen nur selten Rohstoffe in einer solchen Form vor, daß sie unmittelbar einer chemischen Umwandlung unterworfen werden können. Beispielsweise müssen Erze vor ihrer Verhüttung zerkleinert werden. Die Herstellung von Zement im Drehrohrofen setzt ebenfalls eine intensive Zerkleinerung der Rohstoffe voraus. Für die Wirkung des Zements beim Abbinden des Zementmörtels sind wiederum die mechanischen Prozesse bei der Feinstmahlung von großer Bedeutung.

In Tab. 1 sind die wichtigsten Stoffe zusammengestellt, die vor ihrer Verarbeitung zerkleinert werden müssen, wie u. a. Kohle, Erze, Düngemittel, Holz und Getreide. Die Palette der zu mahlenden Produkte ist heute außerordentlich groß und reicht von Naturstoffen bis zur Verarbeitung von hochwertigen Produkten, wie Ferriten, Diamanten, Pharmazeutika und Polymeren [1].

Auch vom Energieaufwand her hat der Zerkleinerungsprozeß im Vergleich zu anderen Verfahrensstufen ein besonderes Gewicht. In Tab. 2 sind die im Weltmaßstab am häufigsten zu zerkleinernden Stoffe wiedergegeben, sowie die zu verarbeitenden Mengen und der hierfür erforderliche Energieverbrauch als Anteil am gesamten Weltstromverbrauch. An der Spitze des Stromverbrauchs stehen

Tabelle 1: Zusammenstellung der wichtigsten Stoffe, die als Festkörper
im zerkleinerten Zustand verarbeitet werden

Kohle	Steinkohle, Braunkohle, Kunstkohle, Elektrographit
Erze	Rohstoffe zur Herstellung der Alkali- und Erdalkali-Metalle, Leichtmetalle, NE-Schwermetalle, von Eisen und der Seltenen und Edelmetalle
Baustoffe	Zement, Kalk, Gips, Magnesia
Pigmente	Anorganische und organische Pigmente
Keramische Rohstoffe	Kaoline, Tone, Feldspat, Quarz, Quarzite, Magnesite, Dolomite, Magnesiumsilikate
Steine und Salze	Fluor-, Schwefel-, Phosphor- und Borverbindungen, Steinsalz, Kalirohsalze, Phosphate
Holz	Zellstoff, Holzschliff, Späne, Fasern
Kunststoffe	Polyäthylen, Polyamid, Polyvinylchlorid, Kunstharze
Nahrungsmittel Futtermittel	Kakao, Puderzucker, Milchpulver, Getreide, Stärke, Gewürze, Knochenmehl, Trockenfleischmehl, Fischmehl usw.
Sonstiges	Explosivstoffe, Grundstoffe für die Photographie, Arzneimittel, Düngemittel, Schädlingsbekämpfungsmittel, Schleifmittel
Abfälle	Müll, Altpapier, Kunststoff, Autoreifen

Tabelle 2: Mittlerer spezifischer Energiebedarf, verarbeitete Mengen und
Energieverbrauch als Anteil des gesamten Weltstromverbrauchs für einige
ausgewählte Stoffe
(Mittel aus den Jahren 1970—1974)

Stoffe	Energie- bedarf [kWh/t]	Produkt- menge [$10^6 \cdot t/a$]	Strom- verbrauch [%]
Kohle	7	2 940	2,1
Zemente	67,5	640	7,7
Eisenerz	40	480	3,4
NE-Erze	30	305	1,6
Phosphaterz	40	110	0,8
Kalirohsalz	0,5	100	0,01
Steinsalz	7	122	0,15
Anorganische Pigmente	880	3	0,5
Holzschliff Zellstoffe	1 500	23,3	6,2
Getreide	26,5	348	1,6
Zucker, Kakao, Milchpulver	45	5	0,04

Zement und Holz, gefolgt von Erzen, Kohle, Getreide und Phosphatdünge-
mitteln. Die für die Zerkleinerung von festen Stoffen verbrauchte Energie
beträgt in der Welt heute etwa 4% des gesamten Weltstromaufkommens.

In Anbetracht der Bedeutung der Zerkleinerungsprozesse für die chemische
Verfahrenstechnik hat man sich bereits im vorigen Jahrhundert intensiv mit
deren wissenschaftlichen Grundlagen beschäftigt und eine größere Zahl von
Zerkleinerungstechnologien entwickelt. Bis in die jüngste Zeit strebte man vor
allem bestimmte Partikelgrößen, -verteilungen und -formen an, die in Abhängigkeit von der einwirkenden mechanischen Energie in weiten Grenzen
variierbar sind.

In zahlreichen Fällen ist die Kenntnis der Partikelgröße und damit auch der
Oberfläche eines dispersen Produktes für dessen weitere Verarbeitung aus-
reichend. Denn bekanntlich verlaufen die chemischen Umsetzungen von Fest-
körpern mit ihrer Umgebung über die Oberfläche der festen Phase, und zwischen
Oberflächengröße und Reaktionsgeschwindigkeit besteht in vielen Systemen eine
Proportionalität.

Besonders Untersuchungen in den letzten 10 bis 20 Jahren haben jedoch die
Grenzen dieser Betrachtungsweise aufgezeigt. Unter dem Einfluß der mechanischen Bearbeitung wird ein grobkristalliner Festkörper nicht nur dispergiert,
sondern es werden auch Änderungen in seinem atomaren Aufbau hervor-
gerufen [2]. Als Folge dieser Strukturänderungen, die meistens mit der Erzeugung einer hohen Konzentration an Gitterdefekten verbunden sind, verändern
sich oft grundlegend die physikalischen, chemischen und physikalisch-chemischen Eigenschaften des mechanisch beanspruchten Festkörpers. Eine Reihe
von Beispielen ist heute bereits bekannt, bei denen die Reaktivität des Festkörpers in stärkerem Maße von Änderungen in der Gitterstruktur als von den
mechanisch bedingten Oberflächenänderungen beeinflußt wird (z. B. Abb. 6).

Der Zweig der Chemie, der sich mit der Gesamtheit der Änderungen der
chemischen und physikalisch-chemischen Eigenschaften von Festkörpern und
der sie umgebenden Reaktionssphäre infolge Einwirkung einer mechanischen
Energie befaßt, wird als *Tribochemie* bezeichnet.

In den letzten Jahren wurden in der Literatur auch Begriffe wie Tribolumineszenz, Tribokatalyse, Tribosorption und Tribodiffusion verwendet. Sie
bezeichnen analog die unter dem Einfluß der mechanischen Energie beob-
achteten Erscheinungen und Prozesse am Festkörper (Definition siehe [3]).

In vielen Fällen wird auch der Begriff *Mechanochemie* verwandt, der dem der
Tribochemie übergeordnet ist. Als Mechanochemie wird der Zweig der Chemie
bezeichnet, der sich mit den Änderungen des chemischen und physikalisch-
chemischen Verhaltens von Stoffen *aller* Aggregatzustände infolge Einwirkung
mechanischer Energie befaßt.

Im Rahmen der Tribochemie ist die durch Zerkleinerung bewirkte Ober-
flächenvergrößerung nur ein Aspekt der durch sie bedingten Reaktivitäts-
erhöhung.

Die Festkörperforschung auf diesem Gebiet hat besonders in den letzten
beiden Jahrzehnten zu zahlreichen neuen Erkenntnissen, hinsichtlich der Ur-

sachen der Reaktivitätsänderungen, geführt. Auf die wichtigsten Aspekte
soll im folgenden Abschnitt eingegangen werden.

Die Technologie tribochemischer Reaktionen steht noch in den Anfängen und
ist wenig systematisiert. Viele technologische Prozesse sind heute ausschließlich
unter dem Aspekt eines guten Zerkleinerungsergebnisses optimiert. Werden
Festkörper dagegen im Rahmen eines Stoffwandlungsverfahrens zur Erreichung
einer hohen Reaktivität mechanisch beansprucht, muß die Optimierung auf
diese Größe orientiert sein. Derartige Untersuchungen gehen weit über die
Messungen der Korngrößen und Kornformen hinaus und sind vor allem auf die
Erfassung der Strukturänderungen gestörter bzw. realer Festkörper ausgerichtet.

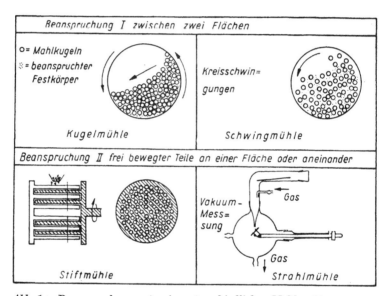

Abb. 1a. Beanspruchungsarten in unterschiedlichen Mahlgeräten

Aggregate, in denen durch mechanische Bearbeitung Festkörper nicht auf
ein Zerkleinerungsergebnis, sondern auf eine hohe Reaktivität optimiert sind,
sollen als *Triboreaktoren* bezeichnet werden. Als solche dienen heute Feinst-
zerkleinerungsmühlen, wie Schwingmühlen, Kugelmühlen, Desintegratoren
und Strahlmühlen (Abb. 1). Es ist jedoch abzusehen, daß sich in Zukunft Triboreaktoren in ihrem Bau und in ihrer Wirkungsweise von Zerkleinerungs-
aggregaten unterscheiden werden. Ergebnisse zu diesem Problemkreis sind in
Abschn. 3. dargestellt (z. B. Abb. 13 und 14).

Tribochemische Verfahren haben in einigen Fällen bereits Eingang in die
Technik gefunden. Ausgewählte Beispiele sind in Abschn. 4. angeführt.

Abb. 1b. Die entsprechenden Aktivierungsgeräte in ihrer technischen
Ausführung

2.   Grundlagen der Tribochemie

2.1.   Tribomechanik

Mechanische Energie kann in verschiedener Weise auf einen Festkörper übertragen werden. Beispielsweise unterscheidet man [4] zwei wichtige Arten von
Beanspruchungsmechanismen:

1. Festkörperteilchen werden zwischen zwei Flächen beansprucht. Die ihnen zufließende
   Energie und die Größe der einwirkenden Kraft hängt von dem Druck der Flächen auf
   das Festkörperteilchen und von der relativen Bewegung der Flächen ab.
2. Die Festkörperteilchen werden durch Aufprall auf eine feste Fläche oder auf ein
   anderes Teilchen beansprucht. Die für die mechanische Beanspruchung nutzbare
   Energie ist die kinetische Energie der Relativbewegung von stoßendem und gestoße-
   nem Teilchen.

Während der erste Mechanismus für die in Kugel- und Schwingmühlen ablaufenden Prozesse charakteristisch ist, herrscht der zweite Prozeß in Prall-
und Schlagmühlen, z. B. in Desintegratoren und Strahlmühlen vor.

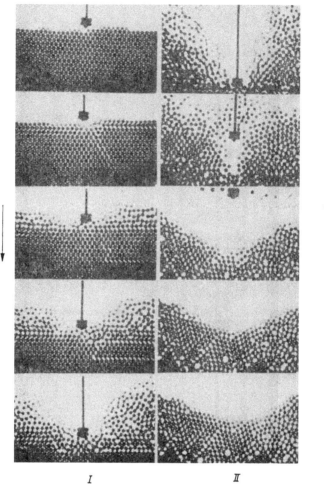

Abb. 2. Verschiedene Stadien der Impaktbeanspruchung schematisch am Kugelmodell dargestellt

Reihe 1: Eindringen des Korns in das Gitter des Festkörpers (↓)
Reihe 2: Phase des Abklingens bis zum Zustand eingefrorener Gitterstörungen (↑)

Für die Aufklärung der hierbei ablaufenden submikroskopischen Vorgänge am Festkörper hat es sich als zweckmäßig erwiesen, die Anordnung eines mit einer bestimmten Geschwindigkeit auf eine möglichst ungestörte Festkörperoberfläche (Werkstück) aufprallenden Kornes (Werkzeug) zu betrachten, wie es schematisch an Hand eines Kugelmodells in Abb. 2 dargestellt ist.

Für diesen Fall der Impaktbeanspruchung hat Thiessen Anfang der

60er Jahre ein Magma-Plasma-Modell aufgestellt, welches aus synoptischer Sicht die bei Zuführung mechanischer Energie auf Festkörper auftretenden Erscheinungen unter einem leitenden Prinzip zusammenfaßte [5]. Das THIESSEN-Modell geht davon aus, daß beim Eingriff in das Festkörpergefüge ein Energiestau auftritt. Hierdurch kommt es an der Impaktstelle zu einer intensiven Störung des Festkörpergitters und zu hohen Anregungszuständen, die bis zur Abtrennung von Gitterbausteinen und zu deren Ionisation führen. Die Dauer dieser in sehr kleinen Räumen auftretenden plasmaähnlichen Zustände beträgt $< 10^{-7}$ s. Auch Photonen und Elektronen werden emittiert.

Mit einer zeitlich größeren Ausdehnung treten in der Folge weitere Prozesse auf, wie die Erzeugung und Wanderung von Versetzungen, der Ablauf von Bruchvorgängen und die Ausbreitung von Phononen vom Ort der Impaktstelle. Für die Zeitdauer von 10^{-3} bis 10^{-4} s führt die mechanisch übertragene Energie zum Auftreten einer Temperaturblase.

Diese Dissipationsprozesse führen jedoch nicht wieder zu einem Gleichgewichtszustand, sondern bleiben auf einer bestimmten Stufe unter Zurücklassung von „eingefrorenen" Fehlordnungszuständen im Festkörper stehen. Dieser Zustand wird durch das letzte Bild des Kugelmodells in Abb. 2 charakterisiert und zeichnet sich durch eine hohe Konzentration an Punktdefekten, Versetzungen, Stapelfehlern und anderen Gitterdefekten aus. Als Beispiel ist in Abb. 3 die Oberfläche eines mechanisch durch Kugeleindruck bearbeiteten und sukzessive geätzten NaCl-Einkristalls dargestellt. Auf diese Weise läßt sich die Konzentration und räumliche Verteilung von Strukturdefekten in grenzflächennahen Schichten nachweisen.

Die Stabilität dieser Defekte wird von der Festigkeit der Gitterbindungen, von der Temperatur und auch von der Einwirkung nichtthermischer Energie bestimmt. In der Regel findet eine thermische Ausheilung dieser Defekte bei der sog. TAMMANN-Temperatur statt, die bei Metallen etwa bei $0,3 \, T_s$ ($T_s =$ Schmelztemperatur) und bei Oxiden etwa bei $0,6 T_s$ liegt.

Eingehendere Untersuchungen haben gezeigt, daß auch die elektronischen und elektrischen Eigenschaften der Festkörper sich durch den Bearbeitungsprozeß verändern können. So beobachtet man z. B. auf Oberflächen frischgespaltener Alkalihalogenidkristalle Ladungsinseln unterschiedlichen Vorzeichens, die im Vakuum längere Zeit (> 1 h) beständig sind. Besonders hochaufgeladene Oberflächenbereiche bewirken im Vakuum die Emission von Elektronen und führen in einer Gasatmosphäre zu Gasentladungen. Diese sind auch die Hauptursache für die schon länger bekannte Tribolumineszenz, dem sog. Bearbeitungsleuchten.

Für den reinen Zerkleinerungsvorgang ist unter der Vielzahl der bei der Bearbeitung ablaufenden Prozesse vor allem der Bruchvorgang von Bedeutung.

Die Tribochemie hat dagegen die Aufgabe, den Gesamtkomplex der physikalischen Änderungen zu berücksichtigen und deren Einfluß auf die Festkörperreaktivität zu untersuchen.

Im folgenden Abschnitt sollen hierzu einige systematisierende Gesichtspunkte dargelegt werden.

Abb. 3. Verschiedene Stadien der Abtragung. Schrauben- und Stufengleit-
bänder sowie Rißbildungen eines durch Impakt beanspruchten NaCl-Ein-
kristalles

a) Oberfläche geätzt,
b) 5 min abgetragen, geätzt
c) 13 min abgetragen, geätzt
d) 18 min abgetragen, geätzt
e) 23 min abgetragen, geätzt
f) 30 min abgetragen, geätzt (Vergrößerung 64fach) [2]

2.2. Tribochemie

Schon sehr frühzeitig wurden tribochemische Prozesse technisch genutzt. Hierzu gehören die Zündung eines Streichholzes durch Reibung und die Zündung eines Geschosses durch Schlag oder Stoß. Bereits im vorigen Jahrhundert hatte man bei analytischen Arbeiten festgestellt, daß beim intensiven Mörsern in einer Reibschale chemische Umwandlungen ablaufen, z. B. die Bildung von Eisensulfid beim Reiben einer Eisen-Schwefel-Mischung.

Eine systematische Erschließung dieses Wissenschaftsgebietes begann aber erst in der 2. Hälfte dieses Jahrhunderts. Hierbei zeigte sich, daß der schon früh erkannte und teilweise technisch genutzte tribochemische Effekt nicht auf wenige Beispiele beschränkt ist, sondern praktisch überall wirkt, wo mechanische Energie auf einen reaktionsfähigen Festkörper einwirkt. In Tab. 3 ist eine Auswahl verschiedenartiger Reaktionen dargestellt, die bei Zuführung mechanischer Energie bereits bei Zimmertemperatur ausgelöst bzw. um Größenordnungen beschleunigt werden.

Tabelle 3: Reaktionsarbeiten $°A$ einer Auswahl chemischer Reaktionen, die auf tribochemischem Wege realisiert wurden

Nr.	Reaktion	$°A$ 298 K (kcal/Formelumsatz)
1	$Ni + 4CO = Ni(CO)_4$	-39
2	$Fe + 1/2O_2 = FeO$	-58
3	$2Fe + 3H_2O = Fe_2O_3 + 3H_2$	-7
4	$13Fe + 3CO_2 = 2Fe_2O_3 + 3Fe_3C$	-61
5	$2FeO + 1/2O_2 = Fe_2O_3$	-60
6	$2FeS + 7/2O_2 = Fe_2O_3 + 2SO_2$	-294
7	$2Cu + H_2O = Cu_2O + H_2$	$+22$
8	$4Cu + CO_2 = 2Cu_2O + C$	$+24$
9	$Au + 3/4CO_2 = 1/2Au_2O_3 + 3/4C$	$+90$
10	$CaCO_3 = CaO + CO_2$	$+31$
11	$C + 2H_2 = CH_4$	-12
12	$Fe_3C + 2H_2 = CH_4 + 3Fe$	-16
13	$SiC + H_2 = CH_4 + Si$	$+14$
14	$C + O_2 = CO_2$	-94
15	$SiC + 2O_2 = CO_2 + SiO_2$	-260
16	$C + 2H_2O = CO_2 + 2H_2$	$+19$
17	$SiC + 4H_2O = CO_2 + 4H_2 + SiO_2$	-34
18	$2CH_4 = C_2H_2 + 3H_2$	$+74$
19	$CH_4 + NH_3 = HCN + 3H_2$	$+45$
20	$C_6H_6 + 3H_2 = C_6H_{12}$	-49

Verfolgt man die Kinetik und Thermodynamik tribochemischer Prozesse, so erhält man starke Abweichungen von den Gesetzmäßigkeiten thermisch ausgelöster Reaktionen. Das zeigen folgende Beispiele:

a) In großen Temperaturbereichen sind tribochemische Reaktionen unabhängig von der äußeren Temperatur. Beispielsweise verläuft die Bildung von Nickelcarbonyl aus Ni und CO bei Temperaturen des flüssigen Stickstoffs praktisch mit gleicher Geschwindigkeit wie bei Zimmertemperatur [8].

b) Die Reaktionsordnung ist gegenüber den bei thermischer Reaktionsführung erhaltenen Werten meist stark abweichend. Die unter a) genannte Reaktion ist beispielsweise 2. Ordnung.
Bei tribochemischer Reaktionsführung erhält man Werte zwischen 0 und 0,3 [9].

c) Die Reaktionsgeschwindigkeit hängt von der Härte des Werkzeuges bzw. der Mahlkörper ab [10]. Darüber hinaus spielt die Intensität der Bearbeitung eine maßgebliche Rolle für den Umsatz (siehe Abschn. 3.).

d) Wie Tab. 3 zeigt, ist der Ablauf einer tribochemischen Reaktion nicht an das Vorzeichen der Reaktionsarbeit der Reaktion gebunden.

e) Bestimmte tribochemische Reaktionen, wie die Methanbildung aus SiC und H_2 [11] sind unmittelbar an den Bearbeitungsprozeß gebunden, andere laufen auch noch nach Unterbrechung der Bearbeitung mit erhöhter Geschwindigkeit ab und liefern sog. Abklingkurven (Abb. 4) [12].

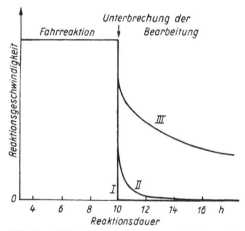

Abb. 4. Abklingkurven für 3 verschiedene tribochemische Reaktionen

I − Methanbildung aus SiC und H_2; *II* − Nickelcarbonylbildung aus Ni und CO; *III* − Benzolhydrierung

Die Ursachen dieser spezifischen Besonderheiten tribochemischer Reaktionen liegen im Anregungsmechanismus begründet, der sich von dem thermischer Reaktionen oft grundlegend unterscheidet. Die Wirkung der mechanischen Energie wird nicht durch einen einzigen Elementarvorgang charakterisiert, sondern es findet eine Ensembleanregung in Mikro- und Makrobereichen der Festkörperoberfläche und entsprechend Abschn. 2.1. eine Änderung mehrerer physikalischer Eigenschaften des Festkörpers statt. Je nach dem Charakter der Reaktion können diese Eigenschaftsänderungen sich unterschiedlich auf die Festkörperreaktivität auswirken.

Besonders wenig erforscht sind die durch das Triboplasma ausgelösten Reaktionen. Diese sind stochastischer Natur. Gesetzmäßigkeiten der Thermodynamik sind deshalb nicht auf sie anwendbar [13]. Als Beispiel seien die Bildung, Zersetzung und Umwandlung von Kohlenwasserstoffen bei der Bearbeitung von Korund in einer Methanatmosphäre, die Bildung von Acetylen und Blausäure aus den Elementen [14] und solche Reaktionen genannt, die eine extrem hohe positive freie Reaktionsenthalpie besitzen und bei rein thermischer Anregung nicht freiwillig ablaufen, z. B. die Oxydation von Gold durch CO_2 [15].

Wie im Abschn. 2.1. bereits ausgeführt wurde, laufen in der Dissipationsphase zahlreiche physikalische Prozesse nebeneinander ab, wie die Emission von Ionen, Elektronen, Photonen, Versetzungsbewegungen, Bruchvorgänge, Phononenwanderung usw.

Auch hier ist es sehr schwierig, die Auslösung chemischer Reaktionen bestimmten Prozessen zuzuordnen. So werden tribochemische Pfropfreaktionen auf die Wirkung freier Elektronen [16], die Zersetzung von Oxalaten auf höher energetische Phononen zurückgeführt [17]. In dieser Phase sind die tribochemischen Prozesse mit den mechanischen bzw. physikalischen Prozessen gekoppelt. Es hat sich gezeigt, daß unter diesen Bedingungen die Beziehungen der irreversiblen Thermodynamik auf die Beschreibung tribochemischer Reaktionen anwendbar sind [18].

Beispielsweise läßt sich für tribochemische Reaktionen die Beziehung

$$v = a \cdot A_f + b \qquad (1)$$

v = Reaktionsgeschwindigkeit
A_f = Affinität
a, b = Konstanten

ableiten und in der Umgebung des Gleichgewichtspunktes ($A_f = 0$) auch experimentell bestätigen (Abb. 5) [19].

Relativ gut untersucht sind zahlreiche tribochemische Reaktionen, die nach dem THIESSEN-Modell in der 3. Phase bzw. nach Unterbrechung der Bearbeitung ablaufen. In dieser Phase sind die durch mechanische Bearbeitung erzeugten Festkörperzustände oft von so langer Dauer, daß der Bearbeitungsprozeß von dem chemischen zeitlich getrennt werden und die Untersuchung der Kinetik der tribochemischen Reaktionen erst nach Monaten, mitunter auch nach Jahren, erfolgen kann, ohne daß die Wirkung des Bearbeitungsprozesses abgeschwächt ist.

In diesem Fall spricht man von der mechanischen Aktivierung des Festkörpers, der durch die Bearbeitung in einen aktiven Zustand überführt wird. Die überschüssige freie Enthalpie dieser Stoffe wird entsprechend der von HÜTTIG [20] gegebenen Definition als Maß der Aktivität verwendet.

Es hat sich gezeigt, daß mechanisch aktivierte Reaktionen mit den Beziehungen der reversiblen Thermodynamik beschrieben werden können, wenn

$$k_{Erh.} \ll k_{tribochem.}$$

$k_{Erh.}$ = Geschwindigkeitskonstante des Erholungsprozesses
$k_{tribochem.}$ = tribochemische Geschwindigkeitskonstante

ist.

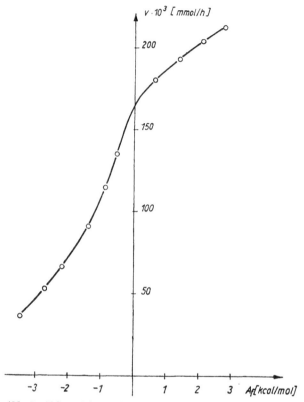

Abb. 5. Abhängigkeit der Geschwindigkeit der tribochemischen Reaktion
Ni + 4CO = Ni(CO)$_4$ von der Affinität bei 308 K [18]

Für mechanisch aktivierte Körper gehen die charakteristischen thermodynamischen Größen H_T, G_T und S_T in $H_T{}^*$, $G_T{}^*$ und $S_T{}^*$ (H = Enthalpie,
G = freie Enthalpie, S = Entropie) über. Die Differenz $G_T{}^* - G_T$ stellt die
überschüssige freie Enthalpie des aktivierten Festkörpers dar und ist der
mathematische Ausdruck für die von Hüttig definierte Aktivität A_T [21]:

$$A_T = G_T{}^* - G_T. \tag{2}$$

Im System Ni/CO wurde die überschüssige freie Enthalpie durch Gleichge-
wichtsmessungen nach der Formel:

$$\Delta G = -RT \ln \frac{K_p{}^*}{K_p} \tag{3}$$

$K_p{}^*$ = Gleichgewichtskonstante für das aktivierte Produkt
K_p = Gleichgewichtskonstante für ungestörtes Nickel
bestimmt.

Tabelle 4: Die überschüssige freie Enthalpie von Nickel
in Abhängigkeit von der Vorbehandlung

Material	Gleichgewichts-konstante K_p 298 °C	überschüssige freie Enthalpie A_T (kcal/mol)
Nickelblech elektropoliert	1,67	0
Nickelpulver reduziert	3,32	2,24
Nickelblech nach tribomechanischer Vorbearbeitung	5,87	5,7
Nickelblech während der Bearbeitung	8,45	9,2

Wie Tab. 4 zeigt, erhält man doppelt so hohe Werte nach mechanischer
Voraktivierung gegenüber einem pyrophoren, durch Reduktion eines Nickel-
salzes hergestellten Produkt [22].
Bekanntlich führt die Excessenthalpie zur Herabsetzung der Aktivierungsenergie der am Festkörper ablaufenden Reaktion [23].

Tabelle 5: Die Änderung der Aktivierungsenergie der Reaktion
$Ni + 4CO \rightarrow Ni(CO)_4$
durch tribomechanische Bearbeitung

Art der Behandlung	Aktivierungsenergie (kcal/mol)
ohne mechanische Vorbehandlung	13
nach mechanischer Vorbehandlung	6
während der Bearbeitung bei $T = 25$ °C	3,5
während der Bearbeitung bei $T = -190$ °C	0

Nach Tab. 5 ist in der Tat eine beträchtliche Steigerung der Reaktionsgeschwindigkeit durch die Senkung der Aktivierungsenergie am mechanisch
aktivierten Produkt möglich [24]. Der Messung des Energieinhaltes eines
mechanisch aktivierten Produktes wird deshalb in Zukunft eine wachsende
Bedeutung zukommen.
Der erhöhte Energieinhalt gemahlener Produkte ist sowohl auf die durch
Bearbeitung vergrößerte Oberfläche als auch auf ihre gestörte Struktur zu-

rückzuführen. Die Aufklärung derartiger Strukturen ist deshalb zu einem wichtigen Gegenstand moderner Forschung geworden. Als Beispiel ist in Abb. 6 für das System Ni/CO die Abhängigkeit sowohl der Gitterverzerrungen und der Primärteilchengröße als auch der spezifischen Oberfläche von der Mahl-

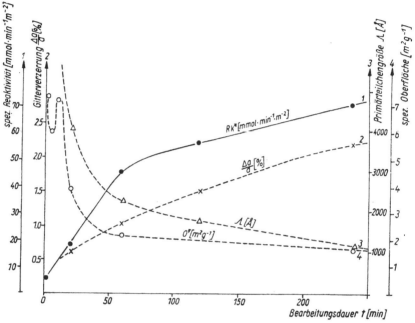

Abb. 6. Änderung der chemischen und physikalischen Eigenschaften eines pyrophoren Nickelpulvers mit der Mahldauer [25]

1 — Spezifische Reaktivität; *2* — relative Gitterzerrungen; *3* — Spezifische Oberfläche; *4* — Primärteilchengröße

dauer wiedergegeben und der Reaktivitätskurve gegenübergestellt. In diesem Beispiel nimmt sogar die Oberfläche mit zunehmender Mahldauer bis zur Einstellung eines Mahlgleichgewichtes ab. Durch den starken Anstieg der Gitterverzerrungen kann dennoch eine Beschleunigung der Nickelcarbonylbildung erreicht werden.

Hier beeinflussen offenbar entscheidend die Gitterdefekte die Reaktion am Festkörper.

Dieser Sachverhalt wird auch durch die in Abb. 7 dargestellten Ergebnisse bestätigt. Für die Messung der Abhängigkeit der spezifischen Reaktivität von den Gitterverzerrungen wurden sowohl hochaktive als auch störungsarme getemperte Proben eingesetzt. In jedem Fall bestimmt der Störungsgrad die spezifische Reaktivität (Struktureffekt, [25]).

Ähnliche Bedingungen liegen auch bei der mechanischen Aktivierung von Apatiten vor. Nach Abb. 8 zeigen die Oberflächenkurve und die Reaktivitätskurven ebenfalls nur in einem begrenzten Intervall einen symbaten Verlauf. Die Reaktivität von Apatit läßt sich aber auch nach Einstellung eines Mahl-

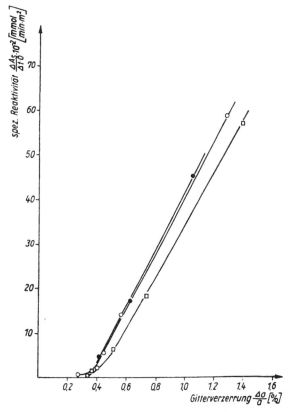

Abb. 7. Spezifische Reaktivität für pyrophores und 2 getemperte Nickelpulver in Abhängigkeit von den relativen Gitterverzerrungen [25]

● — pyrophores Nickelpulver
○, □ — getempertes Nickelpulver

gleichgewichtes bei weiterer mechanischer Beanspruchung kontinuierlich steigern [26]. Auch hier sind wieder die durch Bearbeitung erzeugten Gitterdefekte die entscheidende Ursache für die erhöhte Lösbarkeit des Apatits [27].

Für die Tribochemie hat auch der sog. Frischflächeneffekt eine wichtige Bedeutung erlangt. Aus der klassischen Chemie ist bekannt, daß frische adsorbatfreie Oberflächen von Festkörpern eine besondere Reaktivität aufweisen, was sich z. B. in einer oft spontanen Umsetzung mit dem umgebenden Gas äußert.

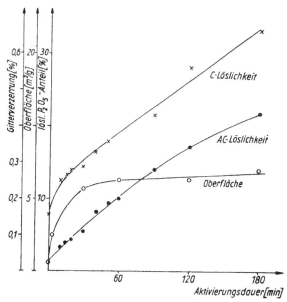

Abb. 8. Einfluß der mechanischen Aktivierung auf Oberfläche und Lösbarkeit von Kolaapatit in Ammoncitrat- und Citronensäurelösung

Bei der Bearbeitung werden durch Bruch- oder Deformationsprozesse ständig frische Oberflächen erzeugt. Adsorptionsschichten, die oft die Umsetzung des Festkörpers mit dem umgebenden Medium erschweren, werden durch den Bearbeitungsvorgang beseitigt. Auch die Wirkung hemmender Deck- und Reaktionsschichten kann auf diese Weise aufgehoben werden. Beispielsweise verhindert die Anwesenheit von Spuren von Sauerstoff die Nickelcarbonylbildung durch Ausbildung einer Oxidschicht auf der Nickeloberfläche. Auch bei tribochemischer Reaktionsführung tritt eine Konkurrenzadsorption von Kohlenoxid und Sauerstoff auf, durch die ständige Schaffung von Frischflächen wird der Vergiftungseffekt aber wesentlich zurückgedrängt und kann bei der Entfernung des Sauerstoffanteils bei laufender Reaktion wieder völlig aufgehoben werden (Abb. 9) [28].

Auch bei doppelter Umsetzung von Salzen, z. B. von Bleisulfat und Kaliumjodid, konnte gezeigt werden, daß diese Festkörperreaktionen bei mechanischer Anregung über die Frischflächen verlaufen, bzw. daß gilt:

$$v = k \cdot O_F \tag{4}$$

O_F = Fläche der pro Zeiteinheit in Kontakt tretenden Frischflächen

In bestimmten Fällen ist die bei Bearbeitung pro Stunde erzeugte Frischfläche um ein Vielfaches größer, als die im Anschluß an die Bearbeitung gemessene geometrische Oberfläche [29].

Eine reaktionssteigernde Wirkung hat bei tribochemischen Reaktionen auch der sog. „Transporteffekt". Wie das zuletzt genannte Beispiel einer Festkörperreaktion zeigt, kommt es nur dann bei niedrigen Temperaturen zu einer chemischen Umsetzung, wenn durch die Bearbeitung die beiden festen Stoffe unter Umgehung eines Diffusionsschrittes in atomare Berührung gebracht werden. Diese Voraussetzungen werden bei der Mahlung disperser Gemische immer erfüllt.

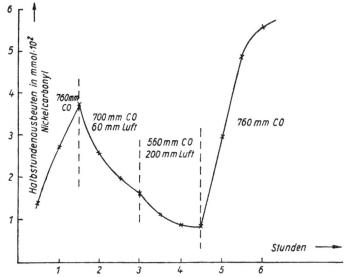

Abb. 9. Differentielle Reaktionsausbeuten bei fortlaufender mechanischer Anregung, jedoch bei verschiedenen Partialdrucken von CO und Luft

Bei rein thermischer Anregung gelangen die Reaktionsteilnehmer dagegen nur durch Diffusion zum Reaktionsort. Aber dieser Teilschritt verläuft erst bei genügend hohen Temperaturen mit hinreichender Geschwindigkeit.

Beispielsweise setzt sich Nickel mit $KClO_3$ bei Zimmertemperatur erst bei mechanischer Bearbeitung merklich um und blockiert hierdurch, wie Abb. 10 zeigt, den Carbonylisierungsprozeß. Ist die Reaktion unter Bildung von NiO und KCl quantitativ zu Ende gegangen, setzt die Carbonylbildung wieder ein [30]. Auch die Umsetzung von Nickel mit Jod, eine bei Zimmertemperatur freiwillig ablaufende Reaktion, geht bei Mahlung innerhalb weniger Minuten quantitativ vor sich [31].

Die Wirkung des Transporteffektes besteht aber auch darin, daß durch Bearbeitung eine sog. „Triboabsorption" erfolgt, d. h. eine Überführung von Atomen und Molekülen der umgebenden Atmosphäre in das Innere des Festkörpergitters. Als Beispiel ist in Abb. 11 das Eindringprofil von CO_2 in mechanisch bearbeitetes Kupfer dargestellt. Wie aus dieser Abbildung ebenfalls

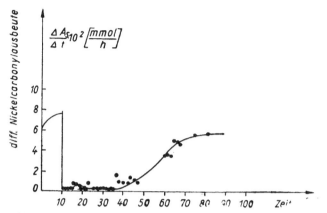

Abb. 10. Reaktionsverlauf der mechanisch angeregten Nickelcarbonylbildung bei Zugabe von KClO₃

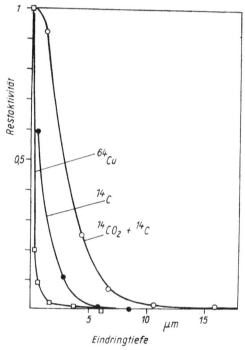

Abb. 11. Verteilung von ⁶⁴Cu (Stoffübergang), ¹⁴CO₂ (Triboabsorption)
und ¹⁴C (Triboreaktion) im Festkörperinnern von Kupferproben, die in
¹⁴CO₂-Atmosphäre und unter Zusatz von neutronenaktivierten Probekörpern
bearbeitet wurden [32]

hervorgeht, wird durch die Triboabsorption die Umsetzung von CO_2 mit der Kupfermatrix wesentlich gefördert [32].

Eine Analyse der Reaktionsursachen hat ergeben, daß bei der Bearbeitung oft mehrere Faktoren auf die tribochemische Reaktion Einfluß nehmen, deren Wirkung durch die Art der Bearbeitung auch noch verändert werden kann. Im System Ni/CO wurde die Bedeutung der einzelnen Einflußfaktoren weitgehend aufgeklärt [33], die Herausarbeitung einer allgemeingültigen Systematik erfordert jedoch noch weitere grundlegende Untersuchungen.

3.   Zur Technologie tribochemischer Reaktionen

Für technische Fragestellungen ist die Beziehung zwischen der Geschwindigkeit einer tribochemischen Reaktion und der aufgewandten mechanischen Energie von besonderem Interesse.

Diese Frage wurde bei integraler Impaktbearbeitung untersucht. Verwendet wurde ein Schwingrohr, in dem die aus einem Korngemisch bestehende feste Substanz unter der Atmosphäre des Reaktionsgases mit variabler Amplitude und Frequenz durch Schwingungsbewegungen mechanisch beansprucht werden konnte. Für eine größere Zahl von Reaktionen wurde folgende Beziehung gefunden [34]:

$$v \sim n^2 \cdot A^2 \tag{5}$$

n = Drehzahl bzw. Frequenz
A = Amplitude

Da in einem schwingenden System, die in ihm wirkende Schwingungsenergie durch folgende Beziehung

$$E_s \sim n^2 \cdot A^2 \tag{6}$$

beschrieben werden kann, besteht auch die Beziehung:

$$v \sim E_s \tag{7}$$

E_s = Schwingungsenergie

Diese Beziehung wird die „tribochemische Energiebeziehung" genannt [34].

Gegenüber dem Schwingungsrohr ist die Schwingmühle für die Technik von größerer Bedeutung. Obwohl in dieser ein anderes Bearbeitungsprinzip vorliegt, konnte auch hier eine einfache Beziehung zwischen aufgewandter Energie und Reaktionsumsatz aufgestellt werden. In bestimmten Grenzen gilt für Schwingmühlen die Beziehung [35]:

$$N \sim A \tag{8}$$

N = Leistungsaufname

In Abb. 12 ist als Beispiel die Geschwindigkeit der Oxydation von Kupfer durch Kohlendioxid in Abhängigkeit von der Amplitude dargestellt. Da sich hierbei eine lineare Abhängigkeit ergibt und nach Gl. (8) zwischen Schwingungsradius und Leistungsaufnahme ebenfalls eine Proportionalität besteht, ergibt sich folgende Beziehung:

$$v \sim N \tag{9}$$

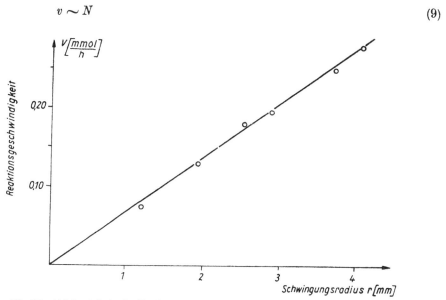

Abb. 12. Abhängigkeit der Reaktionsgeschwindigkeit der Reaktion $2\,Cu + CO_2 \rightarrow 2\,CuO + C$ vom Schwingungsradius der Kreisschwingung [35]

Nach dieser Gleichung ist die je Zeiteinheit im Mahlgefäß dissipierte mechanische Energie durch eine einfache lineare Beziehung mit einer chemischen Größe, der Geschwindigkeit der tribochemischen Reaktion verbunden. Für die Gestaltung tribochemischer Technologien ist deshalb die Verwendung von Triboreaktoren mit einer hohen Leistungsaufnahme anzustreben.

Die Energieaufnahme in einer Schwingmühle kann sowohl durch Zunahme der Amplitude als auch durch Zunahme der Frequenz erhöht werden. Hier zeigt sich, daß in vielen Beispielen Amplitude und Frequenz einen unterschiedlichen Einfluß auf die Reaktivität des Festkörpers ausüben.

Die Ursache hierfür besteht darin, daß die Amplitude und Frequenz in unterschiedlicher Weise die für die Reaktivität verantwortlichen physikalischen Eigenschaften verändern, z. B. die Oberfläche oder den Energieinhalt. In Abb. 13 und 14 sind diese Beziehungen im einzelnen dargestellt, wobei die ausgezogenen Kurven für konstante Drehzahl und variable Amplitude, die gestrichelten Kurven für konstante Amplitude und variable Drehzahl gelten. Eine Erhöhung der Beschleunigung ausschließlich infolge einer Drehzahlsteigerung führt nur zu einer relativ geringen Zunahme der Oberfläche (Abb. 13). Hingegen wird bereits bei einer geringen Drehzahl durch eine Erhöhung der Amplitude ein bedeutendes Anwachsen der Oberfläche erreicht.

Auch aus Abb. 14 ist zu erkennen, daß bei konstanter Drehzahl die Erhöhung der Amplitude zu einem starken Anwachsen des Energieinhaltes des gemah-

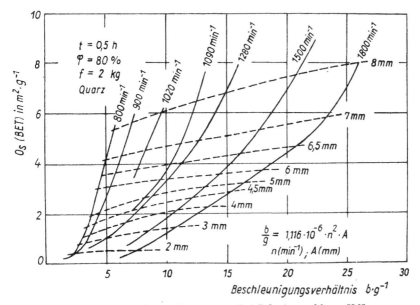

Abb. 13. Spezifische Oberfläche des Quarzes bei Schwingmahlung [36]

lenen Quarzes führt. Im Unterschied zu den in Abb. 13 dargestellten Beziehungen beobachtet man mit steigender Drehzahl eine fallende Tendenz des Energieinhaltes, eines für die Festkörperreaktivität wichtigen Einflußfaktors.

Da bei konstanter Oberfläche der Energieinhalt ein integrales Maß dür die Defektkonzentration im Festkörper ist, werden die auf dem Struktureffekt beruhenden tribochemischen Reaktionen durch wachsende Drehzahl ungünstig beeinflußt. Die für diesen Fall mit steigender Drehzahl einhergehende Leistungszunahme wird durch den Abfall des Wirkungsgrades der mechanischen Energie (Proportionalitätsfaktor[1]) in Gl. (9)) überkompensiert.

Die Ausnutzung der mechanischen Energie für die Erhöhung der Festkörperreaktivität bzw. die Erzielung eines hohen Wirkungsgrades wird also in starkem Maße von der Art der Energiezuführung bestimmt. Das zeigen auch die in Abb. 15 dargestellten Ergebnisse, in der für die verschiedensten technischen

---

[1]) Gegenüber der strengen Definition des Wirkungsgrades wird im vorliegenden Fall die Affinität A_f als konstant angesehen und deshalb nicht gesondert berücksichtigt.

und Laboratoriumsmühlen die aufgewandte mechanische Energie zur Herstellung von Apatiten bestimmter Aktivität (6% Ammoncitratlöslichkeit) verglichen wird.

Hier bestehen größenordnungsmäßige Unterschiede im Wirkungsgrad der mechanischen Energie. Für die Gestaltung ökonomisch arbeitender tribo-

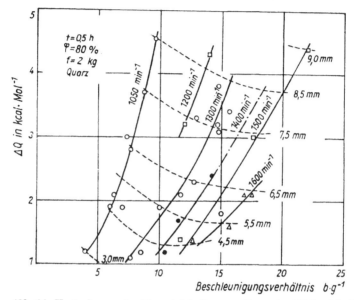

Abb. 14. Veränderung des Energieinhaltes von Quarz in Abhängigkeit von der Amplitude und Frequenz bei Schwingmahlung [36]

chemischer Verfahren ist deshalb die Auswahl geeigneter Bearbeitungsprinzipien von großer Bedeutung.

Wie aus Abb. 13 und 14 hervorgeht, kann beim Einsatz eines Mahlgerätes dessen Wirkungsgrad sehr wesentlich durch eine Optimierung der konstruktiven Parameter verbessert werden. In vielen Fällen wird man jedoch zur Erzielung eines hohen Wirkungsgrades zu einem bestimmten spezifischen Beanspruchungsmechanismus übergehen bzw. einen bestimmten Mühlentyp für die Aktivierung auswählen. Zu diesem Problem liegen besonders für die in Abb. 1 dargestellten Mühlen systematische Untersuchungen vor.

Vergleicht man die Auflösungsgeschwindigkeit von Quarz in Flußsäure nach einer Aktivierung der Proben in verschiedenen Mühlen, so liegen die hierbei gemessenen Werte entsprechend Abb. 16 auf zwei voneinander abweichenden Kurven. Bei Aktivierung auf einer Kugelmühle, einer Schwingmühle und einem Atrittor (eine sog. Rührwerkskugelmühle) liegen die Lösbarkeitswerte auf der oberen, bei Verwendung einer Strahlmühle und eines Desintegrators auf der unteren Kurve in Abb. 16.

Untersucht man die Strukturänderungen der in den einzelnen Mühlen bearbeiteten Proben, so erhält man entsprechend Abb. 17 eine Aufteilung der Meßwerte auf 2 Kurven ganz analog zur vorangegangenen Abbildung. Man kann hieraus den Schluß ziehen, daß Lösbarkeit und Störungsgrad in einem kausalen Zusammenhang stehen.

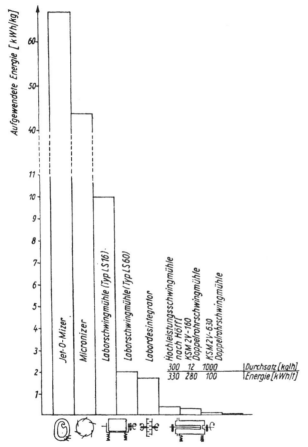

Abb. 15. Aufgewandte Energie für die Erzeugung aktivierter Apatite gleicher *AC*-Lösbarkeit (6%) in verschiedenen Aktivierungsaggregaten [26]

Eine Aufteilung in zwei Kurven erhält man auch dann, wenn der Lösungsprozeß in Natronlauge vorgenommen wird (Abb. 18). In diesem System ist allerdings die Lösungsgeschwindigkeit der strahl- und desintegratoraktivierten Proben kleiner als die der Vergleichsproben. Da bei dieser Methode nur die oberflächennahen Schichten der Quarzkörner gelöst werden, gestattet sie, Aussagen

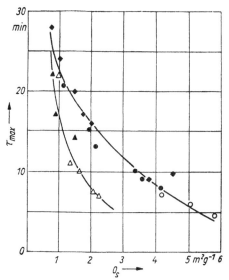

Abb. 16. τ_{max} (Zeit der Quarzauflösung) in Abhängigkeit von der spezifischen Oberfläche für verschiedene Aktivierungsgeräte [36]

◆ Kugelmühle; ● Schwingmühle; ○ Attritor;
▲ Desintegrator; △ Strahlmühlen

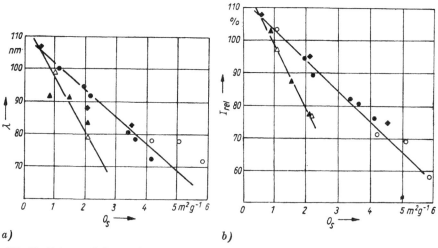

a)   b)

Abb. 17. Primärteilchengröße (a) und relative Röntgenintensität (b) in Abhängigkeit von der spezifischen Oberfläche bei der Mahlung von Quarz in verschiedenen Aktivierungsgeräten [36]

◆ Kugelmühle; ● Schwingmühle; ○ Attritor;
▲ Desintegrator; ▽ Strahlmühlen

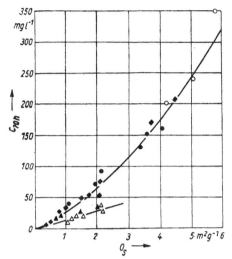

Abb. 18. Abhängigkeit der in NaOH nach 20 h gelösten SiO$_2$-Menge von der spezifischen Oberfläche für verschiedene Aktivierungsgeräte [36]

◆ Kugelmühle; ● Schwingmühle; ○ Attritor; ▲ Desintegrator; △ Strahlmühle

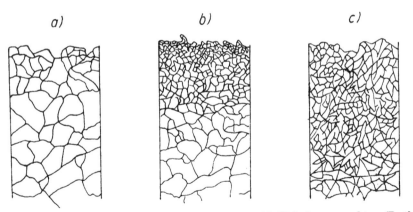

Abb. 19. Modell der Mikrostruktur von unterschiedlich beanspruchten Festkörperteilchen [36]

a) Ausgangsmaterial
b) Druck- oder Scherbeanspruchung
c) Schlag- oder Prallbeanspruchung

über die Lokalisierung der Störungen in den mechanisch beanspruchten Teilchen zu machen (Abb. 19).

In Geräten, wie dem Desintegrator und der Strahlmühle, in denen die Übertragung der Energie durch Schlag- und Prallbeanspruchung zustande kommt, wird eine starke Zerstörung des inneren Gefüges erreicht (höherer Energieinhalt und höhere Volumenreaktivität, niedere Primärteilchengröße, höherer

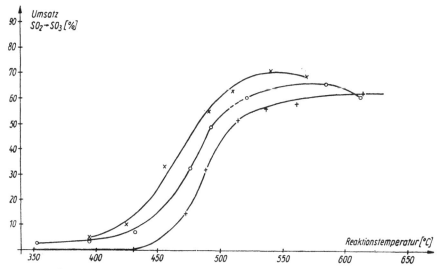

Abb. 20. Änderung der katalytischen Aktivität von V_2O_5 durch Strahlmahlung in einer Jet-O-Mizer-Strahlmühle [37]

+ ungemahlen   o 2× gemahlen   ×·5× gemahlen

Störungsgrad). In der Kugel- und Schwingmühle, sowie im Attritor, die vorwiegend nach dem Prinzip der Druck- und Scherbeanspruchung arbeiten, ist demgegenüber die Konzentration an Gitterstörungen in der Volumenphase geringer, in der äußeren Oberflächenschicht dagegen wesentlich größer (höhere Reaktivität der Grenzflächenschicht) [36].

In Übereinstimmung mit diesem Modell stehen auch katalytische Untersuchungen, die an strahl- und schwinggemahlenem Vanadinpentoxid ausgeführt wurden. Wie aus Abb. 20 und 21 hervorgeht, liegt für ungemahlene Proben die sog. Anspringtemperatur, bei der der erste meßbare katalytische Umsatz erfolgt, bei etwa 430°C. Bei strahlgemahlenen Produkten ist die katalytische Aktivität erhöht und die Anspringtemperatur erniedrigt (Abb. 20), was offenbar auf die erhöhte Störung des Gitters zurückzuführen ist. Auch bei schwinggemahlenen Produkten treten diese Effekte auf. Entsprechend der stärkeren

Störung ihrer Oberfläche wird die katalytische Aktivität im niederen Temperaturbereich stärker als im zuvor erörterten Fall angehoben, so daß sogar Reak-
tivitätsmaxima auftreten. Oberhalb von 430 °C findet ein Abbau röntgenogra-
phisch erfaßbarer Gitterstörungen statt, so daß andere Eigenschaften, wie z. B.
die Porosität, Einfluß auf die katalytische Aktivität nehmen.

Daß auch solche für das katalytische Verhalten eines Kontaktes wichtige
Eigenschaften, wie die Porosität bzw. das Porenvolumen, durch die Art der
mechanischen Bearbeitung ganz unterschiedlich beeinflußt werden können,

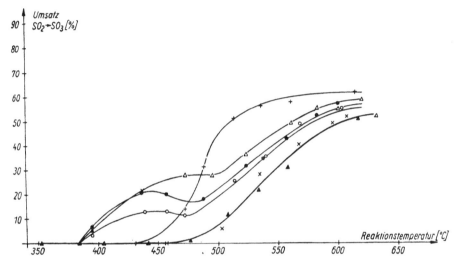

Abb. 21. Änderung der katalytischen Aktivität von V_2O_5 durch Schwingmahlung in
der Schwingmühle LS 16 [37]

+ ungemahlen; o 10 min gemahlen; ● 30 min gemahlen; △ 60 min gemahlen; ▲ 60 min gemahlen ge-
tempert (2 h, 550 °C); × 60 min gemahlen und 1 × getestet

zeigt Abb. 22. Die Schwingmahlung setzt bei allen untersuchten Produkten
das Porenvolumen herab, die Strahlmahlung dagegen nur bei hochporösen
Produkten. In allen anderen Fällen wird durch Strahlmahlung die Porosität
erhöht [37].

Insgesamt zeigen diese Untersuchungen, daß sich die physikalischen und
chemischen Eigenschaften von Festkörpern durch Anwendung ganz bestimmter
Bearbeitungstechnologien gezielt verändern lassen und für ihren Einsatz in der
Technik weitgehend an die geforderten Parameter angepaßt werden können.

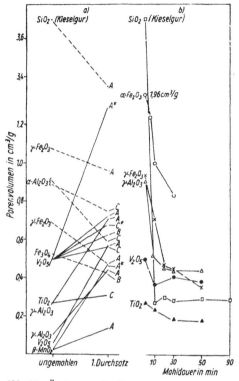

Abb. 22. Änderung des Porenvolumens in Abhängigkeit von der Bearbeitungsmethode.

a) Strahlmahlung

A — Micronizer-Strahlmühle, *B* — Spiralstrahlmühle, *C* — Jet-O-Mizer-Strahlmühle, * Filterbeutelproben

b) Schwingmühle LS 16 [37]

4.   Beispiele tribochemischer Verfahren

Tribochemische Verfahren sind an den Einsatz leistungsfähiger Triboreaktoren gebunden. Die Entwicklung derartiger Geräte hat erst nach dem 2. Weltkrieg begonnen und wird heute in mehreren Ländern intensiv betrieben [38—40]. Von den 4 in Abb. 1 dargestellten Mühlen ist lediglich die Kugelmühle seit dem vorigen Jahrhundert bekannt. Im Vergleich zu den anderen ist sie aber für die Aktivierung von Festkörpern am wenigsten geeignet. Mit der Schwingmühle lassen sich dagegen hohe Aktivierungsgrade erreichen. Leistungsfähige Geräte mit einem Durchsatz von 10—20 t/h stehen aber heute noch nicht zur Verfügung. Besonders hohe Aktivierungsgrade werden auch in Planetenmühlen erzielt. Aber auch hier sind technische Geräte, in denen Produkte in der Größenordnung von einigen t/h durchgesetzt werden können, z. Z. noch nicht im Einsatz [41].

Dagegen sind in den letzten Jahren Desintegratoren entwickelt worden, die einen Durchsatz von 60 t/h ermöglichen [42].

Im folgenden sollen einige Beispiele tribochemischer Verfahren erörtert werden, die sich teilweise heute bereits im großtechnischen Einsatz befinden.

4.1. Tribochemische Nickelcarbonylsynthese

Für die Herstellung von Nickelcarbonyl waren bisher im wesentlichen 2 Verfahren bekannt, das nach MOND bezeichnete Normaldruckverfahren, das bei Temperaturen < 100 °C, und das Hochdruckverfahren, das bei etwa 300 atm und 300 °C arbeitet.

Beim Normaldruckverfahren ist die Reaktivität des Nickels gering. Außerdem fällt diese während der Reaktion sehr schnell ab, da durch anwesende Spuren von Sauerstoff die Metalloberfläche vergiftet wird. Intermittierend muß deshalb die Oberfläche des Nickels mit Wasserstoff regeneriert werden. Die Raum-Zeit-Ausbeute ist bei diesem Verfahren sehr niedrig.

Demgegenüber ist beim Hochdruckverfahren die Raum-Zeit-Ausbeute um ein Vielfaches größer. Die meisten der gegenwärtig produzierenden Anlagen arbeiten nach diesem Prinzip. Da aber immer wieder Nickel bzw. Nickelerz zugegeben werden muß, ist das Hochdruckverfahren zwangsläufig diskontinuierlich.

Die Handhabung einer Hochdruckanlage bei der Herstellung einer so außerordentlich giftigen Substanz wie dem Nickelcarbonyl (MAK-Wert = 10^{-3} ppm) ist ebenfalls sehr aufwendig.

Diese Nachteile lassen sich bei tribochemischer Reaktionsführung überwinden. Die Reaktion kann im Triboreaktor unter Normalbedingungen ablaufen. Dennoch liegt der Umsatz um nahezu zwei Größenordnungen höher als beim MOND-Nickelverfahren. Da durch den Bearbeitungsprozeß eine ständige Regenerierung der durch anwesenden Sauerstoff vergifteten Oberflächen erfolgt, kann im Gegensatz zum klassischen Verfahren die tribochemische Nickelcarbonylsynthese als kontinuierlicher Fließprozeß über längere Zeit (1 Jahr) betrieben werden.

Das Schema eines im VEB Mansfeldkombinat entwickelten Fließverfahrens ist in Abb. 23 dargestellt. Das Herzstück der Anlage ist ein nach dem Prinzip der Schwingmühle arbeitender Triboreaktor. In diesen wird kontinuierlich das durch Reduktion aus Nickelcarbonat hergestellte Nickelpulver eindosiert und ein CO-Strom durchgeleitet. Das gebildete gasförmige Carbonyl wird mit dem Kohlenoxid ausgetragen, gefiltert und bei tiefen Temperaturen kondensiert.

Das gesamte Verfahren läßt sich durch Fernsteuerung lenken und überwachen. Außerdem kann die Anlage ohne Schwierigkeiten jederzeit stillgelegt werden, da die tribochemische Reaktion nach jeder Unterbrechung schnell wieder ihr ursprüngliches Niveau erreicht [43].

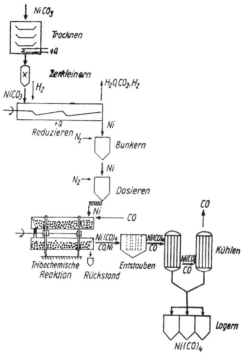

Abb. 23. Schema der tribochemischen Syntheseanlage zur Herstellung von Nickelcarbonyl

Tribochemische Verfahren entsprechen damit dem Trend, der heute an eine moderne chemische Technologie gestellt wird:

— hohe Raum-Zeit-Ausbeuten,
— kontinuierliche Arbeitsweise,
— geringe Störanfälligkeit z. B. durch Fremdbeimengungen,
— gute Steuerfähigkeit,
— Fortfall jeglicher manueller Tätigkeit in der Anlage und
— ihre Kontrolle durch Fernbedienung.

4.2. Baustoffe aus mechanisch aktivierten Rohstoffen

Schon seit Ende des vorigen Jahrhunderts werden Ziegelsteine aus Kalk und Sand durch Autoklavhärtung mit Druckfestigkeiten um 150 kp/cm² hergestellt. Mit dem Übergang zur Großblockbauweise in den letzten 2 bis 3 Jahrzehnten reichten diese Festigkeiten zur Herstellung großer Elemente nicht mehr aus. Werden dagegen Sand oder eine Mischung aus Sand und Kalk vor dem Härtungsprozeß einer mechanischen Aktivierung unterworfen, so kann man ohne weiteren Aufwand die Druckfestigkeit um das Doppelte bis Dreifache steigern und erreicht damit die für Großblöcke geforderte Betonfestigkeit.

In der Sowjetunion wurde auf der Basis dieses Verfahrensprinzips ein hochwertiger Baustoff, das sog. Silicalcit, entwickelt, das mit einer Druckfestigkeit bis zu annähernd 1000 kp/cm² und bei Anfertigung von Laborprüfkörpern bis über 3000 kp/cm² hergestellt werden kann [40].

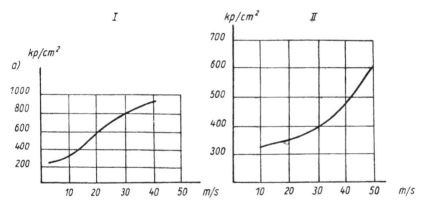

Abb. 24. Abhängigkeit der Druckfestigkeit von Baustoffkörpern aus Kalk und Sand von der Schlaggeschwindigkeit im Desintegrator bei der Aktivierung von Sand
I, II — Einsatz von Sandproben unterschiedlicher Herkunft [46]

Als Aktivierungsaggregate werden Desintegratoren verwandt, in denen die einzelnen Rohstoffkomponenten bzw. die Rohstoffmischung einer intensiven Schlagbeanspruchung ausgesetzt werden. Die Intensität der Bearbeitung wird von der Umdrehungsgeschwindigkeit der Rotoren bestimmt. Wie in Abb. 24 an Hand von 2 unterschiedlichen Rohstoffmischungen gezeigt wird, wächst mit zunehmender Geschwindigkeit der Schlagelemente die Druckfestigkeit der aus den aktivierten Stoffen hergestellten Baustoffkörper an. Die Ursache hierfür liegt in der erhöhten Reaktivität der aktivierten Rohstoffmischung beim Härtungsprozeß. Wie Abb. 25 zeigt, werden mit zunehmender Umdrehungsgeschwindigkeit der Rotoren wachsende Mengen von Calciumsilikathydrat gebildet [44] und damit bessere Voraussetzungen für die Herausbildung eines hochfesten Strukturgerüstes geschaffen.

Aus Silicalcit werden heute nicht nur Wand- und Deckenelemente, sondern auch konstruktive Elemente für Industriebauten, z. B. Kranbahnträger, hergestellt.

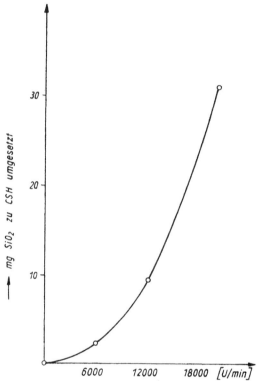

Abb. 25. Abhängigkeit der CSH-Phasenbildung von der Umdrehungsgeschwindigkeit der Rotoren im Desintegrator bei der Aktivierung von Sand [44]

4.3.   Phosphatdüngemittel durch tribochemischen Aufschluß

Bekanntlich besitzen Apatite nur eine äußerst geringe Lösbarkeit und damit auch eine unzureichende Pflanzenverfügbarkeit bei der Verwendung als Düngemittel. Für Kolaapatit ist in Abb. 26 die Lösbarkeit in Abhängigkeit vom pH-Wert dargestellt. Bei nichtaktivierten Produkten geht diese bereits bei einem pH-Wert von 3···4 auf kleine Werte zurück, so daß dieser Apatit als Düngemittel in Böden mit einem pH-Wert von 5···7 keine bzw. nur eine ungenügende pflanzenphysiologische Wirksamkeit besitzt.

Deshalb werden die Apatite auch heute noch nach verschiedenen thermischen und chemischen Verfahren aufgeschlossen. Die mechanische Aktivierung ver-

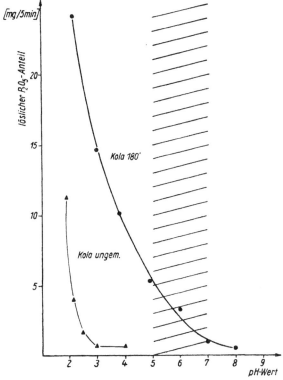

Abb. 26. Abhängigkeit der Anfangslösegeschwindigkeit von mechanisch aktiviertem Apatit vom pH-Wert [26]

schiebt nun, wie aus Abb. 26 zu ersehen ist, die Lösbarkeit in den Bereich höherer pH-Werte, so daß unter den natürlichen Bedingungen des Bodens die aktivierten Produkte eine beträchtliche pflanzenphysiologische Wirksamkeit aufweisen. Damit bietet sich die Möglichkeit, das klassische chemische Aufschlußverfahren durch ein ökonomischer arbeitendes, mechanisches Verfahren zu ersetzen [47, 48].

4.4.   *Reaktivierung von Katalysatoren durch mechanische Bearbeitung*

Durch die mechanische Bearbeitung und die damit verbundenen tiefgreifenden strukturellen Änderungen werden die Festkörper auch in ihrer katalytischen Aktivität stark beeinflußt. Beispielsweise führte die Mahlung von Hydrierkatalysatoren auf der Basis von Nickel zu einer um 1 bis 2 Größenordnungen höheren katalytischen Aktivität. Mit Ausheilung der Gitterdefekte stellte sich jedoch der ursprüngliche Aktivitätszustand wieder ein. Daher wird bei den überwiegend bei höheren Temperaturen arbeitenden Verfahren dieser auf der Basis von Gitterstörungen beruhende tribokatalytische Effekt bisher wenig genutzt. Ein mechanisch aktiviertes Produkt hat sich z. B. als Gasreinigungsmasse bewährt [50].

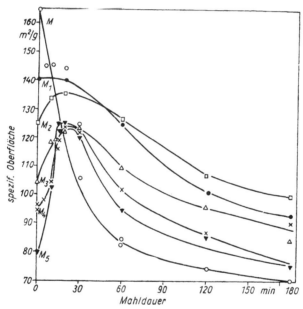

Abb. 27. Spezifische Oberfläche von frischen (*M*) und regenerierten (*M*$_1$ — *M*$_5$) Hydrierkontakten in Abhängigkeit von der Bearbeitungsdauer. (Index von *M* gibt die Zahl der Regenerierungen an.)

Der tribokatalytische Effekt kann aber auch durch mechanisch bedingte Änderungen des Korn- und Porengefüges verursacht sein. Die hierbei entstehende Sekundärstruktur hat im allgemeinen eine hohe thermische Stabilität und verändert sich im technischen Einsatz nicht stärker als eine mechanisch nicht beanspruchte Vergleichssubstanz.

Der auf dem zuletzt genannten Prinzip beruhende tribokatalytische Effekt ist besonders bei der Reaktivierung unbrauchbar gewordener Katalysatoren technisch genutzt worden [51]. Beispielsweise werden in der Technik zur Herstellung von Paraffinen und Schmierölen TTH-Kontakte auf der Basis von Tonerde—MoO_3—NiO eingesetzt. Durch Ablagerung von hochkondensierten Verbindungen gehen sowohl das Porenvolumen als auch die spezifische Oberfläche dieser Kontakte bei längerem Einsatz zurück. Eine Regenerierung kann durch Abrösten, Mahlen und Neuverpillen der Kontakte erfolgen. Nach fünfmaliger Regenerierung ist der Katalysator nicht mehr brauchbar, da jeder Regenerierungsschritt zu einer Texturverschlechterung führt.

Verwendet man aber bei der Regenerierung nicht die übliche Schlagkreuzmühle, sondern die nach einem anderen Beanspruchungsmechanismus arbeitende Schwingmühle, so ist der Katalysator erneut mindestens dreimal regenerierbar. In Abb. 27 ist die spezifische Oberfläche des TTH-Kontaktes und ihre Abhängigkeit von der Zahl der Regenerierungsschritte und der Mahldauer in einer Schwingmühle dargestellt. Hiernach erreicht ein unbrauchbar gewordener Katalysator (5. Regenerierung) nach einer Mahldauer von etwa 20 min wieder die Qualität eines zweifach regenerierten Produktes.

Wie auch andere Untersuchungen gezeigt haben, lassen sich durch Dauer und Intensität der Beanspruchung, sowie durch Auswahl bestimmter Beanspruchungsgeräte sehr gezielt Stoffe mit bestimmten Textureigenschaften herstellen [37].

4.5.   Verfahren zur Zementation mit mechanisch aktiviertem Zinkpulver

Bei der Raffination von Zink ist es erforderlich, durch Zusatz dieses Metalles in feinverteilter Pulverform zu einer mit Cadmium verunreinigten Zinklösung das Cadmium zur Fällung zu bringen. Der Ablauf dieses als Zementation bezeichneten Prozesses läßt sich ebenfalls durch mechanische Aktivierung des Zinkpulvers beschleunigen, da durch die Mahlung sowohl eine Potentialerniedrigung als auch eine Erhöhung der Austauschstromdichte erfolgt. Dieses Verhalten ist in Abb. 28 dargestellt. Verwendung fand ein Zinkpulver, das 60 min in einer Schwingmühle gemahlen und anschließend in drei Kornfraktionen aufgeteilt wurde. Während beim Einsatz der ungemahlenen Probe nach 60 min noch ein Restgehalt an Cadmium verbleibt, führen die mechanisch aktivierten Proben in der gleichen Zeit zu einer vollständigen Fällung dieses Metalles. Auf diese Weise kann in einer technisch vertretbaren Reaktionszeit eine hohe Reinheit des Zinks erreicht werden.

Wie schematisch in Abb. 29 dargestellt ist, läßt sich im vorliegenden Fall unter Verwendung einer Durchlaufschwingmühle analog zur Nickelcarbonylbildung ebenfalls ein vollkontinuierliches Verfahren gestalten [52].

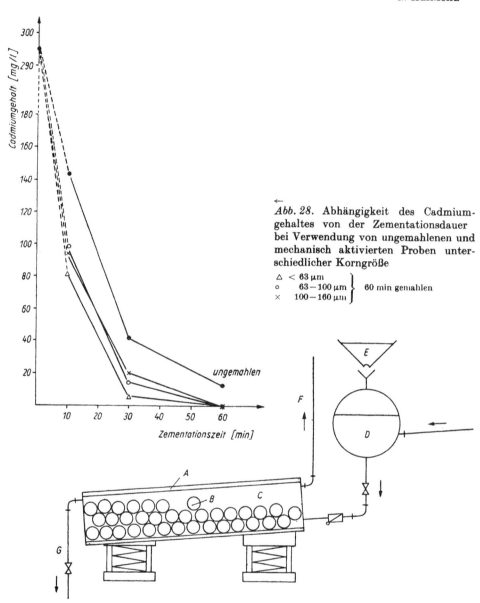

← *Abb. 28.* Abhängigkeit des Cadmium-
gehaltes von der Zementationsdauer
bei Verwendung von ungemahlenen und
mechanisch aktivierten Proben unterschiedlicher Korngröße

△ < 63 μm
○ 63—100 μm   } 60 min gemahlen
× 100—160 μm

Abb. 29. Schematische Darstellung eines Triboreaktors zur Zementation von
Zink

A — Reaktor; B — Mahlkugel; C — Reaktionsraum; D — Zn/Cd-Lösung; E — Zufluß; F — Gas-
ableitung; G — Cd-freie Lösungen

4.6.   Reduktionsreaktionen

Wie aus Tab. 2 hervorgeht, werden in großem Umfang Erze vor ihrer Verhüttung einem Mahlprozeß unterworfen. Der wichtigste chemische Schritt bei
ihrer Aufbereitung ist die Reduktion der meistens in oxidischer Form vorliegenden Ausgangsstoffe. Wie Abb. 30 zeigt, wird auch diese Reaktion durch
mechanische Aktivierung der festen Ausgangsstoffe beeinflußt. Sie äußert
sich in der Herabsetzung der Reduktionstemperatur und führt damit zu bedeutenden ökonomischen Einsparungen.

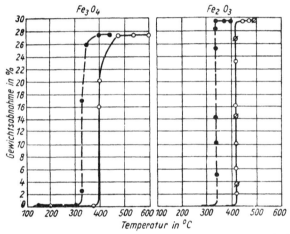

Abb. 30. Einfluß der mechanischen Bearbeitung auf die Reduktionstempera-
turen von Eisenoxiden bei der Umsetzung mit Wasserstoff [53]

———— unbehandelt
– – – kalt gewalzt
∅   nach dem Walzen 1 h bei 900 °C geglüht

4.7.   Sinterreaktionen

Von großer technischer Bedeutung sind auch die Sinterreaktionen [54]. Da diese
mit einer für den technischen Prozeß ausreichenden Geschwindigkeit in Oxiden
meistens erst bei sehr hohen Temperaturen zwischen 1000—2000 °C ablaufen,
handelt es sich um energetisch und ökonomisch sehr aufwendige Stoffwand-
lungsverfahren. Bereits eine Senkung der Reaktionstemperatur um 100 °C
kann deshalb schon zu einer günstigeren Gestaltung des Verfahrens führen.
Auch hier zeigt sich in Analogie zu dem vorangegangenen Beispiel, daß gewisse
technisch genutzte Sinterprozesse, z. B. die Sinterung von Dolomit, bei herab-
gesetzten Temperaturen ablaufen, wenn mechanisch aktivierte Produkte als
Ausgangsstoffe eingesetzt werden [53].

Weiterhin kann auch die Gebrauchsqualität gesinterter Produkte erhöht werden, wenn man die Ausgangsmaterialien mechanisch aktiviert. Bei der Herstellung hochfeuerfester Steine ist es beispielsweise erforderlich, eine bestimmte Festigkeit der Sintersteine, bzw. eine entsprechend hohe Sinterdichte zu erreichen. Wie in Tab. 6 gezeigt wird, wächst diese mit zunehmender Intensität der mechanischen Beanspruchung von MgO erheblich an. Für einen technischen Einsatz sind Körper mit Sinterdichten unter 3 g/cm³ nicht geeignet. Im vorliegenden Fall wird durch den Bearbeitungsprozeß die technische Nutzung des MgO-Sinters erst ermöglicht und durch Erreichen eines Wertes von 3,4 g/cm³ die Voraussetzungen für die Erzeugung qualitativ hochwertiger MgO-Steine geschaffen [55].

Tabelle 6: Die Abhängigkeit der Rohdichten gesinterter MgO-Steine von der Beanspruchungsintensität im Desintegrator [55]

Geschwindigkeit der Rotoren		Rohdichte des gesinterten Produktes
U/min	m/s	
0	—	2,92
6 000	83	3,02
9 000	124	3,15
12 000	166	3,25
16 800	232	3,40

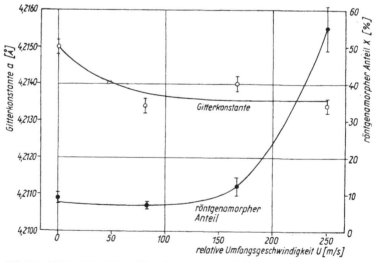

Abb. 31. Abhängigkeit der Gitterkonstante und des röntgenamorphen Anteils von der relativen Umfangsgeschwindigkeit des Rotors bei der Mahlung von MgO im Desintegrator

Die Ursachen für die veränderten Sintertemperaturen bzw. Sinterdichten sind noch wenig erforscht. Im Falle des MgO konnte gezeigt werden, daß mit wachsender Intensität der Desintegratoraktivierung die Gitterkonstante sich verändert und der röntgenamorphe Anteil im aktivierten Produkt ständig ansteigt (Abb. 31). Offenbar werden hierdurch die bei der Sinterung ablaufenden Diffusionsprozesse stark beschleunigt.

Offenbar fördern derartige fehlgeordnete Strukturen den Sinterprozeß.

Insgesamt zeigen die im Abschn. 4. angeführten Beispiele, daß tribochemische Fragestellungen heute bereits in der Technik eine sehr bedeutende Rolle spielen. Durch die Erforschung dieses Gebietes sind neue Reaktionswege erschlossen und zu technologischen Verfahren entwickelt worden, bestehende Verfahren konnten unter Berücksichtigung der spezifischen Besonderheiten der Tribochemie weiterentwickelt bzw. rationalisiert werden. In der Mehrzahl der Fälle ist die Kenntnis von der komplexen Wirkung der zahlreichen Einflußfaktoren, die durch den Bearbeitungsprozeß verändert werden, noch relativ gering. Besonders die Erforschung der für die Technologie tribochemischer Prozesse wichtigen Zusammenhänge steht noch in den Anfängen. Ihre weitere Aufklärung wird bestimmen, mit welchem Tempo die technischen und ökonomischen Kennziffern bei Festkörper verarbeitenden Verfahren verbessert werden.

5.   Literatur

[1] RUMPF, H., IV. Europäisches Symposium „*Zerkleinern*", S. 19, Nürnberg 1975
[2] THIESSEN, P. A., MEYER, K., HEINICKE, G., Abh. dtsch. Akad. Wiss. Berlin, Kl. Chem. Geol. Biol., Berlin 1966
[3] HEINICKE, G., Schmierungstechnik **1** (1970), 65
[4] RUMPF, H., Chemie-Ing.-Techn. **31** (1959), 323; **32** (1960), 129, 335
[5] THIESSEN, P. A., siehe [2], S. 11
[6] THIESSEN, P. A., HEINICKE, G., MEYER, K., „*Festkörperchemie*", S. 497, VEB Deutscher Verlag für Grundstoffindustrie, Leipzig 1973
[7] HEINICKE, G., „*Methoden des anorganisch-chemischen Experimentierens*", VEB Deutscher Verlag der Wissenschaften, Berlin 1976
[8] HEINICKE, G., siehe [7], S. 250
[9] HEINICKE, G., HARENZ, H., SIGRIST, K., Z. anorg. allg. Chem. **352** (1967), 168
[10] HEINICKE, G., siehe [2], S. 145
[11] THIESSEN, P. A., HEINICKE, G., SENZKY, U., Mber. dtsch. Akad. Wiss. **3** (1961), 170
[12] HEINICKE, G., siehe [2], S. 137
[13] THIESSEN, P. A., HEINICKE, G., MEYER, K., siehe [6] S. 504
[14] THIESSEN, P. A., HEINICKE, G., HENNIG, H. P., Z. Chem. **11** (1971), 193
[15] THIESSEN, P. A., HEINICKE, G., SCHOBER, E., Z. anorg. allg. Chem. **377** (1970), 20
[16] SPANGENBERG, H. J., Mitteilungsblatt Chem. Gesellsch. **22** (1975), 10
[17] BOLDYREV, V. V., HEINICKE, G., Z. Chem. **19** (1979), 353
[18] HEINICKE, G., SIGRIST, K., Z. Chem. **11** (1971), 226
[19] SIGRIST, K., HEINICKE, G., Mber. dtsch. Akad. Wiss. **11** (1969), 48
[20] HÜTTIG, G. F., „*Handbuch der Katalyse*", Bd. VI, S. 318, Springerverlag, Wien 1943

[21] TORKAR, K., "*Reactivity of solids*", Elsevier Pub. Comp., Amsterdam 1961
[22] HEINICKE, G., SIGRIST, K., Mber. dtsch. Akad. Wiss. 11 (1969), 44
[23] HÜTTIG, G. F., siehe [20], S. 352
[24] HEINICKE, G., HARENZ, H., RICHTER-MENDAU, J., Kristall und Technik 4 (1969), 113
[25] HEINICKE, G., BOCK, N., STEINIKE, U., Z. anorg. Chem., 443 (1978), 231
[26] PAUDERT, R., HARENZ, H., PÖTHIG, R., HEINICKE, G., DÜNKEL, L., SCHUMANN, H., Chem. Techn., 30 (1978), 470
[27] PAUDERT, R., PÖTHIG, R., DÜNKEL, L., HARENZ, H., GRIMMER, A. R., Kristall und Technik, 13 (1978), 879
[28] HEINICKE, G., Z. anorg. all. Chem. 324 (1963), 178
[29] BOLDYREV, V. V., HEINICKE, G., siehe [17], S. 355
[30] HEINICKE, G., siehe [28], S. 180
[31] HEINICKE, G., siehe [28], S. 183
[32] HEINICKE, G., SCHOBER, E., Z. Chem. 11 (1971), 219
[33] HEINICKE, G., Technik 32 (1977), 628, 688
[34] HEINICKE, G., siehe [2], S. 149
[35] SIGRIST, K., HEINICKE, G., Chem. Techn. 21 (1969), 285
[36] BERNHARDT, C., HEEGN, H., siehe [1], S. 213
[37] LEITEL, E., Dissertation, Humboldt-Universität Berlin 1971
[38] GRÜNDER, W., Staub 49 (1957), 714
[39] KORDA, P., Aufbereitungstechn. 2 (1961), 231
[40] HINT, J., Silikattechnik 21 (1970), 116
[41] BOLDYREV, V. V., persönl. Mitteilung
[42] HINT, J., persönl. Mitteilung
[43] HEINICKE, G., BOCK, N., ECKSTEIN, H., Wissenschaft u. Fortschritt 25 (1975), 23
[44] WINKLER, A., WIEKER, W., SIGRIST, K., JOST, H., 5.ibausil, Weimar (1973), 207
[45] HEINICKE, G., Wissenschaft u. Fortschritt 22 (1972), 490; 23 (1973), 32
[46] siehe [40], S. 118
[47] PAUDERT, R., HARENZ, H., HEINICKE, G., STEINIKE, U., PÖTHIG, R., RICHTER, H., SCHUMANN, H., DDR-Pat. 107195
[48] HEINICKE, G., PAUDERT, R., HARENZ, H., STEINIKE, U., PÖTHIG, R., Z. angew. Chem. (russ.) 50 (1977), 969
[49] HEINICKE, G., LISCHKE, I., Z. Chem. 11 (1971), 332
[50] SCHRADER, R., Freiberg. Forschungsh. A 292 (1964), 75
[51] PAUDERT, R., SCHUSTER, G., BEYER, S., HEINICKE, G., STEINIKE, U., Chem. Techn. 22 (1970), 739
[52] PAUDERT, R., LIEBSCHER, S., KÖRLIN, P., TRINKS, W., Chem. Techn. 20 (1968), 276
[53] NAESER, G., SCHOLZ, W., Kolloid-Z. 156 (1958), 1
[54] SCHRADER, R., HOFFMANN, B., siehe [6], S. 522
[55] KNESCHKE, G., ZACHMANN, L., HOFFMANN, H. U., HEINICKE, G., STEINIKE, U., HENNIG, H. P., Silikattechnik 24 (1973), 118